普通高等教育“十三五”规划教材（计算机专业群）

软件工程

主　编　田保军　刘利民

副主编　张林丰　张丽霞　许志伟

中国水利水电出版社
www.waterpub.com.cn

·北京·

内 容 提 要

本书是一本基于丰富案例的软件工程实用教程，利用软件工程核心三要素——方法、工具和过程——贯穿全文，重点介绍了软件工程的基本概念、原理、软件工程国家相关规范和软件工程文档撰写国家标准以及传统软件工程方法学和面向对象方法学。

本书重点介绍当前主流的面向对象软件工程的开发方法，UML 与建模方法、工具以及统一过程 RUP。通过实例突出讲述面向对象分析、设计和实现流程。本书所有的概念、开发方法都通过实例来演示，内容精炼、表达简明、实例丰富，非常适合用作高等院校软件工程专业、计算机科学与技术专业及相关专业本科生、研究生的教材，也可以作为培训机构相关专业的培训教材和广大科技工作者、研究人员的参考用书。

本书视频资源可扫书中二维码观看。

图书在版编目（CIP）数据

软件工程 / 田保军，刘利民主编. -- 北京 : 中国水利水电出版社，2019.4（2021.11 重印）
普通高等教育“十三五”规划教材. 计算机专业群
ISBN 978-7-5170-7596-7

Ⅰ. ①软… Ⅱ. ①田… ②刘… Ⅲ. ①软件工程－高等学校－教材 Ⅳ. ①TP311.5

中国版本图书馆CIP数据核字(2019)第069197号

策划编辑：石永峰　责任编辑：张玉玲　加工编辑：王玉梅　封面设计：李　佳

书　名	普通高等教育“十三五”规划教材（计算机专业群） 软件工程 RUANJIAN GONGCHENG
作　者	主　编　田保军　刘利民 副主编　张林丰　张丽霞　许志伟
出版发行	中国水利水电出版社 （北京市海淀区玉渊潭南路 1 号 D 座　100038） 网址：www.waterpub.com.cn E-mail：mchannel@263.net（万水） sales@waterpub.com.cn 电话：（010）68367658（营销中心）、82562819（万水）
经　售	全国各地新华书店和相关出版物销售网点
排　版	北京万水电子信息有限公司
印　刷	三河市德贤弘印务有限公司
规　格	184mm×260mm　16 开本　19 印张　468 千字
版　次	2019 年 4 月第 1 版　2021 年 11 月第 2 次印刷
印　数	2001—3000 册
定　价	46.00 元

前　言

软件工程作为支撑软件产业的一级学科，其发展正方兴未艾。软件工程课程是 SWEBOK 软件工程知识体系中一门基础、核心课程。软件工程课程涉及的内容广泛，其涉及的各项技术和项目管理方法对于即将从事 IT 产业的学生来说是非常重要的。但是由于种种原因，对于这门课程许多学生认为比较空洞乏味。本书结合作者多年的教学和工程实践经验，参阅大量国内外有关软件工程的教材和资料，遵循“理论为基础、实用为目的”的原则，理论联系实践，编写本书。

本书着重从实用角度出发，讲解目前软件工程比较成熟的、广泛使用的两大方法学：结构化方法学和面向对象方法学。本书以软件生命周期为主线，利用软件工程核心三要素——方法、工具和过程——贯穿全文，主要讲解了软件工程概述，结构化方法、工具和过程，可行性与计划研究，需求分析，软件设计，软件实现，软件运行与维护，软件过程管理，面向对象的软件工程概述，面向对象分析，面向对象设计与实现，同时介绍了当今流行的软件工程建模语言和工具，例如面向对象统一建模语言 UML、软件绘图工具 Microsoft Visio、数据建模工具 PowerDesigner、面向对象建模工具 Rational Rose 与 StarUML、测试工具 LoadRunner、Quality Center 与 QuickTest Professional 等。同时，为了帮助学生通过“做中学”的模式掌握扎实而实用的软件工程技术，本书以学生学籍管理系统为项目案例，贯穿全文。

本书内容丰富，组织结构严谨，原理、方法与案例相结合，讲解由浅入深，既体现知识点的连贯性、完整性，又体现知识在实际项目中的应用，适合作为高等院校软件工程专业、计算机科学与技术专业及相关专业本科生、研究生的教材，也可以作为培训机构相关专业的培训教材和广大科技工作者和研究人员的参考用书。

本书在内容的编排、语言的叙述等方面都有其自身的一些特点：

（1）内容系统全面，结构清晰。全书分为三大部分：面向过程的软件工程和面向对象的软件工程，按照软件生命周期的各个阶段分别进行讲述。

（2）描述简明易懂。本书从基本概念和原理出发，注重内容的可理解性，深入浅出，循序渐进；文字描述通俗易道，简明扼要，重点突出。

（3）注重案例分析。以学生学籍管理系统为案例贯穿全文是本书的最大特色。本书克服以往软件工程教材重理论、轻实践或案例少且知识点内容不连续的缺点，不仅增加了案例数量，而且保持案例的连续性，使读者更容易掌握相关知识。

（4）每章列出了学习目标和小结，配有精选的适量习题，便于读者对所学内容的复习和理解。

本书由田保军老师、刘利民老师任主编，张林丰老师、张丽霞老师和许志伟老师任副主编。参加编写的老师分工如下：田保军老师编写第 5、10、11 章；刘利民老师编写第 1、3 章；张林丰老师编写第 6、7、8 章；张丽霞老师编写第 4、9 章；许志伟老师编写第 2 章和附录。全书由田保军老师、刘利民老师统稿。

本书参考和引用了许多教材、著作和网站内容，除了确实无法查证出处以外，本书在参考文献中都一一列出，在此表示衷心感谢。张志林、胡皎月、王宇、胡培培等研究生在教材的编写过程中，也做了不少工作，一并表示感谢。限于时间和水平有限，书中不够完善乃至缺点和错误之处，恳请专家学者提出宝贵意见，以便我们再版时进行修订补充，使之日臻完善。

编 者

2018 年 12 月于内蒙古工业大学

目　　录

第 2 篇 面向对象的软件工程

第1篇　面向过程的软件工程

第1章　软件工程概述

本章学习目标

- 熟练掌握软件工程概念、原理和方法。
- 熟练掌握软件生命周期和软件过程模型。
- 掌握软件危机产生的原因、解决的办法。
- 掌握软件及其特点。
- 了解软件工程的发展历程。
- 了解软件工程相关规范。

本章首先向读者介绍软件工程的发展历程，然后介绍软件及其特点、软件危机产生的原因和解决的办法，继而介绍软件工程原理和方法，最后介绍软件工程相关规范。

1.1　软件工程的发展历程

随着计算机的广泛应用，软件在计算机系统中的地位越来越重要。市场需要的软件逐年增多，而且趋向大型化和复杂化，软件变得越来越复杂，软件开发人员越来越满足不了实际需要，软件产品的质量也变得难以满足各方面的要求，加上软件生产率低，软件成本上涨等，出现了一系列严重问题，导致软件危机产生。

软件产业在工业发达国家中占有非常重要的地位。软件危机的产生使人们认识到软件开发必须以新的方法作指导，必须改变原有的软件开发方法。1968年北大西洋公约组织（North Atlantic Treaty Organization，NATO）在联邦德国召开国际会议，讨论软件危机问题，第一次提出了“软件工程”这个概念。

随着软件技术的发展，软件工程的研究范围和内容也在不断变化和发展。其发展大致经历了传统软件工程、过程软件工程、构件软件工程等三个阶段。

第一阶段，传统软件工程阶段。20世纪70年代，为了解决软件项目错误率高以及软件维护任务重等问题，人们提出软件开发工程化的思想，希望使软件开发走上一条规范化的道路，并努力克服软件危机。软件工程的概念、框架、方法和手段因此形成。

第二阶段，过程软件工程阶段。20世纪80年代末逐步发展起来的面向对象方法，形成了完整的面向对象技术体系，适应更大规模、更广泛的应用。这时，进一步提高软件生产率、保证软件质量成为软件工程追求的更高目标。人们认识到，应从软件生命周期的总费用及总价值来决定软件开发方案。在重视发展软件开发技术的同时，提出了软件能力成熟度模型、个体软件过程和群组软件过程等概念。软件开发过程从目标管理转向过程管理。

第三阶段，构件软件工程阶段。20 世纪 90 年代以后，软件开发技术的主要处理对象为网络计算和支持多媒体信息的 WWW。为了适应超企业规模、资源共享、群组协同工作，需要开发大量的分布式处理系统。这时软件工程的目的在于不仅提高个人生产率，而且通过支持跨地区、跨部门、跨时空的群组共享信息、协同工作来提高群组的整体生产效率。因整体性软件系统难以更改、难以适应变化，所以提倡基于部件（构件）的开发方法。同时人们认识到计算机软件开发领域的特殊性，不仅要重视软件开发方法和技术的研究，更要重视总结和发展包括软件体系结构、软件设计模式、互操作性、标准化、协议等领域的重用经验。软件重用和软件构件技术正逐步成为主流软件技术。迭代、敏捷、持续集成的理念，正成为业界的共识。

随着软件产业的发展，软件工程必将朝着流水线装配软件工程的方向发展，以迎接软件蓬勃发展的趋势。流水线生产、网络化、服务化与全球化将成为主流，移动互联成为趋势。

1.2 软件危机

1.2.1 软件的概念、特点及分类

1. 软件的概念

计算机软件无所不在，已成为人们生活中的一部分。长期以来，人们关于软件的许多问题存在着一些争议：

在软件开发周期上，为什么需要那么长时间才能结束软件开发？

在软件的成本上，软件的成本为什么如此之高？

在软件的错误上，为什么我们不能在把软件交给客户之前就发现所有的错误？

在软件的度量上，为什么在软件开发过程中我们难以度量其进展？

……

以上这些，其实都与软件及其自身特点有着必然的联系。

一般公认的软件定义是：软件是计算机系统中与硬件相互依存的另一部分，它是程序、数据及其相关文档的完整集合。程序是按事先设计的功能和性能要求执行的指令序列，而数据是使程序能正常操纵信息的数据结构，文档则是与程序开发、维护和使用有关的图文材料。这三部分构成了软件，缺一不可。

1983 年，美国电气与电子工程师学会（Institute of Electrical and Electronics Engineers，IEEE）为软件作了如下定义：软件是计算机程序、方法、规则、相关的文档资料以及在计算机上运行程序时所必需的数据。

也有不少人认为，软件除了上述三部分，还应包括知识。软件都是为特定领域服务的，领域知识也是需要软件开发人员掌握的。

2. 软件的特点

软件作为一种产品，是一种不同于物质性产品的逻辑性产品，与其他制造类产品有着本质的不同。它除具有一般产品的诸多属性外，还具有自己特有的属性。具体表现在如下几个方面：

（1）软件形态的逻辑性。软件是一种逻辑实体，而不是具体的物理实体。因而它具有抽象性、不可见性。可以将软件存储在不同的介质上，但却无法直接看到软件的形态，开发过程的进度也难以衡量，质量难以评价，必须通过观察、分析、判断，利用抽象思维能力去了解软件的功能、性能和其他特性。软件的管理和控制相当困难。

（2）生产过程的非制造性。软件的生产过程与硬件不同，在它的开发过程中没有明显的制造过程。

软件是由工程师开发或工程化形成的，而不是传统意义上的制造产生的产品副本。软件成本、质量集中于开发和研制上，这意味着软件项目不能像硬件制造项目那样进行管理。

但软件一经确定，需要批量生产时，相对容易，可以复制产生大量产品副本。即它可以被无限复制成若干副本。

（3）使用方式的无磨损性。在软件的运行和使用期间，没有硬件那样的机械磨损、老化问题。软件不会被“用坏”“用旧”，也不会因为长时间运行而被损耗或产生新的故障，不过它的功能可能会发生退化，需要开发人员不断地更新和维护。随着时间的推移和环境的变化，软件最终可能会被废弃。

此外。当一个硬件构件磨损时，可以用另外一个备用零件替换它，但对于软件则不然。每一个软件故障都表明了设计/编程中存在错误。因此，软件较难维护，维护意味着改正或修改原来的设计。

如图 1.1 所示为硬件与软件失效率经验曲线，其中硬件的失效率曲线又称 U 型曲线（或浴缸曲线）。而软件一开始需要一段时间磨合期，之后就可以稳定运行，随后逐渐退化。

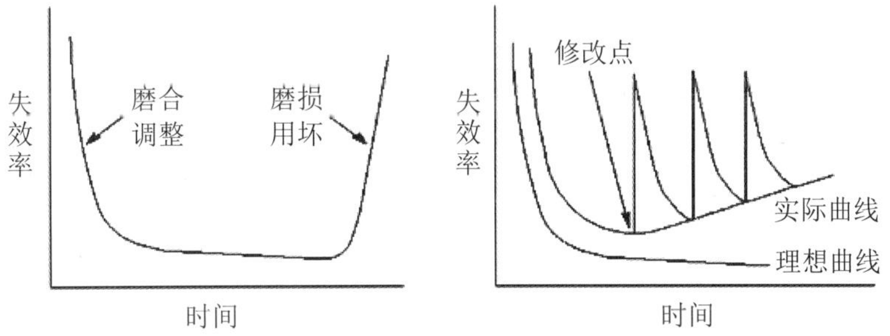

（a）硬件失效率曲线　　（b）软件失效率曲线

图 1.1　硬件与软件失效率经验曲线

（4）开发和运行对环境的依赖性。软件的开发和运行常常受到计算机系统的限制，对计算机系统有着不同程度的依赖性。或者对硬件有一定依赖，或者对特定的操作系统有一定依赖。为了解除或减少这种依赖性，在软件的开发过程中提出了软件的可移植性和跨平台问题。

（5）开发方式的手工化。软件的开发至今尚未完全摆脱传统的手工艺开发方式。大多数软件产品都是定制的，而不是通过已有的构件组装而来的。随着面向对象技术、构件技术等的发展，情况略有好转。但由于软件开发是一种高强度脑力劳动，开发人员必须利用自己的智力去理解需求，并综合运用软件技术提高开发效率和质量，因此软件开发还无法完全实现自动化。

（6）软件的复杂性。软件本身是非常复杂的，软件是人类能够创造的最复杂的产物。主要体现在实际问题的复杂性、程序逻辑结构的复杂性、其他领域专门知识的复杂性。

例如，下述软件所花费的人力资源相当大。

1）Windows 95 操作系统有 1000 万行，花费上千人。

2）Windows 2000 操作系统有 5000 万行，花费 5000 多人。

3）Lotus 1-2-3 V3.0 统计制表软件总计有近 40 万行，花费 263 人·年，成本 2000 多万美元。

4）WWMCCS（全球军事指挥与控制系统）花费 3500 多人，拖了几年，交付后发现 100 多个错误。最后失败。

因此如果把一个简单程序看作是独唱的话，那么一个较复杂程序就可以看作小合唱，而一个复杂的软件产品则可以看作合唱，甚至大合唱。可见它们的复杂程度有着显著的区别。

（7）成本的昂贵性。软件成本相当昂贵。在软件开发过程中，会投入大量的、复杂的、高强度的脑力劳动，投入的研发成本相对比较高。

随着计算机硬件技术的不断发展，在一个计算机系统中软件成本的比例在逐步增加，而硬件成本的比例逐步下降。如图 1.2 所示为软件成本的经验曲线。据统计，目前软件成本已占到了计算机系统的 90%以上。

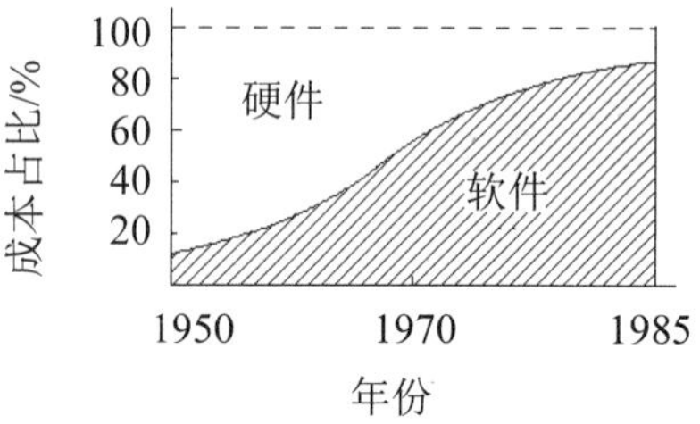

图 1.2　成本时间曲线

（8）社会因素。相当多的软件工作涉及社会因素。软件大大提高了工作的效率，必然释放劳动力，促进机构的重组，由此带来一系列的社会问题。

许多软件的开发和运行涉及组织机构设置、体制运作及日后管理方式等问题，甚至涉及企业文化、使用人员的观念和心理等，这些因素会直接影响软件项目的实际应用效果，甚至软件的成败。

3. 软件的分类

软件的分类有许多种方法，可以按软件的功能划分，也可以按软件的工作方式划分，或者按软件的规模划分。此处只介绍按软件的功能进行分类。

按功能划分，软件可以分为如下三类：系统软件、支撑软件和应用软件。

（1）系统软件。系统软件是负责计算机系统中各种独立的硬件部件、相关软件和数据，使得它们可以协调高效地开展工作的软件。系统软件使得用户和其他软件将计算机当作一个整体而不需要顾及底层每个硬件是如何工作的。例如操作系统、数据库管理系统、设备驱动程序、通信处理程序等软件均属于系统软件。

（2）支撑软件。支撑软件是为方便用户使用而开发的各种工具软件，是一种通用性较强的软件。例如支持需求分析、设计、实现、测试和支持管理的工具软件，微软公司的支持各种图表制作的 Visio 软件、SYBASE 公司的数据库设计建模工具 PowerDesigner 软件等均属于支撑软件。

（3）应用软件。各行各业都需要软件，但解决的问题不同。为解决特定应用领域问题而开发的软件，称为应用软件。例如商业数据处理软件、工程与科学计算软件、计算机辅助设计/制造软件、系统仿真软件、智能产品嵌入软件、医疗制药软件、办公自动化软件、计算机辅助教学软件等均属于应用软件。

1.2.2　软件危机

随着软件规模的扩大，软件产品越来越复杂，在软件的开发和维护过程中不可避免地出现了一些问题。比如在软件运行过程中发现了错误，软件人员必须设法去改正；用户在软件使用过程中有新的需求，软件人员必须相应地修改程序；当计算机系统的硬件或操作系统发生了更新，通常也需要相应地修改软件。上述的软件维护工作，以令人吃惊的比例消耗着资源。甚至，有些软件是不可维护的，于是出现了软件危机。软件危机就是在计算机软件开发、维护过程中所遇到的一系列严重问题，导致软件的开发、维护出现风险。

最典型的是美国 IBM 公司在 1963 年至 1966 年开发的 IBM360 机的操作系统。这一项目花了 5000 人•年的工作量，最多时有 1000 人投入开发工作，写出了近 100 万行源程序。据统计，这个操作系统每次发行的新版本都是从前一版本中找出 1000 个程序错误而修正的结果。

这个项目的负责人 F. D. Brooks 事后总结了他在组织开发过程中的沉痛教训，在撰写的《人月神话》中写道："……正像一只逃亡的野兽落到泥潭中做垂死的挣扎，越是挣扎，陷得越深，最后无法逃脱灭顶的灾难。……程序设计工作正像这样一个泥潭，……一批批程序员被迫在泥潭中拼命挣扎，……谁也没有料到问题竟会陷入这样的困境。……" IBM360 操作系统的历史教训成为软件开发项目的典型事例为人们所记取。

如果开发的软件隐含错误，可靠性得不到保证，那么在运行过程中很可能对整个系统造成十分严重的后果，轻则影响到系统的正常工作，重则导致整个系统的瘫痪，乃至造成无可挽回的恶性事故。例如：1963 年，美国用于控制火星探测器的计算机软件中的一个","号被误写为"."，而致使飞往火星的探测器发生爆炸，造成高达数亿美元的损失。

软件危机通常包含下述两方面的问题：

（1）如何开发软件，以满足对软件日益增长的需求。

（2）如何维护数量不断膨胀的已有软件。

1.2.3　产生软件危机的原因

计算机硬件技术的进步，要求软件及其相关技术能与之相适应。然而，软件技术未能快速满足社会发展的要求，致使一系列问题堆积起来，形成日益尖锐的矛盾，最终导致了软件危机。

软件危机产生的原因是多方面的，既有软件自身的特点，也有软件开发过程中采用的一些错误方法和技术。

1. 软件自身的特点

软件作为逻辑产品，具有与硬件不同的特性（见 1.2.1 节）。这些特性决定了软件开发与维护的复杂性，导致软件的开发和维护比硬件更难。

2. 在开发和维护过程中，采用了错误的方法和技术

（1）软件管理相对落后。由于缺乏软件开发的经验和相关数据的积累，使得开发工作的计划很难制订，以致经常超出经费预算，无法遵循进度计划，完成开发的期限一再拖延。实际

成本比估计成本有可能高出一个数量级，实际进度比预期进度拖延几个月的现象并不罕见。这种现象降低了软件企业的信誉。而为了赶进度和节约成本所采取的一些权宜之计又往往损害了软件产品的质量，从而不可避免地引起用户的不满。

（2）软件需求不够清晰。软件需求在开发的初期阶段不够明确，或是未能得到确切的表达。软件开发人员常常在对用户需求只有模糊的了解，甚至对所要解决的问题还没有确切认识的情况下，就匆忙着手编写程序，急于求成。开发工作开始后，软件人员和用户之间的沟通不够及时充分，造成矛盾在开发后期集中暴露。“闭门造车”必然导致最终的产品不符合用户的实际需要。

（3）软件测试不够充分。未能在测试阶段充分做好检测工作，提交给用户的软件质量差，在运行中暴露出大量的问题，轻则影响系统的正常工作，重则发生事故，甚至造成生命财产的重大损失。软件可靠性和质量保证确切的定量概念刚刚出现不久，软件质量保证技术还没有坚持不懈地应用到软件开发的全过程中，这些都导致软件产品发生质量问题。

（4）软件开发方法相对陈旧。早期的个体化开发特点，开发过程没有统一的、公认的方法论和规范指导，加上不重视文字资料工作，资料很不完整。忽视每个人与其他人的接口部分，发现了问题修修补补，这样的软件很难维护。很多程序中的错误是非常难改正的，不可能使这些程序适应新的硬件环境，也不能根据用户的需求在原有程序中增加一些新的功能。

（5）没有软件生命周期概念。认为软件就是编程、运行，轻视软件维护这个重要环节。其实编程工作量只占总工作量的 20%左右，软件维护的工作量占到 50%以上。

（6）忽视开发代价与时间的关系。软件开发过程中，在不同的时间段引入同一变动付出的代价具有明显的不同，引入变动的时间越晚付出的代价越高，代价随时间变化趋势如图 1.3 所示。

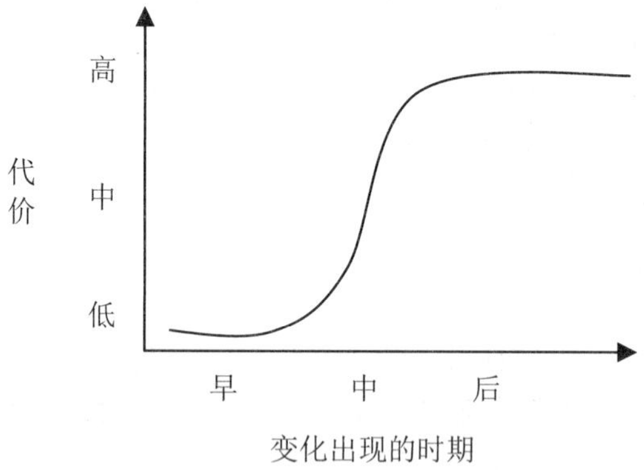

图 1.3　代价随时间变化趋势

一个复杂的软件系统需要建立庞大的逻辑体系，而这些往往只存在于人们的头脑中。一个大项目的负责人曾经说过这样一段话：“软件人员太像皇帝新衣故事中的裁缝。当我来检查软件开发工作时，所得到的回答好像对我说：我们正忙于编织这带有魔法的织物，只要一会儿，你就会看到这件织物是极其美丽的。但是我什么也看不到，什么也摸不到，也说不出任何一个有关的数字。没有任何办法得到一些信息说明事情确实进行得非常顺利。我知道许多人最终只是编织了一大堆昂贵的废物而已，还有不少人最终什么也没有做出来。”

如果这些问题不能很好地解决，软件的发展是没有出路的。如何保证软件产品的质量，是非常复杂困难的问题，特别是对于规模庞大的软件尤为重要。

1.2.4　解决软件危机的方法

消除软件危机的途径，主要有下述几个方面。

1. 首先应该正确的认识计算机软件

“软件”不等于单一的“程序”，软件=程序+数据+相关文档，是程序、数据和文档的完整集合。

1983 年 IEEE 为软件作了如下定义：计算机程序、方法、规则、相关的文档资料以及在计算机上运行程序时所必需的数据。方法和规则在文档中说明并在程序中实现。

2. 按工程化的原则和方法组织项目开发是软件开发的一个主要出路

20 世纪 50 年代到 20 世纪 60 年代时，程序设计曾经被看作是一种任人发挥创造才能的技术领域。写出的程序通篇充满了程序技巧，这些程序很难被别人看懂。然而随着计算机技术的发展和广泛使用，人们逐渐抛弃了这种观点。人们要求这些程序容易看懂、容易使用，并且容易修改和扩充。多个软件人员分工合作、共同完成，只能在项目的总体要求和技术规范的约束下充分发挥和施展自己的才能。

3. 通过技术和管理的方法手段提升软件的质量

必须意识到，软件具有自己的生命周期，大型软件系统的开发与其他工程项目如建造桥梁，制造飞机、轮船等的开发是同理的。必须采用工程化思想，运用先进的技术方法和管理手段来提升软件的开发质量和效率。

1.3　软件工程

1.3.1　软件工程的概念

1. 软件工程的概念

伴随着计算机科学技术的进步和软件产业的发展，软件工程已由最初的一个学科方向发展成为一个以计算机科学技术为基础的新兴交叉学科。同时，软件工程方法学的研究与实践也大大丰富了计算机科学，促进了软件产业的发展。

软件工程是指导计算机软件开发和维护的一门学科。采用工程的概念、原理、技术和方法来开发与维护软件，把经过时间考验而证明正确的管理技术和当前能够得到的最好的技术方法结合起来，以经济地开发出高质量的软件并有效地维护它，这就是软件工程。

1968 年 NATO 给出了一个定义，软件工程是为了经济地获得可靠的且能在实际机器上运行的软件，而建立和使用完善的工程原理。

1993 年 IEEE 给出了一个更加综合的定义，软件工程是开发、运行、维护和修复软件的系统方法，软件工程包括两个方面：

（1）将系统化的、规范的、可度量的方法应用于软件的开发、运行和维护的过程，即将工程化应用于软件中。

（2）对（1）中所述方法的研究。

其他软件专家也提出了一些有关软件工程的定义，大同小异，就是采用工程化的思想和方法开发软件。

2. 软件工程的本质特性

（1）软件工程关注于大中型程序的构造。大中型程序相对比较复杂，因此有必要采用系统的工程理论与方法，规范软件的开发和维护过程，以保障软件的质量。

（2）软件工程的中心课题是控制复杂性。软件所解决的问题十分复杂，以致于不能把问题作为一个整体通盘考虑，只能采用模块化分解的方法解决。模块化方法并不能降低问题的整体复杂性，但是却使它变成可以管理的问题。许多软件的复杂性主要不是由问题的内在复杂性造成的，而是由必须处理的大量细节造成的。

（3）开发软件的效率非常重要。现实世界在不断地变化，软件为了不被很快地淘汰，必须随着所模拟的现实世界一起变化。目前，社会对新应用系统的需求超过了人力资源所能提供的限度，软件供不应求的现象日益严重。

（4）和谐地合作是开发软件的关键。软件处理的问题十分庞大，必须许多人协同工作才能解决这类问题。纪律是成功地完成软件开发项目的一个关键，良好的团队合作有利于项目的成功。软件开发人员必须学会合作与沟通，才能保证软件的质量和开发效率。

（5）软件必须有效地支持它的用户。软件提供的功能应该能有效地协助用户完成他们的工作。在软件工程领域中是由具有一种文化背景的人（计算机人员）为另一种文化背景的人（行业领域的人员）创造产品。缺乏应用领域的相关知识，是软件开发项目出现问题的常见原因。软件工程师不仅缺乏应用领域的实际专业知识，还缺乏该领域的文化知识。因此有必要通过访谈、阅读书面文件等方法了解用户组织的“正式”工作流程，然后用软件实现这个工作流程。

3. 软件工程项目的基本目标

一般而言，成功的软件工程项目希望达到以下几个目标：

（1）成本低，付出比较低的开发成本。

（2）功能全，达到用户要求的软件功能。

（3）性能好，取得较好的软件性能。

（4）易移植，开发的软件易于移植。

（5）费用少，需要较低的维护费用。

（6）能按时完成开发工作，及时交付使用。

在实际开发过程中，如果想让以上几个目标都达到理想的程度，往往是非常困难的，而且这些目标之间也可能发生矛盾。软件工程的这些目标之间有些是互斥的，有些是互补的，软件开发项目力图在以上目标的冲突中取得一定程度的平衡。

1.3.2 软件工程原理

著名软件工程专家 B. W. Boehm 于 1983 年综合研究了软件工程的专家与学者们的意见，提出了软件工程的七条基本原理，他认为这七条原理是保证软件产品质量和开发效率的原理的最小集合。

1. 用分阶段的生命周期计划严格管理

把软件生命周期划分为若干个阶段，并相应的制订计划，然后按计划对软件的开发与维护工作进行管理。整个生命周期中主要执行六类计划，分别是项目概要计划、里程碑计划、项目控制计划、产品控制计划、验证计划和运行维护计划。

2. 坚持进行阶段评审

在每个阶段都要进行严格的评审，以便尽早发现在软件开发过程中所犯的错误。各个阶段之间存在着必然的联系，尽早地发现前一阶段错误有助于后续阶段工作的继续，保证每个阶段的工作质量。

3. 实行严格的产品控制基准和配置管理

在软件开发过程中，改变需求往往会付出较大的代价。为了能使需求改变的代价降到最低，必须实行严格的产品控制，其中主要是实行基准配置（各个阶段产生的文档或程序代码）管理。当对基准配置进行修改时，要按照严格的规程进行评审，只有获得批准后才能实施修改。

4. 采用现代程序设计技术

采用先进的程序设计技术，不仅可以提高软件的开发效率，而且可以提高软件的维护效率。比如采用面向对象的程序设计技术，就可以有效提高软件的重用性和可扩展性，进而提高软件的开发效率和可维护性。

5. 结果应能清楚地审查

为了能更好地管理软件开发过程，规定开发组织的责任和产品标准，每个阶段所得到的结果都具有里程碑的意义，应该能够清楚地审查。

6. 开发小组的成员应该少而精

开发人员的水平参差不齐，应该不断提高开发小组人员的素质。人员多了必然带来沟通和接口等一系列问题，势必影响软件的开发进度和质量效果。

7. 承认不断改进软件工程实践的必要性

软件工程是实践者的工程方法，在实践的过程中，不可避免地会出现一些新的问题，需要软件开发人员不断地改进，以适应需求的变化。

二八定律又叫帕雷托法则，是 19 世纪末20 世纪初意大利经济学家巴莱多发现的。此法则指在众多现象中，80%的结果取决于 20%的原因。他认为，在任何一组东西中，最重要的只占其中一小部分，约 20%，其余 80%尽管是多数，却是次要的，因此又称二八定律。生活中普遍存在“二八定律”。

近几年，软件工作者总结了项目开发过程中的经验，提出了软件工程的二八定律。这些经验丰富了软件工程的思想。

（1）对软件项目进度和工作量的估计：一般主观上认为已经完成了 80%的，往往实际上只完成了 20%。

（2）对程序中存在的问题的估计：80%的问题往往存在于 20%的程序之中。

（3）对模块功能的估计：20%的模块实现了 80%的功能。

（4）对人力资源的估计：20%的人解决了软件中 80%的问题。

（5）对投入资金的估计：企业信息系统中 80%的问题可以用 20%的资金来解决。

1.3.3　常用的软件工程开发方法

1. 软件工程方法学

在软件生命周期全过程中会使用一整套的技术方法，这些方法的集合称为软件工程方法学。

软件工程方法学采用的是一种层次化的技术，包括方法、工具和过程等三个要素。它的聚焦点在于关注软件工程的质量。

（1）方法是完成软件开发各个任务的技术方法，回答“怎样做”的问题，为软件开发提供了“如何做”的技术，如需求分析应如何开展，概要设计应如何进行等。

（2）工具为软件工程方法提供了自动的或半自动的软件支撑环境，进而提高软件的开发效率。

（3）过程是为了获得高质量的软件所需要完成的一系列任务的框架。它规定了完成各项任务的工作步骤，先做什么，后做什么，每个阶段采用哪种技术方法，运用哪些工具。

2. 目前使用得最广泛的软件工程方法学

目前使用得最广泛的软件工程方法学，包括传统和面向对象的方法学。

（1）传统方法学。传统方法学又称生命周期方法学，或结构化方法。传统方法学把软件生命周期的全过程依次划分为若干个阶段，然后顺序地完成各个阶段的任务。它采用结构化技术（结构化分析、结构化设计和结构化实现）来完成软件开发的各项任务。

在这个过程中，软件文档是通信的工具，它们清楚准确地说明了到这个时候为止，关于该项工作已经知道了什么，同时奠定了下一步的基础。

（2）面向对象方法学。客观世界是由对象构成的，对象是一个属性（数据）和对数据操作的封装体。数据和对数据的处理原本是密切相关的，传统方法把数据和对数据的操作人为地分离成两个独立的部分，要么面向数据，要么面向对数据的操作。而面向对象方法是把数据和对数据的操作紧密结合起来的方法。

面向对象方法学包括四个要素，分别是对象、类、继承和消息。

1）对象（Object）：世界是由对象组成的。软件也是由各种对象组成的。

2）类（Class）：就是对具有相同数据和相同操作的一组相似对象的定义，对象可划分为不同的类；单个对象可视为某一类的实例。

3）继承（Inheritance）：类是分层次的，下层子类与上层父类有相同特征，称为继承。

4）消息（Message）：对象间只能通过发送消息进行联系，外界不能处理对象的内部数据，只能通过它提供的消息请求它进行处理。

传统方法学强调自顶向下顺序地完成软件开发各阶段任务，但事实上，人类认识客观世界解决现实问题是个渐进和多次反复的过程。面向对象方法学则是一个主动地多次反复迭代的演化过程。

1.3.4 软件过程与模型

1. 软件生命周期

同其他任何事物一样，软件有一个孕育、诞生、成长、成熟、衰亡的生存过程。这个过程称为软件的生命周期（或软件生存周期、软件生存期）。也就是说，软件从构思开始，经过软件开发成功投入使用，直到最后决定停止使用，被别的软件替代为止，被认为是软件的一个生命周期。

软件生命周期就是把软件开发过程划分成若干个阶段，各阶段的划分受软件的规模、性质、种类、开发方法等影响，各个阶段的任务尽可能相对独立，同一阶段各项任务的性质应尽可能相同。这样可以降低每个阶段任务的复杂程度，简化不同阶段之间的联系，有利于软件开发的管理。

《计算机软件文档编制规范》(GB/T 8567－2006) 中描述，软件生命周期通常可以划分成以下六个阶段：可行性与计划研究、需求分析、软件设计、软件实现、软件测试、软件运行与维护等。

2. 软件生命周期各阶段的基本任务

（1）可行性与计划研究。该阶段的关键问题就是要弄清楚“要解决的问题是什么？该问题有行得通的解决办法吗？”。

通过与用户交互，确定要开发软件系统的目标、规模和总的要求，进行简化的系统分析与设计，进而导出系统的高层逻辑模型。从技术、经济、操作等层面确定项目的可行性，形成可行性研究报告、项目开发计划，提交管理机构审查。

（2）需求分析。需求分析的关键问题就是要弄清楚“目标系统必须做什么？”，确定系统必须具备的功能、性能要求及其他需求。

通过与用户充分交互与沟通，提出用户确认的系统逻辑模型（功能、对象、动态模型），编写软件需求规格说明书（软件需求说明、数据要求说明）及初步的系统用户手册，提交管理机构评审。

（3）软件设计。软件设计的关键问题就是“应该如何解决这个问题？”。软件设计包括概要设计和详细设计。

在概要设计阶段，主要设计软件的总体结构和数据逻辑结构，在详细设计阶段，对每个模块要完成的任务进行具体的描述，设计出程序的详细规格说明，为源程序编写打下基础。编写软件设计说明书（结构设计、详细设计说明）和初步的测试计划，提交管理机构评审。

（4）软件实现。软件实现的关键问题是如何把软件设计转换成计算机可以接受的程序代码，即写成以某一种特定程序设计语言表示的“源程序清单”。程序应正确、容易理解、容易维护。

本阶段要完成源代码的编写、编译、排错调试等，形成没有语法错误的程序清单。要开始编写月报（甚至周报、日报），编写面向用户的文档。在每一模块的编写过程中，需要进行单元测试，对模块的功能、结构分别测试。本阶段最终需要提交源程序清单、用户手册、测试计划等。

（5）软件测试。软件测试的目的，就是通过各种测试使软件达到预定要求。

除了单元测试，还应该进行综合测试，如集成测试、验收测试等。集成测试是将已测试过的模块按一定顺序组装起来，进行测试。而验收测试是用户按合同规定的各项任务、需求规格说明书以及用户手册，逐项进行有效性测试，确定已开发的软件是否满足用户要求，能否交付用户使用。本阶段最终提交软件测试分析报告、软件开发总结报告。

（6）软件运行与维护。软件运行与维护的关键任务就是通过各种维护使系统持久地满足用户需要。通常包括四类维护：改正性、适应性、完善性和预防性维护。

改正性维护，是修正软件运行中发现的错误；适应性维护，是为了适应变化了的软件工作环境而做的适当变更；完善性维护，是为了增强软件的功能而做的需求改进或扩充；预防性维护，是为将来的维护做准备。每一类维护都需要记录维护活动。

3. 软件工程过程

软件工程过程是为了获得高质量软件所需要完成的一系列任务的框架，它规定了完成各项任务的工作步骤。

软件工程过程定义了方法使用的顺序、每个阶段要求交付的文档资料、为保证质量和适应变化所需要的管理、软件开发各个阶段完成的里程碑。

软件工程过程通常包括四种基本的过程活动：软件规格说明、软件开发、软件确认和软件演进。主要完成如下工作：

（1）软件规格说明，就是确定软件的功能及其运行的限制。

（2）软件开发，就是产生满足规格说明的软件。

（3）软件确认，就是确认软件能够完成客户提出的要求。

（4）软件演进，为满足客户的变更要求，软件必须在使用的过程中不断地演进。

软件工程过程应当是科学合理的，一般应具有如下特性：易理解性、可见性、可支持性、可接受性、可靠性、健壮性、可维护性、速度等。

4. 软件生存期模型

软件过程通常使用生存期模型（生命周期模型、过程模型）来描述。

软件生存期模型是跨越整个生命周期的系统开发、运作和维护所实施的全部过程、活动和任务的结构框架。它规定了把软件生命周期划分成哪些阶段及各个阶段的执行顺序。

下面介绍几种典型的软件过程模型，包括瀑布模型、原型模型、增量模型、螺旋模型、喷泉模型、统一模型、敏捷过程等。

（1）瀑布模型。1970 年，W.Royce 提出了生命周期模型，又称瀑布模型。20 世纪 80 年代之前，瀑布模型一直是唯一被广泛采用的生命周期模型。现在它仍然是软件工程中应用得比较广泛的过程模型。传统软件工程方法学的软件过程基本上可用瀑布模型来描述。如图 1.4 所示为改进的瀑布模型。

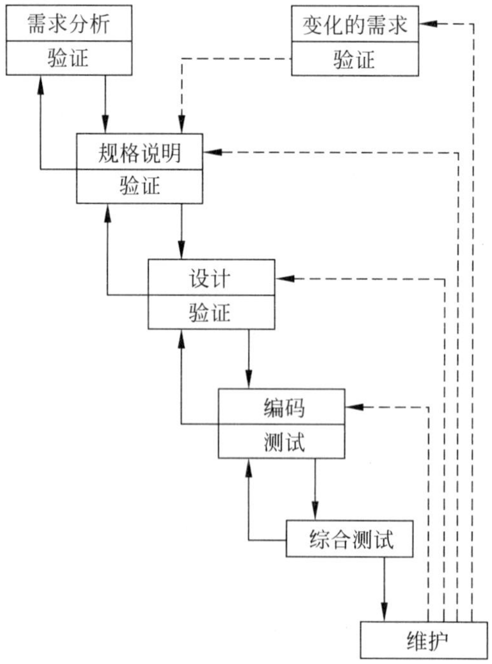

图 1.4 改进的瀑布模型

瀑布模型是面向阶段的、线性的或传统的开发策略，软件过程分为若干个阶段，阶段间具有顺序性、依赖性，前一阶段的结果是后一阶段的基础，它的目的是为了推迟实现。但也存在一些缺点，例如：在项目各个阶段之间极少有反馈，只有在项目生命周期的后期才能看到结果，不能很好地适应需求的变化，流程相对单一，缺少足够的描述能力等。但改进的瀑布模型相对改善了这些能力。

（2）原型模型。由于在项目开发的初始阶段，人们对软件的需求认识常常不够清晰，因而使得项目开发难以做到一次开发成功，出现返工在所难免。因此往往需要做多次修正。第一次只是试验开发，其目标只是在于探索可行性，弄清软件需求。下一次则是在此基础上获得较为满意的软件产品。这些模型属于演化模型。原型系统是快速建立起来的可以在计算机上运行的程序，它所能完成的功能往往是最终产品能完成功能的一个子集。原型模型如图 1.5 所示。

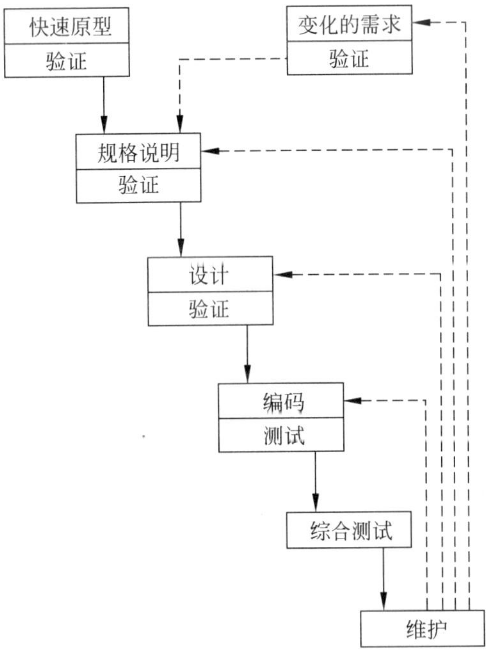

图 1.5 原型模型

（3）增量模型。使用增量模型开发软件时，把软件产品作为一系列的增量构件来设计、编码、集成和测试。每个构件由多个相互作用的模块构成，并且能够完成特定的功能。增量模型如图 1.6 所示。

（4）螺旋模型。1988 年，巴利 • 玻姆（Barry Boehm）正式发表了软件系统开发的“螺旋模型”，它将瀑布模型和快速原型模型结合起来，强调了其他模型所忽视的风险分析，使用原型及其他方法来尽量降低风险。特别适合于大型的复杂系统。螺旋模型如图 1.7 所示。

螺旋模型采用一种周期性的方法来进行系统开发。沿着螺线旋转进行若干次迭代，在图 1.7 中的四个象限上分别表达了以下活动，即：

1）制订计划：确定软件目标，选定实施方案，弄清项目开发的限制条件。

2）风险分析：分析所选方案，考虑如何识别和消除风险。

3）实施工程：实施软件开发和验证。

4）客户评估：评价开发工作，提出修正建议，制订下一步计划。

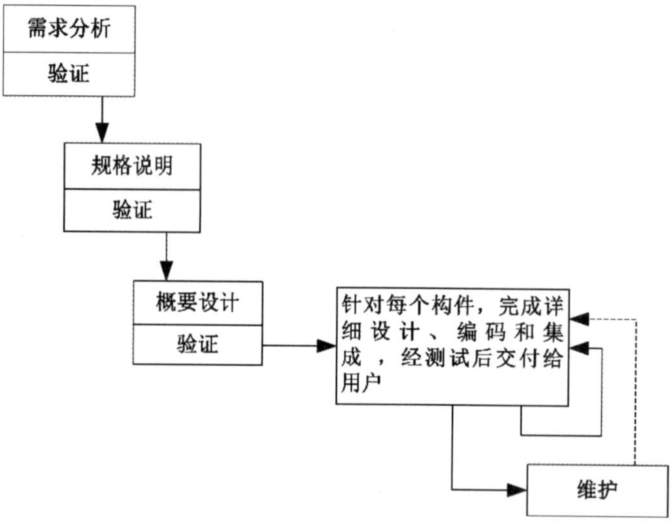

图 1.6　增量模型

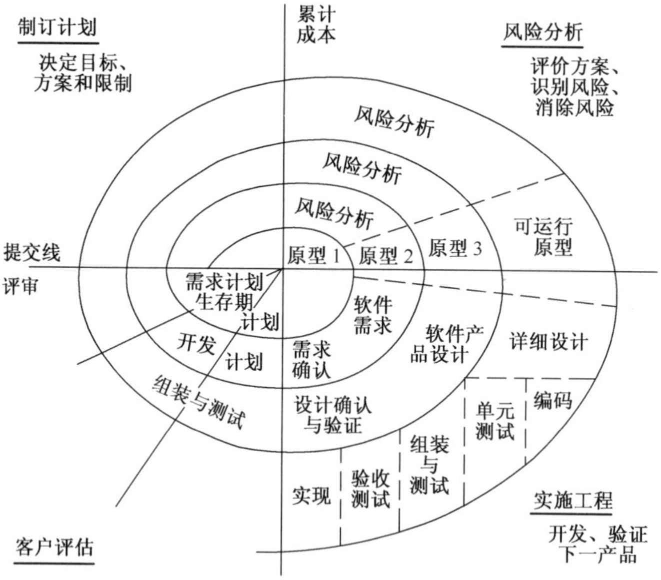

图 1.7　螺旋模型

（5）喷泉模型。1990 年，B.H.Sollers 和 J.M.Edwards 提出了面向对象方法模型，又称喷泉模型。

喷泉模型是一种以用户需求为动力，以对象为驱动的模型。在该模型中，软件开发过程自下而上的各个阶段是相互迭代的。各阶段无明显界限，在某部分常常被重复工作多次，进行多次迭代，每次迭代加入渐进的系统。喷泉模型如图 1.8 所示。

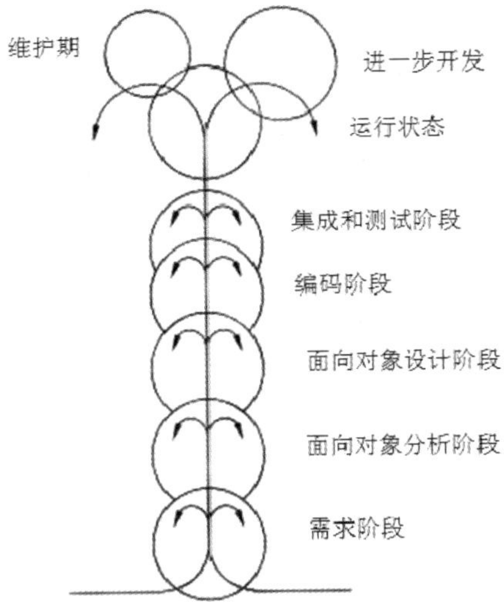

图 1.8　喷泉模型

（6）统一模型。统一软件开发过程（Rational Unified Process，RUP），把开发中面向过程的方面（例如定义的阶段、技术和实践）和其他开发的组件（例如文档、模型、手册以及代码等）整合在一个统一的框架内。

RUP 中的软件生命周期在时间上被分解为四个顺序的阶段，分别是：初始阶段、细化阶段、构造阶段和交付阶段。每个阶段结束于一个主要的里程碑，每个阶段本质上是两个里程碑之间的时间跨度，在每个阶段的结尾执行一次评估以确定这个阶段的目标是否已经实现。如果评估结果令人满意的话，允许项目进入下一个阶段。RUP 模型如图 1.9 所示。

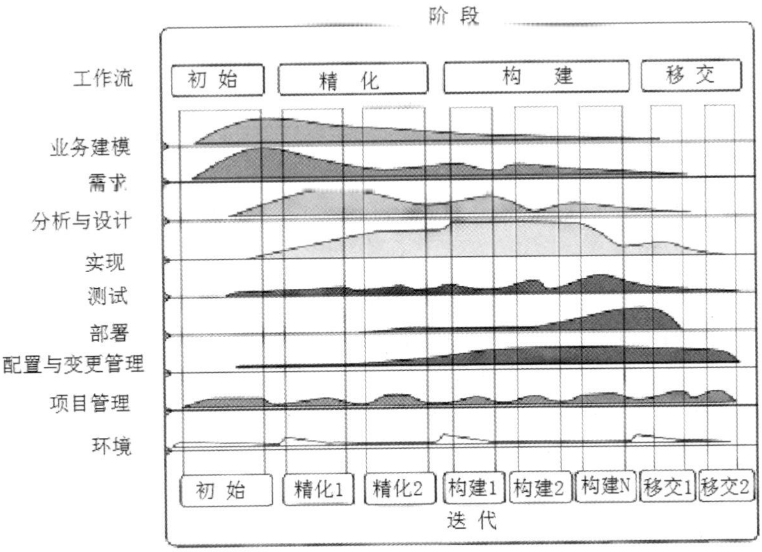

图 1.9　RUP 统一模型

（7）敏捷过程。敏捷软件开发方法其实不是一个具体的过程，而是一个涵盖性术语，用于概括那些应需而生的具有类似价值观的软件开发方法。它的特点是以人为核心、循环迭代、响应变化等，高质量地快速交付客户满意的工作软件。

代表性的敏捷开发方法包括极限编程（eXtreme Programming，XP）、特征驱动软件开发（Feature Driven Development，FDD）、动态系统开发方法（Dynamic Systems Development Methodology，DSDM）、自适应软件开发（Adaptive Software Development，ASD）、SCRUM、Crystal 等。

这些敏捷开发方法具有相同的价值观，即个体与交互重于过程与工具，可以工作的软件重于面面俱到的文档，与客户的合作重于与其合同的谈判，对变化的响应重于对计划的遵循。

敏捷软件开发方法的理念，就是在保证软件开发有成功产出的前提下，尽量减少开发过程中的活动和制品的方法。在满足软件质量要求的前提下，力求适应变化和提高开发效率。

1.4 软件工程的相关规范

1.4.1 软件项目的开发流程

软件项目的开发流程，是按照软件的生命周期开展工作。项目实际实施时，还需要加入一些商务活动。

1. 招投标工作

首先由客户（业主）根据企业自身的需求情况，制定招标文件，委托招标公司进行网上公开招标或投标邀请，软件企业向招标公司报名，通过资格预审后，购买招标文件，在规定时间完成投标文件的制作。

经过招标公司的招投标专家评审流程，确定中标的软件企业。经公示无误后，客户与中标企业签订软件开发合同。

2. 调研与需求分析

通过深入了解和分析项目，开发企业组织项目开发团队，制订软件开发计划，进行任务分解、人员分配、制定开发进度等。

开发者获取用户需求，编写软件需求规格说明书文档。文档会清楚列出系统的功能和业务流程、数据及其关联关系、数据字典，并且还列出相关的初步界面。

3. 软件设计

首先，开发者需要对软件系统进行概要设计，包括系统的基本处理流程、系统的组织结构、模块划分、功能分配、接口设计、运行设计、数据结构设计和出错处理设计等。

在此基础上，开发者需要进行软件系统的详细设计。描述实现具体模块所涉及的主要算法流程、数据结构、类的层次结构及调用关系，需要说明软件系统各个层次中的每一个程序（模块或子程序）的设计考虑，以便进行编码和测试。

4. 编码与测试

在软件编码阶段，开发者根据详细设计中对数据结构、算法分析和模块实现等方面的设计要求，开始具体的编写程序工作，分别实现各模块的功能，从而实现对目标系统的功能、性能、接口、界面等方面的要求。

测试是项目研发中一个相当重要的步骤，可测试编写好的系统，发现软件中存在的问题。按照测试范围，测试可以分为单元测试和集成测试。

5. 软件交付

在软件测试证明软件达到要求后，软件开发者应向用户提交开发的程序、数据库的数据字典、用户安装手册、用户使用指南、需求报告、设计报告、测试报告等双方合同约定的产物。

6. 验收

用户进行确认验收，查看软件是否完成合同所规定的各项任务。当软件项目较大时，用户往往聘请第三方软件测试机构进行验收测试。

7. 运行维护

根据用户需求的变化或环境的变化，对应用程序进行全部或部分的修改。

1.4.2 软件工程的标准化

1. 软件工程的标准化

解决软件危机的出路在于软件开发的工程化和标准化。软件工程的标准化主要关注的是软件过程的标准化，也就是在软件生命周期各个阶段的工作均建立标准或规范。

国家标准《软件工程标准分类法》（GB/T 15538－1995）给出了软件工程标准的分类。涉及过程管理、产品管理、资源管理，以及确认与验证等部分。

2. 软件工程标准的层次

软件工程标准规范分为国际标准、国家标准、行业标准、企业规范和项目规范等。

（1）国际标准。由国际联合机构制定和公布，提供各国参考的标准。

国际标准化组织（International Standards Organization，ISO），在业界有着广泛的代表性和权威性，它所公布的标准在世界范围有较大的影响。

ISO 建立了“计算机与信息处理技术委员会”，简称 ISO/TC97，专门负责与计算机有关的标准化工作。这一标准通常冠有 ISO 字样，如《信息处理——程序构造及其表示法的约定》(ISO 8631－86)，该标准现已由我国收入国家标准。

（2）国家标准。由政府或国家级的机构制定或批准，适用于全国范围的标准，例如：

GB：中华人民共和国国家技术监督局公布实施的标准，简称“国标”，现已批准了若干软件工程标准。

ANSI（American National Standards Institute）：美国国家标准协会，这是美国一些民间标准化组织的领导机构。

FIPS（NBS）[Federal Information Processing Standards （National Bureau of Standards）]：美国商务部国家标准局联邦信息处理标准。

BS（British Standard）：英国国家标准。

DIN（Deutsches Institut für Nor-mung）：德国标准协会。

JIS（Japanese Industrial Standard）：日本工业标准。

（3）行业标准。由行业机构、学术团体或国防机构制定，适用于某个业务领域的标准。如下所述：

IEEE：美国电气与电子工程师学会。该学会有一个软件标准分技术委员会，负责软件标准化活动。IEEE 公布的标准常冠有 ANSI 的字头。例如，《软件配置管理计划标准》(ANSI/IEEE Str 828－1983)。

GJB：中华人民共和国国家军用标准。这是由中国国防科学技术工业委员会批准，适合于国防部门和军队使用的标准。例如，《军用软件开发规范》（GJB 437－88）。

DOD-STD（Department Of Defense-STanDards）：美国国防部标准，适用于美国国防部门。

MIL-S（MILitary-Standard）：美国军用标准，适用于美军内部。

（4）企业规范和项目规范。一些大型企业或公司，由于软件工程工作的需要，制定适用于本部门的规范。例如，美国 IBM 公司通用产品部 1984 年制定的《程序设计开发指南》，仅供该公司内部使用。我国一些大型企业也拥有自己的企业规范。

有时候，软件开发项目组织会针对一些特定的项目制定该项目专用的软件工程规范，又称项目规范。

3. 中国的软件标准

从 1983 年起，我国已陆续制定和发布了 20 多项国家标准。这些标准可分为三类。

（1）基础标准。基础标准主要是描述软件工程的一些概念、术语等。常见的基础标准有软件工程术语、软件生命周期过程、软件工程标准分类法、程序构造及其表示法的约定、计算机系统配置图符号及其约定、软件开发规范、软件维护指南等。

（2）文档标准。文档标准主要是描述软件开发过程中产生的一些文档。常见的文档标准有计算机软件文档编制规范、软件文档管理指南等。

（3）管理标准。管理标准主要是描述软件开发过程中用来控制软件质量等的一些文档。常见的文档标准有计算机软件配置管理计划规范、计算机软件质量保证计划规范、计算机软件可靠性和可维护性管理等。

4. ISO 9000 标准及软件质量认证

ISO 9000 国际标准发源于欧洲经济共同体，但很快就波及美国、日本及世界各国。到目前为止，已有 70 多个国家在企业中采用和实施这一系列标准。我国对此也十分重视，确定对其等同采用，发布了与其相应的质量管理国家标准系列 GB/T 19000；同时积极组织实施和开展质量认证工作。

ISO 9000 系列标准适用领域广阔，涵盖硬件、软件、流程性材料和服务等。

制定与实施 ISO 9000 系列标准的主导思想包括如下几个方面：

（1）强调质量并非在产品检验中得到，而是形成于生产的全过程。

（2）为把握产品的质量，ISO 9000-3 要求“必须使影响产品质量的全部因素在生产全过程中始终处于受控状态”。

（3）ISO 9000 标准要求证实“企业具有持续提供符合要求产品的能力”。

（4）ISO 9000 标准强调“质量管理必须坚持进行质量改进”。

1.4.3 软件工程文档编写

1. 软件文档

文档是指某种数据媒体和其中所记录的数据。它具有永久性，可以由人或机器阅读，通常仅用于描述人工可读的东西。

在软件工程中，会产生和使用大量的信息。文档常常用来表示对软件生命周期中的活动、需求、过程或结果等信息，进行描述、定义、规定、报告的任何书面或图示的信息。

从某种意义上来说，软件文档是软件开发规范的体现。按规范要求生成一整套文档的过程，就是按照软件开发规范完成一个软件开发的过程。

2. 软件文档的作用

软件文档在产品的开发过程中起着重要的作用。

（1）提高软件开发过程的可见度。软件文档的编制，可以把开发过程中发生的事件以某种可阅读的形式记录在文档中。管理人员把这些记载下来的材料作为检查软件开发进度和开发质量的依据，实现对软件开发的过程管理。

（2）提高开发效率。软件文档的编制，使得开发人员对各个阶段的工作都进行周密思考、全盘权衡、减少返工。并且可在开发早期发现错误和不一致性，便于及时加以纠正。同时作为开发人员在一定阶段的工作成果和里程碑。记录开发过程中有关信息，便于协调以后的软件开发、使用和维护。

（3）提供运行、维护和培训相关信息。软件文档的编制，便于管理人员、开发人员、用户之间的协作、交流和了解。使软件开发活动更科学、更有成效。便于潜在用户了解软件的功能、性能等各项指标，为他们选购符合自己需要的软件提供依据。

所以，在使用工程化的原理和方法来指导软件的开发和维护时，应当充分注意软件文档的编制和管理。

3. 软件文档的分类

国家标准局在 1988 年 1 月发布了《计算机软件开发规范》《软件产品开发文件编制指南》等，2006 年重新修订发布了《计算机软件文档编制规范》。

作为软件开发人员工作的准则和规程。它们基于软件生命周期方法，规范了软件产品从形成概念开始，经过开发、使用和不断增补修订，直到最后被淘汰的整个过程应提交的文档。这些文档是在软件生命周期中，随着各个阶段工作的开展适时编制的。其中，有的仅反映某一个阶段的工作，有的则需跨越多个阶段。

按照文档产生和使用的范围，软件文档大致可分为三类：开发文档、管理文档、用户文档。

（1）开发文档，指的是开发过程中形成的技术文档，包括软件需求说明书、数据要求说明书、概要设计说明书、详细设计说明书、可行性研究报告等。

（2）管理文档，指的是控制项目进度和质量的文档，包括项目开发计划、测试计划、测试报告、开发进度月报、项目开发总结等。

（3）用户文档，指的是便于用户使用的文档，包括用户手册、操作手册、维护修改建议、软件需求说明书等。

小　结

软件危机是在计算机软件开发、维护过程中所遇到的一系列严重问题，这是由于软件自身的特点，以及在软件开发和维护过程中采用了错误的方法和技术。

为了解决软件危机，必须采用工程化的原则和方法组织项目开发，于是引进了软件工程这个概念。

软件工程是为了经济地获得可靠的且能在实际机器上运行的软件，而建立和使用完善的工程原理。软件工程的三个要素是方法、工具和过程。

软件工程采用的主要方法是传统方法学和面向对象方法学。这些方法在软件工程过程实施中构成了多种软件生存期模型。

软件工程要遵循标准化、规范化的原则，目前国际国内制定了若干种软件标准。同时软件从业人员也需要遵循软件工程师的职业道德规范。

习题 1

1. 选择题

（1）软件工程学的最终目的是解决软件生产的（　　）问题。

A. 提高软件的开发效率　　B. 使软件生产工程化

C. 消除软件危机　　D. 加强软件的质量保证

（2）软件危机产生的主要原因是（　　）。

A. 软件本身的特点　　B. 用户使用不当

C. 硬件可靠性差　　D. 对软件的错误认识

（3）软件是一种（　　）。

A. 程序　　B. 数据　　C. 逻辑产品　　D. 物理产品

（4）软件工程的中心课题是（　　）。

A. 提高软件的开发效率　　B. 控制复杂性

C. 消除软件危机　　D. 加强软件的质量保证

（5）软件工程的三要素是（　　）。

A. 方法、工具、过程　　B. 方法、工具、语言

C. 程序、数据、文档　　D. 程序、数据、过程

（6）软件是一种逻辑产品，它的开发主要是（　　）。

A. 研制　　B. 拷贝　　C. 再生产　　D. 复制

（7）在软件生命周期中，（　　）阶段准确地确定软件系统必须做什么和必须具备哪些功能。

A. 需求分析　　B. 可行性分析

C. 概要设计　　D. 详细设计

（8）在软件生命周期中，（　　）阶段花费的时间最长。

A. 需求分析　　B. 软件维护

C. 概要设计　　D. 编码与测试

（9）软件复杂性不包括（　　）。

A. 人员的复杂性　　B. 程序的复杂性

C. 领域知识的复杂性　　D. 问题的复杂性

（10）具有风险分析的软件生命周期模型是（　　）。

A. 瀑布模型　　B. 喷泉模型

C. 螺旋模型　　D. 增量模型

2. 简答题

（1）什么是软件？简述软件的特点。

（2）什么是软件危机？软件危机产生的原因是什么？

（3）什么是软件工程？

（4）简述软件工程主要原理。
（5）简述软件工程三要素。
（6）什么是软件生命周期？
（7）简述软件开发中常用的方法。
（8）简述软件开发的常见模型。
（9）简述软件知识产权包含的内容。
（10）简述软件工程师的职业道德规范。

第 2 章　结构化方法、工具和过程

本章学习目标

- 掌握结构化方法与过程。
- 掌握 Visio 绘图工具。
- 掌握 PowerDesigner 数据建模工具。

本章首先向读者介绍结构化方法与过程，然后介绍 Visio 绘图工具，最后介绍 PowerDesigner 数据建模工具。

2.1　结构化方法与过程

结构化方法是一种传统的软件开发方法，针对软件生命周期各个不同的阶段，由结构化分析、结构化设计和结构化程序设计三部分有机组合而成。

结构化方法的基本思想是：把一个复杂问题的求解过程分阶段进行，每个阶段处理的问题都控制在人们容易理解和处理的范围内。它的基本要点是：自顶向下、逐步求精、模块化设计。

结构化方法强调开发方法的结构合理性以及所开发软件的结构合理性。结构是指系统内各个组成要素之间的相互联系、相互作用的框架。结构化开发方法提出了一组提高软件结构合理性的准则，如分解与抽象、模块独立性、信息隐蔽等。

结构化分析方法给出一组帮助系统分析人员产生功能规约的原理与技术。它一般利用图形表达用户需求，使用的手段主要有数据流图、数据字典、输入－处理－输出图（IPO）等。

结构化设计方法给出一组帮助设计人员在模块层次上区分设计质量的原理与技术。它通常与结构化分析方法衔接起来使用，以数据流图为基础得到软件的模块结构。结构化设计方法尤其适用于变换型结构和事务型结构的目标系统。在设计过程中，它从整个程序的结构出发，常常利用模块结构图表述程序模块之间的关系。

结构化程序设计就是采用一种面向过程的程序设计语言实现上述设计的系统。在程序设计语言的选择上要综合考虑语言的特点、技术的先进性、业务领域适用范围、问题的规模、开发人员的经验等。选择好一门程序设计语言后，就开始编码。编码要有一个良好的风格，要注重清晰第一，效率第二的原则。在编码的过程中，需要及时地测试以发现可能存在的问题，提高软件的质量。

2.2　常用结构化建模工具

2.2.1　Visio

1. Visio 简介

Microsoft Office Visio 是微软公司出品的一款专业办公绘图软件，是 Office 软件中的一个组件。该软件能够帮助用户将一些复杂的文本和表格绘制为图文混排的 Visio 图表。例如创建业务流程图、软件流程图、数据库模型图和平面布置图等。因此 Office Visio 可应用于 IT、企业管理、项目规划、建筑规划和机械制图等众多领域。

在软件工程分析设计中，类似的建模工具有很多，如 Rational Rose、StarUML 等，可以支撑从软件的需求分析到系统设计全过程。

2. 形状、模具和模板

（1）形状。Visio 形状是图表的构建基块，是一些现成的图形。可以将形状从模具拖至绘图页，原始形状仍会保留在模具上。该原始形状被称为主控形状，根据需要可以从中将同一形状的任意数量的图形拖至绘图页。

1）旋转形状和调整形状的大小。旋转手柄：位于形状上方的圆形手柄称为旋转手柄，将旋转手柄向右或向左拖动可旋转形状。

选择手柄：使用正方形选择手柄能更改形状的宽度和高度。单击并拖动形状一角上的选择手柄可以放大形状，而不更改它的比例。单击并拖动形状一侧上的选择手柄可以使形状变高或变宽。

2）形状的特殊功能。Visio 不仅仅是简单的图形或符号，它可以包含数据。在“形状数据”窗口中键入数据能够向指定形状中添加数据。访问该窗口的方法是：在“视图”选项卡中的“显示”组中，单击“任务窗格”，再单击“形状数据”。或者可以从外部导入数据。

默认情况下，数据不会显示在绘图中。通过打开“形状数据”窗口并选择单个形状来查看该形状的数据。

（2）模具。Visio 模具是包含形状的集合。这些形状可以是创建特定种类图表所需的形状的集合，也可以是同一形状的几个不同的版本。

模具显示在“形状”窗口中。若要查看特定模具上的形状，可单击模具标题栏。如果正在使用某一模具，想打开其他模具，可以单击“形状”窗口中的“更多形状”，指向所需的类别，然后单击要使用的模具名称。

（3）模板。为了节省时间，Visio 提供了绘制多种类型设计图的模板，如果要创建的图表没有完全匹配的类型，则可以从最接近的类型选择。

1）包含创建特殊类型图形所需的模具。例如，打开“家具规划”模板时会显示一些家具方面的模具，如壁纸、家具、家电、柜子等模具。

2）创建特殊类型图形向导。在一些情况下，当打开 Visio 模板时，将会有一个向导帮助用户入门。例如，打开“空间规划”模板时会显示一个向导，该向导能够帮助用户设置空间和房间信息。

选择“文件”选项卡中的“新建”命令，选择不同模板类别，然后单击模板缩略图可查看到各模板的简短说明，从而判断哪些模板可用。

3. 安装 Visio 软件

在安装 Visio 软件之前，先要安装 Office 软件，否则无法安装本软件。下载 Microsoft Office Visio 软件包，双击安装文件夹里的 setup 文件。接下来的安装步骤非常简单，按照提示要求依次进行“下一步”操作即可完成软件的安装。

4. Visio 2010 新特性

Visio 2010 是微软公司推出的较新版本。该版本不仅在易用性、实用性和协同工作等方面得到了提升，而且其新增的功能使得创建 Visio 图表更为简单、快捷。下面简单介绍一下 Visio 2010 的新增功能。

（1）全新的界面。相对于老版本 Visio 来讲，Visio 2010 具有全新的界面。新的功能区取代了旧版本中的命令工具栏，各项命令按使用方式分组，位于各个选项卡上。从而帮助用户更快地查找命令。Visio 2010 新界面如图 2.1 所示。

（2）全新的形状窗口。Visio 2010 与 Visio 2007 一样，为用户提供了便于操作的形状窗口。在该窗口中，用户只需单击标题栏，就能查看并使用相应模具中的形状。另外，在模具的上方有新增加的“快速形状”区域，在该区域中放置了最常用的形状。用户只需单击“快速形状”下拉按钮，在其列表中选择相应的形状即可，如图 2.1 所示。

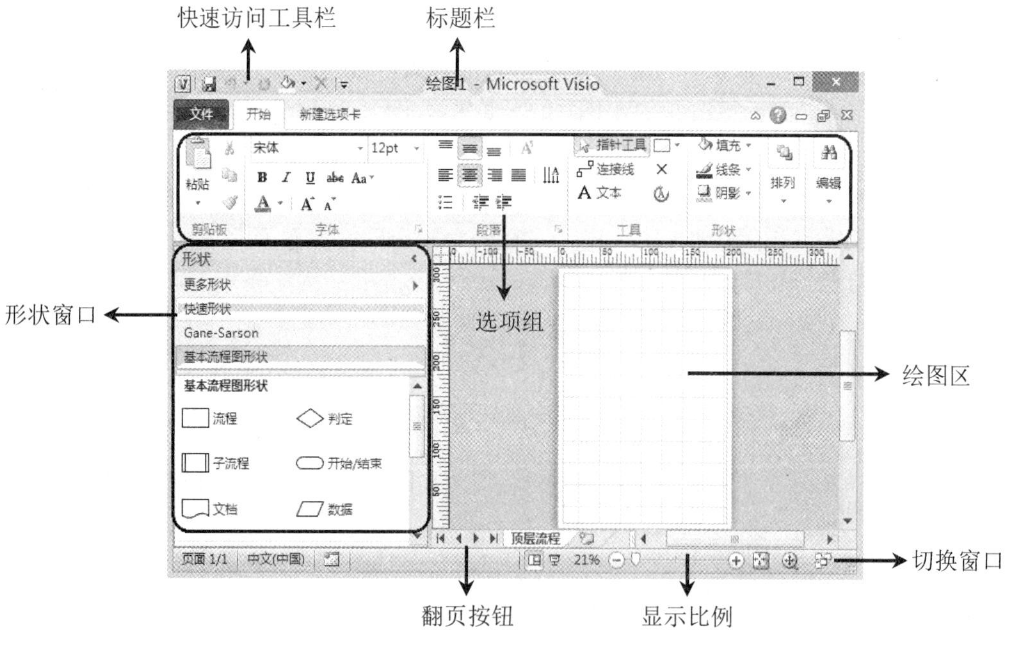

图 2.1　Visio 2010 新界面

（3）新增形状编辑功能。在 Visio 2010 中，新增加了自动调整形状大小、插入/删除形状并自动调整的功能，以及自动对齐和自动调整间距等形状编辑功能。

5. Visio 2010 绘图基本步骤示例

（1）启动 Visio 2010。打开 Visio 2010 软件，单击“文件”菜单，选择“新建”，这时会显示模板类别。在模板类别里选择“流程图”，如图 2.2 所示。

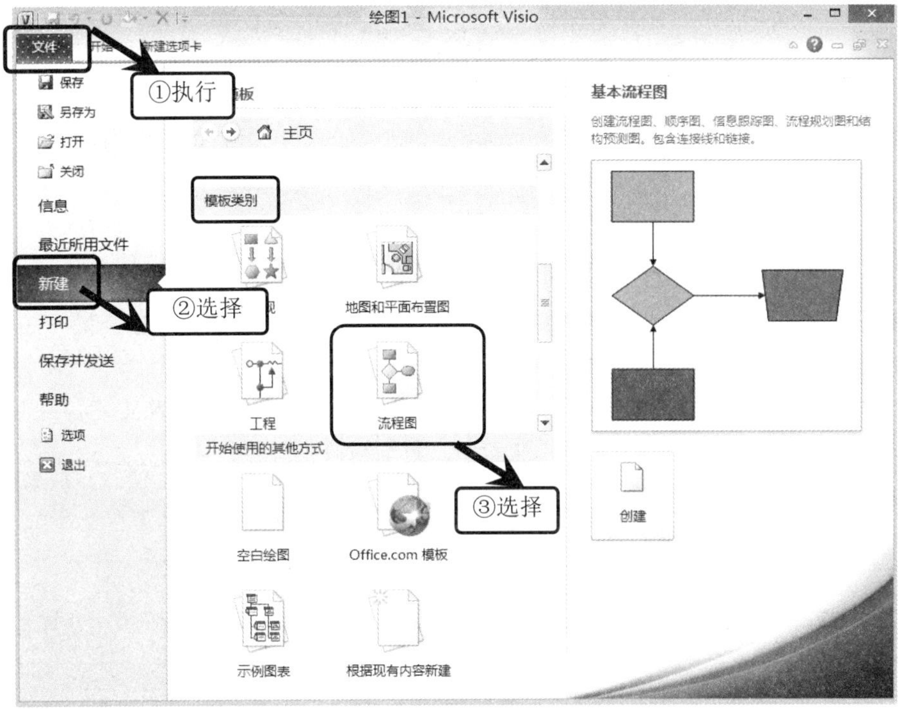

图 2.2　新建流程图

（2）选择模板。进入流程图后，选择“基本流程图形状”命令。模板一侧则显示“形状”窗口，在左侧选择所需形状，并直接拖拽至右侧工作区，如图 2.3 所示。

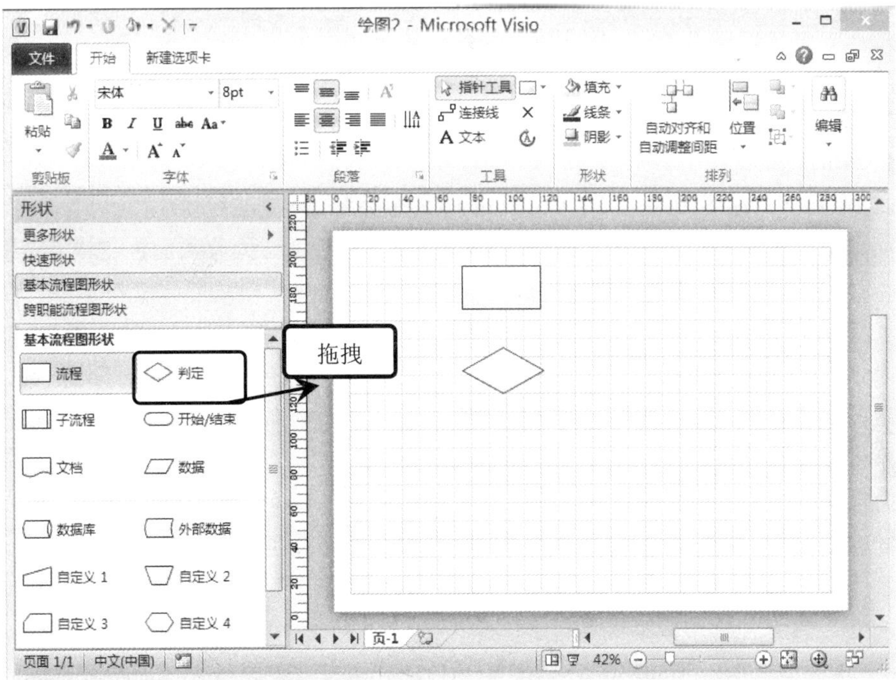

图 2.3　Visio 工作界面

重复步骤（2）的操作，依次将所需的形状放在合适的位置。

（3）连接形状。连接形状有两种方法：

方法一：找到“开始”选项卡里“工具”组中“连接线工具”按钮。单击“连接线”，然后将鼠标移到要连接的形状中心位置，直到该形状边框变为红色粗体框后，单击形状。鼠标不松开，将指针指向另一个形状，此时的被连接形状也变成红色粗体边框，放开鼠标，形状被连接。

方法二：从模具中将一个形状拖到绘图页上，并将它放在靠近另一个形状的位置。继续按住鼠标按钮，将指针移到某个蓝色的三角形上，三角形会变为深蓝色。松开鼠标按钮，形状这时位于绘图页上，并且添加了一条连接线，与两个形状连接。

注意：单击“开始”选项卡里“形状”组中的“线条”按钮，可以改变连接线形状。

（4）添加文本。若要在流程框中添加文字，只需对准框体进行双击，然后输入文字，在文本块外单击即可。

如果对线框编辑文字说明，方法有两种：

方法一：对准线条直接双击，输入文字，然后在文本块外单击。

方法二：单击“开始”选项卡里“工具”组中的“文本”按钮，输入文字后，然后拖动到相应线框位置。

注意：使用“开始”选项卡里的“字体”组，可对文本进行格式设置。

（5）调整形状位置。选中要对齐的所有形状，找到“开始”选项卡里“排列”组中的“位置”按钮，单击“自动对齐”就可以使所有形状整齐排列。

注意：如果想让其他形状与某一形状对齐，先选择主形状，然后再按住 Shift，同时单击想要与其对齐的形状，这时主形状会变成红色粗轮廓线。最后在“位置”命令中选择特定对齐方式即可。

2.2.2 PowerDesigner

1. PowerDesigner 简介

PowerDesigner 是由 Sybase 公司（已于 2010 年被 SAP 公司收购）开发研制的一个功能强大且使用简单的建模工具。它提供了直观而便捷的交互环境，支持业务流程建模、应用程序建模以及数据建模等。此外，PowerDesigner 还提供了企业建构建模功能，支持从业务目标出发到整个企业建构的实现，是一个集成的、敏捷的企业建构建模和元数据管理工具。

使用 PowerDesigner 不仅可以简化软件开发设计不同阶段的工作，提高工作效率，而且还提供了完备的模型报告功能。通过各阶段的设计文档可以让软件开发人员、用户之间进行有效的沟通，增强团队协作，从而提高软件质量。

PowerDesigner 15 作为其较新的版本，支持多种模型的建立，分别是企业建构模型、需求模型、数据移动模型、业务流程模型、概念数据模型、逻辑数据模型、物理数据模型、面向对象模型等。

下面简要叙述几种常用模型的功能。

（1）需求模型（Requirements Mode，RQM）。需求模型主要用来描述待开发项目需要实现的功能。建立需求模型的目的是定义系统边界，能使开发人员更清楚地了解系统需求，为估算开发系统所需成本和时间提供基础。RQM 主要通过需求文档视图、追踪矩阵视图和用户分配矩阵视图描述。

（2）业务流程模型（Business Process Model，BPM）。业务流程模型主要用来描述实现业务功能的流程定义，是从用户角度对业务逻辑和业务规则进行描述的。BPM 使用图形符号表示处理、流、消息、协作以及它们之间的相互关系，具有一个或多个起点和终点。

（3）概念数据模型（Conceptual Data Model，CDM）。概念数据模型主要用来描述现实世界的概念化结构，是对需求进行综合、归纳和抽象之后，形成的一个独立于具体数据库管理系统的模型。CDM 的设计以实体—联系（E-R）模型为基础，按用户的观点对系统所需数据建模。它能够让数据库设计人员在设计初期摆脱计算机系统以及 DBMS 的具体技术问题，集中精力分析数据及其相互关系等。

（4）逻辑数据模型（Logical Data Model，LDM）。逻辑数据模型是对概念数据模型的进一步分解和细化，是具体的 DBMS 所支持的数据模型。LDM 是根据业务规则确定的关于业务对象、业务对象数据项以及业务对象之间关系的基本蓝图。既要面向用户，又要面向系统。它的目标是尽可能详细地描述数据，但并不考虑数据在物理上如何实现。

（5）物理数据模型（Physical Data Model，PDM）。物理数据模型用于描述数据在存储介质上的组织结构，与具体的 DBMS 相关。它是在逻辑数据模型的基础上，考虑各种具体的技术实现因素，进行数据库体系结构设计，实现数据在数据库中的表示。

（6）面向对象模型（Object Oriented Model，OOM）。面向对象模型采用统一建模语言（Unified Modeling Language，UML）描述系统的功能、结构等特性。采用 PowerDesigner 不仅能够完成面向对象模型设计工作，而且还能够从面向对象模型生成 Java、C#、VB.NET、C++等代码，也可以通过逆向工程从 Java 等代码文件生成面向对象模型。

在软件工程分析设计中，类似的数据库建模工具还有很多，如 ER-WIN 等，可以支撑从数据库的概念模型、逻辑模型到物理模型设计全过程。

2. PowerDesigner 安装

PowerDesigner 产品安装较简单，下载 PowerDesigner 软件包，运行安装文件夹里的 PowerDesigner 15.1.exe 文件，打开安装向导。按照提示要求依次进行“下一步”操作即可完成软件的安装。

3. PowerDesigner 建模

首先启动 PowerDesigner，初始界面如图 2.4 所示。

初始界面包括浏览器窗口“Browser”、输出窗口“Output”、模型设计工作区“Canvas”、工具箱“Palette”、结果列表窗口“Result List”等几个区域。

（1）浏览器窗口。浏览器窗口分为本地“Local”、模型知识库“Repository”两个子选项。本地浏览器窗口用于显示本地模型，模型知识库浏览器窗口用于显示知识库中的模型。

浏览器窗口采用层次结构呈现模型信息，实现快速导航。该窗口中的模型按照工作空间（Workspace）、工程（Project）、文件夹（Folder）和包（Package）几个层次进行管理。其中，工作空间是浏览器中模型组织的根，是组织与管理所有设计元素的虚拟环境。工程就像一个容器，用来组织和管理一个工程包含的所有模型。一个工作空间中可以同时处理多个独立的工程。文件夹是用来组织模型和文件的下一层次结构。

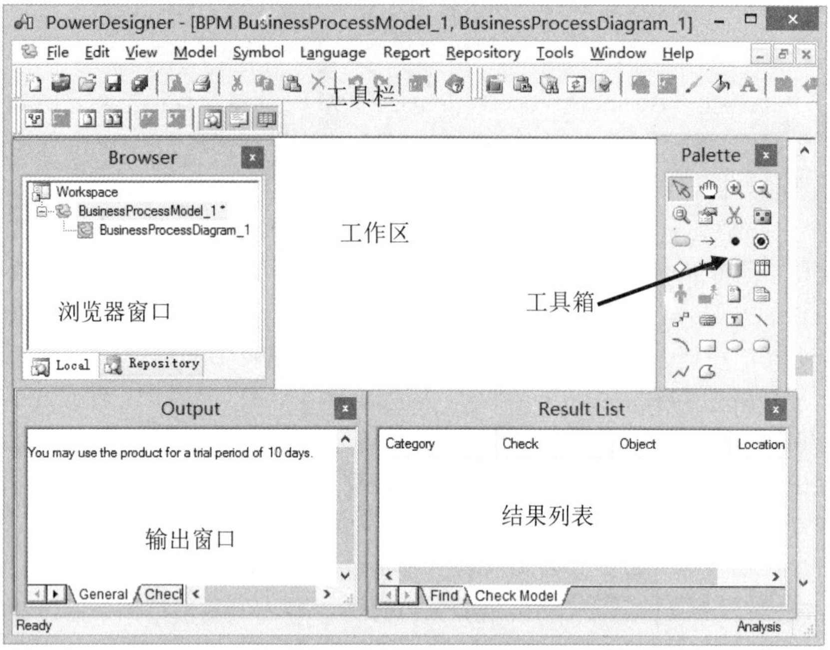

图 2.4　PowerDesigner 初始界面

（2）输出窗口。该窗口用于显示操作过程中的相关信息。其中，“General”选项卡用于显示建模过程中的相关信息；“Check Model”选项卡用于显示模型检查过程中的相关信息；“Generation”选项卡用于显示模型生成过程中的相关信息；“Reverse”选项卡用于显示逆向工程操作中的相关信息。

（3）模型设计工作区窗口。该窗口也称为图形或图形列表窗口，用于模型设计。

（4）结果列表窗口。该窗口主要用于显示模型对象查找结果、模型检查结果信息。可以通过“View”菜单打开或关闭“Result List（结果列表）”窗口。

（5）工具箱。工具箱主要用于显示当前模型常用工具选项，不同模型对应工具箱中的选项不同。

PowerDesigner 提供了多种创建模型的方式，可以直接创建新模型，也可以在已有同类模型的基础上，经过修改生成新模型。还可以在已有不同模型的基础上，经过转换生成新模型。在 PowerDesigner 中，模型按照两种方式组织，分为“Category”和“Model types”，用户可根据建模需要以及操作习惯进行选择。下面主要介绍“Model types”组织方式，它主要包括业务流程模型、概念数据模型、逻辑数据模型、物理数据模型等，如图 2.5 所示。

【案例 2.1】学生学籍管理系统 CDM 建模。

步骤如下：

1）选择“File”菜单，打开“New Model”选项或单击标准工具条中的“New Model”工具选项，打开新建模型窗口，在新建模型窗口中选择所需模型及图形。

2）输入模型名称，在浏览器窗口中将出现新的新建模型，如图 2.6 所示。该模型使用了默认的模型名称“CDM1”。

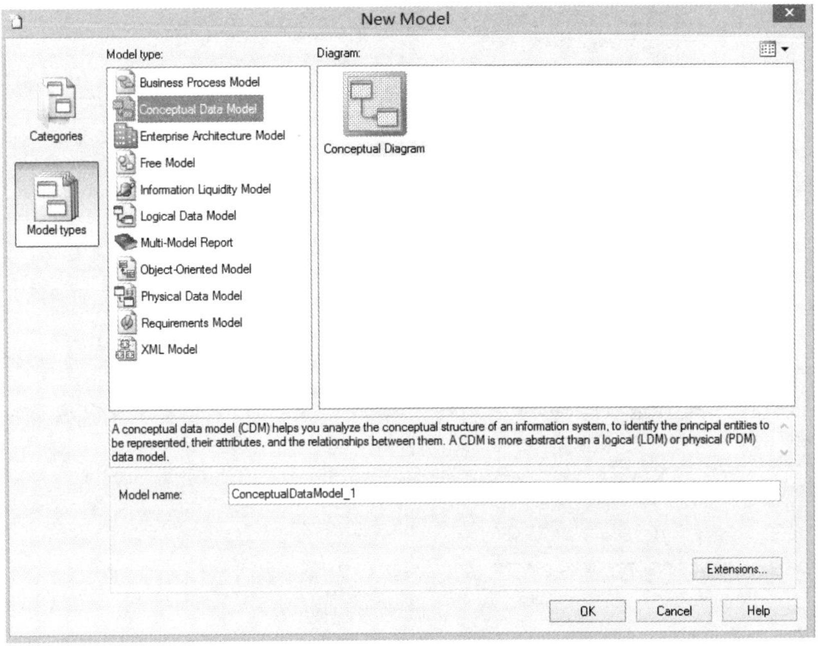

图 2.5　新建模型“Model types”窗口

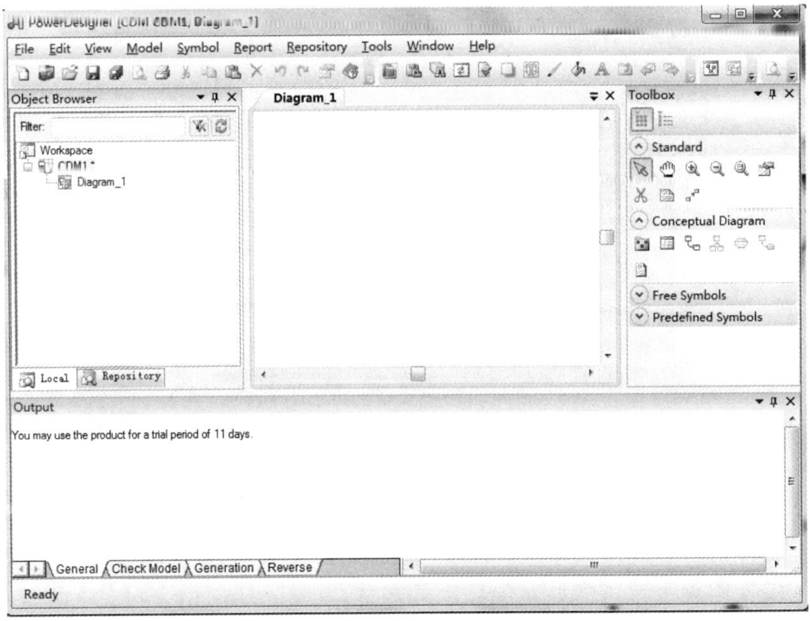

图 2.6　新建的 CDM1 模型

3）选择图形符号，放置图形。单击工具箱中所需的工具选项（图形符号），当指针变为所选图形符号时，表示选中。选中图形符号后，在工作区适合位置单击放置图形符号，如图 2.7 所示。图形符号放置结束以后可单击工具箱中的指针 Pointer 工具，或者在工作区空白处右击将鼠标变回指针状态，进行下一步设计工作。

在图 2.7 中放置了三个实体图形符号，分别为 Entity_1、Entity_2、Entity_3。

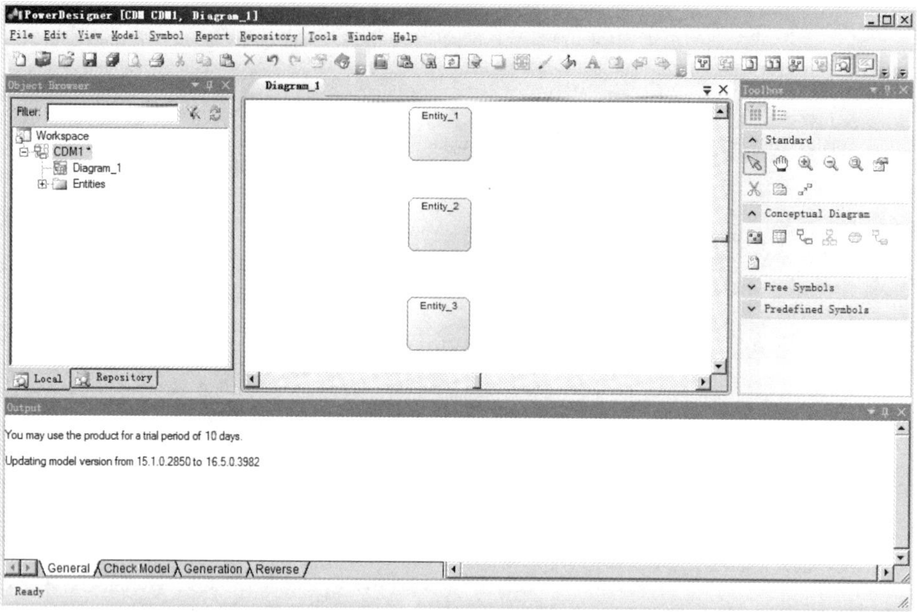

图 2.7　放置图形符号

4）设置模型对象属性，双击图形符号打开模型对象属性设置窗口，如图 2.8 所示。

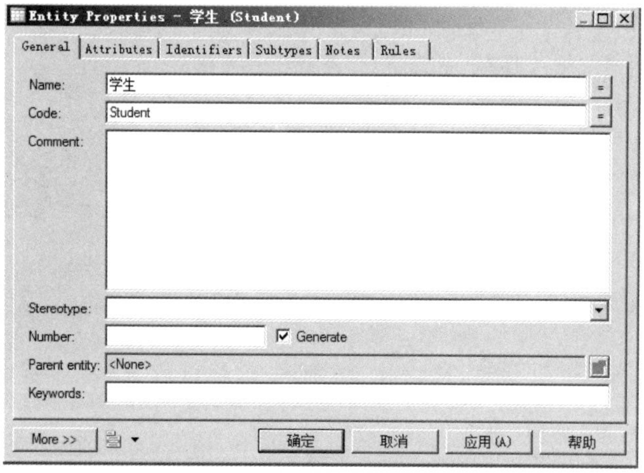

图 2.8　CDM 实体属性设置窗口

不同对象属性窗口中的参数不同，而“General”“Notes”为通用选项卡。“General”选项卡中的 Name 属性用来设置该模型对象显示的名称，Code 属性用来设置在程序中识别该模型的代码。

属性（Attribute）用于描述实体的特性，每个实体至少应该包括一个属性。单击属性窗口的“Attributes”选项卡，打开属性定义窗口，如图 2.9 所示。在该窗口中输入全部属性。

5）定义联系。定义好实体和属性以后，接下来定义实体之间以及实体内部的联系。单击工具箱中的“Relationship”工具选项，光标由指针形状变为该图标形状，在需要设置联系的两个实体图形符号上单击，并在保持按键的情况下将鼠标拖曳到另一个实体上，然后释放鼠标左键。这样就在两个实体之间创建了一个联系，如图 2.10 所示。

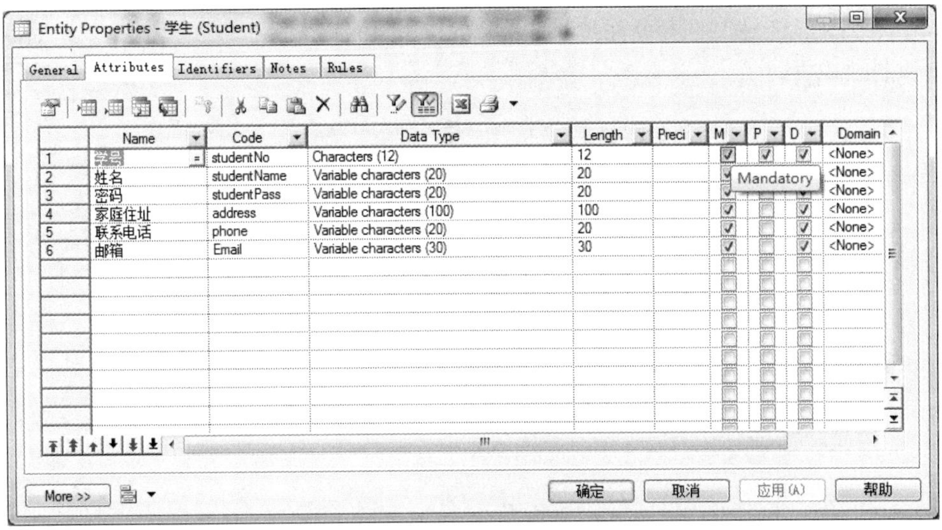

（a）学生（Student）属性

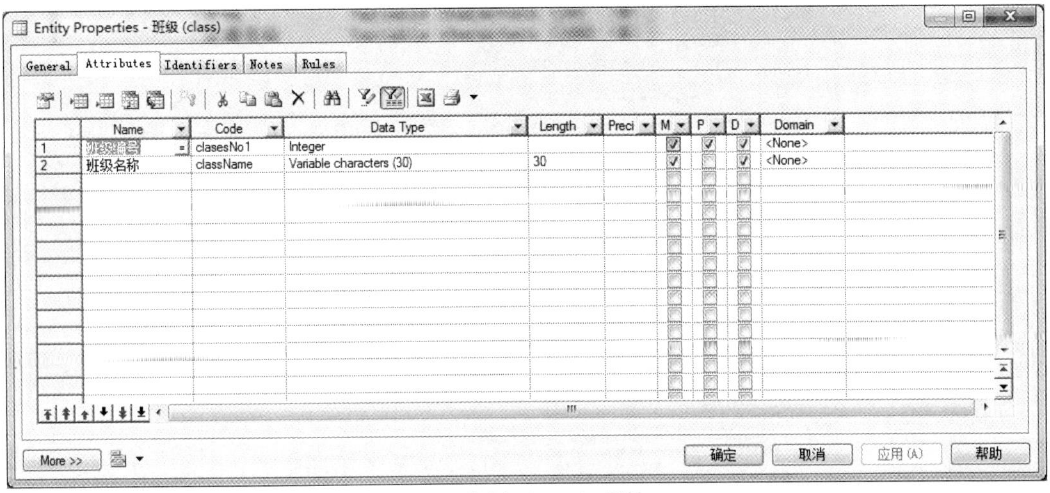

（b）班级（class）属性

图 2.9　属性定义窗口

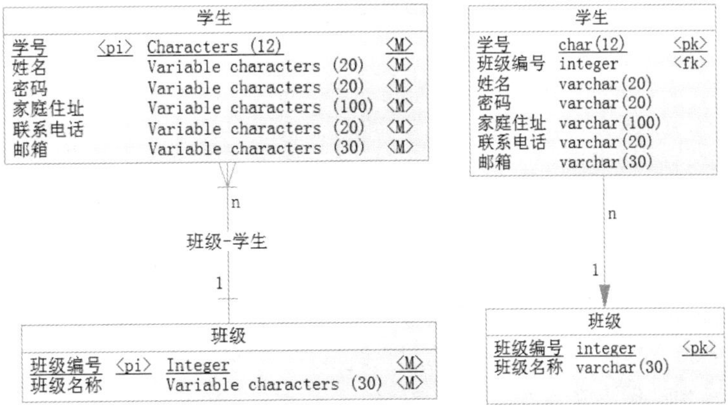

图 2.10　创建实体间联系（CDM，PDM）

双击联系图形符号，打开联系属性设置窗口，设置“班级”和“学生”之间的联系。如图 2.11 和图 2.12 所示。

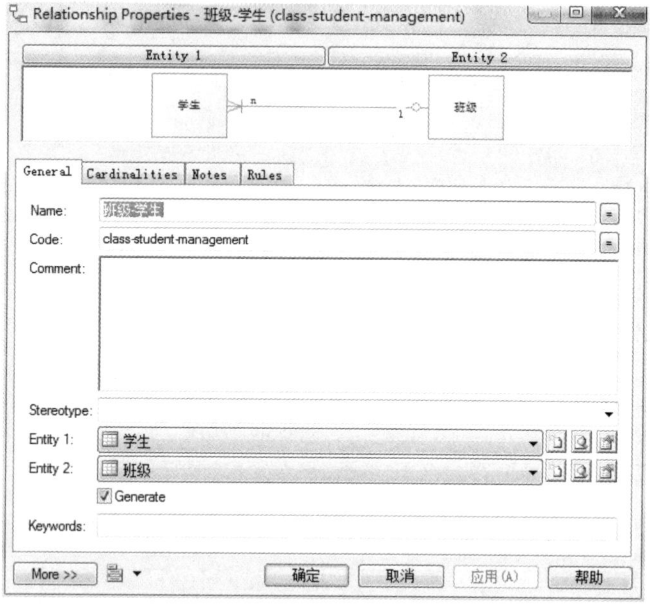

图 2.11 联系属性窗口（General 选项卡）

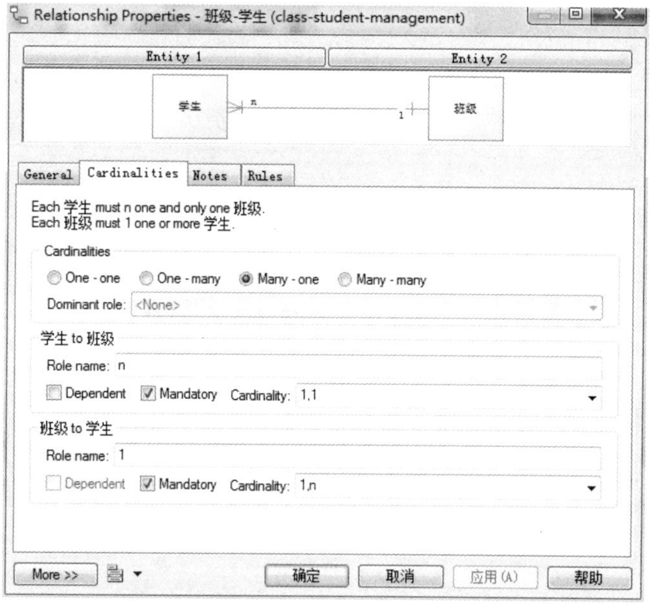

图 2.12 联系属性窗口（Cardinalities 选项卡）

其中，“General”选项卡用于设置联系的基本信息。“Cardinalities”选项卡用于设置联系基数信息。设置“学生”和“班级”之间的联系为 n：1 联系；“学生 to 班级”联系基数为“1,1”；“班级 to 学生”的联系基数为“1,n”。

注意：图形符号的显示样式与 Cardinalities 选项卡中参数设置之间的对应关系。

采用上述方法设计学生学籍管理系统中的全部联系，结果如图 2.13 所示。

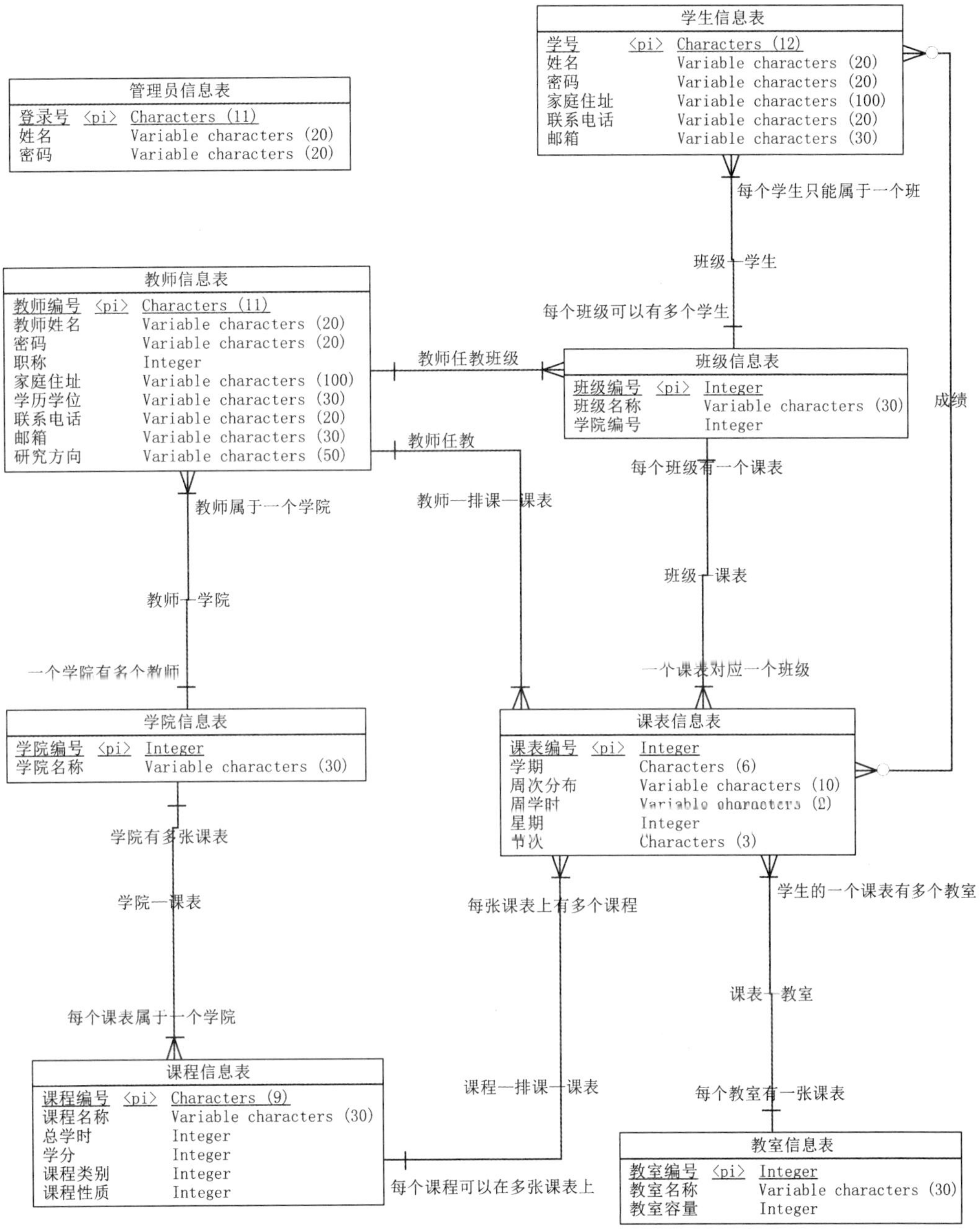

图 2.13　学生学籍管理系统的 CDM

（6）检查模型的有效性。模型设计结束以后，通常要对模型进行有效性检查，以保证模型的正确、合理、有效，然后进行下一步工作，CDM 模型检查具体操作如下：

1）打开 CDM 模型，选择“Tools”菜单的“Check Model”选项，或者在工作区域空白处右击，在快捷菜单中选择“Check Model”，打开模型检查窗口。

2）在 Options 选项卡中选择要检查的选项以及具体检查项目。

3）在 Selection 选项卡中选择需要检查的模型对象。

4）设置结束后，单击“确定”按钮，开始模型检查工作，检查结果将显示在结果列表窗口中。

在快捷菜单中选择更正（Correct），对错误进行修改。错误修改可以辅助 Check 工具栏中的工具完成。逐项修改结果列表中的错误，直至没有问题为止。

（7）通过 CDM 生成 PDM。设计好 CDM 模型后，可以由 CDM 直接生成 PDM 模型。

打开 CDM 模型，如图 2.13 所示，选择“Tools”菜单的“Generate Physical Data Model”选项，打开生成 PDM 模型窗口，设置各项选项卡参数，单击“确定”按钮，生成 PDM 模型，如图 2.14 所示。

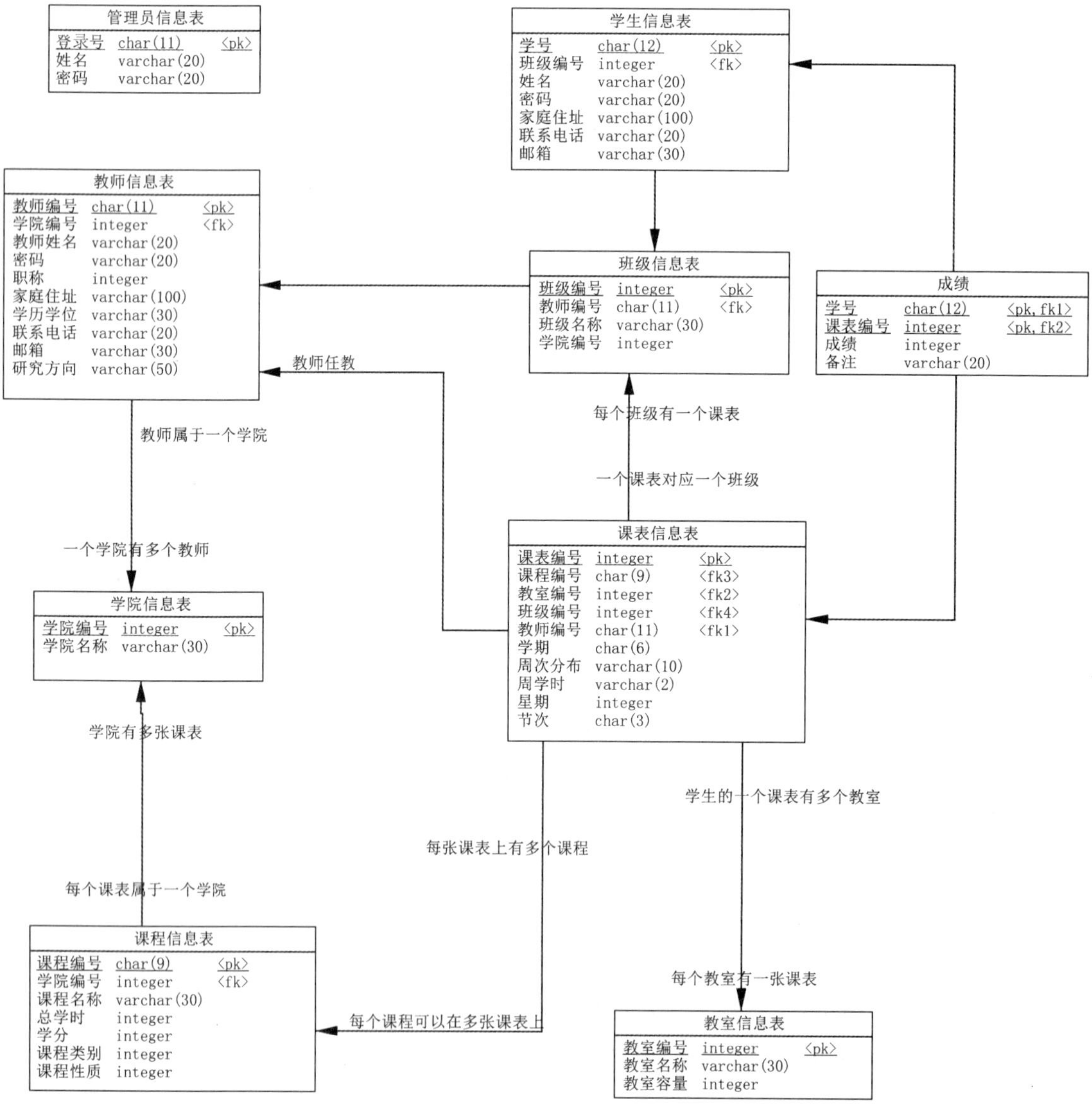

图 2.14　由 CMD 生成的 PDM

小　结

结构化方法作为一种传统的软件开发方法，针对软件生命周期各个不同的阶段展开，由结构化分析、结构化设计和结构化程序设计三部分有机组合而成。

结构化分析方法给出一组帮助系统分析人员产生功能规约的原理与技术；结构化设计方法给出一组帮助设计人员在模块层次上区分设计质量的原理与技术；结构化程序设计就是采用一种面向过程的程序设计语言，实现上述设计的系统。

本章介绍了两种常用的结构化建模工具，其中 Visio 是微软公司出品的一款专业办公绘图软件，而 PowerDesigner 是由 Sybase 公司（已于 2010 年被 SAP 公司收购）开发研制的一个数据库建模工具。

习题 2

1. 选择题

（1）在软件的开发阶段，采用自顶向下逐步求精的方法是（　　）。

A．结构化方法　　B．Jackson 方法

C．VDM 方法　　D．面向对象的方法

（2）结构化程序设计的一种基本方法是（　　）。

A．筛选法　　B．迭代法　　C．逐步求精法　　D．递归法

（3）为了实现软件开发各阶段的自动化，在数据建模时可以采用的工具是（　　）。

A．Visio　　B．PowerDesigner　C．Rose　　D．StarUml

（4）结构化方法包括（　　）。

A．结构化分析　　B．结构化设计　　C．结构化编程　　D．以上都是

（5）结构化方法是以（　　）为中心来描述系统的。

A．数据　　B．实体　　C．对象　　D．功能

2. 简答题

（1）简述结构化方法的思想和过程。

（2）简述 Visio 的功能和特点。

（3）简述 PowerDesigner 的功能和特点。

第3章　可行性与计划研究

本章学习目标

- 掌握可行性研究的方法。
- 了解项目开发计划。
- 掌握系统流程图。
- 熟练掌握业务流程建模方法，掌握数据流图和数据字典。

本章首先向读者介绍可行性研究，然后介绍项目开发计划，最后介绍业务流程建模，包括系统流程图、数据流图、数据字典。

3.1　可行性研究

在开展任何一个软件项目时，都首先必须非常清楚地掌握项目要解决的现实问题，明确问题的性质。

通过调研，需要了解项目的工程背景，以及项目涉及的组织机构和部门范围，明确该项目有哪些潜在的用户，有哪些客观需求，从而确定要开发软件系统的目标和规模、应用的范围。为以后项目的系统选型、技术方法选择、人员调配、成本核算、进度安排等打下良好的基础。

3.1.1　可行性研究的任务

每个软件项目中的问题并不都有明显的解决方法，有时很难在预定的时间和费用之内解决这些问题，也无法用现有的技术圆满解决。如果贸然去开发，会造成时间、人力、资源和经费的浪费，或者还会带来一些意料不到的问题。通常，用户和软件开发人员，由于业务背景不同，关注点也不太一样。因此，软件开发人员必须与用户建立紧密的联系，进行必要的沟通，从而确定该项目是否可行。

软件可行性研究的目的就是要用最小的代价，在尽可能短的时间内确定该软件项目是否能够开发，是否值得开发，这必须要进行客观分析。分析几种主要解决方案的利弊，进而判断原定的系统目标和规模是否现实，采用的技术方法是否合理可行，系统完成后用户在操作层面是否可操作，所带来的效益是否值得去投资开发这个系统。所以说，可行性研究实质上是要进行一次压缩简化的系统分析和设计，也就是在较高层次上以抽象的方式进行系统分析和设计。

要开发一个软件项目，有必要从技术、经济、操作等方面来考虑软件项目的可行性。

首先，从技术上考虑，使用现有的技术能否实现既定的目标，确保项目能够完成。目前流行的技术比较多，需要权衡各种技术的优劣，以及问题的特征，选择适合该项目的技术路线和设计方案。技术可行性要对欲开发的系统进行功能、性能和限制条件的分析，确定在现有硬件、软件资源的条件下，考虑现有技术人员的技术水平与已有的工作基础，技术风险有多大，系统是否能实现。

其次，从经济上考虑，投资该项目的经济效益是否大于开发的成本，值不值得去开发。如果经济效益小于开发的成本，那就要考虑社会效益等其他因素。一个项目不光考虑经济效益，还要考虑各种可能遇到的风险。这里的成本，包括购置并安装软件、硬件及有关设备的费用，系统开发费用，系统安装、运行及维护的费用，人员培训费用等。而效益包括系统为用户增加的收入或为用户节省的开支等。

再次，从操作层面考虑，系统的操作方式是否能在这个用户组织内行得通，是否好操作。项目一旦投入使用，现有的管理制度、人员素质和操作方式是否可行。用户的业务流程是否高效、协调、畅通，组织机构是否能够运转正常。有的时候，为了促使软件高效运行，不得不对企业进行组织结构和业务流程的重组。

3.1.2　可行性研究的步骤

1. 复查问题定义

进一步掌握系统的目标和规模，明确问题的限制和约束条件。了解系统应解决的问题，以及问题的性质，设想这些问题如何解决才能满足用户的要求。

了解市场上软件的需求情况，调查市场上已有的类似软件系统的功能、性能、价格等情况。

2. 研究现有的系统

现有的系统是信息的重要来源。显然，如果目前有一个系统正被用户使用，那么这个系统必定能完成某些有用的工作，因此，新的目标系统必须也能完成现有系统的基本功能；另一方面如果现有的系统是完美无缺的，用户自然不会提出开发新系统的要求，因此，现有的系统必然有某些缺点，新系统必须能解决现有系统中存在的不足。

研究现有系统，应该仔细阅读分析其文档资料和使用手册，调研访问有关人员，还要实地考察现有的系统。应该重点了解这个系统可以做什么，为什么这样做，而不需要清楚怎样做。

没有一个系统是在“真空”中运行的，绝大多数系统都和其他系统有一定联系。应该了解并记录现有系统和其他系统之间的接口情况，这是设计新系统时的重要约束条件。

运行使用现有系统所需要的费用是一个重要的经济指标，需要了解使用这个系统的代价，估算新系统的成本和效益。如果新系统不能增加收入或减少使用费用，那么从经济角度看新系统就不如现有系统。

3. 导出高层逻辑模型

通常，一个设计过程总是从现有的物理系统出发，导出现有系统的逻辑模型。再参考现有系统的逻辑模型，加以改进，设想目标系统的逻辑模型。最后根据目标系统的逻辑模型建造新的物理系统。具体流程如图 3.1 所示。

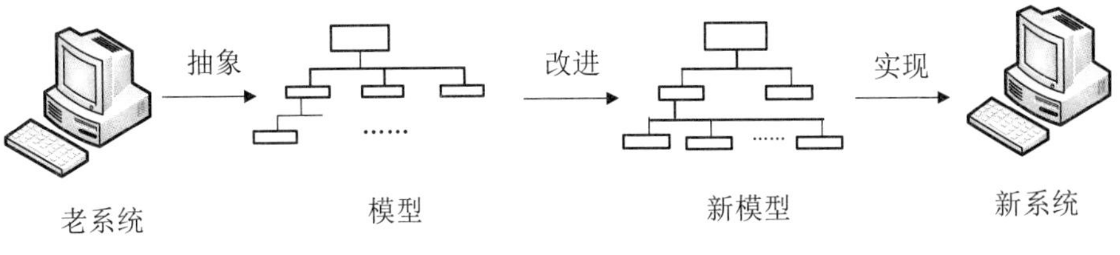

图 3.1　构造系统模型

4. 重新定义问题

新系统的逻辑模型实质上表达了系统分析员对新系统必须做什么的看法。分析员应和用户一起再次复查问题定义、工程规模和目标，应该把数据流图和数据字典作为讨论的基础。重点检查分析员是否对问题有误解或者用户曾经遗漏了某些要求。

可行性研究的前四个步骤实质上构成了一个循环。定义问题，分析问题，导出一个试探性的解决方案；在此基础上再次定义问题，再次分析问题，修改解决方案，继续这个循环过程，直到提出的逻辑模型完全符合系统目标。

5. 导出多种解决方案

首先考虑技术方面的可行性。系统分析员需要从建议的系统逻辑模型出发，导出若干个较高层次的物理方案作为比较和选择。从技术角度出发考虑解决问题的不同方案。根据技术可行性的考虑初步排除一些技术上行不通的方案，剩下一组技术上可行的方案。

其次应该考虑经济方面的可行性。分析员应该估计余下的每个可能的系统的开发成本和运行费用，并且估计相对于现有系统而言，这个系统可以节省的开支或可以增加的收入。在这些估计的基础上，对每个可能的系统进行成本/效益分析。此外投资是现在的，效益是将来的，应该考虑货币的时间价值。通常，只有投资预计能带来利润的系统才值得进一步考虑。

再次可以考虑操作方面的可行性。分析员应该根据使用部门处理事务的原则和习惯，检查技术上可行的那些方案，去掉其中从操作方式或操作过程的角度看用户不能接受的方案。

最后为每个在技术、经济和操作等方面都可行的系统制定实现进度表，这个进度表不需要制定得很详细，通常只需要估计生命周期每个阶段的工作量。

6. 推荐行动方针

根据可行性研究结果作出关键性决定，是否继续进行这个软件项目的开发。

如果分析员认为值得继续进行这项开发工程，那么应该选择一种最好的解决方案，并且说明选择这个方案的理由。通常使用部门的负责人主要根据经济是否划算决定是否投资于一项开发工程，因此分析员对于所推荐的系统必须进行比较详细的成本/效益分析。

在此基础上，制订项目开发计划。

3.1.3 成本/效益分析

成本/效益分析的目的，就是从经济角度分析开发一个特定的新系统是否划算，评价开发研制的项目是否合理。成本/效益分析要估计出研制开发系统的费用，然后与可能取得的效益进行权衡比较，从而帮助客户正确地作出是否投资于这项开发工程的决定。

系统可能取得的效益，包括有形的和无形的效益。有形的效益可以用货币的时间价值、纯收入、投资回收期、回收率等指标进行度量。无形的效益主要从性质上、心理上进行衡量，很难进行直接的量的比较，但是可以在合适的时候转化为有形的效益。

1. 成本估计方法

估算成本和进度时需要一定的经验、有用的历史信息、足够的定量数据。估算本身带有一定的风险。项目复杂性越高，估算的风险就越高。影响软件开发成本的因素非常多，包括人员、技术、环境以及政治因素等，其中主要是人力资源的消耗。

目前有三种基本的软件项目估算方法：自顶向下、自底向上和差别估算法。自顶向下的方法是先对整个项目总的工作量和开发时间作出估算，然后把它们按阶段、步骤和工作单元进行分配；

自底向上的方法则与之相反，先分别估算各个工作单元所需的工作量和开发时间，然后汇总得出总的工作量和开发时间；差别估算法是将开发项目与一个或多个已完成的类似项目进行比较，找出与某个类似项目的若干不同之处，并估算每个不同之处对成本的影响，导出开发项目的总成本。

这些估算方法可以采用多种现成的方法来进行估算。比如专家估算法、类推估算法、算式估算法等。

（1）专家估算法。专家估算法是依靠一个或多个专家对项目作出估计，它要求专家具有专门知识和丰富的经验，是一种近似的猜测。这种方法的精确程度主要取决于专家对估算项目定性参数的了解和他们的经验。

（2）类推估算法。类推估算法是比较科学的一种传统估算方法，它适合评估一些与历史项目在应用领域、环境和复杂度方面相似的项目。通过开发项目与历史项目的比较得到规模估计。这种方法的精确程度主要取决于历史项目数据的完整性和准确度。

（3）算式估算法。专家估算法和类推估算法的缺点是，它们依靠带有一定主观意识的猜测对项目进行估算。算式估算法则是采用某种算式来比较“客观”地计算出项目所需的工作量。它通常采用经验公式来预测软件项目所需要的成本、工作量和进度数据。目前还没有一种估算模型能够适用于所有的软件类型和开发环境，从这些模型中得到的结果需要慎重使用。

2. 成本估计技术

在进行成本估计时，常用到以下三种简单的估算技术：

（1）代码行技术。这是一种自底向上的定量估算方法，即从模块开始进行估算，把开发每个软件功能的成本和实现这个功能需要的源代码行数联系起来。

通常根据经验和历史数据，对各子功能进行估计得出实现该功能需要的源程序行数。当估算出源代码行数以后，用每行代码的平均成本确定各子功能的代码行成本，进而确定各子功能的成本和工作量，最后确定软件的总成本和总工作量，计算出开发时间，并对计算结果进行分析比较。每行代码的平均成本主要取决于软件的复杂程度和工资水平。

（2）任务分解技术。首先将软件开发项目进行功能分解，分解为若干个相对独立的任务，然后分别对每个功能模块进行分析、设计、编码和测试，估算出每个功能模块的工作量和成本，最后汇总得出开发项目的总工作量和总成本。估算每个任务的成本时，通常先估算完成该项任务需要用到的人力（以人月为单位），再乘以每人每月的平均工资而得出每个任务的成本。

常用的方法之一是按开发阶段划分任务。如果软件系统比较复杂，由若干个子系统组成，则把每个子系统按开发阶段进一步划分成更小的任务。

在典型环境下，可使用各个开发阶段需要使用的人力的百分比划分方法，见表 3.1。

表 3.1　各个开发阶段需要使用的人力百分比

任务	人力/%
可行性研究	5
需求分析	10
设计	25
编码和单元测试	20
综合测试	40
总计	100

在实际操作过程中，针对每个开发项目的具体特点，并参照以往的经验可以尽可能准确地估算出每个阶段实际需要使用的人力。

（3）自动估计成本技术。采用这种技术可以大大减轻人的劳动，并且使得估算的结果更客观。但是必须有长期搜集的大量历史数据作为基础，并需要有良好的数据库系统和软件工具的支持。

3. 效益估计方法

系统经济效益，包括因使用新系统而增加的收入以及使用新系统可以节省的运行费用。这些运行费用，包括系统的操作费用（操作员人数、工作时间、消耗的物资等）和维护费用等。

比较新系统的开发成本和经济效益，以便从经济角度判断是否值得投资。因为运行费用和经济效益在软件的整个生命周期内都存在，总的效益和软件生命周期的长度有关，一般假设软件的生命周期为5年。

衡量工程价值的经济指标有多种方法，如货币的时间价值、纯收入、投资回收期、回收率等。

（1）货币的时间价值。投资是现在的，效益是将来的，应该考虑货币的时间价值。通常用利率的形式表示货币的时间价值。

假设年利率为 i，如果现在存入 P 元，则 n 年后可以得到的钱数：

$$F=P(1+i)^n$$

反之，如果 n 年后能收入 F 元钱，那么这些钱的现在价值：

$$P=F/(1+i)^n$$

比较收入和投资额的大小，投资是现在的，而收入是将来的，需要考虑货币的时间价值，折算成同一时期的（将来的或现在的）进行比较。

【案例3.1】商务系统效益分析。

假设某商务系统的软件生命周期为5年，现在投资20万元，平均年利率为3%。从第一年起，每年年底收入4.2万元，问该项目是否值得投资？

假定年利率为3%，每年预计的收入折算成将来值见表3.2。

表3.2 收入折算成将来值

年	现在值/元	$(1+i)^{5-n}$（保留3位小数）	将来值/元	累计的将来值/元
1	42000	1.126	47292	47292
2	42000	1.093	45906	93198
3	42000	1.061	44562	137760
4	42000	1.03	43260	181020
5	42000	1	42000	223020

到第5年底结算时：

$$投资额 =200000\times(1+3\%)^5\approx 231855（元）$$

由于收入<投资额，如果单从经济角度考虑，不值得投资。

（2）纯收入。工程的纯收入，是在整个生命周期之内系统的累计经济效益（折合成现在值）与投资之差。这相当于比较投资开发一个软件系统和把钱存在银行中（或贷给其他企业）

这两种方案的优劣。

如果纯收入为零，则工程的预期效益和在银行存款一样，但是开发一个系统要冒风险，因此从经济观点看这项工程可能是不值得投资的。如果纯收入小于零，那么这项工程显然不值得投资。

【案例 3.2】商务系统纯收入计算。

$$\begin{aligned}\text{纯收入} &= \text{折合现价的总收入} - \text{当前投资额}\\ &= 42000\times\left[\frac{1}{1.03^5}+\frac{1}{1.03^4}+\frac{1}{1.03^3}+\frac{1}{1.03^2}+\frac{1}{1.03}\right]-200000\\ &\approx -7652(\text{元})\end{aligned}$$

（3）投资回收期。投资回收期，就是使累计的经济效益等于最初投资所需要的时间。显然，投资回收期越短就能越快获得利润，因此该项工程也就越值得投资。

【案例 3.3】商务系统投资回收期计算

使用该软件 5 年，累计收入为–7652 元，比投资额少 7652 元。

第 6 年年底可收回

$$42000\times\frac{1}{1.03^6}\approx 35174\ （\text{元}）$$

由于 $\frac{7652}{35174}\approx 0.22$，因此，投资回收期为 5.22 年

（4）投资回收率。已知现在的投资额，给定软件的使用寿命，并且已经估计出将来每年可以获得的经济效益。设想把数量等于投资额的资金存入银行，每年年底从银行取回的钱等于系统每年预期可以获得的效益，在时间等于系统寿命时，正好把在银行中的存款全部取光，这个假想的年利率就等于投资回收率。

把资金存入银行或贷给其他企业能够获得利息，通常用年利率衡量利息多少。类似地也可以计算投资回收率，设为 j，用它衡量投资效益的大小，并且可以把它和年利率相比较，在衡量工程的经济效益时，它是最重要的参考数据。

【案例 3.4】商务系统投资回收率计算。

计算投资回收率 j。

$$200000=42000\left[\frac{1}{1+j}+\frac{1}{(1+j)^2}+\frac{1}{(1+j)^3}+\frac{1}{(1+j)^4}+\frac{1}{(1+j)^5}\right]$$

投资回收率 $j\approx 1.65\% <$ 年利率 3%，所以不值得投资。

3.2　项目开发计划

在软件项目管理过程中一个关键的活动就是制订项目开发计划。它是软件开发工作的第一步。项目开发计划的目标是为项目负责人提供一个框架，使之能合理地估算软件项目开发所需的资源、经费和开发进度，并控制软件项目开发过程按此计划进行。

软件项目开发计划主要进行的工作包括确定详细的项目实施范围，定义递交的工作成果，评估实施过程中主要的风险及对策，制订项目实施的时间进度计划、成本和预算计划、任务分解和人力资源计划等。

在制订项目开发计划时，必须明确项目的目标和范围。目标明确了软件项目的目的但不涉及如何去达到这些目的。范围明确了软件要实现的基本功能，并尽量以定量的方式界定这些功能。有了这些信息，才能确定合理、精确的成本估算，实际可行的任务分解以及可管理的进度安排。这种估算大多是参考以前的花费和经验作出的。

软件项目开发计划的内容主要包括下述几个方面。

1. 项目概述

对该软件项目的综合描述，定义所要做的工作及其成果，它包括：

（1）项目背景。介绍待开发项目名称、项目目标和实施范围。

（2）工作内容。简要说明项目的各项主要工作，介绍所开发软件的功能、性能等。

（3）条件与限制。阐明为完成项目应具备的条件、开发单位已具备的条件以及尚需创造的条件。必要时还应说明用户及分合同承包者承担的工作、完成期限及其他条件与限制。

（4）软件产品成果。列出须移交给用户的程序的名称、所用的编程语言及存储程序的媒体形式，并通过引用相关文件，逐项说明其功能和能力。并列出应交付的文档。

（5）运行环境。列出系统的运行环境，包括硬件环境、软件环境。

（6）服务。阐明开发单位可向用户提供的服务。如人员培训、安装、保修、维护和其他运行支持。

（7）验收标准。对于上述这些应提交的产品和服务，逐项说明或引用资料说明验收标准。

2. 实施计划

（1）任务分解。确定任务的划分及各项任务的负责人。

（2）进度安排。对于需求分析、软件设计、编码实现、测试、移交、培训和安装等工作，给出每项工作任务的预定开始日期、完成日期及所需资源，规定各项工作任务完成的先后顺序以及表征每项工作任务完成的标志性事件（即“里程碑”）。

进度安排的好坏往往会影响整个项目的按期完成，因此这一环节是十分重要的。制定软件进度与其他工程没有太大的区别，其方法主要有工程网络图、Gantt 图、任务资源表、成本估算、培训计划等。可采用的工具有微软的项目管理软件 Project 等。

（3）预算。逐项列出本开发项目所需要的劳务（包括人员的数量和时间）以及经费的预算（包括办公费、差旅费、机时费、资料费、通信设备和专用设备的租金等）和来源。具体办法可参考成本/效益分析方法。

（4）关键问题及风险应对。风险分析对于软件项目管理是决定性的因素。说明可能影响项目的关键问题，例如设备条件、技术焦点或其他可能影响软件成功的风险因素，并说明相应的对策。

3. 人员组织及分工

对于项目开发中需要完成的各项工作，从需求分析、软件设计、编码实现、测试直到维护，包括文件的编制、审批、打印、分发工作，用户培训工作，软件安装工作等，按层次进行分解，指明每项任务的负责人和参加人员。

4. 交付期限

列出软件的交付期限，根据任务分解情况，可分阶段给出。

5. 专题计划要点

说明本项目开发中需制订的各个专题计划（如质量保证计划、配置管理计划、测试计划、开发人员培训计划、安全保密计划、用户培训计划、系统安装计划等）的要点。

3.3　业务流程建模

3.3.1　系统流程图

在进行可行性研究时需要了解和分析现有的系统，并以概括的形式表达对现有系统的认识。进入设计阶段以后应该把设想的新系统的逻辑模型转化成物理模型，因此需要描绘未来的物理系统的概貌。

系统流程图是概括地描绘物理系统的传统工具。它的基本思想是用图形符号以黑盒形式描绘组成系统的每个部件（程序、文档、数据库、人工过程等）。系统流程图表达的是数据在系统各部件之间流动的情况，而不是对数据进行加工处理的控制过程。

目前常用的系统流程图符号见表 3.3。

表 3.3　系统流程图符号

符 号	名 称	说 明
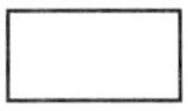	处理	能改变数据值或数据位置的加工或部件，例如，程序和人工加工等都是处理
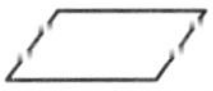	输入/输出	表示输入或输出（或既输入又输出），是一个广义的不指明具体设备的符号
	连接	指出转到图的另一部分或从图的另一部分转来，通常在同一页上
	换页连接	指出转到另一页图上或由另一页图转来
	数据流	用来连接其他符号，指明数据流动方向
	穿孔卡片	表示用穿孔卡片输入或输出，也可表示一个穿孔卡片文件
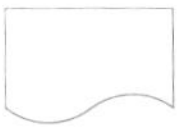	文档	通常表示打印输出，也可表示用打印终端输入数据
	磁带	磁带输入输出，或表示一个磁带文件
	联机存储	表示任何种类的联机存储，包括磁盘、磁鼓、软盘和海量存储器件等
	磁盘	磁盘输入输出，也可表示存储在磁盘上的文件或数据库
	磁鼓	磁鼓输入输出，也可表示存储在磁鼓上的文件或数据库
	显示	CRT 终端或类似的显示部件，可用于输入或输出，也可既输入又输出
	人工输入	人工输入数据的脱机处理，例如，填写表格

续表

符 号	名 称	说 明
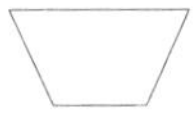	人工操作	人工完成的处理，例如，会计在工资支票上签名
	辅助操作	使用设备进行的脱机操作
	通信链路	通过远程通信线路或链路传送数据

【案例 3.5】教师管理的系统流程图。

在学生学籍管理系统的教师管理中，教师登录后，可以修改信息、查询信息、发布成绩。这些处理需要读取学生信息数据库中的内容，通过导出报表程序生成课程表、成绩单，如图 3.2 所示。

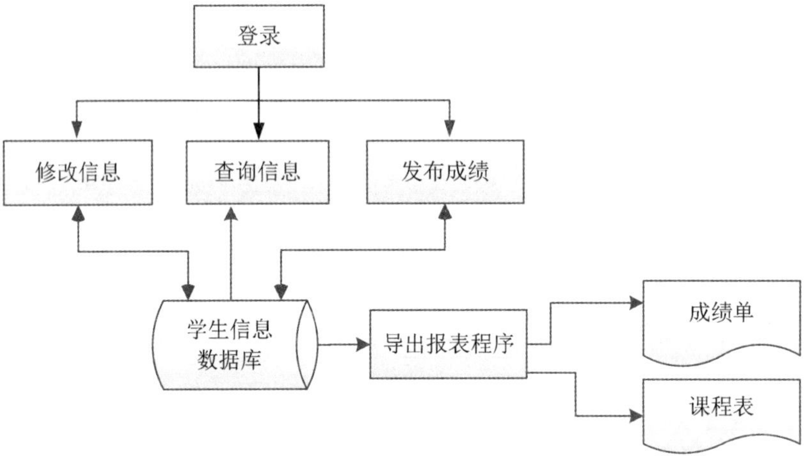

图 3.2 教师管理的系统流程图

图 3.2 中，每个符号就是一个系统部件，箭头表示信息流动的路径，信息从顶向下，从左到右，分层展开。

3.3.2 数据流图

数据流图是一种图形化技术，它描绘信息流和数据在从输入流动到输出的过程中所经受的变换。在数据流图中没有任何具体的物理部件，只是描绘数据在软件中流动和被处理的逻辑过程。

数据流图是系统逻辑功能的图形表示，即使不是专业的计算机技术人员也容易理解它，因此是分析员与用户之间较好的通信工具。此外，设计数据流图时只需考虑系统必须完成的基本逻辑功能，完全不需要考虑怎样具体地实现这些功能，所以它也是今后进行软件设计的很好的出发点。

1. 数据流图的符号

数据流图包括四个主要元素：数据的源点/终点、处理、数据存储和数据流，还有一些变换符号，见表 3.4。

表 3.4　数据流程图符号

符　号	符号其他表示	名　称	说　明
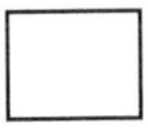	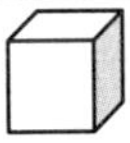	数据的源点/终点	表示数据的起点和终点
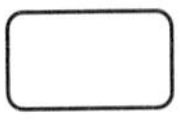	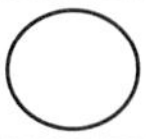	数据处理	表示数据加工处理
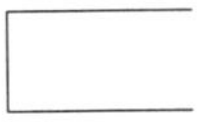	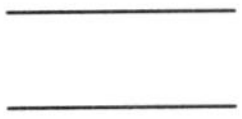	数据存储	表示保存的数据
		数据流	用来连接其他符号，指明流动的数据
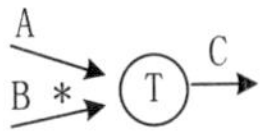		数据变换	数据 A 和 B 同时输入，才能变换为 C
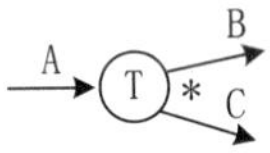		数据变换	数据 A 变换为 B 和 C
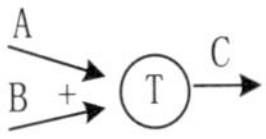		数据变换	数据 A 或 B，或 A 和 B 同时输入，变换为 C
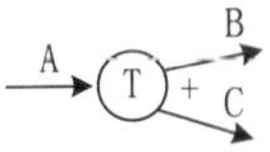		数据变换	数据 A 变换为 B 或 C
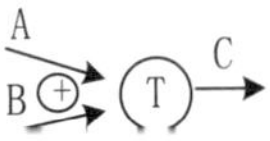		数据变换	只有数据 A 或只有数据 B （但不能 A、B 同时）输入，才能变换为 C
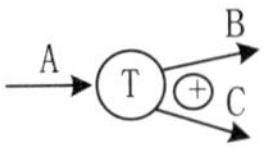		数据变换	数据 A 变换为 B 或 C（但不能 B 和 C）

数据源点和数据终点是业务启动的起点和终点。它说明了数据的外部来源和去处，属于系统的外部和系统的界面。外部实体支持系统数据输入的实体称为源点，支持系统数据输出的实体称为终点。

处理指对数据的逻辑处理，也就是数据变换，处理并不一定是一个程序。一个处理框可以代表一系列程序、单个程序或者程序的一个模块，甚至可以代表检查数据正确性等人工处理过程。

数据存储表示数据保存的地方。系统处理从数据存储中提取数据，也将处理的数据返回数据存储。一个数据存储也并不等同于一个文件，可以表示一个文件、文件的一部分、数据库的元素或记录的一部分等。数据可以存储在磁盘、磁带及其他任何介质上。

数据流是指处理功能的输入或输出。它是一组数据，用带箭头的线表示，在其线旁标注数据流名，箭头指出数据的流动方向。在数据流图中应该描绘所有可能的数据流向，而不应该描绘出现某个数据流的条件。

数据存储和数据流都是数据，仅仅是所处的状态不同。数据存储是处于静止状态的数据，而数据流是处于运动中的数据。

为了表达数据处理过程的数据加工情况，需要采用层次结构的数据流图。按照系统的层次结构进行逐步分解，并以分层的数据流图反映这种结构关系。顶层数据流图仅包含一个处理，它代表被开发系统。它的输入流是该系统的输入数据，输出流是系统所输出数据，重点关注数据的源点/终点；底层数据流图是指其加工不需再做分解的数据流图，它处在最底层；中间层数据流图则表示对其上层父图的细化。它的每一个加工可能继续细化，形成子图。

2. 教师管理的数据流图绘制

【案例 3.6】教师管理的数据流图。

在教师管理子系统中，教师可以查询、修改个人信息；查询个人课表、课表中相应的课程信息；发布成绩给学生、导出成绩报表等。下面就教师的业务绘制数据流图。

通常绘制数据流图的步骤是，先分析出数据流图的四种主要元素，再绘制顶层数据流图，然后分层次绘制功能级数据流图。

考虑数据的源点和终点，从上面描述可以看出，教师既是数据源点，也是数据终点；成绩会发布给学生，因此学生是一个数据终点。

考虑处理，从上面描述可以看出，“查询”“修改”“发布”“导出”等动词，是教师能够完成的工作，它们均为加工处理。

考虑数据流和数据存储，教师的个人信息、课程信息、课表信息、成绩信息都需要存储在计算机中，因此是数据存储。这些信息在和用户的交互中，会产生动态的数据流。

通过分析教师业务，可以得到数据流图的四种主要元素，见表 3.5。

表 3.5 教师数据流图的四类元素

元素	教师数据流图
源点/终点	教师既是源点，也是终点；学生是终点
数据存储	教师信息、学生信息、课表信息、成绩信息等均需要存储
数据流	教师信息、课表信息、成绩信息
处理	个人信息修改、信息查询、发布成绩、导出报表

顶层数据流图主要关注数据流图的源点/终点，如图 3.3 所示。

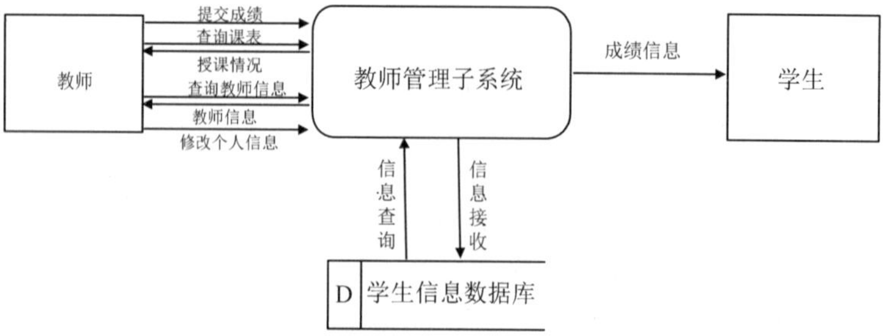

图 3.3 教师管理顶层数据流图

将教师管理子系统的功能进一步分解后，得到 1 级、2 级的数据流图，如图 3.4 和图 3.5 所示。

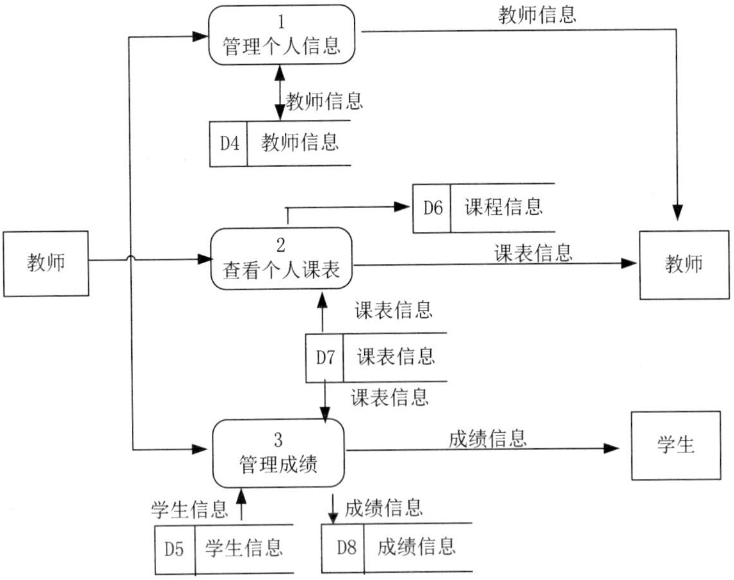

图 3.4　教师管理 1 级数据流图

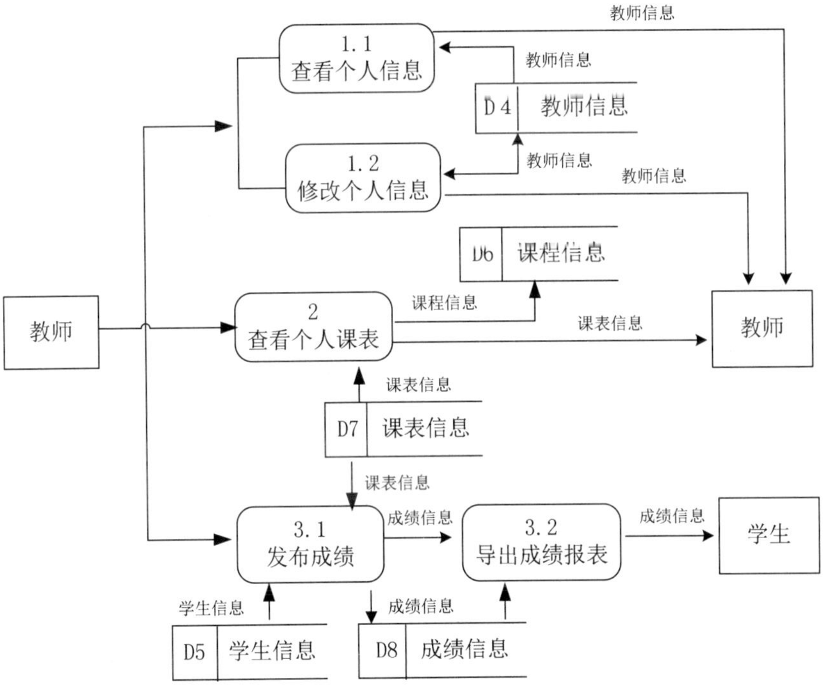

图 3.5　教师管理 2 级数据流图

3. 数据流图说明

数据流图的基本要点是描绘“做什么”，而不考虑“怎样做”。通常在数据流图中不描述流动条件，忽略出错处理，也不包括诸如打开或关闭文件之类的内部处理。

数据流图是交流信息的工具，用户可以理解，同时也是分析员进行系统分析设计的工具。

数据流图中的命名应尽可能地清楚、具体。主要注意如下几点：

（1）为数据流和数据存储的命名。名字应代表整个数据流（或数据存储）的内容，而不是仅仅反映它的某些成分；不要使用空洞的、缺乏具体含义的名字（如“数据”“信息”“输入”）。

（2）为处理命名。通常先为数据流命名，然后再为与之相关联的处理命名；名字应该反映整个处理的功能，而不是它的一部分功能；名字最好由一个具体的及物动词加上一个具体的宾语组成。应该尽量避免使用“加工”“处理”等空洞笼统的动词作名字；通常名字中仅包括一个动词，如果必须用两个动词才能描述整个处理的功能，则把这个处理再分解成两个处理可能更恰当。

（3）为数据源点/终点命名。数据源点/终点是目标系统的外围环境部分（可能是人员、计算机外部设备或传感器装置）。通常，采用它们在问题域中习惯使用的名字。

当数据流图中的元素比较多时，一般会给这些元素编号。

3.3.3 数据字典

数据字典是指对数据的数据流、数据存储、处理逻辑、外部实体等进行定义和描述，其目的是对数据流图中的各个元素作出详细的说明。数据字典作为分析阶段的工具，与数据流图结合，构成系统的规格说明。

任何字典最重要的用途都是供人查询对不了解条目的解释。在结构化分析中，数据字典的作用就是对数据流图中的每个元素加以定义和说明。也就是说，数据流图上所有元素的定义和解释的文字集合就是数据字典。

1. 数据字典的内容

数据字典主要描述数据流图中的四类元素，即数据源点/终点、数据存储、处理和数据流。

（1）对每个数据元素，都需要描述其一般信息，如数据元素的名字、别名、用途等。

（2）定义数据元素的类型、长度、结构组成等。

（3）描述数据元素的使用特点，如取值范围、使用频率、使用方式等。

（4）描述数据元素的控制信息，如数据来源、用户、使用它的程序、改变权、使用权等。

（5）描述数据元素的分组信息，如父结构、从属结构、物理位置等。

2. 数据字典的定义方法

（1）一个复杂的数据结构是由一些简单的数据项组合而成的。

（2）数据元素的组成及符号表示。数据元素的组成关系通常包括顺序、选择、重复和可选四种。

1）顺序关系，是指一个元素由多个元素连接而成，用+号表示。

2）选择关系，是指一个元素由多个中选一个而成。用[ ]号表示，如 [a | b| c]表示从 a、b、c 中选择一个。

3）重复关系，是指一个元素由另一个简单元素重复零次或多次得到。用{ }号表示，如 a{char}b，表示由若干个字符组成，其中 a 表示个数上限，b 表示个数下限。

4）可选关系，表示可有可无。用（ ）号表示。如（char），表示 char 可有可无。

3. 学生学籍管理系统数据字典设计

【案例 3.7】学生学籍管理系统数据字典。

在学生学籍管理系统的数据流程图中，包含学生信息，可以表示成如图 3.6 所示的数据字典。

名字：学生信息 别名：学生数据 描述：描述学生的基本信息 定义： 学生信息=学号 + 姓名 + 密码 + 家庭住址 + 联系电话 + 邮箱 + 班级编号 位置：学生信息表

名字：学号 别名：学生编号 描述：描述学生的基本信息的唯一标识的关键码，包括年度（4位）+校区标识（1位）+学院标识（2位）+专业标识（2位）+流水号（3位） 定义： 学号=12{字符}12 位置：学生信息表 学生成绩表

图 3.6　数据字典

3.4　项目案例

学籍管理工作是高校事务管理工作中的重要组成部分，学籍工作的好坏将直接影响学校的教学秩序和教学质量的建设。同时，它也是学生在校各学期的各种变化情况的风向指标，是学校了解、掌握学生基本情况的主要途径，更是对学生管理工作进行研究、决策的重要依据。

1. 学生学籍管理系统的角色

（1）管理员：负责对学生、教师、班级、课程、课表、成绩、教室信息进行管理，导出各种报表。

（2）教师：发布成绩，导出成绩报表；查询教师个人课表、课表中相应课程信息；查询、修改个人信息。

（3）学生：查看课程、课表、成绩信息；查询、修改个人基本信息。

2. 学生学籍管理系统的主要功能

学生学籍管理系统主要功能包括用户管理、班级管理、课程管理、教室管理等。

（1）用户管理包括教师信息管理和学生信息管理。

1）教师信息管理：教师信息的注册、教师信息的修改、教师信息的注销、教师信息的查询以及教师的登录、退出功能。

2）学生信息管理：学生信息的注册、学生信息的修改、学生信息的删除、学生信息的查询以及学生的登录、退出功能。

（2）班级管理包括班级的建立、班级信息的查询、班级信息的修改与删除。

（3）课程管理包括课程的基本信息管理、课表管理、成绩管理。

1）课程的基本信息管理包括课程信息的添加、修改、注销以及对全部课程的查询。

2）课表管理：在课程、班级、教室以及教师之间建立关系得到课程表。管理员对课表信息的管理；教师对自己的课表、课程信息的查询；学生对本学期的课表、课程信息的查询。

3）成绩管理：管理员对学生成绩进行管理，导出成绩报表；任课教师对学生的成绩进行发布，导出成绩报表；学生对自己成绩的查询。

（4）教室管理包括教室的基本信息管理、教室的使用情况管理；教室的基本信息管理指管理员对教室信息的增加、删除、修改和查询。

首先，进行学生管理系统的功能分析，绘制数据流图。先分析出数据流图的四种主要元素，绘制顶层数据流图，如图 3.7 所示。

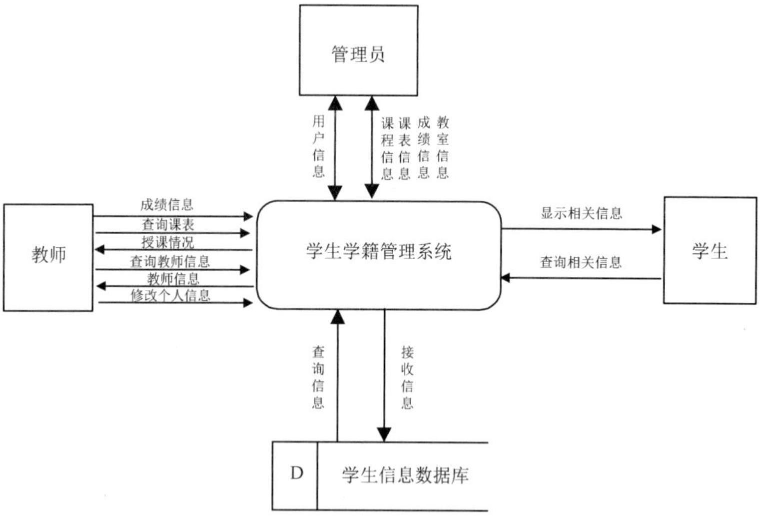

图 3.7　学生学籍管理系统顶层数据流图

按不同角色（管理员、教师、学生）分别分层绘制功能级数据流图，如图 3.8 至图 3.12 所示。

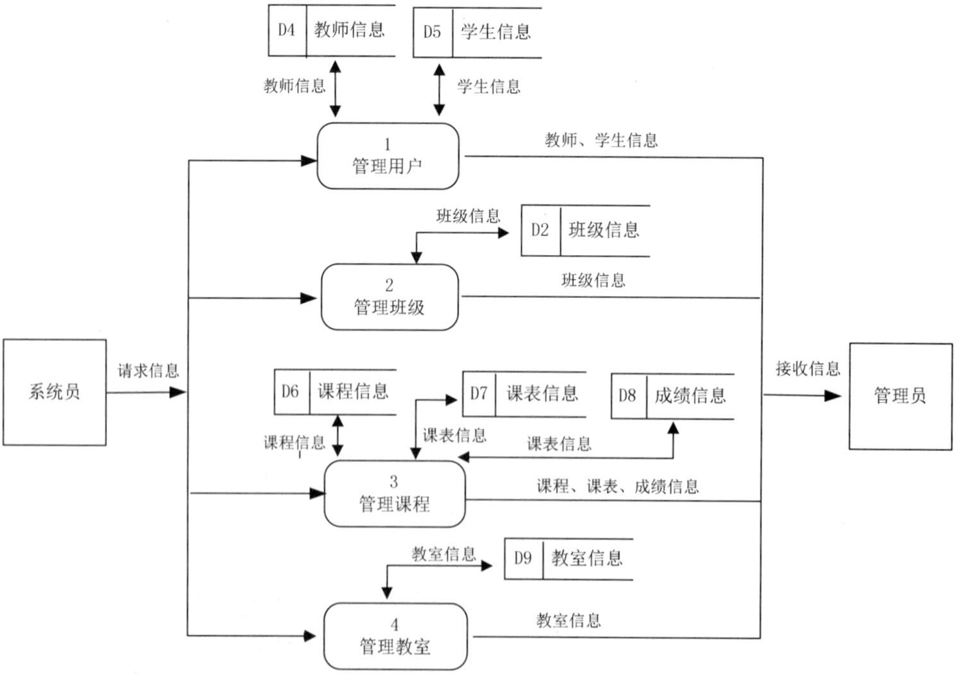

图 3.8　系统管理员 1 级数据流图

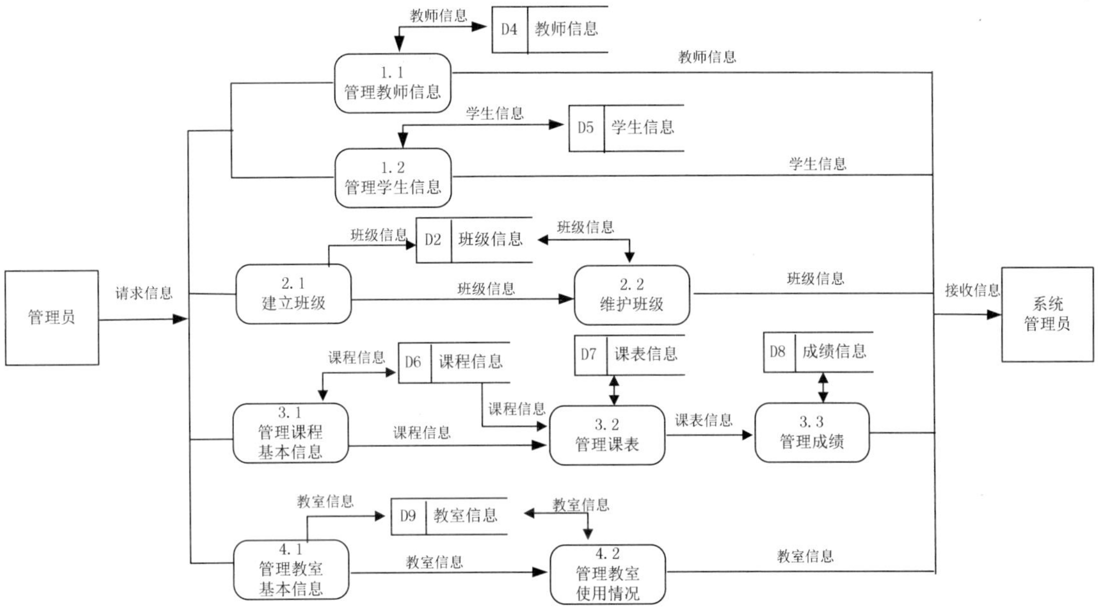

图 3.9　系统管理员 2 级数据流图

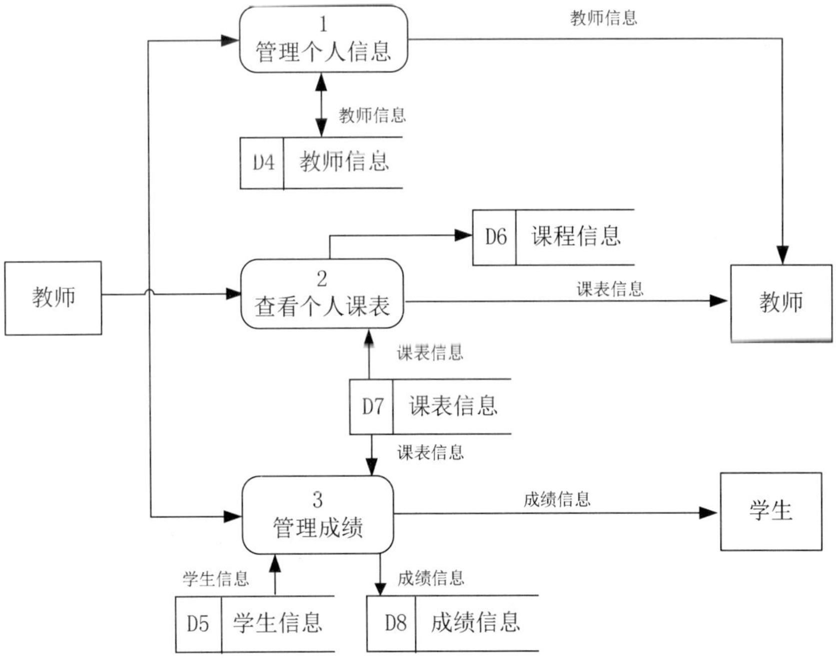

图 3.10　教师管理 1 级数据流图

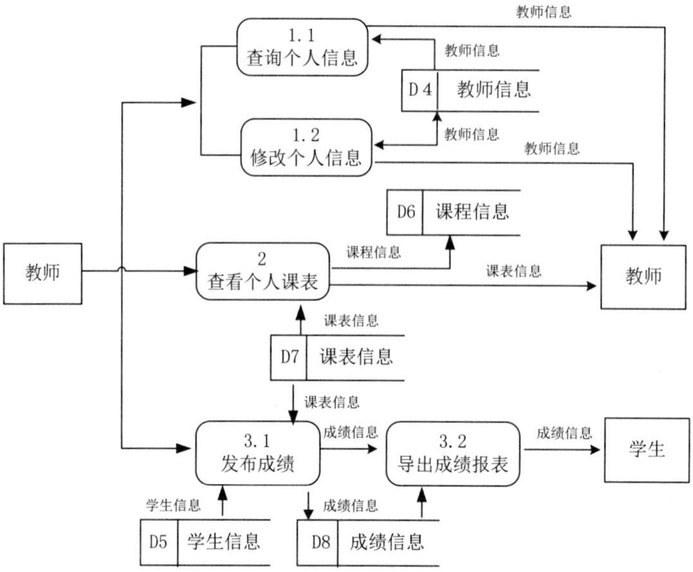

图 3.11　教师管理 2 级数据流图

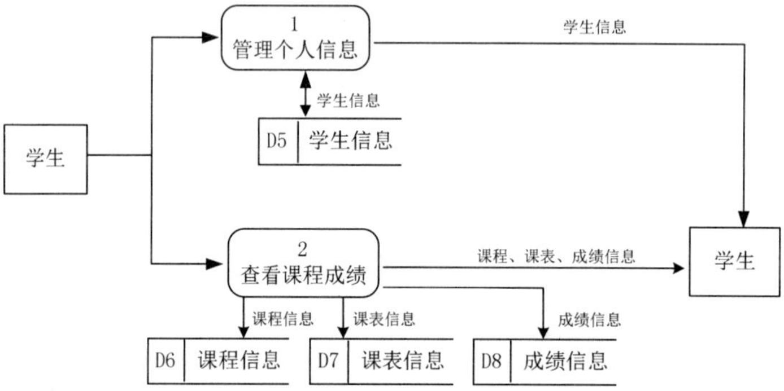

图 3.12　学生管理 1 级数据流图

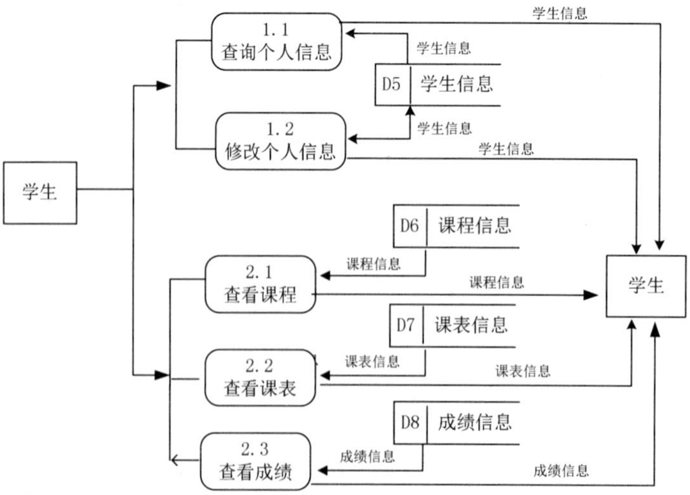

图 3.12　学生管理 2 级数据流图

最后，进行学生学籍管理系统的数据分析，针对数据流图中的所有元素绘制数据字典。图 3-13 所示为数据存储的数据字典。

名字：管理员信息
别名：admins
描述：描述管理员信息
定义：系统管理员表=登录号+姓名+密码
位置：存储在管理员表中

名字：班级信息
别名：classes
描述：描述班级信息，主要包括班级名称、所属学院、任课老师
定义：班级信息=班级编号+班级名称+学院编号+教师编号
位置：存储在班级表中

名字：学院信息
别名：colleges
描述：描述学院信息
定义：学院信息=学院编号+学院名称
位置：存储在学院表中

名字：教师信息
别名：teachers
描述：描述教师信息
定义：教师信息=教师编号+教师姓名+密码+职称+学历学位+家庭住址+联系电话+邮箱+专业研究方向+学院编号
位置：存储在教师表中

名字：学生信息
别名：students
描述：描述关于学生的所有信息
定义：学生信息=学号+姓名+密码+家庭住址+联系电话+邮箱+班级编号
位置：存储在学生表中

名字：课程信息
别名：courses
描述：描述课程信息
定义：课程信息=课程编号+课程名称+总学时+学分+课程类别+课程性质+学院编号
位置：存储在课程表中

名字：课表信息
别名：courseArranges
描述：描述课表安排信息
定义：课表信息=课表编号+课程编号+班级编号+教师编号+教室编号+学期+周次分布+周学时+星期+节次
位置：存储在课表里

名字：成绩信息
别名：scores
描述：描述成绩信息
定义：成绩信息=学号+课表编号+成绩+备注
位置：存放在成绩表中

名字：教室信息
别名：rooms
描述：描述教室使用信息
定义：教室信息=教室编号+教室名称+教室容量
位置：存放在教室表中

图 3-13 数据存储的数据字典

在实际开发项目时，数据字典也常常采用表 3.6 所列格式。

表 3.6 学生学籍管理系统的数据字典

序号	数据存储名称	属性名称	数据类型	描述
1	管理员信息（admins）	登录号	11 {字符}11	管理员唯一标识
		姓名	4 {字符}20	管理员的真实姓名
		密码	6 {字符}20	管理员登录密码
2	班级信息（classes）	班级编号	整数	班级唯一标识
		班级名称	6 {字符}30	班级的名称
3	学院信息（colleges）	学院编号	整数	学院唯一标识
		学院名称	6 {字符}30	学院的名称
4	教师信息（teachers）	教师编号	11 {字符}11	教师唯一标识
		教师姓名	4 {字符}20	教师的真实姓名
		密码	6 {字符}20	教师的登录密码
		职称	整数	0 教授，1 副教授，2 讲师，3 助教
		学历学位	4 {字符}30	教师最后学历学位
		家庭住址	10 {字符}100	教师家庭住址
		联系电话	6{字符}20	联系电话
		邮箱	6 {字符}30	邮箱
		研究方向	10 {字符}50	所学专业、学术专长
5	学生信息（students）	学号	12 {字符} 12	学生唯一标识
		姓名	4 {字符} 20	学生的真实姓名
		密码	6 {字符}20	学生登录密码
		家庭住址	10 {字符}100	学生家庭住址
		联系电话	6 {字符}20	联系电话
		邮箱	6 {字符}30	邮箱
6	课程信息（courses）	课程编号	9{字符}9	课程的唯一标识，固定长度 9 位
		课程名称	6 {字符}30	课程名称
		总学时	整数	课程学时
		学分	整数	课程学分
		课程类别	整数	0 基础课，1 专业基础课，2 专业课
		课程性质	整数	0 必修课，1 选修课
7	课表信息（courseArranges）	课表编号	整数	课表的唯一标识
		课程编号	9{字符}9	课程编号，来自于课程信息
		班级编号	11 {字符}11	班级编号，来自于班级信息

续表

序号	数据存储名称	属性名称	数据类型	描述
7		教师编号	11 {字符} 11	教师编号，来自于教师信息
		教室编号	整数	教室编号，来自于教室信息
		学期	6{字符} 6	上课学期，如：2014 春
		周次分布	5 {字符} 10	上课周次，不固定长度，如：1～8 周、3～16 周
		周学时	2{字符}2	每周上课学时，不固定，如 6、8 等
		星期	整数	每周上课时间，不固定，如：1、2
		节次	3 {字符} 3	每周上课节次，固定长度，如 1～2
8	成绩信息（scores）	学号	12 {字符} 12	学号，来自于学生信息
		课表编号	整数	课表编号，来自于课表信息
		成绩	整数	学生的成绩
		备注	0 {字符} 50	有关成绩的备注信息，例如缺考、作弊等
9	教室信息（rooms）	教室编号	整数	教室的唯一标识
		教室名称	4{字符}30	教室的名称
		教室容量	整数	教室能容纳的人数

小 结

软件可行性研究的目的就是要用最小的代价，在尽可能短的时间内确定该软件项目是否能够开发，是否值得开发。

要开发一个软件项目，需要从技术、经济、操作等三个层面来考虑软件项目的可行性。

在进行可行性研究时需要了解和分析现有的系统，并以概括的形式表达对现有系统的认识。系统业务流程通常采用系统流程图、数据流图和数据字典等进行描述。

系统流程图是概括地描绘物理系统的传统工具。它表达的是数据在系统各部件之间流动的情况，而不是对数据进行加工处理的控制过程。

数据流图是系统逻辑功能的图形表示工具。描绘信息流和数据在从输入到输出的过程中所经受的变换。在数据流图中没有任何具体的物理部件，只是描绘数据在软件中流动和被处理的逻辑过程。

数据字典是对数据流程图中的各个元素作出详细的说明。数据字典作为分析阶段的工具，与数据流图结合，构成系统的规格说明。

习题 3

1. 选择题

（1）（ ）阶段的目的，就是用最小的代价在尽可能短的时间内确定一个软件项目是否能够开发，是否值得去开发。

A．可行性研究　　B．项目开发计划

C．需求分析　　D．概要设计

（2）（　　）是研究软件开发的成本效益。

A．操作的可行性　　B．技术可行性

C．经济可行性　　D．社会可行性

（3）系统流程图是一种传统工具，它用于描述（　　）。

A．物理模型　　B．逻辑模型

C．体系结构　　D．目标系统

（4）数据流图是一种传统工具，它用于描述（　　）。

A．物理模型　　B．逻辑模型

C．体系结构　　D．目标系统

（5）数据字典和（　　）结合，构成系统的规格说明。

A．系统流程图　　B．数据流图

C．程序流程图　　D．模块层次图

（6）可行性分析研究的目的是（　　）。

A．争取项目　　B．项目值得开发否

C．开发项目　　D．规划项目

（7）软件项目的可行性研究要进行一次（　　）需求分析。

A．详细的　　B．全面的

C．简化的、压缩的　　D．彻底的

（8）数据流图用于抽象描述一个软件的逻辑模型，数据流图由一些特定的图符构成。下列图符名标识的图符不属于数据流合法图符的是（　　）。

A．控制流　　B．处理　　C．数据存储　　D．源点/终点

（9）结构化设计是一种应用最广泛的系统设计方法，是以（　　）为基础，自顶向下，求精和模块化的过程。

A．数据流　　B．数据流图　　C．数据库　　D．数据结构

（10）数据存储是一种（　　）数据。

A．静态　　B．动态　　C．关联　　D．以上都不是

2．简答题

（1）简述可行性研究的任务和步骤。

（2）简述软件开发计划的内容。

（3）简述系统流程图的作用。

（4）简述数据流程图及其用途。

（5）简述数据字典及其用途。

3．应用题

（1）有一个学校图书管理系统，其主要需求大致如下：

1）读者从图书馆可以借书，读者必须先在系统中注册。读者分教师、学生等几类，不同类别的读者，借阅的册数和期限不同。

2）图书管理员登录系统后，可以对图书进行管理，包括增加新书、删除旧书，可以更新、添加和删除系统中的书目、借书者、借书和预订等相关信息。

3）读者可以预订目前借不到的书，一旦预订的书被返还给图书馆，或新购图书到达，就立即通知预订者。

4）每类读者借书时都有借阅时间，超过期限，读者在还书时就需要缴纳一定的罚款。

根据上述需求，绘制图书管理系统的数据流图和数据字典。

（2）有一个银行计算机储蓄系统，其工作过程大致如下：

储户填写存款单或取款单，由业务员输入系统。

1）如果是存款，则系统记录存款人姓名、身份证号码、电话号码、存款类型、存款日期、到期日期、利率及密码等信息，并打印出存单给储户。

2）如果是取款，则系统首先核对储户密码。若密码正确，则系统计算利息并打印出本息清单给储户。

根据上述需求，绘制银行计算机储蓄系统的数据流图和数据字典。

第 4 章　需求分析

本章学习目标

- 熟练掌握需求分析的任务和步骤。
- 了解获取需求的方法。
- 掌握结构化分析方法的策略。
- 掌握结构化分析方法的建模工具。

本章首先向读者介绍需求分析的任务和步骤，其次介绍结构化分析方法的策略，最后介绍结构化分析方法的建模工具。

4.1　需求分析的任务和步骤

为了开发出用户真正满意的软件产品，首先必须做全面详细的需求调查，了解用户的需求。虽然在可行性研究阶段已经基本了解了用户需求，并且提出了一些可行性方案，但可行性研究的目的只是确定是否存在可行的解法，可能有很多需求细节被忽略了，所以可行性研究并不能代替需求分析。

需求分析过程包括需求获取和需求分析两个环节。只有用户才真正知道自己需要什么，但他们由于专业知识所限，并不知道怎样用软件准确地实现自己的需求，而软件分析人员知道怎样使用软件来实现用户的需求，但却对用户需求并不十分清楚，必须通过与用户沟通获取用户对软件的需求。

通过需求获取阶段的工作，软件开发人员从用户处收集到大量的需求信息。获取的需求信息并不完全都是软件需求，这是因为这些需求信息中包含了一些与软件系统无关或关系不大的信息，以及可能发生重叠或冲突的需求信息等。

需求分析的基本任务就是分析和综合已收集到的需求信息。分析工作的重点在于从大量繁杂的信息中找到本质核心，找出这些需求信息间的内在联系和可能的矛盾。综合的工作就是去掉那些非本质的信息，找出解决矛盾的方法并建立系统的逻辑模型。分析过程在需求分析阶段是耗时最长任务最重的。

具体地说，需求分析的基本任务就是提炼、分析和审查已收集的需求信息，找出用户真正的需求。通过建立软件系统的逻辑模型，进一步理解业务系统的内在关系，同时找出需求信息中存在的冲突、遗漏、错误或含糊等问题。

需求分析虽然处于软件开发的开始阶段，但它对于整个软件开发过程以及软件产品质量是至关重要的。为了不遗漏任何一个微小的细节，需求分析需要完整、准确。需求分析阶段结束时，系统分析人员应该写出软件需求规格说明书，以具体的书面形式准确地描述软件需求。

4.1.1　需求分析的任务

软件需求的主要任务是要通过软件开发人员与用户利用各种方式的交流和讨论，准确地获取用户对系统的具体要求。在正确理解用户需求的前提下，软件开发人员将这些需求准确地以文档的形式表达出来，作为设计阶段的依据。软件需求阶段结束时需要提交的主要文档是软件需求规格说明书。

1. *确定对系统的综合要求*

用户对软件系统通常有如下几方面的综合要求。

（1）功能需求。功能需求主要说明待开发的系统在功能上应该做到什么，即指定系统必须提供的服务。它是用户最主要的需求，通常包括系统的输入、系统能完成的功能、系统的输出以及其他反应。

（2）性能需求。性能需求指定系统必须满足的定时约束或限制，包括速度（响应时间）、信息量速率、主存容量、磁盘容量、安全性等方面的需求。例如，“系统在 0.5 秒钟内响应所有用户命令”就是一项性能需求。

（3）可靠性和可用性需求。可靠性是指在给定的时间内以及规定的环境下，软件系统能完成所要求功能的概率。其定量指标通常用平均无故障时间和平均修复时间来衡量。例如，“系统每周应至少满负荷工作 160 小时”。

可用性与可靠性密切相关，它量化了用户可以使用系统的程度。例如，“在任何时候主机或备份机上的航空售票系统应该至少有一个是可用的，而且在一个月内任何一台计算机上该系统不可用的时间不能超过总时间的 2%”。

（4）出错处理需求。出错处理需求指软件系统或是组成部分遇到非法输入数据以及在异常情况和非法操作下，软件系统能继续运行的程度，即软件系统的健壮性。

（5）接口需求。接口需求描述应用系统与它的环境通信的格式，包括用户接口需求、硬件接口需求、软件接口需求、通信接口需求。例如，“图书管理系统中学生读者的信息，来源于学生学籍管理系统”就是一个软件接口需求。

（6）约束。设计约束或实现约束描述在设计或实现应用系统时所遵守的限制条件。常见的约束有：精度、工具和语言约束、设计约束、商业约束、应该使用的标准、应该使用的硬件平台。例如，“系统必须采用面向对象设计技术进行开发”就是设计约束。商业约束是指完成软件系统所花费的时间和成本的限制条件。

（7）其他类型的需求。

1）确定目标系统的运行环境，包括核心计算机及网络资源即系统软件、硬件和初始化数据的配置、采购、安装调试及人员培训等计划内容。

2）在设计过程中与安全性相关的需求，例如身份验证、用户权限、访问控制。系统能方便和容易增加新功能，以便一旦确实需要时能比较容易地进行扩充和修改。能实现把一个软件系统从一种运行环境移植到另一种运行环境的能力。在软件系统中发现并纠正一个故障或进行一次更改的简易程度，决定系统的可维护性。

3）目标系统的界面约定。界面设计的原则是：方便、简洁、美观、一致。整个系统的界面风格定义要统一，某些功能模块的特殊界面要说明。

4）对目标系统的开发工期、费用、开发进度、系统风险等问题进行分析与评估。

对于客户要求开发的一般目标系统，只要完成好上述任务，并与客户达成全面共识，通过评审，得到客户的认可，签字确认，就可以认为系统开发设计成功了。

但上述任务不是教条，不能生搬硬套，要根据具体问题具体分析，做到活学活用，灵活掌握。

2. 分析系统的数据要求

软件需求分析的一个重要任务，就是将得到的需求信息采用数据逻辑模型进行分析，以便软件分析人员和用户更直观、形象地理解系统需求，例如 E-R 图。对于复杂的数据可以分解成若干个基本数据元素，利用数据字典可以全面描述和定义数据。为了提高理解的准确程度，常常利用图形工具辅助描绘数据结构。常用的图形工具有层次方框图、Warnier 图等。

3. 导出系统的逻辑模型

经过上述的综合分析，可以导出系统详细的逻辑模型，包括细化的数据流图、数据字典、完整的 E-R 图和输入/输出算法描述逻辑模型即 IPO 图。

4.1.2 需求分析的步骤

软件需求阶段的工作，可分为以下几个步骤进行。

1. 获取用户的初始需求

软件开发人员要深入各级用户当中进行全面细致的调查研究，理解用户的需求，获得与系统实现相关的原始资料，确定系统的综合要求，并提出这些需求的实现条件，以及需求应达到的标准。这些需求包括功能需求、性能需求、约束和其他需求。

2. 确定系统的真正需求

对于获取的原始资料，软件开发人员需要根据掌握的专业知识，运用抽象的逻辑思维，认真分析需求间的内在联系和矛盾，去除需求中不合理的和非本质的部分，确定软件系统的真正需求。同时运用描述系统需求的相应工具，绘制出系统的工作业务流程图以及数据流程图。

3. 建立系统的逻辑模型

从各级数据流图与数据结构出发，去除其不合理的部分，增加其需要的部分，最终形成系统的解决方案，给出系统的详细逻辑模型。

用户可以对系统的逻辑模型提出意见，因此分析与综合工作需要反复进行，直到双方达成共识。

4. 书写需求说明书

系统分析完成后，为了清晰准确地描述出来，要书写需求规格说明书，这也是系统分析阶段的成果。需求阶段应提交的主要文档包括需求规格说明书、初步的用户手册和修正后的开发计划。

需求规格说明书通常用自然语言完整、准确、具体地描述系统的数据要求、功能需求、性能需求、可靠性和可用性要求、出错处理需求、接口需求、约束以及将来可能提出的要求。

5. 进行需求复审

为了保证软件开发的质量，对软件需求阶段的工作要进行严格的复审过程，从不同的技术角度对该阶段工作进行综合评价。复审过程既要有用户参与，也要有管理部门和软件开发人员参加。

【案例 4.1】学生学籍管理系统的需求描述。

按照结构化分析的任务和步骤，对学生学籍管理系统进行需求分析。

学生学籍管理系统能够为教师和学校管理者提供充足的信息和快捷的查询手段。但是，长期以来使用传统人工的方式或单机版软件来管理学生学籍，这种管理方式存在着许多缺点，如查询效率低、安全保密性差、保存不方便、数据不能共享等，更不利于快速查找、更新和维护。因此，结合本校实际开发一套学生学籍管理系统是很有必要的。

学籍管理系统的总体任务是：实现学生学籍信息的系统化、规范化和自动化，使得学生信息全校共享、学籍信息分权限管理。系统开发设计的思想是：尽量采用现有的软硬件环境及综合教务系统，引进较先进的管理信息系统开发方案，提高系统开发水平和应用效果；符合学校学籍管理的规定，满足对学生学籍管理的需求，并达到操作过程的直观、方便、实用、安全等要求；采用模块化、分层的程序设计方法，便于系统各功能的组合与修改；具备数据维护功能，及时根据学校管理者需求进行数据的添加、删除、修改、查找和备份等操作。

该系统的功能需求描述如下：

学生学籍管理系统包含以下三类角色。

1）管理员：负责对学生、教师、班级、课程、课表、成绩、教室信息进行管理，导出各种报表。

2）教师：发布成绩，导出成绩报表；查询教师个人课表及课表中相应的课程信息；查询并修改个人信息。

3）学生：可以查看课程、课表及成绩信息；查询并修改个人信息。

（1）系统功能分析。

1）用户登录和注册功能。

用户注册：由管理员负责对新教师和学生进行注册，设置用户名和密码。

用户登录：管理员、教师和学生通过用户名和密码登录系统，系统验证用户的信息是否合法。

2）用户管理功能包括教师信息管理和学生信息管理。

- 教师信息管理：主要对教师信息进行管理，包括教师信息的注册（需管理员注册教师“新入职、调入”信息，导入批量数据）、教师信息的修改（教师基本信息可以登录后自行修改，部分信息需管理员权限才能修改，如职称、学历学位）、教师信息的注销（教师离职“退休、调离”后相关信息的注销）、教师信息的查询以及教师的登录、退出功能。
- 学生信息管理：主要对学生信息进行管理，包括学生信息的注册（需管理员注册学生信息，导入批量数据）、学生信息的修改（基本信息学生可以登录后自行修改，部分信息需管理员权限才能修改，如“留级”）、学生信息的删除（学生退学）、学生信息的查询以及学生的登录、退出功能。

3）班级管理功能：主要对班级信息进行管理，包括班级的建立、班级信息的查询、班级信息的修改以及学生毕业后班级信息的删除。

4）课程管理功能包括课程的基本信息管理、课表（排课）管理、成绩管理。

- 课程的基本信息管理：主要对课程基本信息进行管理，包括课程信息（课程名、课程号、总学时、学分、课程类别、课程性质）的添加、修改、删除和对全部课程的查询以及按课程名、课程号、课程类别的条件查询；教师对自己本学期授课课程信息的查询；学生对本学期授课课程信息的查询。
- 教务课表（排课）管理：主要对课表信息进行管理，管理员对课程、班级、教室以及教师之间建立关系得到课程表。管理员对课表信息进行发布、删除、修改、查询；教师对自己的课表信息的查询；学生对本学期课表的查询。
- 成绩管理：主要是管理员对成绩信息进行管理，包括成绩的添加、删除、修改、查找，导出成绩报表；任课教师对学生的成绩进行发布，导出成绩报表；学生对自己成绩的查询。

5）教室管理功能：主要对教室信息和教室的使用情况进行管理，包括管理员对教室基本信息的增加、删除（如不再使用）、修改和查询。

（2）系统功能模块的划分。按照上面所述的系统功能描述，可以把学生学籍管理系统划分为用户登录和注册功能模块、用户管理功能模块、班级管理功能模块、课程信息管理模块、课表管理模块、成绩管理模块、教室管理模块。

4.2 获取需求的方法

根据信息来源的不同，主要有如下几种需求获取的技术：

- 背景资料阅读。
- 面谈。
- 文档检查。
- 头脑风暴。
- 调查表。
- 需求剥离。
- 任务观察。
- 用例和场景。

1. 背景资料阅读

这种需求获取的技术方法通常给系统分析员提供了有效而珍贵的信息来源，诸如商业计划、运作过程、交互系统的技术手册、原有系统的用户手册等文档。在阅读的同时要做笔记，不可避免的是，有很多内容都是不相关的，一旦发现有价值的内容，就不要失去它们。

2. 面谈

面谈是所有需求获取技术的基础，是最盛行的方法。面谈通常分为结构化和非结构化的面谈。前者要求有相当严格的结构布置，集中讨论一组事先计划好的问题；而后者要讨论的主题只有一个粗略的想法，希望在面谈过程中集思广益，临场发挥，形成一个比较满意的结果。但在实践中常常采用中间的方法，即适当地计划好面谈，不必过于详细，允许有一定的灵活性。

3. 文档检查

这个系统分析方法要求原有的系统是基于文档的。对一些较老的开发方法，文档检查是被唯一考虑的需求获取的方法，大量的需求信息都隐含在数据文档中，因而不应该忽视该技术，它是有价值而且易于理解的信息来源。此方法获得信息比较直接，就是获得系统的所有输入、输出及内部文档的一份备份资料。因此，这个技术可以与面谈、任务分析等其他需求获取技术结合使用。

该技术尤其有助于通过暗示确定系统的输入和输出，确定中间功能和存储数据需求。用此方法获得的数据常用作数据分析的基础，并在此基础上建立新的逻辑模型。

运用文档检查方法的问题是文档说明的系统与实际系统之间可能不匹配，需要软件分析人员进行专业的分析与判断，并结合其他需求获取技术检查出现的矛盾与不一致的地方，将有效的部分运作起来。

4. 头脑风暴

其基本概念是指一组人沉迷于一种“自由发言”的境界中，在无拘无束的环境下进行某个方面的自由思考，目的是产生新的想法，这种方法在相对短而紧张的会谈中似乎是最有效的。由于花费较大，因而应当少使用它，在整个项目中很可能只有一次会谈。参加会谈的人员很关键，通常由有一定合适的文化背景和充足专业知识的人员组成，包括风险承担者、领域专家和公认的“思维不受约束的”思想家，一个小组最少有七人，最多人数比较随意。每个人都可以自由发言，无论主意多么荒唐或愚蠢都不要批评，多考虑主意的出发点，而不要去辩论。

5. 调查表

调查表可以认为是结构化面谈计划的最终形式。每个问题都要事先计划好，然后提出来，不能添加或偏离，重要的是要仔细表达问题以便最大化理解、最小化二义性。当事先可以很好地确定问题，尤其是要从大量的人群中获取信息时，调查表提供了一种相对合算的需求获取方法。调查表通常是面谈的附属品，只在特定情形下使用。

6. 需求剥离

当存在一份客户的需求文档或规格说明书，或者存在一份可能相似的、原有产品的规格说明书时，可以使用需求剥离这种技术。单个需求可以从原始文档中抽取（剥离）出来并加入到新的需求文档中。这种方法主要针对那些原始文档构造不足并包含有许多不相关内容的系统来进行的，抽取准确的、有价值的相关信息，并将信息加入到一个新的、构造良好的文档中通常是处理这些问题的最佳方式。需求剥离可以手工进行，但当有电子格式的原始文档时，通常使用剥离工具。剥离工具常常提供需求可跟踪性和管理工具，而且需求剥离的自动化可以进一步提高效率。

7. 任务观察

偶然的观察，如在计划好的面谈中一连串的“紧急”中断，可以为精明的需求获取者提供有用的线索。计划好的观察与观察某人执行一项特定任务有关，观察操作员和机器之间的交互，或记录管理者和办事员之间的电话等。与其他获取技术相比，这种观察具有某些优点，它提供了一种解决“文档说明的系统与实际系统”问题的方式，可用于当文档审查不能用时，即用于非文档系统。它与面谈混合使用，要求被咨询人谈谈他们正在做什么，他们为什么做。这样可以揭示相当多的信息。

8. 用例和场景

场景是指用户与软件系统为实现某个目标而进行交互活动过程的描述。在开发人员与用户的交流中，场景作为工具可以发挥较大的作用。开发人员在与用户进行有关软件需求的交流中，谈论具体事例的情况较多，用户会结合专业知识讲述他们的具体工作和工作流程。因此，场景很自然地作为交流的工具使用，每个场景可以对应系统的一个潜在的需求。用例用于描述软件系统与一个外部执行者的交互顺序，它体现了执行者完成一项任务的过程。执行者可以是一个人或一个应用软件系统，也可以是硬件或是某些与软件系统交互以实现某些目标的外部实体。用例通常用于描述可发生的所有事件序列，而场景则是描述其中的一部分。因此，用例可以说是场景的集合，场景是用例的实例。

4.3　结构化分析方法的策略

软件工程产生以后首先提出的是结构化方法的软件开发方法。结构化方法是从分析、设计到实现都是使用结构化思想的软件开发方法。它分三部分组成：结构化分析、结构化设计和结构化程序设计。它也是一种很实用的面向过程的软件开发方法。结构化方法遵循的原理是自顶向下、逐步求精，使用的工具有数据流图、数据字典、判定表、判定树和结构化语言等。

结构化的分析（Structured Analysis，SA）方法是一种传统的需求方法。SA 方法是由美国 Yourdon 公司和密歇根大学在开发 ISDOS 工具系统时提出的，一直以来是比较流行和普及的需求分析技术之一。SA 方法主适用于数据处理，特别是大型管理信息系统的需求分析，主要用于分析系统的功能，是一种直接根据数据流划分功能层次的分析方法。

SA 方法的基本特点如下：

- 表达问题时尽可能使用图形符号的方式，即使非计算机专业人员也易于理解。
- 设计数据流图时只考虑系统必须完成的基本功能，不需要考虑如何具体地实现这些功能。

在分析一个复杂的问题时，如果既要考虑问题的各个方面，又要分析问题的每一个细小的环节，就会陷入繁杂凌乱的局面。传统的策略是把复杂的系统“化整为零，各个击破”。这就是通常所说的分解策略。SA 方法就是采用这样的分解策略，把一个复杂的问题划分成若干小问题，然后再分别解决，将问题的复杂性降低到人可以掌握的程度。即将复杂的系统分解成若干个人们易于理解和分析的子系统。这里的分解是根据软件系统的逻辑特性和系统内部各成分之间的逻辑关系分层进行的。在分解过程中，被分解的上层就是下层的抽象，下层为上层的具体细节，即最高层的问题最抽象，而底层的则较为具体。因此，SA 方法的基本思想是按照由抽象到具体、逐层分解的方法，确定软件系统内部的数据流、变换（或加工）的关系，并用数据流图表示。图 4.1 是自顶向下逐层分解的示意图。

分解的方法并不复杂，能把握系统的功能和关联性就可以应用该方法。当顶层的系统 X 很复杂时，可以把它分解为 1 层的 1，2，3…若干个子系统，若 1 层的子系统仍然很复杂，再分解为下一层的子系统 1.1，1.2，1.3…和 2.1，2.2…以及 3.1，3.2，3.3…等若干个子系统，如此继续下去，直到子系统都能被清楚地理解为止。

图 4.1 的顶层抽象地描述了整个系统，2 层具体地画出了系统的每一个细节，而 1 层是从抽象到具体的逐步过渡，这种逐层分解方法使分析人员在分析问题时不至于一下子陷入细节，

而是逐步了解更多的细节。顶层只是考虑系统的外部输入和输出，其他各层反映系统内部情况。

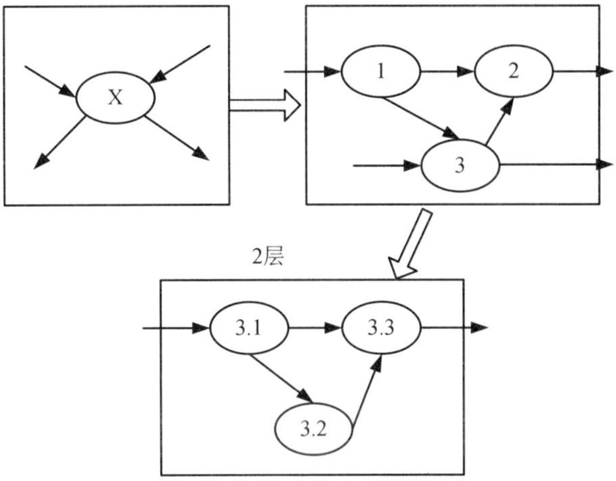

图 4.1 一个问题的逐层分解

依照这个策略，对于任何复杂的系统，进行合理分解之后，就可分别理解子系统的每一个细节，然后理解所有的子系统，进而理解整个系统。

4.4 结构化分析图形工具

4.4.1 数据流图

在可行性研究中，我们已经介绍了数据流图及其使用方法，在需求分析中需要对上一阶段的数据流图进行细化，对功能进一步分解。首先分析功能说明，先找出哪些是属于系统之外的外部实体，然后绘制出顶层数据流图；随后分解系统。根据系统功能，在 0 层图上分解系统，在 1 层、2 层的分解过程中，应仔细考虑每个加工内部还应该进行哪些处理，还有什么数据产生，这些可能在功能说明中没有，需要分析人员和用户参考现行系统的工作流程，进行“创造”，精细数据流图。把顶层数据流图中单一的处理框分解成若干个处理框，再加入描述系统加工、变换数据的基本概念，就得到了功能级数据流图。

数据功能图表（Date Flow Diagram，DFD）在画法上较为简单，但要画出完整的分层 DFD 尚需注意如下几个问题：

（1）应区别于流程图。DFD 注重数据在系统中的流动，在加工间的多个数据流之间不需考虑前后次序问题，加工只描述“做什么”，不考虑“怎么做”和执行顺序的问题，流程图则需考虑对数据处理的次序和具体细节。

（2）DFD 的完整性问题。在画 DFD 时，可能会出现加工产生的输出流并没有输出到其他任何加工或外部实体[图 4.2（a）]，或者某些加工有输入但不产生输出[图 4.2（b）]等情况。对于前者可能是遗漏加工或数据流多余；对于后者可能加工是多

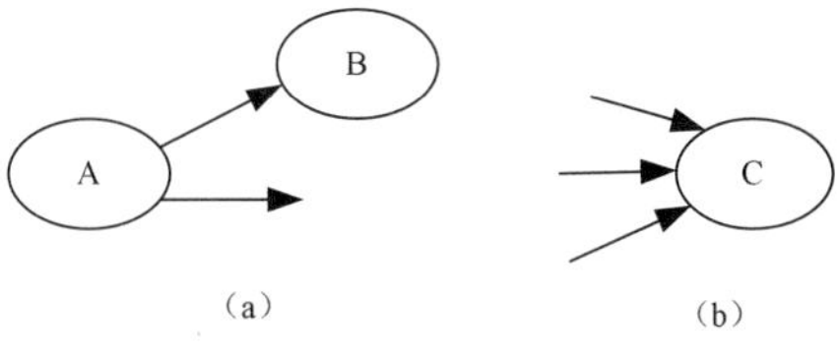

图 4.2 DFD 的完整性问题

余的，或者遗漏了输出流等。因此，在画完 DFD 时，有必要仔细检查所画的 DFD，以免 DFD 中出现错误。

（3）DFD 的一致性问题。DFD 的一致性问题也称父图与子图的平衡问题，是指父图中某加工的输入/输出与分解加工的子图的输入/输出必须完全一致，即输入/输出应该相同。父图是指上层的图，子图指处于下层的图，子图对应父图的某个加工。具体地说，父图与子图的平衡是指子图的所有输入/输出数据流必须是父图中相应加工的输入/输出数据流。图 4.3（a）表示父图与子图平衡的情况，而图 4.3（b）表示父图与子图不平衡的情况。一般而言，如果父图中有几个加工，则可能有几个子图对应，但父图中的某些基本加工可以不对应子图。

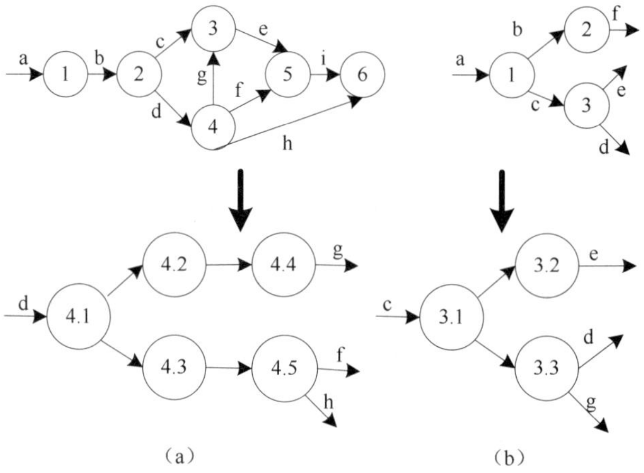

图 4.3　一致性问题的实例

层次的分解通常是对加工进行分解，但在有必要的情况下也可对数据流进行分解。

（4）在分层 DFD 中文件的表示。通常，文件可以隶属于分层 DFD 中的某一层或某几层，即在抽象层中未用到的文件可以不表示出来，在子图中用到的文件则表示在该子图中。但是在抽象层中表示出的文件，则应该在相应的某（些）子图中表示。否则，无法理解该文件到底被哪些具体的加工所使用。作为原则，当文件共享于某些加工之间时，该文件必须表示出来。

（5）分解层次的深度。逐层分解的目的是要把复杂的加工分解成比较简单、易于理解的基本加工。但是，如果分解的层次太深，也会影响对 DFD 的可理解性。分解层数应根据软件系统的复杂程度、人的能力等因素来决定。通过大量的实践，人们得到了一些经验性的准则，例如：

1）分解最好不超过 5 层或 6 层，尽量减少分解层次。

2）分解应根据问题的逻辑特性进行，不能硬性分解。

3）每个加工分解为子加工后，子图中的子加工数不要太多。

4）上层比较抽象可分解快些，下层分解慢些，易于理解。

5）分解到达底层，DFD 的一般标准应满足两个条件：一个是加工能用几句或十几句话就可清楚地描述其含义；另一个是一个加工基本上只有一个输入流和一个输出流。

以上准则只是参考，不能作为工程上的标准，更不能生搬硬套。

【案例 4.2】管理员 3 层数据流图。

在第 3 章中对学生学籍管理系统进行了功能分析，绘制出系统的业务操作流程图和顶层数据流图，并分别按管理员、教师、学生不同角色分层次绘制了 1 层、2 层数据流图。

本章将在此基础上进行数据流图的细化，针对管理员角色绘制 3 层数据流图。

在管理员 2 层数据流图中有 7 个管理模块，分别是教师信息管理模块、学生信息管理模块、班级信息管理模块、课程信息管理模块、课表信息管理模块、成绩信息管理模块和教室信息管理模块。显而易见，这 7 个管理模块所描述的信息非常有限，下一步应该把各个管理模块继续细化，描绘各模块的主要功能。根据每个管理模块的具体描述继续分解可以得到对应 7 个模块的 3 层数据流图。如图 4.4 至图 4.10 所示。

管理员针对教师信息管理绘制 3 层数据流图，如图 4.4 所示。

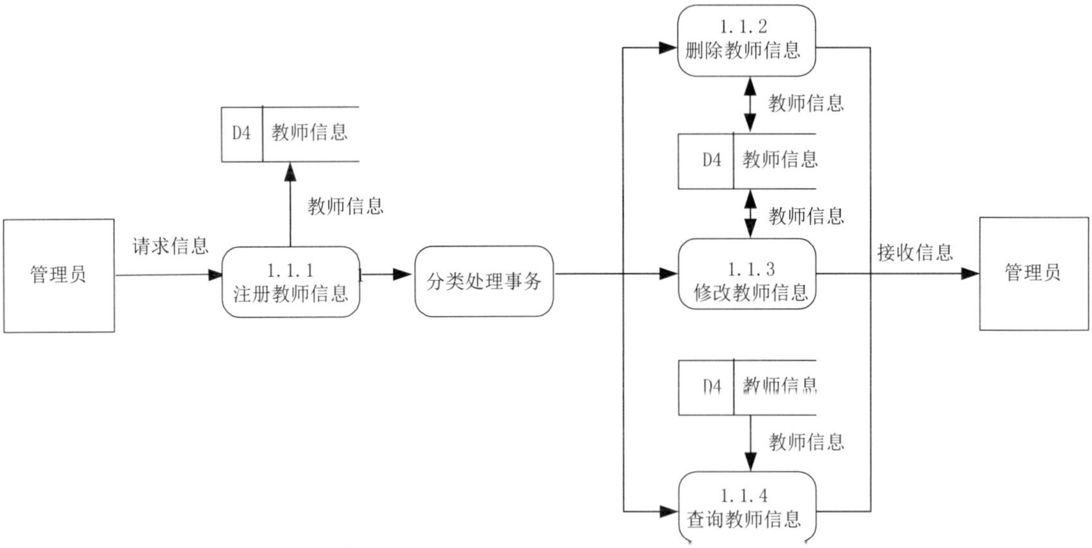

图 4.4 教师信息管理 3 层数据流图

管理员针对学生信息管理绘制 3 层数据流图，如图 4.5 所示。

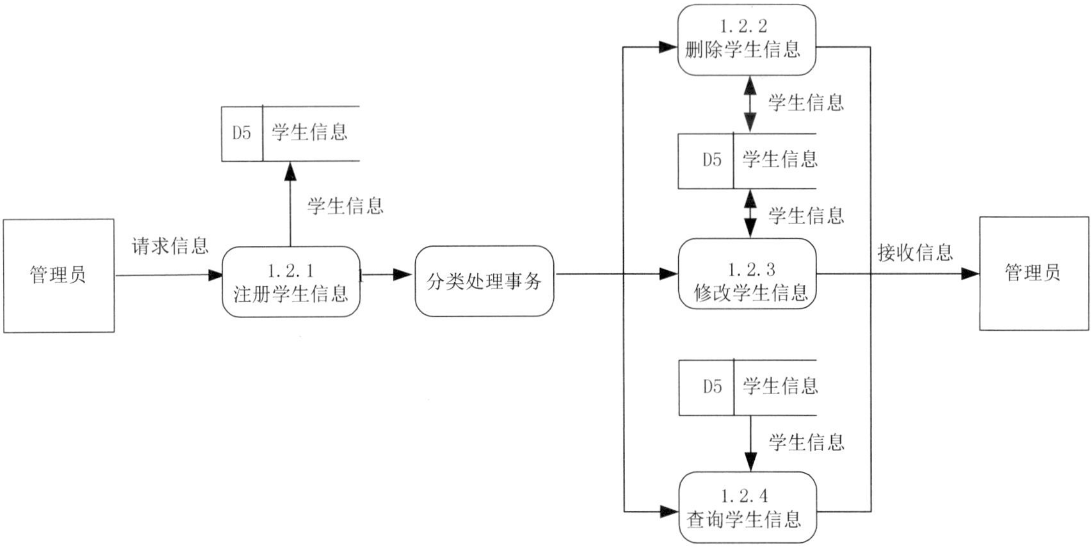

图 4.5 学生信息管理 3 层数据流图

管理员针对班级信息管理绘制 3 层数据流图，如图 4.6 所示。

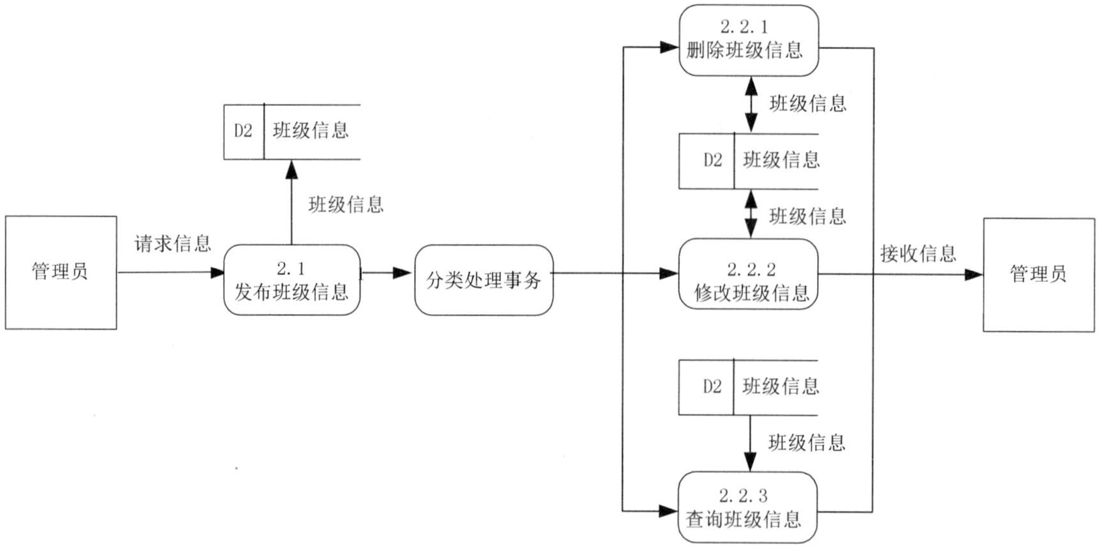

图 4.6　班级信息管理 3 层数据流图

管理员针对课程信息管理绘制 3 层数据流图，如图 4.7 所示。

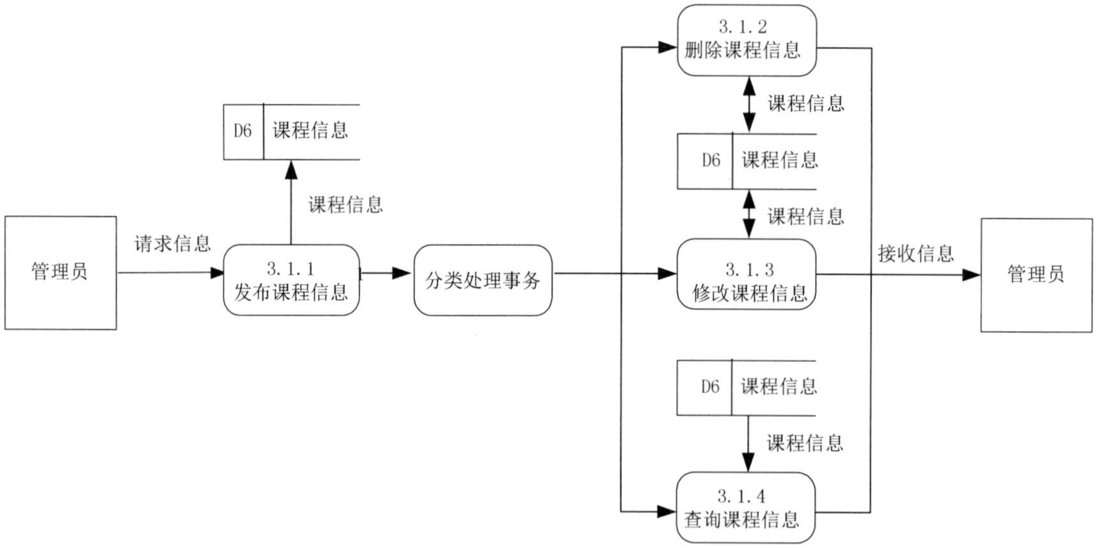

图 4.7　课程信息管理 3 层数据流图

管理员针对课表信息管理绘制 3 层数据流图，如图 4.8 所示。

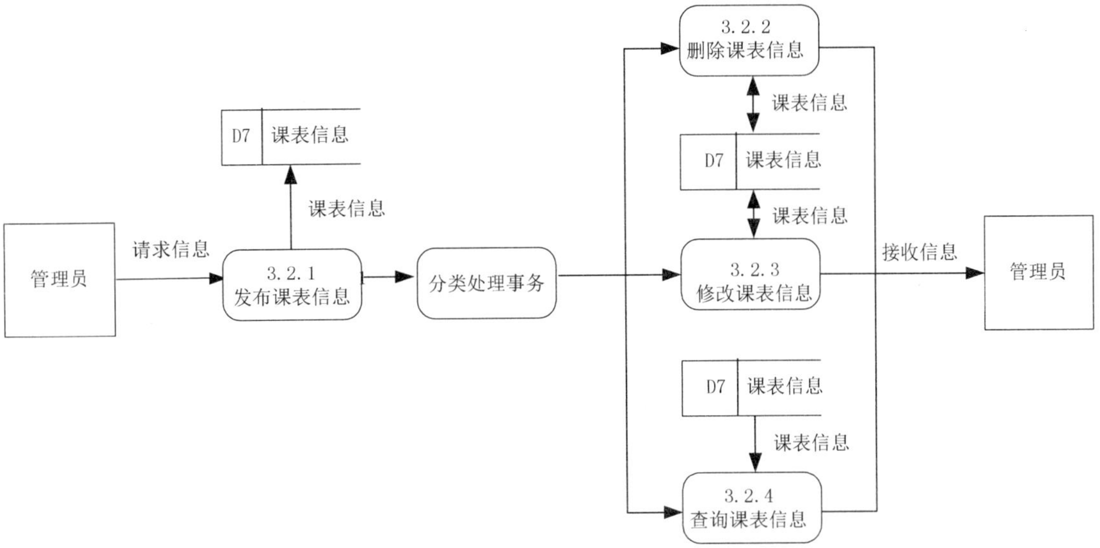

图 4.8　课表信息管理 3 层数据流图

管理员针对成绩信息管理绘制 3 层数据流图，如图 4.9 所示。

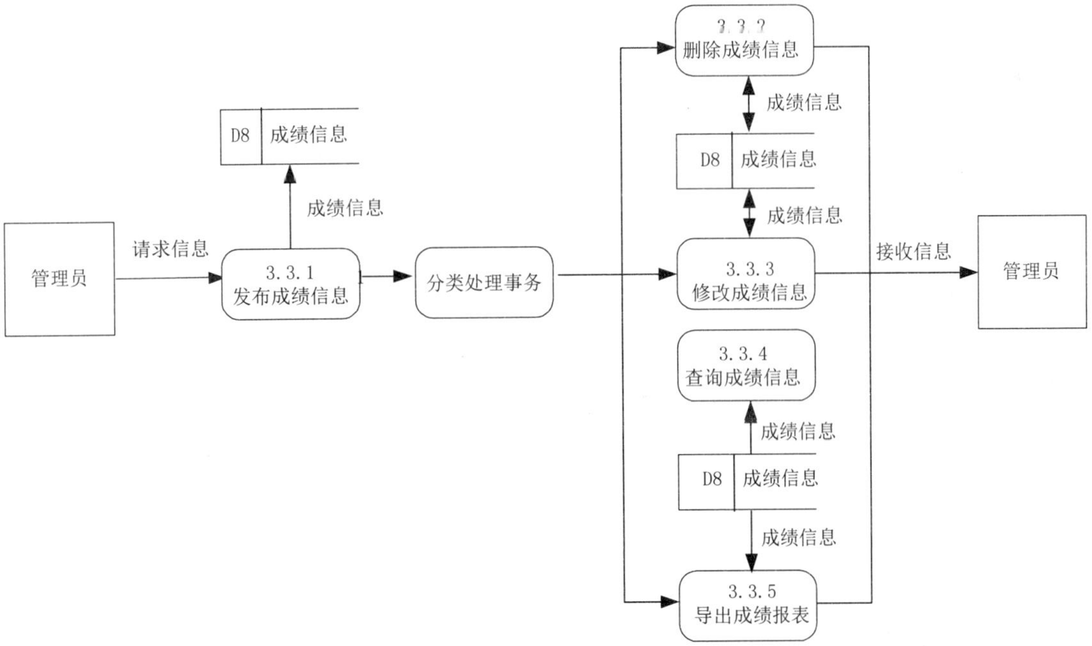

图 4.9　成绩信息管理 3 层数据流图

管理员针对教室信息管理绘制 3 层数据流图，如图 4.10 所示。

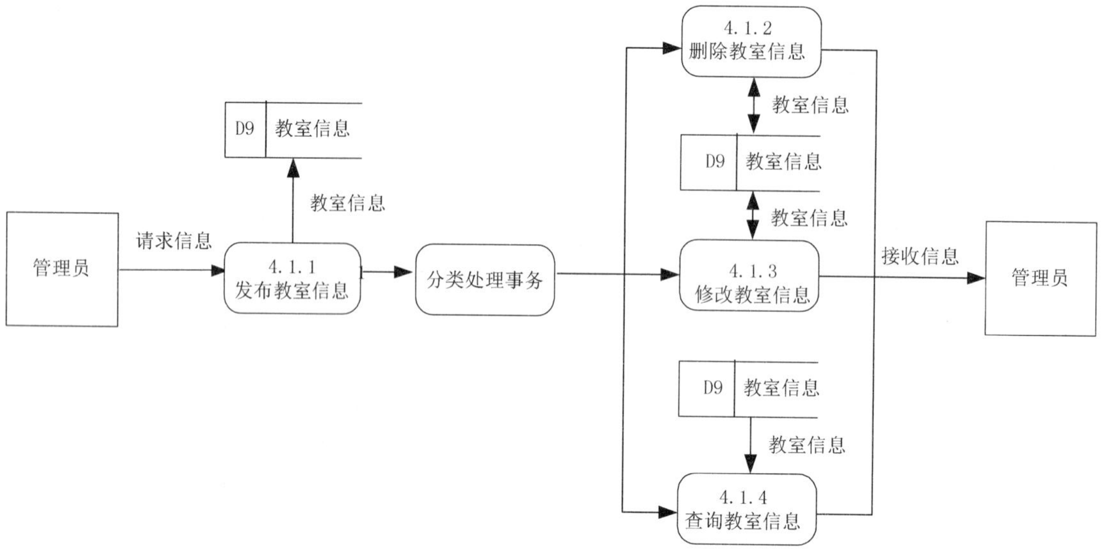

图 4.10　教室信息管理 3 层数据流图

管理员建立班级后，将班级信息存储在班级信息表中，所以“班级信息发布”功能没必要进一步细化。总之，当进一步分解将涉及如何具体地实现一个功能时就不应该再分解了。

4.4.2　输入/处理/输出图（IPO）

IPO 图是输入/处理/输出图的简称，是美国 IBM 公司发展完善起来的一种图形工具。在系统的模块结构图形成过程中，产生了大量的模块，在进行详细设计时开发者应为每一个模块写一份说明。IPO 图就是用来说明每个模块的输入、输出数据和数据加工的重要工具。它能够方便地描绘输入数据、对数据的处理和输出数据之间的关系。

IPO 图使用的符号少而简单，因此很容易学会。它的基本形式是在左边的框中列出有关的输入数据，在中间的框中列出主要的处理，在右边的框中列出产生的输出数据。处理框中列出处理的次序暗示了执行的顺序，但这些还不足以精确地描述执行处理的详细情况。在 IPO 图中还需要使用大箭头清楚地指出数据通信的情况。如图 4.11 所示是教师发布成绩的例子。

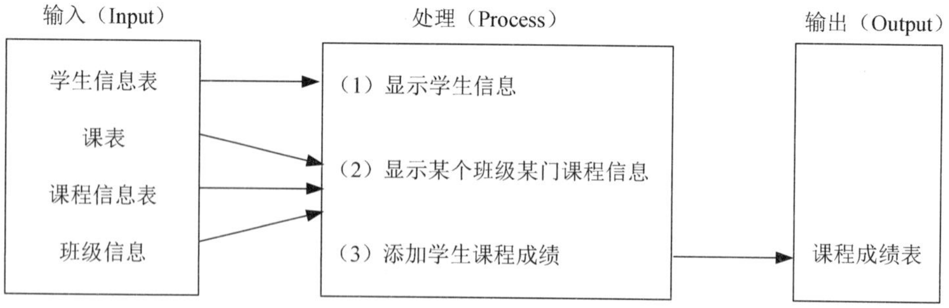

图 4.11　教师发布成绩的 IPO 图

改进的 IPO 图（表）包含某些附加的信息，比原始的 IPO 图更加实用。改进的 IPO 图中包含的附加信息主要有系统名称、图的作者、完成的日期、本图描述的模块的名字、模块在层次图中的编号、调用本模块的模块清单、本模块调用的模块清单、注释及本模块使用的局部数据元素等。在需求分析阶段使用 IPO 图简略地描述系统的主要算法，即数据流图中各个处理的基本算法。在需求分析阶段，IPO 图中很多附加信息暂时还不具备，可以在设计阶段进一步补充完善这些图，并作为设计阶段的文档。

改进的 IPO 表如图 4.12 所示。

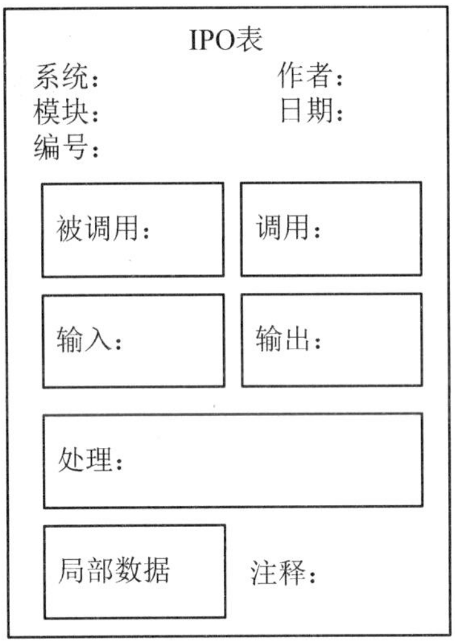

图 4.12　改进的 IPO 表

【案例 4.3】教师信息注册的 IPO 表。

结合项目案例中教师信息注册的需求得到的 IPO 表如图 4.13 所示。

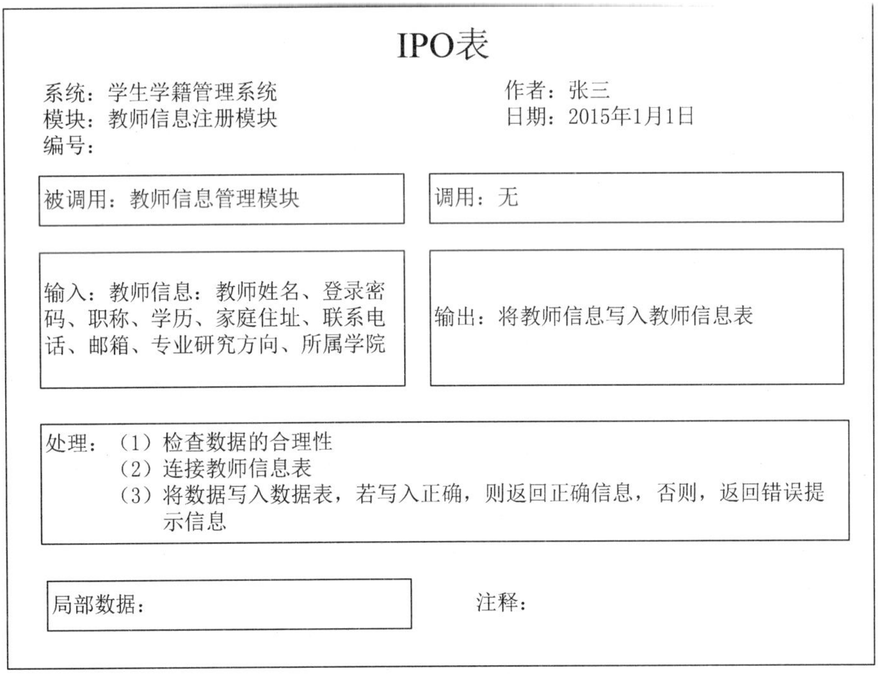

图 4.13　教师信息注册模块的改进 IPO 表

用 IPO 图作为主要建模工具来进行系统的业务分析、软件需求分析、概要设计，可以实现业务分析、软件需求分析和系统总体设计的平滑过渡，从而消除分析与设计之间的鸿沟。在结构化方法中，进行数据流分析之后，仍然需要进行业务过程的归并和划分，形成程序模块。这里的程序模块就是完成一个或多个信息处理过程的软件单元。在数据流图的分析方法中，数据的数量及其结构的复杂程度远大于对数据的处理，图形一般都比较复杂，使我们不能很快专注问题的关键。使用描述数据输入、输出和处理过程的 IPO 图进行需求分析，可使对数据需求的分析局限在相应的过程中，对数据的分析更加简单、清晰、便捷。

IPO 图对过程的描述完整、清晰、简洁、准确。实际上，IPO 图对过程的描述可简可繁、收放自如：既可以层层分解直到底层，也可以聚集、简化直到最顶层。IPO 图的这些特点使它在信息系统的需求分析中可以很好地发挥作用。

4.4.3 实体-联系图

实体-联系图亦称 E-R 图（Entity-Relationship）或实体关联图，主要用于描述系统的数据关系，这个模型是面向问题的并按照用户的观点对数据建立的模型，与软件系统中的实现方法无关。

实体关联图主要由实体、属性和关联三个基本成分组成。

实体：数据项（属性）的集合，通常用矩形框表示。实体可以是外部实体（如产生信息的任何事物）、时间（如报表）、行为（如打电话）、时间（如响警报）、角色（如教师、学生）、单位（如生产科）、地点（如办公室）或结构（如文件）等。总之，有一组属性（数据项）定义的可以作为实体。每一个实体可以用几个属性描述，不同的实体有不同的属性，实体与属性间用直线相连。此外，实体之间是有关联的，例如教师“讲授”课程，学生“学习”课程，讲授或学习的关系表示教师与课程或学生与课程之间一种特定的连接。

属性：定义的是实体的性质，通常用椭圆或圆角矩形框表示。例如，“学生”是一个实体，而“学号”“姓名”“性别”“出生日期”等都是“学生”这个实体的属性。

关联：实体之间相互联系的方式称为关系。通常用菱形框表示关联，并用直线连接相关联的实体。例如，学生与课程之间的关联称为“学习”。关联有如下三种类型：

（1）一对一关联（1:1）。例如，某高校一个系只有一个系主任，一个系主任只能管理一个系。系与系主任的关联是一对一的。

（2）一对多关联（1:N）。例如，某学校某教师与课程之间存在一对多的关联“讲授”，即某位教师可以讲授多门课程，但每门课程只能由一位教师讲授。

（3）多对多关联（M:N）。例如，学生与课程间的关联“学习”是多对多的，即一个学生可以学习多门课程，而每门课程可以有多个学生来学。

关联也可以有属性。例如，学生“学习”某门课程所取得的成绩，既依赖于学生，又依赖于特定的课程，所以，成绩是学生与课程之间的关联“学习”的属性，如图 4.14 所示。

课程实体与属性图如图 4.15 所示，其中“课程编号”为实体标识符。

【案例 4.4】学生学籍管理系统 E-R 图。

根据项目案例学生学籍管理系统的软件需求描述及功能分析，找出其中各个实体以及各实体的相关属性。该系统共有八个实体，分别是：管理员实体、教师实体、学生实体、班级实体、课程实体、课表实体、学院实体以及教室实体。这八个实体及实体属性图分别表示如下。

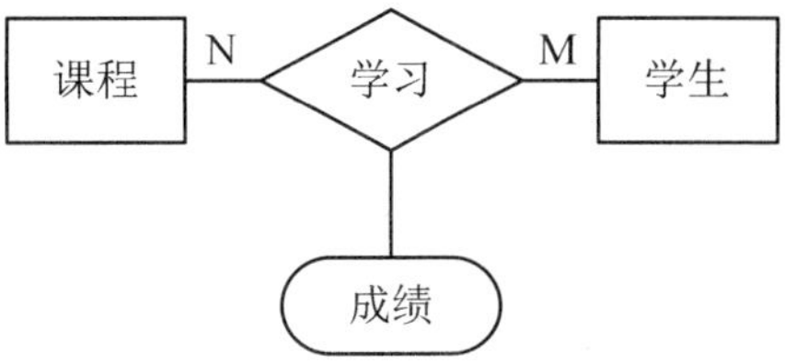

图 4.14　课程与学生 E-R 图

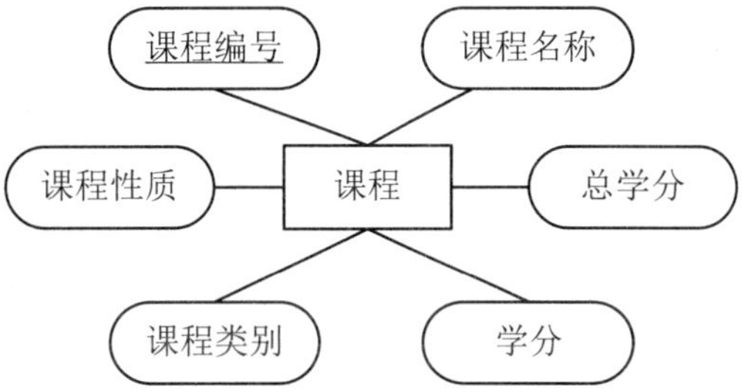

图 4.15　课程实体与属性图

（1）管理员实体。管理员实体属性信息包括登录号、姓名、密码，其中“登录号”为实体标识符，如图 4.16 所示。

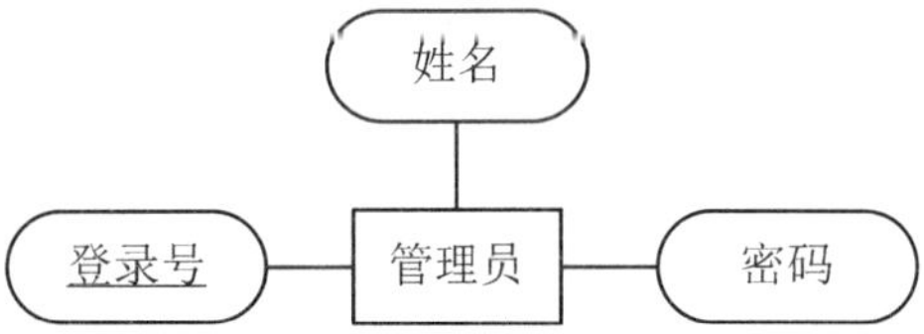

图 4.16　管理员实体与属性图

（2）学院实体。学院实体属性信息包括学院编号、学院名称，其中“学院编号”为实体标识符，如图 4.17 所示。

图 4.17　学院实体与属性图

（3）班级实体。班级实体属性信息包括班级编号、班级名称，其中“班级编号”为实体标识符，如图 4.18 所示。

图 4.18　班级实体与属性图

（4）教师实体。教师实体属性信息包括教师编号、教师姓名、密码、职称、学历学位、家庭住址、联系电话、邮箱、专业研究方向，其中“教师编号”为实体标识符，如图 4.19 所示。

（5）课程实体。课程实体属性信息包括课程编号、课程名称、总学时、学分、课程类别、课程性质，其中“课程编号”为实体标识符，如图 4.20 所示。

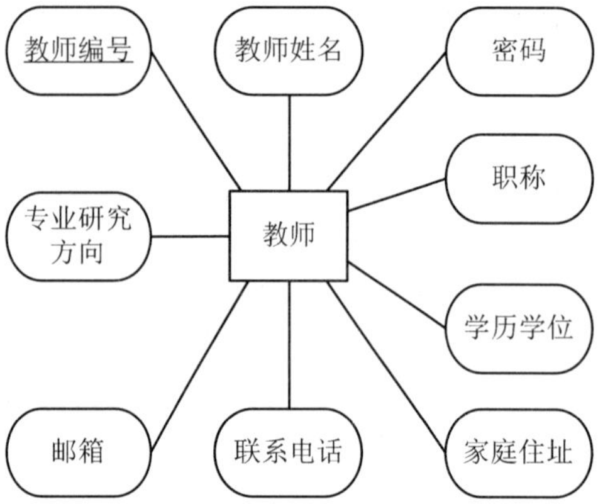

图 4.19　教师实体与属性图

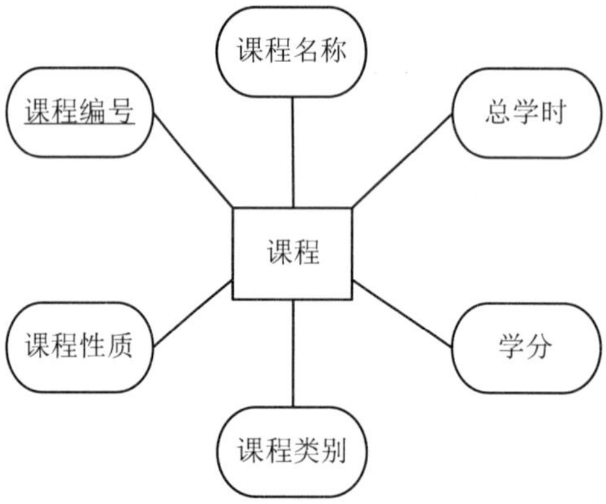

图 4.20　课程实体与属性图

（6）学生实体。学生实体属性信息包括学号、姓名、密码、家庭住址、联系电话、邮箱，其中“学号”为实体标识符，如图 4.21 所示。

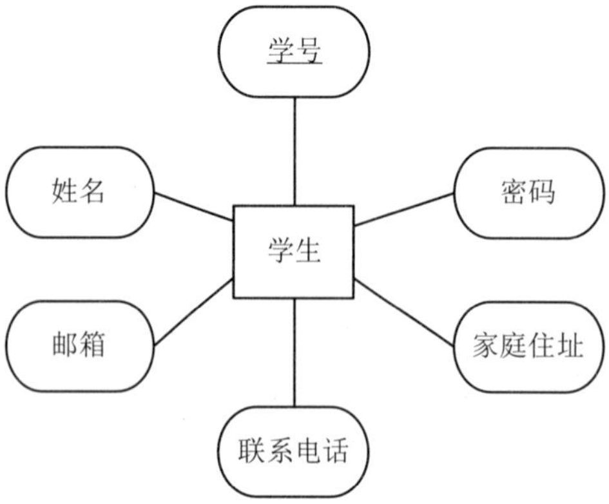

图 4.21　学生实体与属性图

（7）课表实体。课表实体属性信息包括课表编号、学期、周次分布、周学时、星期、节次，其中“课表编号”为实体标识符，如图 4.22 所示。

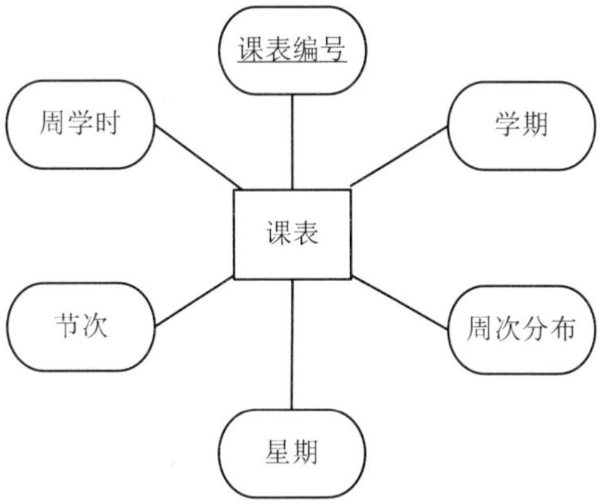

图 4.22　课表实体与属性图

（8）教室实体。教室实体属性信息包括教室编号、教室名称、教室容量，其中“教室编号”为实体标识符，如图 4.23 所示。

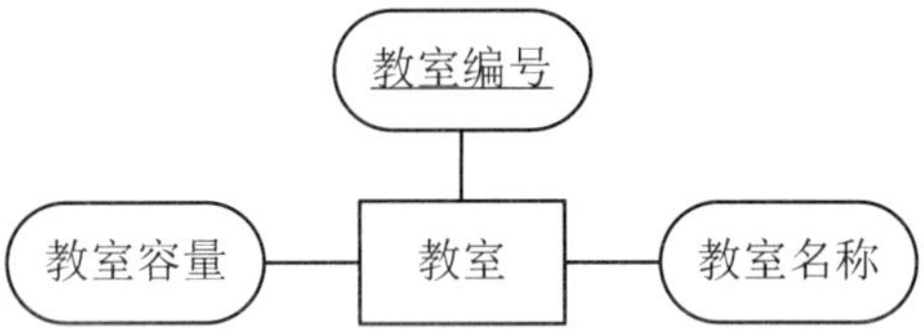

图 4.23　教室实体与属性图

根据各个实体间的联系，设计出实体间的关系图，为了能够清晰地看出实体之间的关系，在此略去各实体的属性，但包含 M:N 的关联的联系属性，如图 4.24 所示。

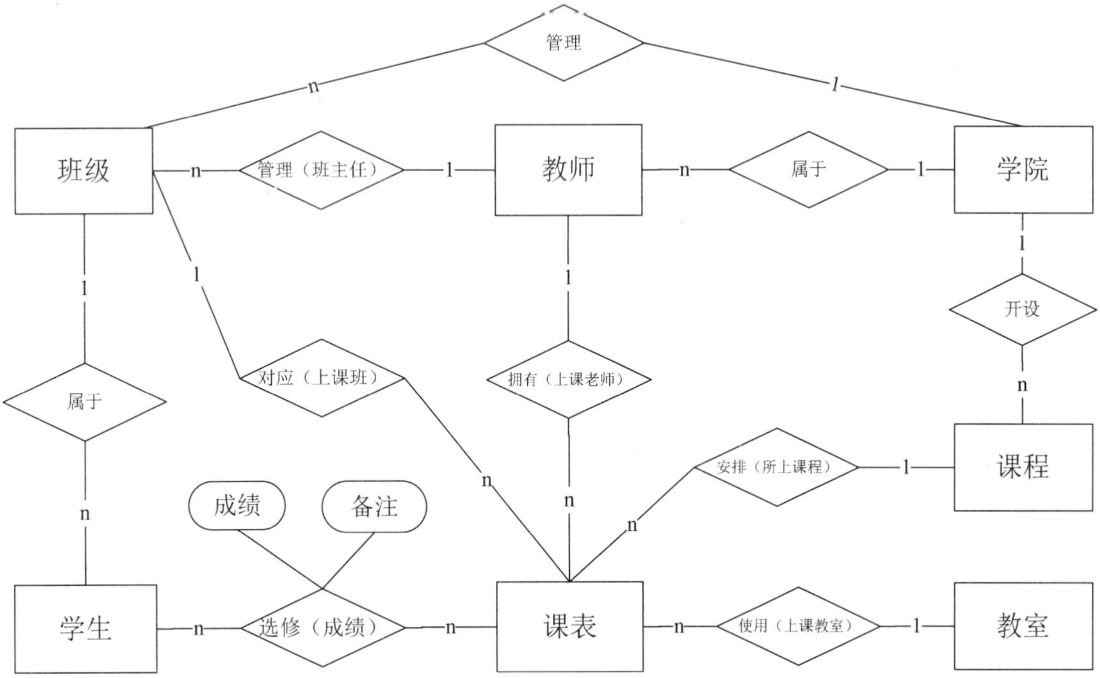

图 4.24　学生学籍管理系统的 E-R 图

学生学籍管理系统中有管理员、教师、学生、学院、班级、教室、课程、课表共八个实体，其中管理员实体是一个独立实体，不与其他实体产生联系。学生实体和课表实体是多对多的关系，针对同一门课程，一名学生可以选择上不同教室不同时间不同教师的课程，即一名学生对多个课表，一个课表可以有多名学生上课。因此学生和课表之间是多对多的关系，其他实体间都是 1 对多的关系。

E-R 图体现的是实体及实体间的联系，目的是实现如何从实体及实体间的联系转换为关系模式，如何确定这些关系模式的属性和主键，即 E-R 模型相关性模型的转换。

关系模型的逻辑结构是一组关系模式的集合。E-R 图由实体、属性以及关联三部分组成，因此将 E-R 图转换为关系模型实际上就是将实体、属性以及关联转换为关系模式，转换的一般规则为：

一个实体转换为一个关系模式。实体的属性就是关系的属性，实体的标识符就是关系的主键。对于实体间的联系有以下不同情况：

（1）一个 1:1 联系可以转换为一个独立的关系模式或与任意一端对应的关系模式合并。

如果转换为一个独立的关系模式，则与该类型相连的各实体的码以及联系本身的属性均转换为关系属性，每个实体的码均是该关系模式的主键，同时也是引用各自实体的外键。

如果是与某一端实体对应的关系模式合并，则需要在该关系模式的属性中加入另一个实体的码和联系本身的属性，同时新加入的实体的码为此关系模式中引用另一个实体的外键。

（2）一个 1:n 联系可以转换为一个独立的关系模式或与 n 端对应的关系模式合并。

如果转换为一个独立的关系模式，则与该类型相连的各实体的码以及联系本身的属性均转换为关系模式的属性，而关系模式的主键为 n 端实体的码，同时 n 端实体的码为此新关系模式中引用 n 端实体的外键，1 端实体的码作为引用 1 端实体的外键。

如果是与 n 端对应的关系模式合并，则需要在 n 端对应的关系模式的属性中加入 1 端实体的码以及联系本身的属性，同时 1 端实体的码在 n 端中作为引用 1 端实体的外键。

（3）一个 m:n 联系转换为一个关系模式。

与该联系相连的各实体的码以及联系本身的属性均转换为该关系模式的属性，新关系模式的主键包含各实体的码，同时新关系模式中各实体的码为引用各自实体的外键。

例如，“选修”联系是一个 m:n 联系，可以将它转换为如下关系模式，其中学号与课程号为关系的组合码：

选修（<u>学号</u>，<u>课程号</u>，成绩）

（4）三个或三个以上实体间的一个多元联系转换为一个关系模式。

与该多元联系相连的各实体的码以及联系本身的属性均转换为该关系模式的属性，该关系模式的码包含各实体的码，同时新关系模式中各实体的码为引用各自实体的外键。

例如，“讲授”联系是教师、课程和书籍实体的一个三元联系，可以将它转换为如下关系模式，其中课程号、教师号和书号为关系的组合码：

讲授（<u>课程号，教师号，书号</u>）

从理论上讲，1:1 联系和 1:n 联系可以形成独立的关系模式，但在一些情况下，与某端对应的关系模式合并效率会大不一样，因此需要依应用的具体情况而定。

图 4.24 所示的 E-R 图中，只有学生实体和课表实体间联系是 m:n，其他实体间联系均为

1:n，根据实体模型向关系模型的转换规则以及需求分析得到的实体的属性信息，将图 4.24 所示的 E-R 图转换为合适的关系模式为：

1）学院（学院编号、学院名称）：其中“学院编号”为主键。

2）教师（教师编号、教师姓名、密码、职称、学历学位、家庭住址、联系电话、邮箱、专业研究方向、学院编号）：其中“教师编号”为主键，“学院编号”为外键。

3）学生（学号、姓名、密码、家庭住址、联系电话、邮箱、班级编号）：其中“学号”为主键，“班级编号”为外键。

4）班级（班级编号、班级名称、学院编号）：其中“班级编号”为主键，“学院编号”为外键。

5）课程（课程编号、课程名称、总学时、学分、课程类别、课程性质、学院编号）：其中“课程编号”为主键，“学院编号”为外键。

6）课表（课表编号、课程编号、班级编号、教师编号、教室编号、学期、周次分布、周学时、星期、节次）：其中“课表编号”为主键，“课程编号”“班级编号”“教师编号”“教室编号”为外键。

7）选修（学号、课表编号、成绩、备注）：其中“学号”和“课表编号”为联合主键，“学号”“课表编号”分别为外键。

8）教室（教室编号、教室名称、教室容量）：其中“教室编号”为主键，也为外键。

此外，还有管理员实体，它是独立实体，产生的关系模式为：

管理员（登录号、姓名、密码）：其中“登录号”为主键。

小　结

传统软件工程方法学使用结构化分析技术，完成分析用户需求的工作。需求分析是发现、求精、建模、规格说明和复审的过程。需求分析的第一步是了解用户当前的情况，发现用户对目标系统的基本需求，通过反复交流逐步细化，以得出对目标系统的完整、准确和具体的要求。具体地说，就是要确定系统必须具有的功能、性能、可靠性、可用性、接口需求、出错处理和约束等。

为了详细地了解并正确地理解用户的需求，必须采用一定的方法。本章从需求分析的任务和步骤方面，论述了需求获取的各种手段，简单介绍了需求获取的几种方法。

本章重点介绍面向过程的需求分析方法和结构化分析方法的策略，具体说明了需求分析的重要性，并介绍了结构化分析建模的工具。

多数人习惯使用数据流图建立功能模型，使用 E-R 图建立数据模型。读者应掌握这些图形的基本符号，并能正确使用这些符号建立软件系统的模型。

算法也是重要的，分析的基本目的是确定系统必须做什么。计算机系统将输入数据通过算法规则转变成输出信息，使用输入/处理/输出图建立基本数据元素的算法处理过程，即 IPO 图是描述算法的有效工具。

习题 4

1. 选择题

（1）下面属于非功能需求的是（　　）。

A．系统的输入　　B．系统功能

C．系统的输出　　D．实现方法需求

（2）通过对“图书管理系统”的需求分析，下面不属于功能需求的是（　　）。

A．图书信息的录入、删除及修改

B．图书的借出、返还和资料统计

C．确定系统用户：图书管理员、读者

D．系统要求用户在登录时需要身份验证

（3）数据流程图（DFD）是用于描述结构化方法中（　　）阶段的工具。

A．可行性分析　　B．详细设计　　C．需求分析　　D．程序编码

（4）在 E-R 模型中包含的三种基本成分是（　　）。

A．实体、属性和联系　　B．实体、关系键和联系

C．实体、实体集和属性　　D．关系键、外部关系键和属性

（5）E-R 图是表示概念模型的有效工具之一，如图 4.25 所示，菱形框表示的是（　　）。

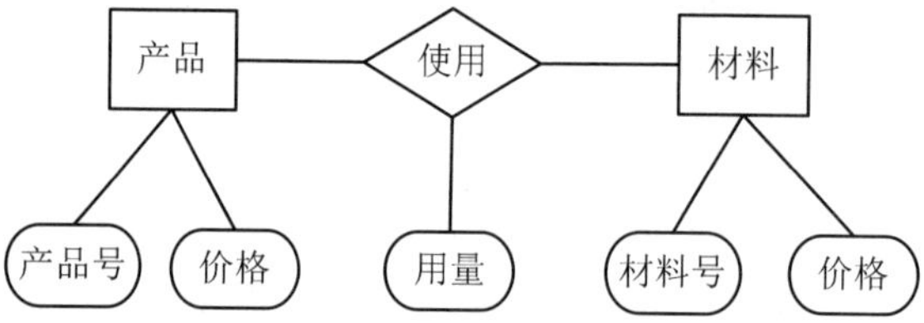

图 4.25　E-R 图

A．联系　　B．实体

C．实体的属性　　D．联系的属性

（6）公司中有多个部门和多名职员，每个职员只能属于一个部门，一个部门可以有多个职员，职员与部门的联系类型是（　）。

A．m:n　　B．1:m　　C．m:1　　D．1:1

（7）商店可经营多种商品，一种商品可由多家商店经营，商店和商品之间的联系类型属于（　　）。

A．m:1　　B．m:n　　C．1:m　　D．1:1

（8）关系模型中，表示实体间 n:m 联系是通过增加一个（　　）实现。

A．关系　　B．属性

C．关系或一个属性　　D．关系和一个属性

（9）E-R 模型可以转换成关系模型。当两个实体间联系是 M:N 联系时，它通常可转换成（　　）个关系模式。

A．2　　B．3　　C．M+N　　D．M×N

（10）一个 m:n 联系转换为一个关系模式。关系的码为（　）。

A．某个实体的码　　B．各实体码的组合

C．n 端实体的码　　D．任意一个实体的码

2．判断题

（1）业界存在三种需求分析方法：面向功能分析、面向对象分析、面向数据分析。各自适用于不同的目标系统。（　）

（2）结构化分析方法中需求描述的工具包括数据流图、业务流程图、数据字典、数据模型图和功能需求列表、性能需求列表、接口需求列表、界面需求列表等。（　）

（3）系统需求分析是软件产品开发的第一步，它解答的问题是系统“需要什么”，而没有解答“怎么做”，因此是不重要的。（　）

（4）当 E-R 模型向逻辑模型转换时，一般一个实体转换为一个关系模式，一个联系可以转换为一个实体。（　）

（5）数据库概念设计的 E-R 方法中，用属性描述实体的特征，如图 4.25 所示，属性用椭圆形表示。（　）

3．简答题

（1）需求获取方法有哪些？

（2）什么是结构分析方法？该方法使用什么描述工具？

（3）简述 SA 方法的优缺点。

（4）以下有许多描述，每一条陈述或者是对问题域的描述，或者指定了一条需求，请按照表 4.1 确定其类别。

表 4.1　确定问题域类别

<table>
<tr><td rowspan="4">问题域描述（世界是怎样的）</td><td colspan="7">需求（客户想要什么）</td></tr>
<tr><td rowspan="3">商业约束（时间和金钱）</td><td rowspan="3">设计约束（如何构建系统）</td><td colspan="5">功能的（系统做些什么）</td></tr>
<tr><td rowspan="2">“一般的”</td><td colspan="4">性能</td></tr>
<tr><td>速度</td><td>容量</td><td>可靠性</td><td>可用性</td></tr>
</table>

1）当用户选择“修改赛艇详细资料”选项时，系统将提示它们输入赛艇的名字。

2）系统必须用三个主要模块来实现，即检测、记录和统计模块，每个模块各自实现一个主要功能。

3）对于每一艘赛艇，其实际用时定义为比赛开始时间与完成时间之差（以 s 为单位）。

4）只有当停在某一楼层时，电梯才能改变方向。

5）系统必须用“XYZ”系统方法进行开发。

6）最大输入文件的尺寸是 200 万个字符，而且这样尺寸的文件应当在 60s 内得以转换。版本号由 4 个数字组成，每个数字最多 3 位并用点号与下一个数字分隔。

7）软件规模必须小于现有的 NCR7116 现金自动售货机系统。

8）AUTOTELLER 系统用于维护的停机时间将不超过年运行时间的 0.001%。

9）用户一输入他们的姓名，系统就将从口令文件中检索他们的加密口令，以便到他们输入口令时能及时进行核对。

10）卡片系统将由只有很少或预先没有计算机操作经验的现有安全人员操作，经过一小时的培训，一个典型的操作员应当能够完成一组测试，并且其平均用户响应时间少于 5s，差错率低于 1/10。

4．应用题

（1）为某仓库的管理设计一个 E-R 模型。该仓库主要管理零件的订购和供应等。仓库向工程项目供应零件，并且根据需要向供应商订购零件。

（2）根据学生学籍管理系统项目案例的需求描述，绘制出课表管理模块的各层数据流图。

（3）根据学生学籍管理系统项目案例的需求描述，绘制出本系统的顶层 IPO 表和教师修改成绩的 IPO 表。

第 5 章　软件设计

本章学习目标

- 熟练掌握概要设计原理、图形工具。
- 熟练掌握面向数据流设计方法。
- 熟练掌握详细设计图形工具。
- 掌握面向数据结构设计方法。
- 了解界面设计的原则。
- 了解程序复杂程度定量度量方法。

本章首先向读者介绍概要设计的原理、图形工具和方法；然后介绍界面设计的步骤和原则，与详细设计工具和面向数据流设计方法；最后介绍程序复杂程度定量度量方法。

5.1　概要设计

经过需求分析阶段，项目开发者对系统的需求有了完整、准确、具体的理解和描述，知道了系统“做什么（what）”，但是还不知道系统应该“怎么做（how）”。软件设计的工作就是回答如何实现这些需求，即系统应该“怎么做”的问题。

软件设计可以分为概要设计（也称总体、结构设计）和详细设计（也称过程设计）两个子阶段。概要设计的主要目的是从总体角度，确定系统设计方案，组成系统的各个模块以及模块之间的关系，同时要进行数据设计、软件接口设计，制订用户手册、测试计划和实现计划。详细设计的主要目的是确定应该怎样具体地实现各个软件元素，包括软件过程设计、系统接口设计等，得到对目标系统的精确描述，以便在编码阶段完成软件程序代码的实现。

5.1.1　概要设计步骤以及任务

1. 确定设计方案

总体设计过程中，首先要寻找实现用户需求的各种可能的解决方案。然后由系统分析人员和用户一起选择几种合理的解决方案，系统分析员与用户共同研究各种解决方案，从中确定一个最佳方案，设计人员为这个最佳方案进行软件结构设计和数据设计。

（1）设计供选择的方案。需求分析阶段得出的数据流图是总体设计的出发点。把数据流图中的处理逻辑进行组合，不同的组合可能就是不同的实现方案。

【案例 5.1】设计供选择的方案。

管理员注册学生信息的数据流图如图 5.1 所示，由于学生信息随时可能到达，因此处理“注册学生信息”必须是联机进行的；而“导出学生报表”是在所有的学生均注册完成后才进行的操作，因此它应该以批量方式进行。

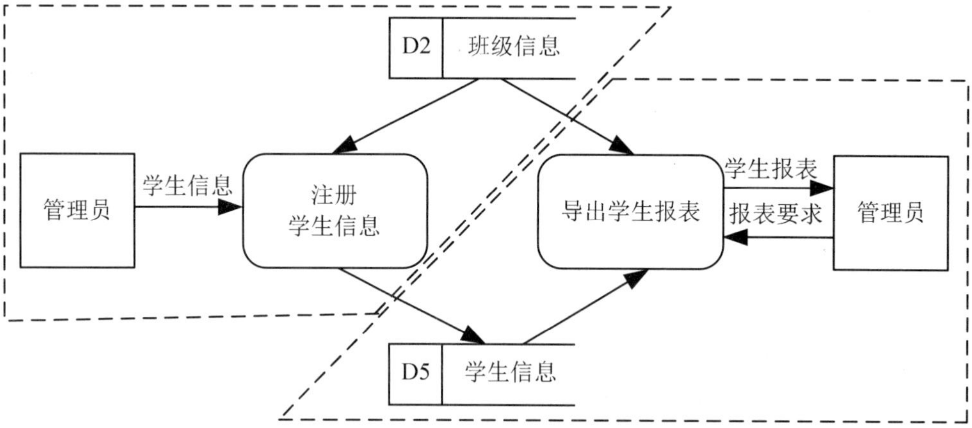

图 5.1　管理员注册学生信息的数据流图

分析各种方案，首先放弃不可行的方案，例如，注册一个学生信息，即导出一份学生报表，显然这种方案是不可行的。然后为各个合理方案提供以下几方面的资料：

1）系统流程图。

2）组成系统的元素清单、数据流图、数据字典和 IPO 图等。

3）成本/效益分析。

4）实现这个方案的进度计划。

成本/效益分析中应提供高、中、低成本不同的方案供用户选择。该方法已经在第 3 章进行了介绍。

（2）推荐最佳实现方案。系统分析员比较各个合理方案的优劣，选择一个最佳方案向用户推荐，并为所推荐的方案制订详细的实现计划。

用户和有关专家应认真审查分析员所提供的备选方案，如果确认某种方案是最佳的，且在现有条件下完全能实现，则应提请用户进一步审核，才可进入软件结构设计阶段。

2. 软件结构设计

为了实现目标软件系统，通常先进行结构设计，然后再进行详细设计。在概要设计阶段进行结构设计，确定系统由哪些模块组成，并确定模块之间的相互关系。在详细设计阶段确定每个模块的详细处理过程。

（1）功能分解。为设计软件结构，首先需要从实现角度把复杂的功能进一步分解。设计人员结合在需求分析阶段得到描述算法的 IPO 图，仔细分析数据流程图中的每个处理，如果一个处理的功能过分复杂，必须把它的功能适当地分解成一些比较简单的功能，功能分解导致数据流图的处理和每个处理对应的 IPO 图的进一步细化。经过分解细化之后，每个模块对程序员而言都是易于理解的，通常一个模块只完成一个功能。

（2）设计软件结构。设计人员依据细化的数据流图，把模块组织成层次结构，顶层模块调用第二层模块，如此依次向下调用，最低层的模块完成某项具体的功能，例如，完成数据库的连接，对数据库中数据进行增加、删除、修改和查找等操作。然后确定模块间的接口，即模块之间传递的信息。这样自顶向下实现一个完整的功能。软件结构可以用层次图或结构图来描绘。

3. 数据设计

软件系统中数据设计包括数据结构设计、文件设计和数据库逻辑、物理结构设计。

对于数据结构设计，在需求分析阶段，已通过数据字典对数据组成以及数据之间的关系进行了描述，确定了数据的结构特性。在概要设计阶段还要加以细化，使用抽象的数据类型进行说明，如“栈”是数据结构的概念模型，在详细设计中可用顺序存储或链式存储来实现。

对于管理信息系统而言，用数据库来存放数据。分析员在可行性研究阶段产生的数据字典、需求分析阶段产生的 E-R 图的基础上，进行数据库逻辑结构设计；物理设计是设计数据模式的一些物理细节，例如数据存储要求、存取方式、索引的建立等，对不同的数据库管理系统，提供的存储结构与存取方式各不相同。另外，数据库设计还需考虑数据的完整性、安全性、一致性以及优化等问题。数据库管理系统常采用外键、约束、规则和触发器来保证数据完整性。设计数据的保护措施，例如在程序中插入自动检错、报错的功能，进行角色认证，数据加密，数据备份等设计，来达到数据的安全性要求。一致性设计包括 3 个方面，首先保证软件运行过程中所使用的数据类型和取值范围不变；其次在并发处理过程中使用加锁和解除机制保证数据不是“脏数据”；最后为了提高系统的效率，可能会有一些冗余数据，为了保证冗余数据的一致性，需要设计一些检查或联动功能，保证数据的一致性。数据库设计详细内容在数据库相关课程中介绍。

4. 软件接口设计

软件接口设计主要包括模块间的接口设计、模块与其他外部实体的接口设计、用户界面设计。这部分内容将在本章的第 2 节详细介绍。

5. 制订测试计划

在软件开发的设计阶段要提前考虑软件测试方案，有利于提高软件的可测试性。测试计划即测试方案，包括测试范围、测试策略、测试进度计划等。本书第 6 章将详细介绍软件测试的目标、步骤及测试方案的设计等。

6. 书写概要设计文档

概要设计阶段主要生成概要设计规格说明书、用户手册、软件测试计划和实现计划。

概要设计规格说明书，包括系统实现方案、软件结构设计、简要的模块说明、模块间的接口关系说明、运行设计、出错处理设计；数据和数据结构说明、文件设计说明和数据库设计说明；需求、功能和模块三者之间的关系表等。

用户手册，根据总体设计结果，完善需求分析阶段编写的用户手册，描述系统的功能、性能要求、操作方式、运行环境等。

制订一个初步的测试计划，包括测试范围、测试策略、测试进度计划等。

系统的实现计划，包括时间、人员任务分工、资源使用计划等内容。

7. 评审概要设计

为了使用户能够参与设计方案的评审，概要设计结果应该由用户能够理解的语言描述。评审的主要内容如下：

（1）可追溯性。分析该软件的系统结构、子系统结构，确认软件设计覆盖了用户的所有需求，对软件设计的每一成分都能够追溯到用户某个需求上。

（2）接口定义是否清晰。分析软件各部分之间的联系，确认软件的内部接口与外部接口是否已经明确定义。

（3）检查模块的独立性。模块是否满足高内聚、低耦合的要求；模块作用域是否在其控制域之内。

（4）风险性。检查风险优先级，评审风险控制措施的有效性。确认软件设计在现有技术条件和预算范围内能够如期完成。

（5）实用性。确认软件设计的解决方案对于实现需求是实用的。

（6）质量属性。评价软件设计是否表现出良好的质量特征，满足综合的质量指标。特别是从软件维护的角度出发，确认软件设计是否考虑了易维护性。

（7）各种选择方案。当软件比较复杂时，一般需要设计多种设计方案。为了给方案评审提供依据，有时需要搭建实验环境，测试各种方案的效果。

（8）限制性。评价对软件限制的合理性和现实性。

（9）其他问题。对文档、设计过程等进行评估。

5.1.2 概要设计原理

本节讲述在软件设计中应该遵循的基本原理和相关概念，它们对于设计出良好的软件结构具有重要指导意义。

1. 模块

各种工程和客观事物都是由一些较小的单元组成的。例如建筑工程中的砖、瓦和门窗等，机械工程中的各种零部件，计算机中的 CPU、内存和硬盘等。这样做的优点是易于加工制造与维修，而且部件（组件）可以标准化，为多个系统所共用。同样，一个软件系统也可以根据其功能分解成许多较小的程序单元，即模块。

模块是由边界元素限定的相邻程序元素（例如，数据定义、可执行语句）的序列，而且有一个总体标识符代表它。类似于高级语言中的函数、语句块等软件元素。模块具有 3 个基本属性。

（1）功能：该模块要完成的任务。

（2）逻辑：模块为了完成任务，模块内部如何实现。

（3）状态：使用该模块时的环境和条件。

在描述一个模块时，需要按模块的外部特性与内部特性分别进行描述。模块的外部特性是指模块的模块名、输入/输出参数。对于其他模块来说，只需了解被调用模块的外部特性就足够了，不必了解它的内部特性。模块的内部特性则是指完成其功能的程序代码和模块内部定义的数据。在进行软件设计时，通常是先确定模块的外部特性，然后再确定它的内部特性。前者是软件总体设计的任务，后者是详细设计的任务。

2. 模块化

模块化就是把程序划分成若干个模块，每个模块完成一个子功能，将多个模块组织起来实现整个软件系统的功能。由于人们解决复杂问题的习惯通常是采用分而治之的方法，将一个复杂的问题分解为多个简单的、易于理解的小问题，逐步解决。模块化设计方法强调清楚地定义每个模块的功能和它们的输入/输出参数，而模块的实现细节隐藏在模块中，与其他模块之间的关系是调用关系，因此，模块化程序易于调试和修改。

如果一个大型程序仅由一个模块组成，它将很难被人所理解，模块化是为了使一个复杂的大型程序能被人的智力所管理。下面根据人类解决问题的一般规律，论证上面的结论。

设函数 C（X）定义问题 X 的复杂度，函数 E（X）确定了解决问题 X 需要的工作量。对于两个问题，如果问题 P_1 的复杂性大于问题 P_2，即：

$$C(P_1) > C(P_2)$$

显然，解决问题的工作量函数满足下式：

$$E(P_1) > E(P_2)$$

这说明问题越复杂，解决问题所需要的工作量就越多。人们在解决问题的实践经验中发现，如果把两个问题放在一起处理，其复杂度通常会增加，即：

$$C(P_1 + P_2) > C(P_1) + C(P_2)$$

根据问题复杂性与工作量的关系，可以得到下面结论：

$$E(P_1 + P_2) > E(P_1) + E(P_2)$$

由此可知，把复杂问题分解成容易解决的小问题，使原来复杂的问题得到简化，解决起来更加简单。这就是模块化思想的依据。

如果模块是相互独立的，当模块变得越小时，每个模块的内部结构就变得越简单，花费的工作量也越少。实际上，当模块数目增加时，设计模块间接口所需要的工作量也将增加。根据这两个因素，得到软件开发总成本曲线，如图 5.2 所示。从图 5.2 可知，当系统分解的模块数在 M 范围之内时，系统的成本达到最低。

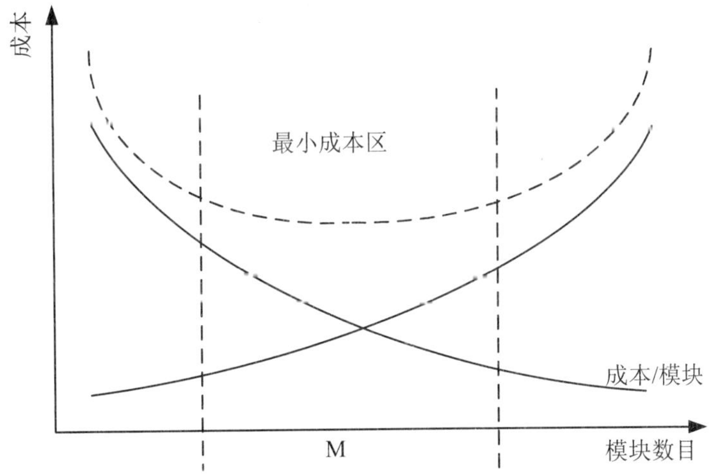

图 5.2　模块化与软件成本

那么模块的规模多大、模块之间的关系紧密到什么程度合适呢？软件工程中对模块的衡量给出了两个定性的标准：一个是模块的内聚，另一个是模块的耦合。通常，软件设计师使用这两个标准来衡量软件系统模块划分的合理性。

3. 模块独立性

在软件设计中应该保持模块的独立性原则，设计具有独立功能、与其他模块间相互作用较少的模块，就可以做到模块独立。内聚衡量一个模块内部各个元素彼此结合的紧密程度。耦合衡量模块之间彼此依赖的紧密程度。

（1）内聚（Cohesion）。内聚标志着一个模块内部各个元素彼此结合的紧密程度，模块内聚程度由强到弱，如图 5.3 所示。

1）功能内聚（Functional Cohesion）。模块中所有元素属于一个整体，完成同一功能，各个部分都是完成某一具体功能必不可少的组成部分。具有功能内聚的模块是最理想的模块，这种模块易于理解和维护，并且可重用性好。

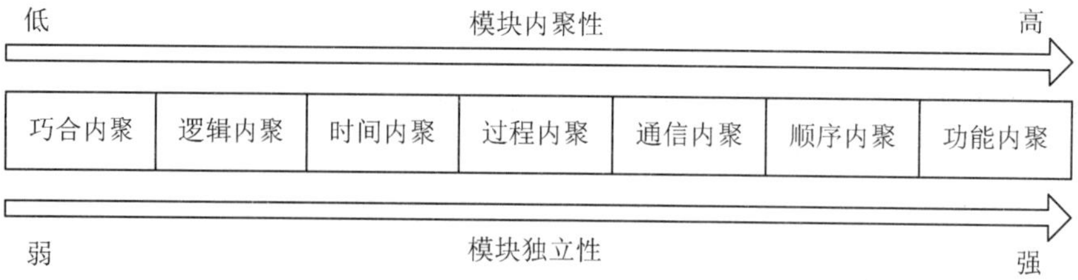

图 5.3　模块内聚

【案例 5.2】功能内聚。

例如，外部接口中数据库连接模块如图 5.4 所示。

图 5.4　功能内聚

```
public class ConnectionUtil {
    static Connection con=null;
    public static Connection getcon( ) throws Exception {
        Class.forName("驱动器").newInstance( );
        String url = "数据库名";
        String user = "用户名";
        String password = "密码";
        if(con==null){
            con =DriverManager.getConnection(url, user, password);
        }
        return con; }
}
```

功能内聚是最强的内聚，概要设计的目标是使每一个模块尽可能成为功能内聚模块，使得模块的每个部分都是为实现单一功能而服务的。

2）顺序内聚（Sequential Cohesion）。所有元素与同一功能密切相关，顺序执行。模块中一个部分的输出是另一个部分的输入。

例如，在管理员登录模块中，首先根据用户输入的登录号，得到记录集；然后根据记录集中的内容，比对登录号与密码是否正确，若都正确，则跳转到管理员主界面 index.jsp，否则重新返回到登录界面 admins_login.jsp，并且显示错误提示信息，如图 5.5 所示。

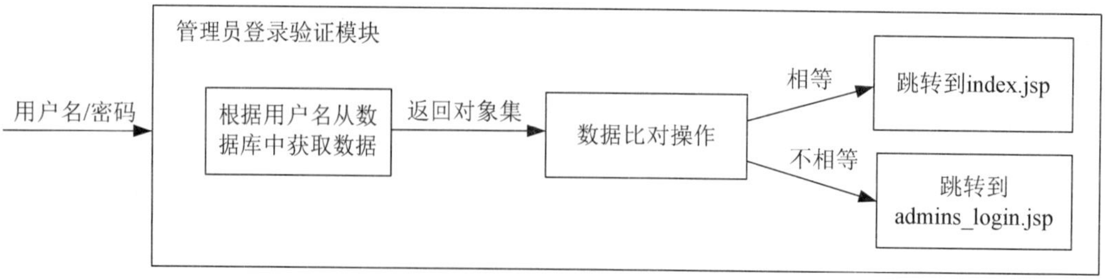

图 5.5　顺序内聚

【案例 5.3】顺序内聚。

```
public class AdminsServlet extends HttpServlet {
  public void doPost(HttpServletRequest request, HttpServletResponse response)
```

```
    throws ServletException, IOException {
    AdminsImplement ai = new AdminsImplement( );
    String loginNo = request.getParameter("loginNo");
    String password = request.getParameter("password");
    List<Admins> list = new ArrayList<Admins>( );
    list = (List<Admins>) ai.find(loginNo);
    if(!loginNo.equals(list.get(0).getLoginNo( )) ||
      !password.equals(list.get(0).getAdminPass( ))){
      request.getSession( ).setAttribute("login", "用户名或密码不正确！ ");
      request.getRequestDispatcher("/admins_login.jsp").forward(request,response);
      return; }
    request.getRequestDispatcher("/index.jsp").forward(request,response);
    return;   }
}
```

3）通信内聚（Communicational Cohesion）。模块中所有元素（功能）都使用同一个输入数据和（或）产生同一个输出数据。

例如，在学生信息管理模块中，管理员通过 StudentImplement 类对学生信息进行注册、删除、修改和查找时都需要对数据库中的 students 与 classes 表进行操作，如图 5.6 所示。

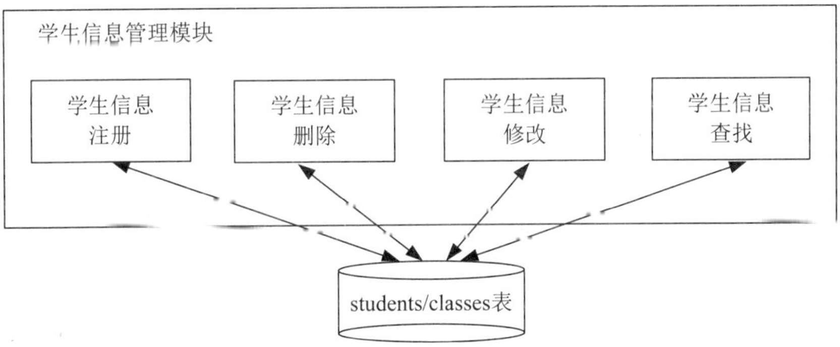

图 5.6　通信内聚

【案例 5.4】通信内聚。

```
public class StudentImplement implements Interface {
    public boolean save(Object obj);
    public List find(Object obj);
    public boolean delete(Object obj);
    public boolean update(Object obj);
}
```

4）过程内聚（Procedural Cohesion）。模块执行的若干功能之间有顺序关系。这种模块的重用性较差，它是将多个相关的功能放在一个模块中实现的，如图 5.7 所示。

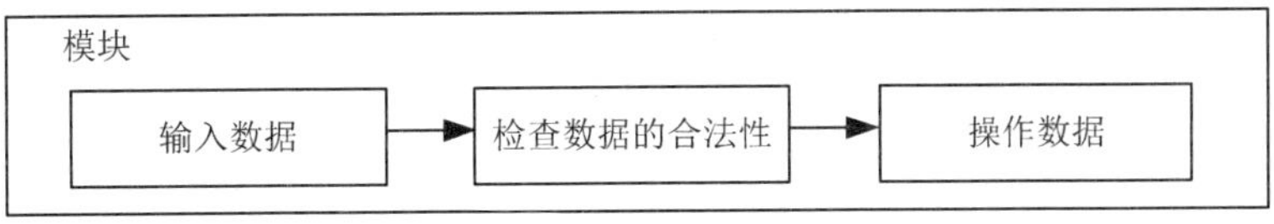

图 5.7　过程内聚

5）时间内聚（Temporal Cohesion）。一个模块内所有任务必须在同一时间完成。

最常见的时间内聚模块是初始化模块。这个模块中的功能除了时间上需要在系统初启时完成之外，没有其他的关系。这种模块在 20 世纪 80 年代的应用程序中使用较多，没有重用价值。现在主张将变量的初始化操作都归入到相关的模块中。例如，类中的静态变量就是这种情况。

6）逻辑内聚（Logical Cohesion）。把逻辑上相关的功能和数据放在相同的模块中。

当一个模块执行一系列相关的功能时，称其有逻辑内聚。逻辑内聚的模块含有较多相关功能。例如，一个模块执行对班级学生某门课成绩求总分、平均分和统计不及格人数的操作，void calculate(float score[], float sum, float average, int num)；模块的入口参数一定比较多且复杂。所以逻辑内聚模块带来两个问题：一是接口参数复杂，难于理解；二是多个功能放在一起，使得模块的可维护性降低。

7）巧合内聚（Coincidental Cohesion）。一个模块完成一组功能，关系松散。

巧合内聚（偶然内聚）模块的出现通常是由对模块大小的限制造成的，例如，为了节省存储空间，将多个模块中出现的重复语句提取出来，组成一个新的模块。这种模块的可维护性很差，并且不可能被重用。

功能内聚模块的独立性最强，巧合内聚模块的独立性最弱。在设计时应该尽可能保证模块具有功能内聚。

（2）耦合（Coupling）。耦合是指对一个软件结构内不同模块间相互关联程度的度量。在软件设计中应该追求尽可能松散的耦合系统，这样在开发、测试或维护任何一个模块时，不必过多对系统其他模块有更多的了解。同时，由于模块间联系简单，在一个模块中出现的错误传播到整个系统的可能性较小。因此，模块间的耦合程度对系统的可理解性、可测试性、可靠性和可维护性影响很大。

模块间的耦合程度由高到低如图 5.8 所示。

1）内容耦合（Content Coupling）。如果一个模块直接引用另一个模块的内容，则这两个模块是内容耦合。内容耦合如图 5.9 所示，模块 A 直接转向模块 C 的内部，而不是通过模块 C 的外部接口。如果两个模块是内容耦合的，则一个模块内部的变化会影响到另一个模块。应该避免使用内容耦合。

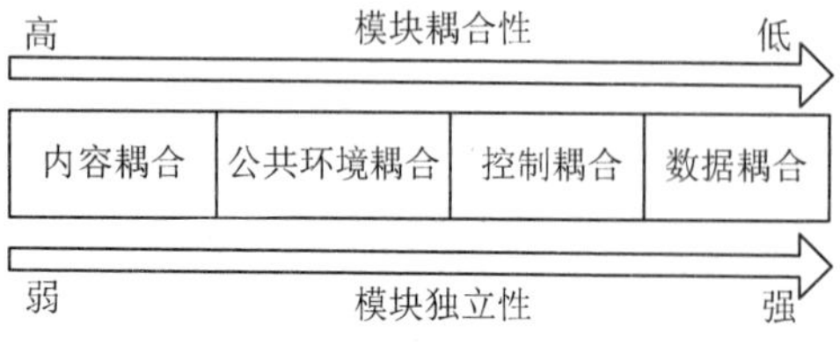

图 5.8 模块耦合

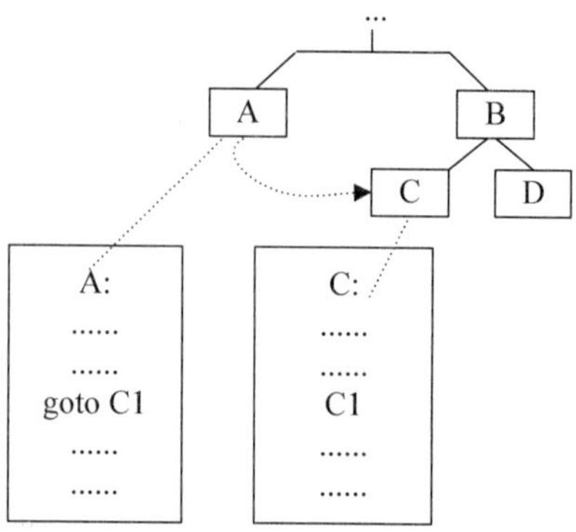

图 5.9 内容耦合

2）公共环境耦合（Common Coupling）。如果多个模块都访问同一个公共数据环境，则称它们是公共环境耦合。公共数据环境可以是全局数据结构、共享的内存等。由于多个模块共享同一个公共数据环境，如果其中一个模块对数据进行修改，则会影响到所有相关模块。如果一个模块只是往公共数据环境里传送数据，而另一个模块只是从公共数据环境中取数据，这种耦合叫作松散公共耦合。如果两个模块都向公共数据环境里传送数据，同时也都从公共数据环境中取数据，这种耦合叫作紧密公共耦合。两种公共耦合如图 5.10 所示。

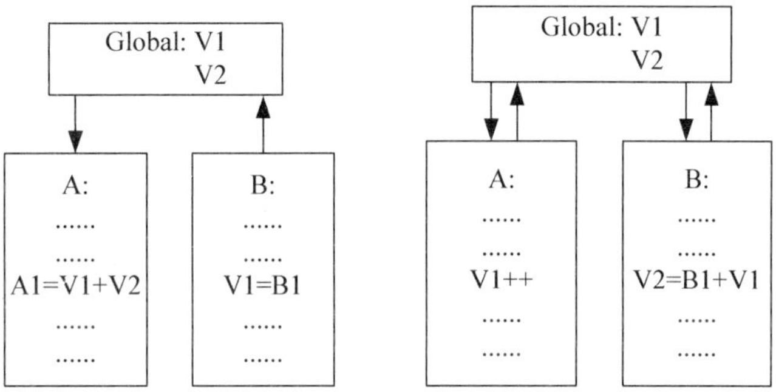

图 5.10　公共环境耦合

在什么情况下使用公共环境耦合呢？只有在模块之间共享的数据较多，并且通过参数表传递不方便时，才使用公共耦合。

3）控制耦合（Control Coupling）。如果模块 A 向模块 B 传递一个控制信息，则称这两个模块是控制耦合。例如，当把一个控制标记作为参数传递给另一个模块时，实际上就控制了另一个模块的执行逻辑，如图 5.11 所示。控制耦合的主要问题是两个模块不是相互独立的，调用模块必须知道被调用模块的内部结构，这样就降低了模块的独立性。

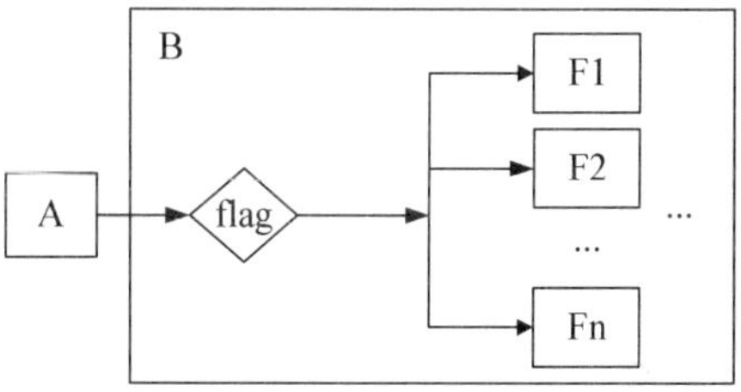

图 5.11　控制耦合

4）数据耦合（Data Coupling）。模块之间通过参数（数据）交换信息。数据耦合是低耦合，系统中必须存在这种耦合，因为只有当某些模块的输出数据作为另一些模块的输入数据时，系统才能完成有价值的功能。

上面的几种耦合，内容耦合是模块间最紧密的耦合，数据耦合是模块间最松散的耦合。事实上，一个系统不可能由完全没有耦合的模块组成，软件设计的目标是降低模块间的耦合程度。设计时应该采取下述原则：完全不用内容耦合，限制使用公共环境耦合，少用控制耦合，尽量使用数据耦合。

内聚与耦合是相互关联的，在进行总体设计时，要尽量提高模块的内聚，减少模块间的耦合，并且增加内聚比减少耦合更重要，应该把更多的注意力集中在提高模块的内聚性上。

在设计系统时，可以从下面几点考虑降低模块间的耦合度：

- 根据系统的特点，选择恰当的耦合类型。模块间传送的信息有数据信息和控制信息。传送的控制信息有两种。一种是传送地址，一个模块的改动对其他模块有直接影响。另一种是传送判定参数，调用模块把判定参数传送给被调用模块，决定被调用模块如何执行。在这种情况下，模块间的耦合程度也很高，所以应当尽量减少和避免传送控制信息。

但另一方面，也不要盲目地追求松散的耦合。例如，一个程序的所有出错信息，若把它们集中放在一个错误处理模块中，调用模块传送错误编号到该模块的接口上，再进行处理，就形成“控制耦合”。这样做可以消除重复信息，使所有错误信息格式标准化。所以，耦合类型的选择应当根据实际情况综合考虑。

- 降低模块接口的复杂性。模块接口的复杂性包括三个因素。一是传送信息的数量。一般情况下，在调用模块中若出现的参数数量较多，表明所调用模块功能复杂。通过把被调用模块分解成更小的模块，使得每个小模块只完成一个任务，就可以减少模块接口的参数个数，降低模块接口的复杂性，从而降低模块间的耦合度。二是调用方式。在参数类型上，尽量少使用指针等类型的参数，可以用“引用”代替指针。三是传送信息的结构。此外，在模块接口上传送的信息应该尽量标准、简单，若以非标准的、嵌套的方式提供，则信息结构比较复杂。例如，在模块中要调用画直线 line 函数，有下面 2 种调用方式：

```
call line(x0, y0, x1, y1);
call line(first_point, second_point);
```

前者传递的是数据项，后者传递的是数据结构，前者接口的复杂性低于后者。

4. 抽象

抽象就是将现实世界中一定事物、状态或过程之间的相似方面集中和概括起来，暂时忽略它们之间的差异。或者说抽象就是抽出事物的本质特性而暂时不考虑它们的细节。

模块化和抽象思想相结合，使我们可以从不同的角度来看系统。最高层次的模块反映了整体的解决方案，它隐藏了技术细节，使我们能够看到一个系统所要完成的主要功能。当需要了解某部分更多的细节时，转向较低层即可。

在对软件系统进行模块设计的时候，可以有不同的抽象层次。在最高的抽象层次上，可以使用自然语言，配合使用面向问题的专业术语，概括地描述问题的解法。在中间的抽象层次上，则采用过程化的描述方法。在最低的抽象层次上，应使用能够直接实现的方式来描述问题的解。

5. 信息隐藏和局部化

信息隐藏的思想是 1972 年由 D.L. Parnas 提出的。信息隐藏原理指出，在设计和确定模块时，应该使一个模块内包含的信息（功能和数据）尽量隐藏在相应的处理模块中，对于不需要这些信息的模块来说是不能访问的。

通过抽象，可以确定软件结构，而通过信息隐藏，则可定义和实施对模块的功能细节和局部数据结构的存取限制。

与信息隐藏概念密切相关的是局部化概念，局部化是指把一些关系密切的软件元素物理地彼此靠近放置在一个局部的环境中。局部化概念有助于实现信息隐藏，例如，通过在模块内部定义局部数据结构，使得模块内的数据结构及定义在该数据结构上的处理对其他模块来说是不可见的。这样，将来修改软件时偶然引入错误所造成的影响就可以局限在一个或几个模块内部。由于修改的工作量较小，模块具有很好的可移植性。

6. 设计重用

通常，在设计一个新系统时会发现有一些功能与以前建立的系统的某些功能很相似。有许多项目小组在设计和开发软件时，将一些常用设计方法设计成一种模式（软件体系结构），当进行下一个类似的系统开发时，就可以重用这些设计结构。

5.1.3　软件体系结构设计

1. 概述

体系结构一词来源于建筑工程，当谈及某建筑物的体系结构时，往往要说明它是框架、剪力墙或砖混结构等。软件系统被认为是由相互作用的模块按照一定的规则组织起来的具有整体属性的产品。与建筑物一样，软件系统也有结构，例如，开放系统互连（Open System Interconnection，OSI）是国际标准化组织推荐的一个网络系统结构——七层参考模型（应用层、表示层、会话层、传输层、网络层、数据链路层和物理层）。OSI 七层模型是一种框架性的设计方法；基于 MVC 的软件分为三层（模型层、视图层、控制层）等。随着软件系统规模越来越大、越来越复杂，整个系统的结构和规格说明显得越来越重要。对于软件项目的开发来说，具有清晰的软件体系结构往往比对算法和数据结构的选择重要得多。软件体系结构在软件需求和设计之间架起了一座桥梁，着重解决软件系统的需求与结构向实现平坦过渡的问题。

软件体系结构为软件系统提供了一个结构、行为和属性的高级抽象，由构成系统的元素的描述、这些元素的相互作用、指导元素集成的模式以及这些模式的约束组成。

软件体系结构由构件、连接件和约束组成。构件或组件（Component）是软件系统的组成单元，是软件功能设计和实现的载体。连接件是构件和构件之间连接的成分，它们能使构件间实现通信、合作和协调。约束定义构件如何集成为一个系统。

2. 设计模式和体系结构风格

（1）软件设计模式。软件领域的设计模式起源于建筑学，1977 年建筑大师 Alexander 出版了 *A Pattern Language: Towns, Building, Construction*（《建筑模式语言：城镇、建筑、构造》）一书。Alexander 在该著作中将其建筑行业中许多问题的最佳解决方案记录了 200 多种模式，这些模式为房屋与城市的建设制订了一些规则。

软件设计模式是从软件设计过程中总结出来的，是针对待定问题的解决方案。好的模式能针对待定问题，采用成熟和成功的方法进行问题求解，比重新设计方案的质量要好。体系结构模式的经典定义是，每个模式都描述了一个在特定环境中不断出现的问题以及该问题解决方案。

目前，被公认在设计模式领域最具影响力的著作是 Erich Gamma、Richard Helm、Ralpha Johnson 和 John Vlissides 在 1994 年合作出版的著作 *Design Patterns: Elements of Reusable Object-Oriented Software*（《设计模式：可复用的面向对象软件的基本原理》）。该书的四位作者在其著作中记录了他们在四年多的工作中所发现的 23 个模式。《设计模式：可复用的面向对象软件的基本原理》一书被广大喜爱者称为 GOF（Gang Of Four）之书，被认为是学习设计模式的必读著作，GOF 之书已经被公认为是设计模式领域（Domain）的奠基之作。

（2）软件体系结构风格。建筑师通常使用体系结构风格作为描述手段，将一种风格的建筑与其他风格的建筑区分开来。当使用某种体系结构风格来描述建筑时，熟悉这种风格的人就会对建筑的整体结构有所了解。例如：像教堂的建筑风格可以描述为“罗马式”“哥特式”“巴洛克式”等样式。

软件体系结构风格是描述某一特定应用领域中系统组织方式的惯用模式。体系结构风格定义了一个系统家族。一个体系结构定义了一个词汇表和一组约束。词汇表中包含一些构件和连接件类型。约束指出系统是如何将这些构件和连接件组合起来的。

例如，层次结构的操作系统。按层次结构来设计操作系统，就是将操作系统的所有功能模块按功能的调用次序排列成若干层，使得功能模块之间只存在单向调用。

1）词汇表。词汇表=[构件:: =层；连接件:: =层之间的协议]，其中层为功能模块。

2）配置规则。层次体系结构采用层次化的组织方法，每一层向其上层提供服务，并利用下层的服务，每一层只和与它相邻的两层之间有消息通信，层之间是单向调用的，同层模块之间不存在相互调用的关系。在实际的操作系统设计中，有时也存在同层之间的模块互相调用的情况。

对体系结构风格的研究和实践为大粒度的软件重用提供了可能。体系结构的不变部分使不同的系统可以共享相同的实现代码。只要系统是使用常用的、规范的方法来组织，就可以使其他设计者很容易地理解系统的体系结构。例如，将系统描述为客户机/服务器风格，则不必给出设计细节，立刻就会使他人知道系统是如何织织和工作的。

3．客户机/服务器软件体系结构风格

客户机/服务器（Client/Server, C/S）体系结构是基于资源不对等，且为实现共享而提出来的分布式体系结构，该技术是 20 世纪 90 年代成熟起来的。

C/S 体系结构有三个主要组成部分：

（1）服务器。负责给其他子系统提供服务。例如，数据库服务器提供数据存储和管理服务，文件服务器提供文件管理服务，打印服务器提供打印服务等。

（2）客户机。向服务器请求服务。客户机通常都是独立的子系统，在某段时间内，可能有多个客户机程序在并发运行。

（3）网络。连接客户机和服务器。虽然客户机程序和服务器程序可以在一台机器上运行，但在实际应用中，通常将它们放在不同的机器上运行。传统的 C/S 体系结构为二层的体系结构。在这种体系结构中，一个应用系统被划分为客户机和服务器两部分。

客户应用程序，提供用户与数据库交互的界面；向数据库服务器提交用户请求并接收来自数据库服务器的信息；利用客户应用程序对存在于客户端的数据执行应用逻辑要求。

图 5.12 为二层 C/S 体系结构；图 5.13 为二层 C/S 体系结构的处理流程。

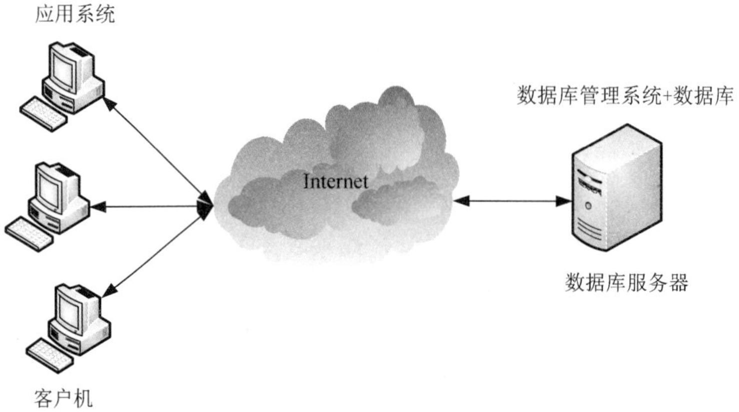

图 5.12　二层 C/S 体系结构

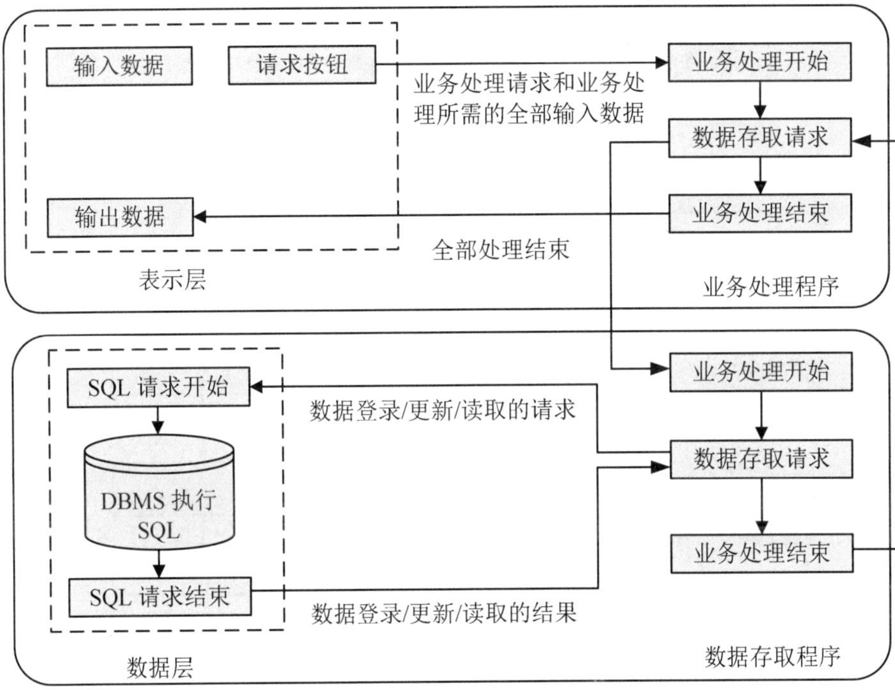

图 5.13　二层 C/S 体系结构的处理流程

三层 C/S 体系结构将整个系统分成表示层、应用逻辑层和数据层。表示层是应用程序的用户界面部分，负责用户与应用程序之间的对话功能。它用于检查用户从键盘等输入的数据，显示应用程序输出的数据，一般采用图形用户界面。应用逻辑层为应用的主体部分，包含具体的业务处理逻辑。通常包含确认用户对应用和数据库存取权限的功能以及事务处理功能。数据层主要包括数据的存储及对数据的存取操作，一般选择关系型数据库管理系统。浏览器/服务器（Browser/Server）风格就是三层应用结构一种典型的实现方式。B/S 体系结构（三层 C/S 体系结构）及处理流程，如图 5.14 和图 5.15 所示。

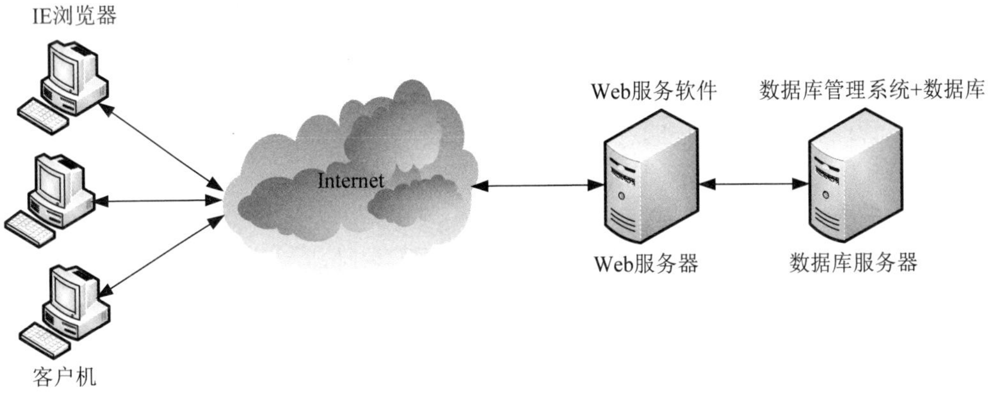

图 5.14　B/S 体系结构（三层 C/S 体系结构）

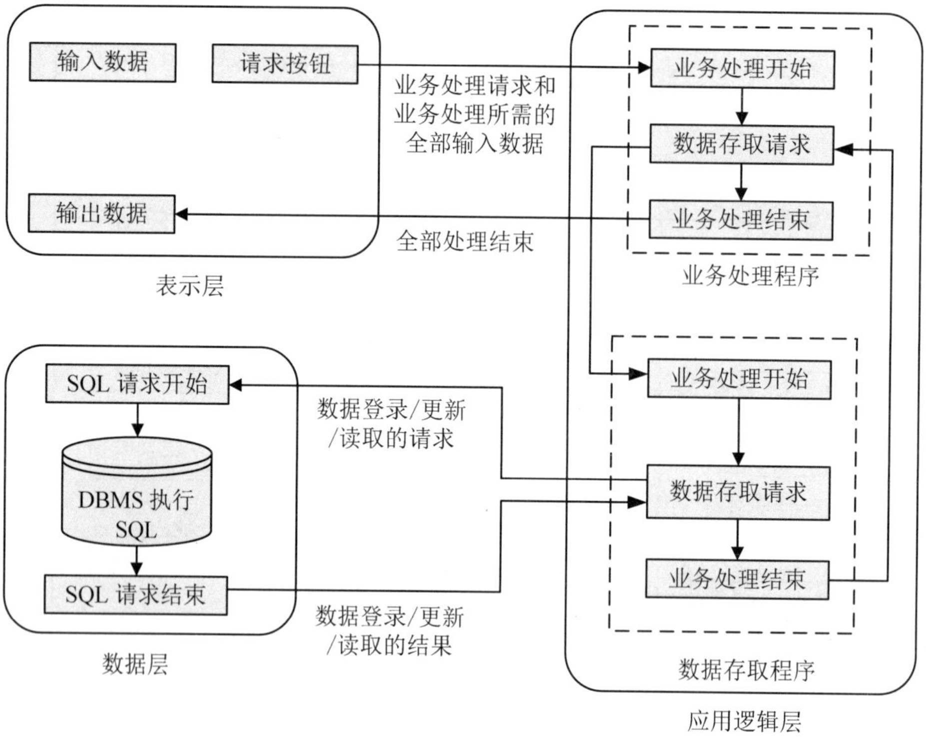

图 5.15 B/S 结构（三层 C/S 体系结构）的处理流程

5.1.4 概要设计图形工具

1. *层次图（Hierarchy）和 HIPO 图*

通常使用层次图描绘软件的层次结构。在层次图中一个矩形代表一个模块，框之间的连线表示调用关系，位于上方的矩形框所代表的模块调用位于下方的矩形框所代表的模块。

层次图的优点是，图形比较简单，图中不反映模块之间传递的参数信息，并且图中调用关系的划线都是直线，比较易于作为文档交流。

层次图加输入/处理/输出（Hierarchy plus Input Process Output，HIPO）图是 IBM 公司于 20 世纪 70 年代中期推出的一种描述软件结构和模块内部处理功能的工具。为了使 HIPO 图具有可追踪性，通常在 H 图每个方框中加上编号。编号方法与本书第 3 章中介绍数据流图的编号方法相同。管理员对教师管理的层次图如图 5.16 所示。

【案例 5.5】教师管理的层次图。

层次图中的主要内容有：

（1）形态特征。在图 5.16 中，上层模块调用下层模块功能，同一层的模块之间没有调用关系。

（2）深度。软件结构中控制的层数称为深度。图 5.16 的深度为 4 层。深度在一定意义上反映了程序结构的规模和复杂程度。

（3）宽度。软件结构中同一层次上的模块总数最多的最大值称为宽度，图 5.16 的宽度为 9。一般来说，宽度越大系统越复杂。

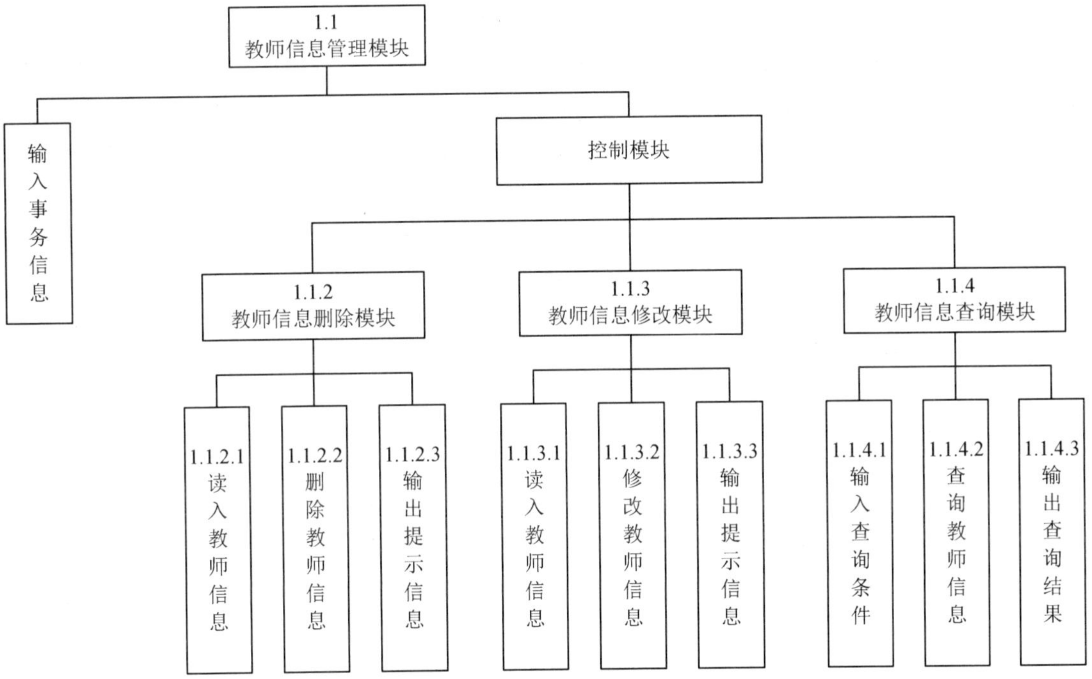

图 5.16　软件的层次图

（4）扇出。一个模块直接调用的模块数目称为扇出。扇出过大说明该模块较复杂，需要控制和协调过多的下级模块，一般适当增加中间层次的控制模块；扇出太小（例如是 1）也不好，可以将下级模块进一步分解成若干子功能模块，或者合并到它的上级模块中去，上述的改变不能违背模块独立性原理。经验表明，一个设计好的软件系统的平均扇出是 3 或 4（上界通常是 5～9）。

（5）扇入。有多少个上级模块直接调用它成为该模块的扇入。扇入越大则共享该模块的上级模块数目越多，这是符合实际需要的，但是，不能追求高扇入而违背模块独立性原理。

2. 结构图（Structured Charts，SC）

20 世纪 70 年代中期，美国 Yourdon 提出的结构图是准确表达程序结构的图形表示方法，它能清楚地反映出程序中各模块间的层次调用关系。在结构图中通常还用带注释的箭头表示模块调用过程中来回传递的信息。实心圆箭头表示传递的控制信息，空心圆箭头表示传递的是数据。

【案例 5.6】软件的结构图。

管理员修改学生信息的结构图如图 5.17 所示。

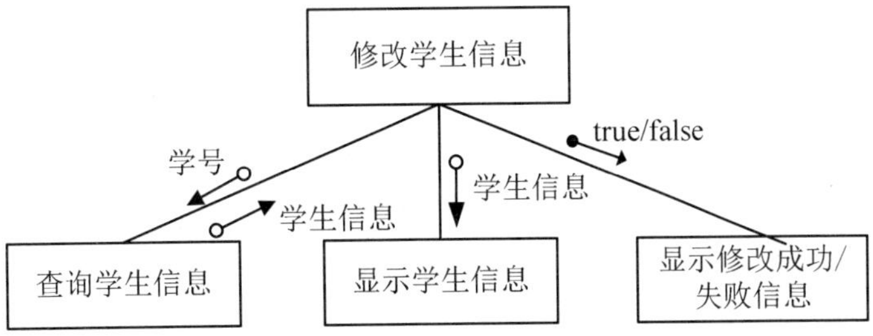

图 5.17　软件的结构图

结构图中的主要内容有（包括层次图中的 5 点）：

（1）模块间的信息传递。当一个模块调用另一个模块时，调用模块把数据或控制信息传送给被调用模块，以使被调用模块能够运行。被调用模块执行过程中又把产生的数据或控制信息回送给调用模块。为了区别在模块之间传递的是数据还是控制信息，在连接模块的箭头旁用“ ○→ ”表示数据信息，用“ ●→ ”表示控制信息。通常，在短箭头附近注有信息的名字。

（2）两个辅助符号。反映模块之间的关系的还有一些符号，用“◇”符号表示一个模块有条件地调用另一个模块；用“ ↶ ”符号表示模块循环调用它的各下属模块。

例如，在图 5.18 中，模块 A 下加一个菱形表示控制模块 A 按条件选择调用模块 B、模块 C、模块 D。在模块下的圆弧箭头表示模块 A 循环调用模块 B、模块 C、模块 D。

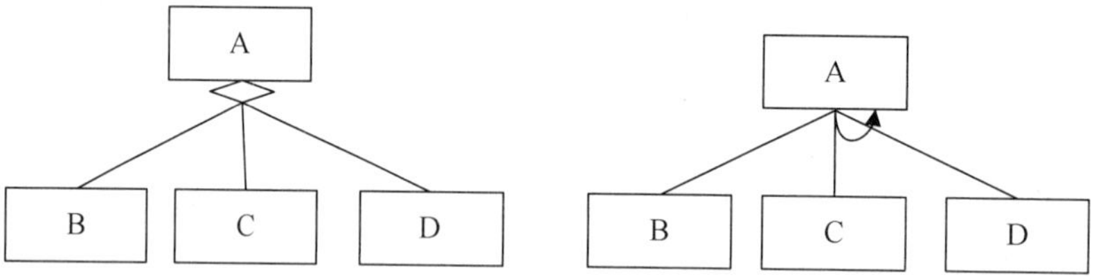

图 5.18　模块调用图

5.1.5　面向数据流的设计方法

1. 概念

（1）软件结构设计过程。结构化设计方法通常也叫作面向数据流的设计方法。结构化设计方法是基于模块化、自顶向下、逐步求精等技术的设计方法。

结构化设计方法与结构化分析方法衔接，它以需求分析阶段获得的数据流程图为基础，通过映射把数据流程图转换为软件结构图。

结构化设计方法的具体设计流程如图 5.19 所示。

1）复查并精化数据流图。对需求分析阶段得出的 DFD 认真复查，必要时可再次进行修改或细化。不仅要确保 DFD 给出了目标系统正确的逻辑模型，而且应该使 DFD 中每个处理都代表一个规模适中、相对独立的子功能。

2）判断 DFD 中数据流的类型。典型的数据流类型有变换型数据流和事务型数据流。数据流类型决定了映射的方法。

3）导出初始的软件结构图。根据数据流的类型，应用变换型映射方法或事务型映射方法得出初始的结构图。

4）逐级分解。对软件结构图进行逐级分解，一般需要进行一级、二级分解，也可以进行更多级的分解。

5）精化软件结构。使用软件设计原理对软件结构进行进一步精化。

6）导出接口描述和全局数据结构。对每一个模块，给出该模块的输入/输出信息，即该模块的接口描述。此外，还需要对所使用的全局数据结构进行描述。

（2）数据流的类型。

1）变换流。变换型数据流可以划分为三个部分：逻辑输入、变换中心和逻辑输出，如图 5.20 所示。变换型软件结构图也由三部分组成：取得数据、变换中心和输出数据。图 5.21 给出了典型的变换型数据流图对应的软件结构图。

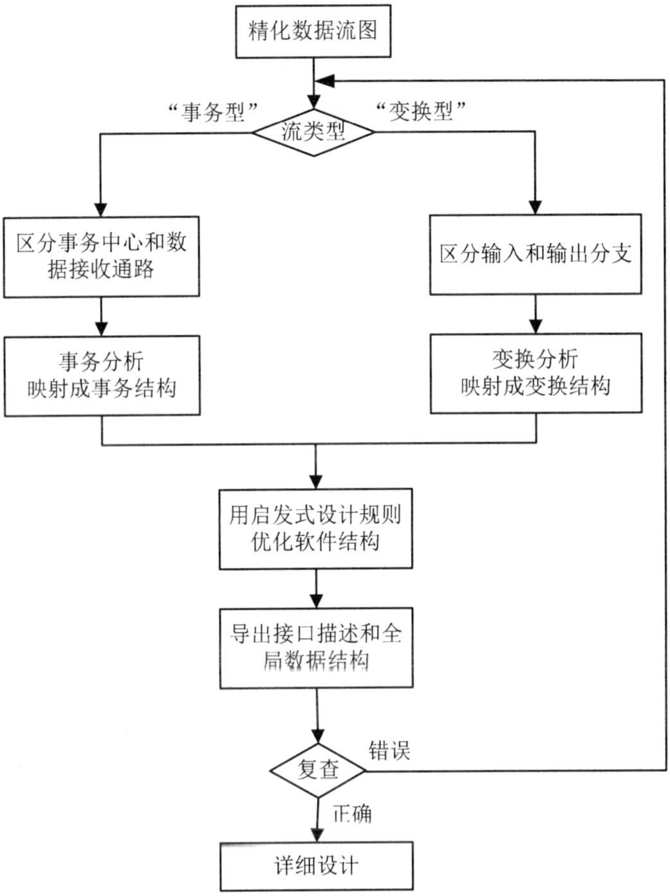

图 5.19　结构化设计方法的具体设计流程

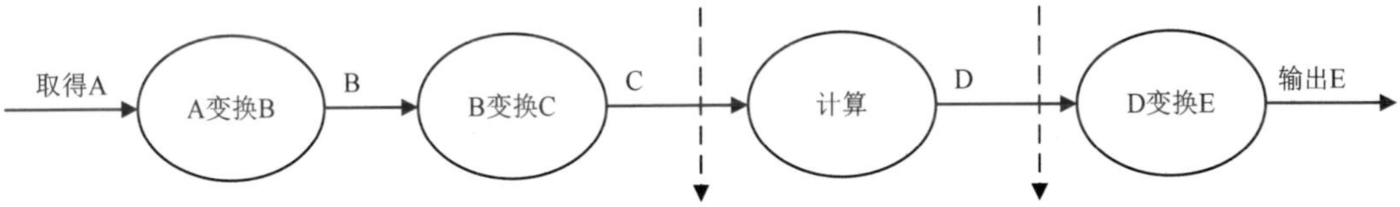

图 5.20　变换型数据流图

在图 5.21 中，顶层模块是全局控制模块，然后沿着结构图的左分支依次调用其下属模块，直至底层读入数据 A。然后，对 A 进行预加工，转换成 B 向上回送。再继续对 B 进行加工，转换成逻辑输入 C 回送给主模块。主模块得到数据 C 之后，控制中心变换模块，将 C 加工成 D。在调用输出模块输出 D 时，由输出模块调用处理模块，将 D 加工成适于输出的形式，最后输出结果 E。

2）事务流。原则上所有信息流都可以归结为变换流。但是当数据流图具有与图 5.22 类似的形状时，这种数据流是以“事务”为中心的，也就是说数据沿输入通路到达一个处理 T（事务中心），这个处理根据输入数据的类型在若干个动作序列中选择一个来执行，这类数据流应该划为一类特殊的数据流，称为事务流。

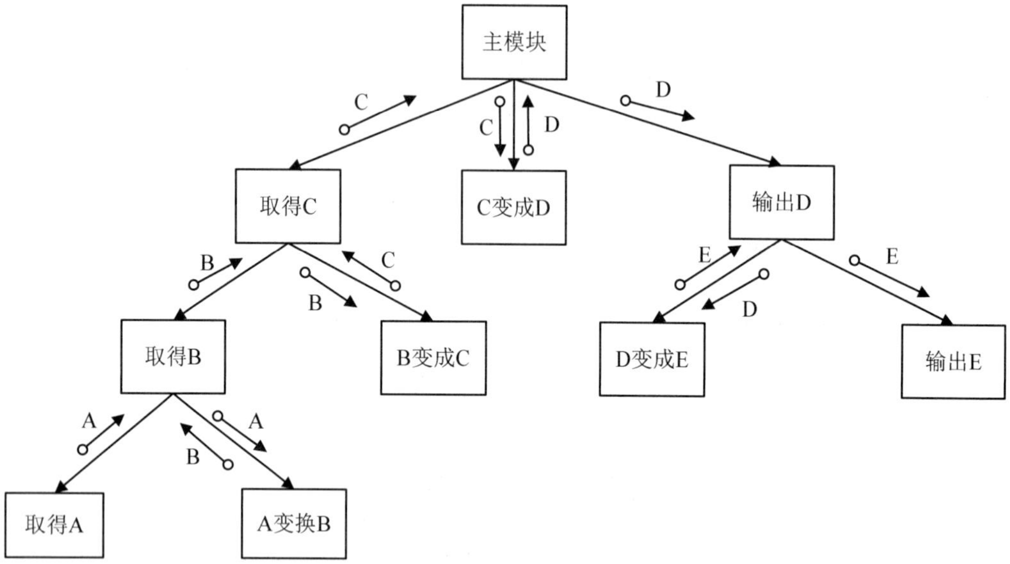

图 5.21　变换型数据流图对应的软件结构图

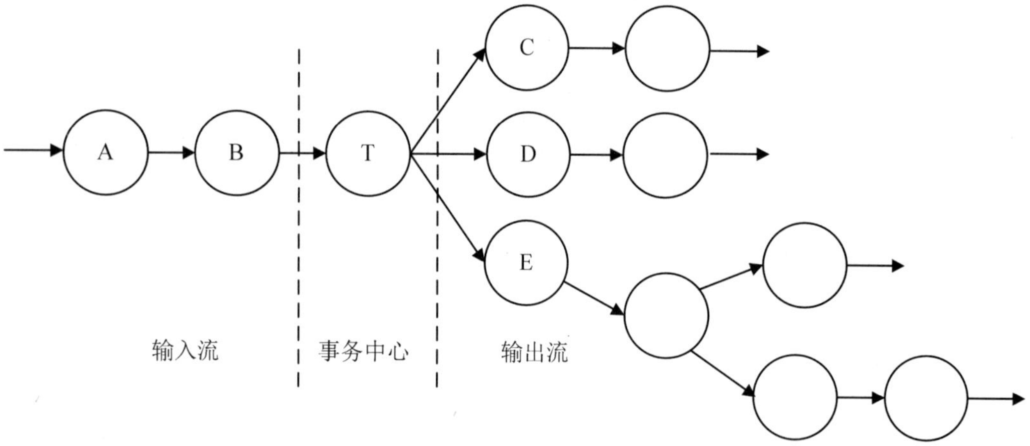

图 5.22　事务型数据流图

事务中心完成下述任务：

- 接收输入数据（输入数据又称为事务）。
- 分析每个事务以确定它的类型。
- 根据事务类型选取一条活动通路。

事务型数据流图映射成的软件结构图如图 5.23 所示。

2. 变换分析

变换分析主要是用于实现变换流型的数据流图到程序结构图的转换，可以通过以下几个步骤来实现这种转换。

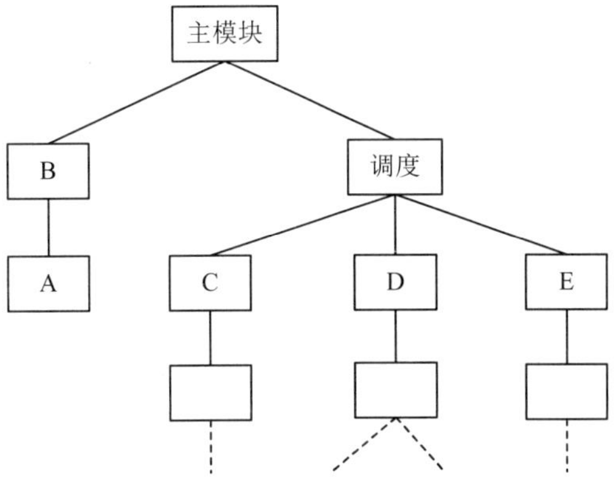

图 5.23　事务型数据流图映射成的软件结构图

变换分析方法由以下 4 步组成。

（1）复查、精化数据流图。

1）以需求分析阶段得到的数据流程图为基础重画数据流程图。在需求分析阶段得到的数据流程图侧重于描述系统如何加工数据，而重画数据流程图的出发点是描述系统中的数据如何流动。

2）在图上不要出现控制逻辑，如判定、循环等，这是初学者最易犯的错误。判定和循环应该隐藏在模块内部，不要表现在数据流程图上，数据流程图上的箭头线表示的是数据流，不是控制流。

3）省略每一个处理的异常处理。

4）如有必要，可以使用逻辑运算符“*”表示逻辑与，用“⊕”表示异或。

（2）区分有效输入、有效输出和变换中心部分。

（3）进行一级分析，设计上层模块。

（4）进行二级分解，设计输入、输出和变换中心的下层模块。

（5）依据软件设计原理，对初始软件结构图进行进一步精化。应考虑模块的低耦合和高内聚问题，提高初始结构图的质量，得出软件的整体表示。

下面通过实例说明变换分析的方法。

【案例 5.7】变换分析。

例如，某医院拟开发一个以计算机为中心的患者监护系统，可以随时观察危重病人的病情变化，以减少因延误时机而耽误抢救的情况发生。医院对患者监护系统的基本要求是随时接收病人的生理信号（体温、脉搏、血压和心电图等），定时记录病人情况以形成患者日志，当某个病人的生理信号超出医生规定的安全范围时向值班护士发出警告信息。此外，护士在需要时还可以要求系统打印出某个指定病人的病情报告。

采用结构化方法来设计系统，得到软件结构图，具体步骤如下：

1）复查、精化数据流图。精化后的患者监护系统的数据流图如图 5.24 所示。

2）判断数据流图是属于变换型还是事务型。从图 5.24 看出，数据沿 3 条通路进入系统，然后沿着 2 条通路离开，没有明显的事务中心。因此，可以认为这个信息流具有变换流的总特征。

3）确定输入流和输出流的边界，从而孤立出变换中心。在数据流图中画出输入、处理和输出的边界，如图 5.25 所示。

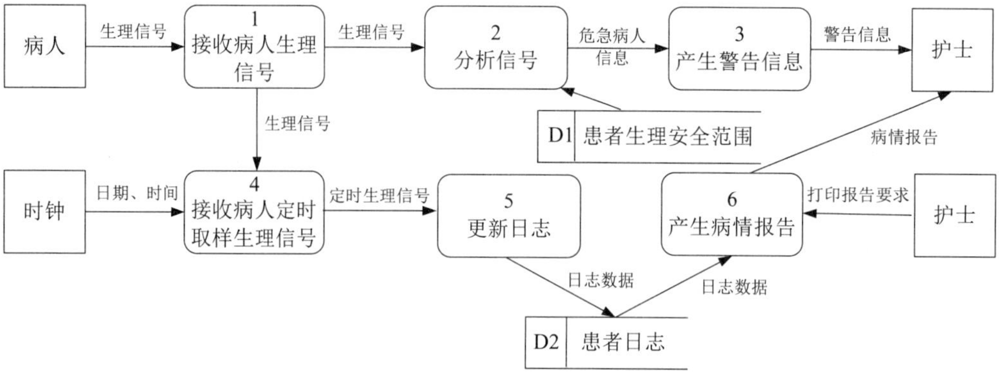

图 5.24 患者监护系统的数据流图

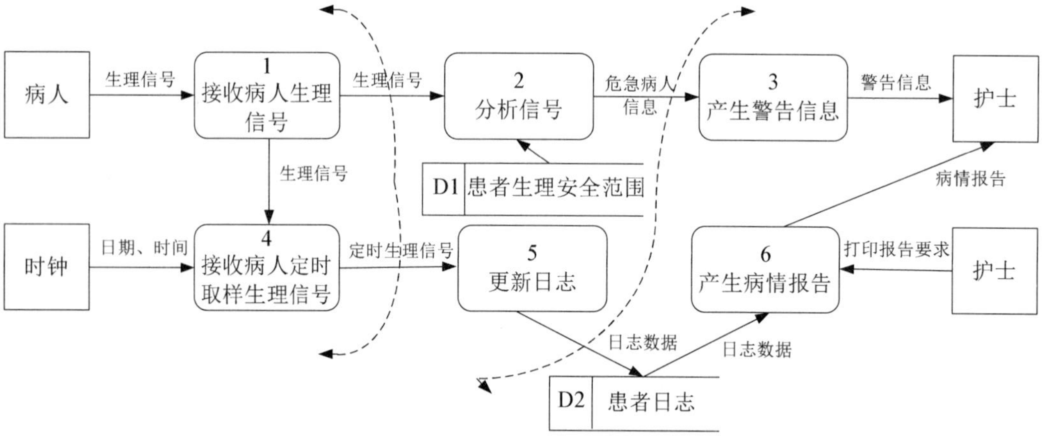

图 5.25 具有边界的数据流图

4）完成“第一级分解”。即在步骤 3）的基础上，将数据流图的各部分映射为初级的层次图，如图 5.26 所示。输入信息控制模块 Ca 协调对所有输入数据的接收；变换中心 Ct 管理对内部形式的数据的所有操作；输出信息处理控制模块 Ce 协调输出信息的产生过程。

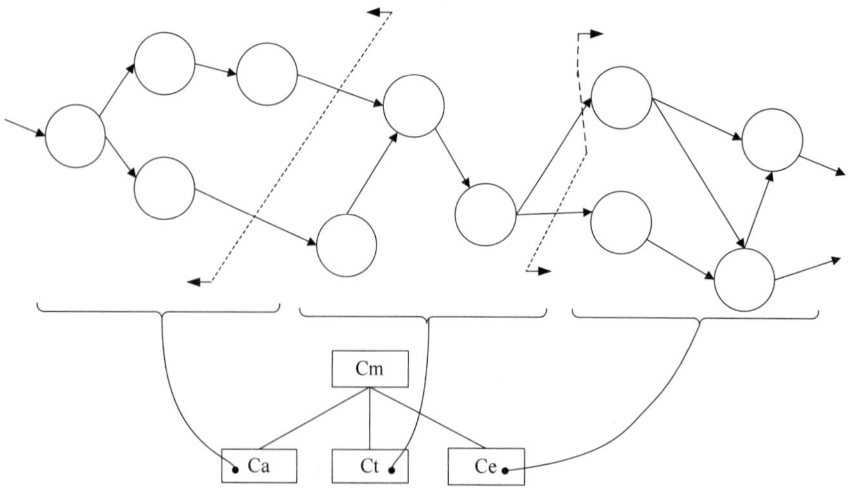

图 5.26 第一级分解的方法

对于患者监护系统，第一级分解得到的软件结构图如图 5.27 所示。

图 5.27　患者监护系统的第一级分解

5）完成“第二级分解”。将数据流图中每个处理都映射为一个模块。首先从变换中心的边界沿着输入向外映射，如图 5.28 所示，然后再从变换中心沿着输出向外映射，最后映射变换中心的处理。

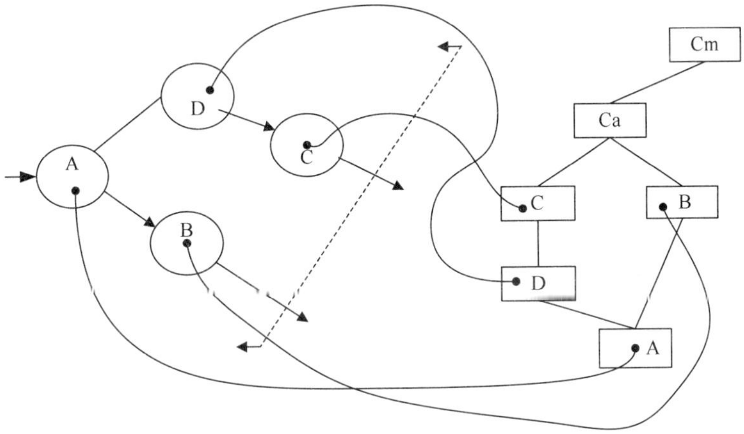

图 5.28　第二级分解的方法

对于患者监护系统的例子，第二级分解的结果分别用图 5.29、图 5.30 和图 5.31 描绘。这三张图结合第一级分解结果，得到该系统的软件结构图，如图 5.32 所示。

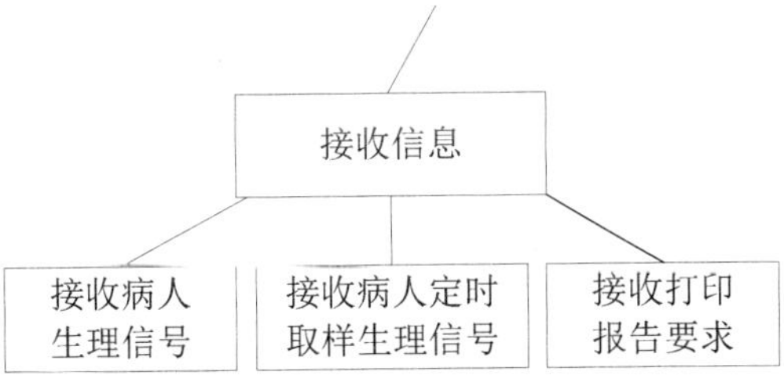

图 5.29　输入结构

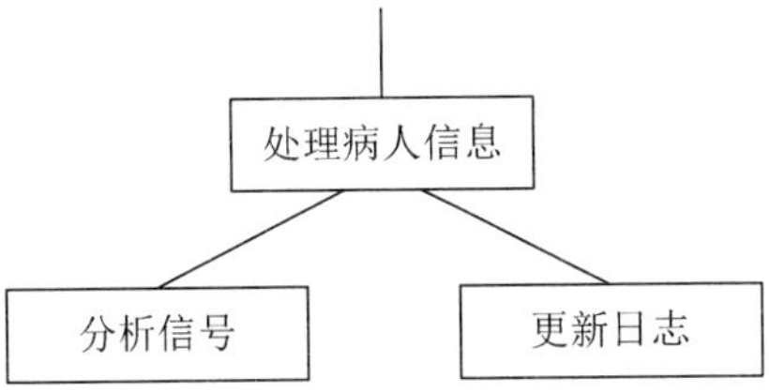

图 5.30　变换结构

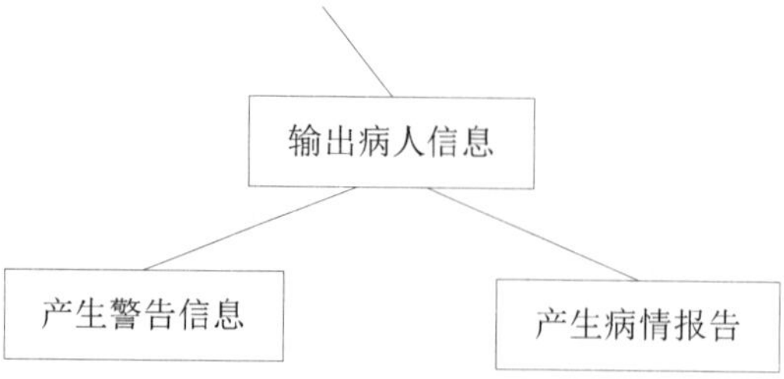

图 5.31 输出结构

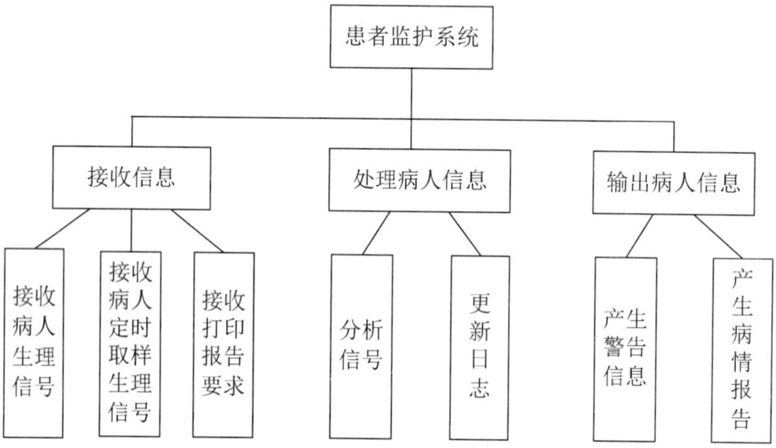

图 5.32 患者监护系统的软件结构图

3. 事务分析

实际上，在任何情况下都可以使用变换分析方法设计软件结构，但是在数据流具有明显的事务型特征时，即数据流程图中有一个明显的“事务（发射）中心”时，应采用事务分析方法。事务分析方法的步骤如下：

（1）复查、精化数据流图。与变换分析的第一步相同。

（2）确定事务中心。事务中心的一个明显的特征是：当一个输入数据流进入其中，经过其处理之后，会有多个输出数据流以该中心为起点呈辐射状发出。因此，可以根据这个特征来确定事务中心。

（3）将事务流型的数据流图映射为软件的结构图。由事务流映射成的软件结构包括一个接收分支和一个发送分支。映射出接收分析结构的方法和变换分析映射出输入结构的方法一样，即从事务中心的边界开始，把沿着接收流通路的处理映射成相应的模块。发送分支的结构包含一个调度模块，它控制下层的所有活动模块，然后把数据流图中的每个活动流通路映射成与其流特征相对应的结构。

（4）依据软件设计原理，对初始软件结构图进行进一步精化。

【案例 5.8】教师管理子系统事务分析。

例如，在学生学籍管理系统中教师管理子系统的需求如下：首先，管理员注册教师信息；然后，根据事务的类型，进行教师信息删除、修改和查询操作。而教师信息的删除与修改需要首先读入教师信息，然后再进行相应的操作。

采用结构化方法来设计系统，得到软件结构图，具体步骤如下：

1）复查、精化数据流图。精化后的教师信息管理的数据流图如图 5.33 和图 5.34 所示。

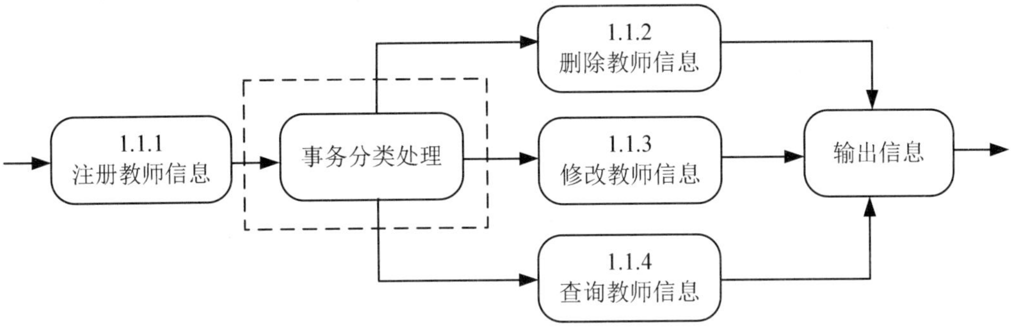

图 5.33 精化后的教师信息管理的数据流图

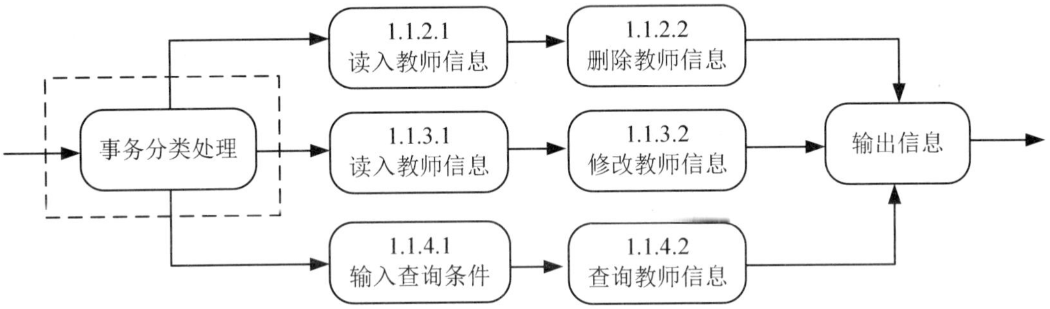

图 5.34 进一步精化后的教师信息管理的数据流图

2）判断数据流图是属于变换型还是事务型。从图 5.33 和图 5.34 看出，数据沿 1 条通路进入系统，然后沿着 3 条通路离开，这个信息流具有事务流的总特征。

3）确定事务中心。根据事务中心一个明显的特征，“事务分类处理”就是图 5.33 数据流图的事务中心。

4）将事务流型的数据流图映射为软件的结构图，如图 5.16 所示。

对于一个大型软件系统，常常把变换分析和事务分析应用到同一个数据流图的不同部分。有时从总体看是变换型数据流程图，但某个分支可能是事务型的。因此，设计时应该先做大的划分，确定数据流程图的总体是变换型还是事务型，然后再分析局部。

4. 优化软件设计规则

对于获得的初始软件结构图，需要按照易于理解、实现、测试和维护的原则进行优化，使其结构更加合理。优化软件设计的规则有以下几个方面。

规则 1：模块功能完善化。

功能模块除了应该执行规定的功能外，还应当能够向调用者返回完成任务的状态。例如，当模块不能完成规定的功能时，必须向它的调用者返回错误提示信息。上述所有内容，都应当看作是一个模块的有机组成部分，否则将会增大模块间的耦合程度。

规则 2：设计功能单一和结果可预测的模块。

一个功能单一和结果可预测的模块可以被看成是一个黑盒子，对于相同的输入数据，总能产生同样的结果。但是，模块中使用全局变量或静态变量，则可能导致不可预测。

规则 3：模块的作用域应在控制域之内。

一个模块的作用域是受该模块内一个判定所影响的所有模块的集合。一个模块的控制域是直接或间接从属于它的模块的集合，如图 5.35 所示。

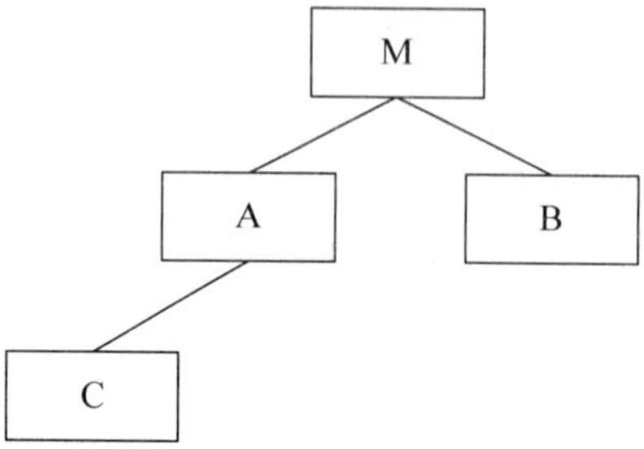

图 5.35　模块的控制域与作用域

模块 A 的控制域为{A, C}；模块 A 的作用域为{C}；满足模块 A 的作用域应在控制域之内，如图 5.36 所示。

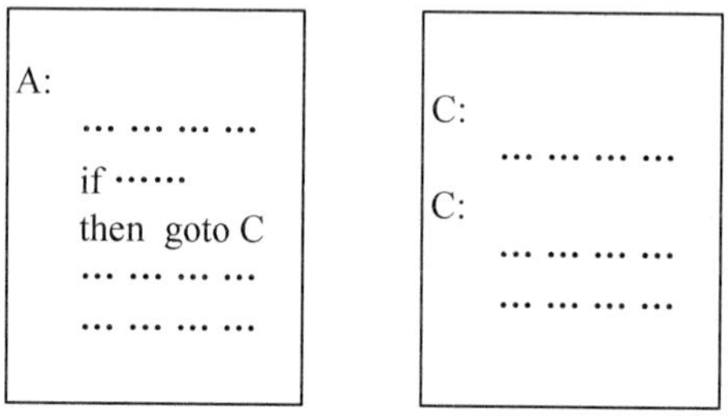

图 5.36　模块的作用域在控制域之内

模块 A 的控制域为{A, C}；模块 A 的作用域为{M, B}；不满足模块 A 的作用域应在控制域之内，如图 5.37 所示。

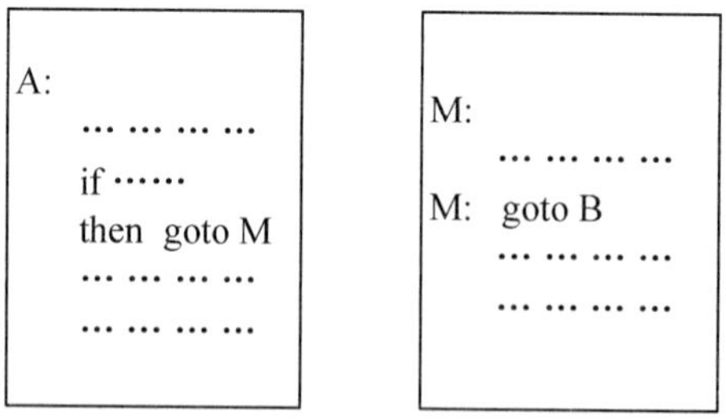

图 5.37　模块的作用域不在控制域之内

上例中 A 的作用域超出了控制域。改进方法之一，可以把 A 中的 if 移到 M 中；方法之二，可以把 B 移到 A 下面。

规则 4：模块的大小要适中。

模块的大小一般用模块的源代码数量来衡量，通常在设计过程中，将模块的源代码数量限制在 50～100 行。实际上，规模大的模块往往是由于分解不充分造成的，应该对其进行进一步分解，生成下级模块或同层模块。有些模块规模很小，这种情况下要区别对待，如果该模块是公共模块或者是高内聚模块，则一定不要把它合并到其他模块中去；否则可以考虑将它合并到其他相关模块中去。

规则 5：模块的扇入和扇出要合理。

一个模块的扇入越大，则调用该模块的上级模块数目越多，如果这个模块是公共模块，高扇入是合理的。但如果不是公共模块，而扇入又很大，则说明该模块可能具有太多的功能。这种情况下应当对其功能进行进一步分解，分解的方法是提高控制模块的层次、增加中间模块、提取公共部分的内容组成公共模块，并且将公共模块置于较低的层次，由此，使各模块的功能单一化，改善软件结构。

模块的扇出数是指该模块调用其他模块的个数，如果一个模块的扇出过大，就表明该模块过分复杂，需要协调和控制过多的下属模块。出现这种情况通常是由于缺乏中间层次，所以应当适当增加中间层次的控制模块。经验表明，比较适当的扇出为 2～15，最多不要超过 9。模块的扇出过小，也不好，这通常会使结构图的深度增加，同时增大了模块接口的复杂性，还增加了调用和返回的时间开销，降低了工作效率。注意，总控模块或分类模块的扇出就是比较大的，对于此种模块不必考虑分解。

经验证明，一个设计得很好的软件结构，通常上层扇出比较高，中层扇出较少，底层的公用模块扇入较高。

规则 6：走查软件结构图。

软件结构图中的模块关系体现的是调用关系，模块之间的接口参数在软件结构图上表现出来。设计者根据调用关系在书面上对系统进行初步运行，方法是从软件结构图的最顶层按深度优先原则调用下级模块，直到最低层。在运行过程中，填写一张功能-模块对照表，见表 5.1。

表 5.1　功能-模块对照表

功能	模块 1	模块 2	...	模块 n
功能需求 1	module name	module name		module name
功能需求 2	module name		module name	
...	...			
功能需求 n	module name			

左边第一列是需求分析阶段中确定的软件功能简称或编号，表格中填写实现该功能的模块名称，通常一个软件功能可能需要多个模块实现，但如果模块超过 5 个，往往说明该功能太大，应该将其细分。

规则 7：用快速原型法修正设计。

在设计时，有些问题很难确定是否能够实现。这时可以先开发一个原型系统，通过原型系统来发现设计中存在的问题，以便在编码之前解决。另外，原型系统可以促进开发人员之间以及开发人员与用户之间的沟通。

5. 设计复查

在设计结束之前要进行设计复查。复查过程分为 2 步：首先，采用概要设计复查的方法来检查在概念上的设计；然后，进行程序设计的复查，程序设计的复查属于详细设计阶段。复查的目标是确保软件设计与实现是用户需要的。

在概要设计复查中，主要任务是要确保设计包含了用户需求的所有方面。概要设计的复查需要有用户、系统分析员、系统设计员和编程人员参加，除此之外，还要有与此设计无关的技术人员参加，他们在保持公正的立场上发表自己的观点，提出设计中的问题。

在复查过程中，首先，设计人员详细讲述总体设计方案，每项设计都应该回溯到需求规格说明书中对应的需求，重点讲述为了实现相应的需求所设计的模块、接口、操作界面等。然后，与会者分别从不同的角度出发审查设计的正确性、合理性、健壮性、完善性等。例如，用户主要审查是否有被遗漏的需求、设计的界面是否能够被接受、输入是否方便、输出报告是否清晰、是否有容错方面的设计等。编程人员主要审查是否有不可实现的技术、程序结构和数据结构是否过于复杂、设计是否存在模糊等。最后，将发现的问题都要记录下来，确定修改设计的方案，再进行新方案的复查。

5.2 接口设计

在概要设计中的软件接口设计主要包括三个方面：软件模块间的接口设计；模块与其他外部实体的接口设计；用户界面设计。

5.2.1 模块间的接口设计和模块与其他外部实体的接口设计

模块间的接口也叫作内部接口，它是由模块间传递的数据和程序设计语言的特性共同决定的。内部接口的复杂度通常与模块间的耦合度相关。分析模型中包含的信息用于模块间的接口设计，将数据流程图转换为软件结构图时，数据流程图中每个处理的输入和输出箭头须映射到与该处理对应的模块接口上，包括流入模块的信息和从模块流出的信息。

模块与外部实体之间的接口叫作外部接口，外部接口设计起始于需求分析模型的数据流图。首先分析数据流程图中的每个外部实体，外部实体的数据和控制需求确定下来以后，就可以设计外部接口了。为使设计的系统具有良好的可扩展性，在设计外部接口时应该尽量将外部实体特性独立于所设计的软件。

模块的内部和外部接口设计必须要考虑数据验证和异常处理问题，否则，它们的副作用往往通过接口传播到系统的其他部分。

5.2.2 用户界面设计

人机界面（Human Computer Interface，HIC）通常也称为用户界面，它是交互式应用软件系统的门面。因此，用户界面设计是整个软件设计过程中的一个重要组成部分。如果要使软件更好地发挥其自身的功能，就要使用户界面的设计与用户期望的结果相符合。

什么是好的用户界面？通俗地讲，用户界面“好不好”主要看它是否“容易使用”和“美观”。

易用性是指用户使用软件的容易程度。谁都不愿意买很难使用的东西，所以把易用性作为用户界面的重要属性对待无可非议。

除了要求软件易用之外，人们还希望用户界面美观。美观的界面能消除用户由感觉引起的乏味、紧张和疲劳情绪，大大提高用户的工作效率。软件开发者要设计美，用户要享受美，所以界面的美是开发者与用户的共同需求。

1. 界面设计的步骤

界面设计是一个迭代的过程，用户要与设计者共同实现对界面原型的设计，以确定用户界面的特点和组成形式。界面设计迭代过程如图 5.38 所示。

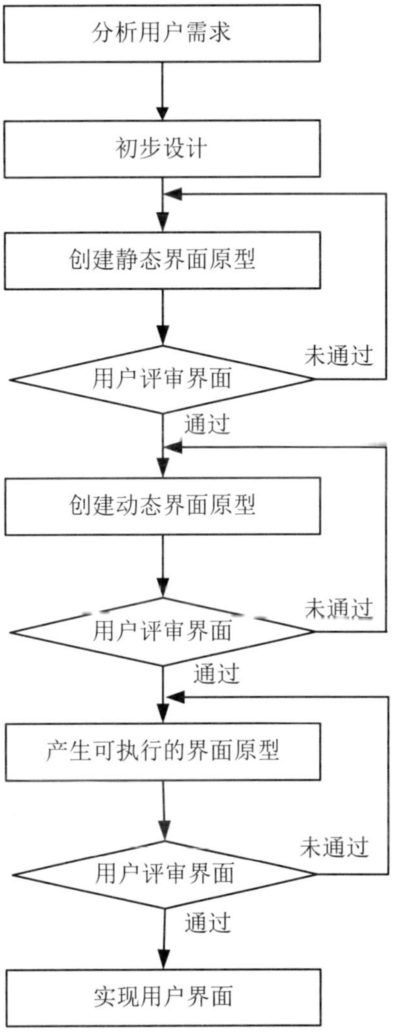

图 5.38 界面设计迭代过程

（1）分析用户需求。分析和理解用户的基本需要和用户的计算机操作能力，同时结合对用户所做的任务、工作环境，以及在工作中如何与他人进行交互等方面进行的分析。如果不能理解用户想要软件提供什么样的服务，设计人员很难设计出有效的用户界面。设计人员可以采用深入实际、用户访谈等手段，进一步沟通和理解用户的需求，也可以用图形方式如用例图、脚本描述等与用户进行沟通，逐步掌握用户的工作方式、用户所关心的事情、工作环境的约束等。

（2）界面原型开发。用户界面开发主要分为三个阶段：创建静态界面原型、创建动态界面原型和产生可执行的界面原型。静态界面原型可以在纸上进行设计，画出基本的样式和操作方式；动态界面原型可以利用较为容易的动画制作工具实现；可执行的界面原型采用计算机编程语言实现。

（3）界面评价。界面评价是评定一个界面的可用性，并检查界面是否符合用户需求。所以，可以根据可用性属性的每一个要素给出具体值进行度量，包括可学习性、可操作性、鲁棒性、可恢复性和适应性等属性。可用性属性见表 5.2。

表 5.2　可用性属性

属 性	描 述
可学习性	用户需要多长时间能成为熟练操作用户
可操作性	用户操作和系统响应的匹配程度
鲁棒性	系统对用户操作错误的容忍程度
可恢复性	系统从错误中恢复的能力
适应性	系统与用户工作模式的结合程度

对界面评价结果的收集可以采用比较简单的方法，例如进行问卷调查，收集用户对界面的意见和建议的相关信息；也可采取实地观察的方法，在用户使用界面的过程中不断收集用户在操作过程中的建议和意见，完善用户对使用系统完成某些任务的建议。

2. 界面设计原则

（1）用于提高易用性的界面设计原则。

1）用户界面适合软件的功能。用户界面的合适性是指界面与软件功能相融洽的程度。软件的功能需要通过用户界面来展现。毫无疑问，用户界面一定要适合软件的功能，这是最基本的要求。否则用户无法通过这个界面来使用软件，如果连用都不能用，“易用性”根本就无从谈起。

2）容易理解。如果用户很难理解界面的意图，那么他使用起来肯定很费劲。所以“容易理解”是“容易使用”的前提条件。提高用户界面可理解性的一些规则如下：

- 所有的界面元素应当提供充分而必要的提示，例如，当鼠标移动到工具条上的某个图标按钮时，应当在该图标旁边出现功能提示。
- 界面结构能够清晰地反映工作流程，以便用户按部就班地操作。
- 对于复杂的用户界面而言，最好提供界面“向导”，及时让用户知道自己在界面结构中所处的位置。例如对于基于 Web 的应用软件，应该在界面上显示“当前位置”，否则用户很容易在众多的页面中迷失方向。

3）风格一致。通用软件产品的界面设计很注重一致性。设计者必须注意在相同应用领域中最流行的软件的界面，必须尊重用户使用这些软件的习惯。例如，Windows 下的软件习惯于设置 F1 键为帮助热键，如果某个设计者别出心裁地让 F1 键成为软件退出热键，结果可想而知。

同一类型软件的用户界面应当有一定程度的相似性。例如，Microsoft 公司的 Office 家族里的 Word、Excel、PowerPoint 等软件，这些软件提供的“复制”“剪切”“粘贴”功能的操作方式都是完全相同的。

4）及时反馈信息。用户进行某项操作后，如果过了几秒钟（用户等待一个页面的时间不会超过 20 秒）用户界面没有一点反馈信息，这将使用户感到迷茫和不安，因为他不知道系统是正在运行中，还是死锁了。所以及时反馈信息很重要，至少要让用户知道该任务处理到什么程度了。

例如，下载一个文件时界面应当显示“百分比”或相关数字来表示下载的进度，否则人们不知道要等待多少时间。如果某些事务处理不能提供进度等数据，那么至少要给出提示信息，如“正在处理中，请等待...”，让用户知道系统正在后台运行中，没有死锁。

5）出错处理。用户在使用软件的过程中，不可避免地会出现一些错误操作。在设计用户界面时必须考虑出错处理，目的是让用户不必为避免犯错误而提心吊胆。常见的错误处理方式有：

- 提供对输入数据进行校验的功能。当用户输入错误的数据时，及时提醒用户改正数据。
- 对于在某些情况下不应该使用的菜单项和命令按钮，将其“失效”可以有效防止该项功能被错误地使用。例如，系统不同角色的用户，有不同的操作权限，如果低权限的用户登录到系统，那些只有高级权限用户才能使用的功能应当被屏蔽（例如，变成“灰色”，即不可操作）。
- 提供 Undo 功能，用以撤销不期望的操作。
- 执行破坏性的操作之前，应当获得用户的确认。例如，用户删除一个文件时，应当弹出对话框：“真的要删除该文件吗（Y/N）”，当用户确认后才真正地删除文件。

6）适应各种用户。一个软件产品可能有许多类型的用户。

例如，使用 Windows 下的文件管理器，对于一个初学者来说，他愿意使用鼠标和菜单一步一步地操作；而对于熟练操作人员而言，他们更愿意使用热键来获取更高的效率。

一些更优秀的软件为患有疾病的人们提供了很方便的用户界面。例如，全世界的计算机用户中可能有成千上万的人患有色盲或色弱，他们都是正常人，但是当他们面对由各种颜色构成的软件界面时会一片茫然。因此，通用的软件，例如浏览器、文字处理软件等都要经过色盲人群的测试。设计者越为用户着想，用户就越喜欢其设计的软件。

7）国际化。中国软件的国际化是必然趋势。为了能够更好地适应国际和国内市场，在设计用户界面的时候应当充分考虑语言和文化的差异。尽可能使用标准的图解方式和国际通行的语言，要求简单易懂，易于翻译，方便不同母语的用户。

8）个性化。用户界面的“个性化”与“一致性”之间存在微妙的矛盾关系。

对于一些非常注重安全性的商业软件而言，用户界面的“一致性”要比“个性化”重要得多，因为一致的界面可以减少用户出错的概率。例如，国内各大银行自动取款机的用户界面基本一致。而对于普通的应用软件（尤其是娱乐领域的软件）而言，有个性化的界面自然比大众化的界面更具有吸引力。

9）最短路径，最少操作（操作的最高效率）。

（2）用于提高美观程度的界面设计原则。

1）合理的布局。首先，界面的布局应当符合逻辑，最好能够与工作流程一致。界面设计人员只有仔细地分析软件的需求，才能提取对界面布局有价值的信息。其次，界面的布局应当整齐清晰。界面元素应当在水平或者垂直方向对齐，行、列的间距保持一致。窗体的尺寸要合适，各种控件不能过分拥挤也不能过分宽松。

2）和谐的色彩。用户界面是否美观，主要取决于该界面的布局和色彩搭配。对于界面设计人员而言，实现“合理的布局”相对比较容易一些，因为绝大多数的界面元素的形状已经标准化，而且界面元素的组合方式也有规矩可循。然而设计和谐的色彩较困难，因为色彩的组合千变万化，并且人们对颜色的喜好也不相同。

对于广大软件开发人员而言，虽然没有必要让普通软件的界面漂亮到 Windows XP 这种程度，但是掌握一些界面色彩的设计原则无疑是非常有益的。

- 如果不是为了显示真实感的图形和图像，那么应当限制一帧屏幕的色彩数目，因为人们在观察屏幕的时候很难同时记住多种色彩。
- 应当根据对象的重要性来选择颜色，重要的对象应当用醒目的色彩表示。
- 使用颜色的时候应当保持一致性，例如，错误提示信息用红色表示。
- 在表达信息时，不要过分依赖颜色，因为有些用户是色盲或色弱。

总之，良好的设计除了能够使用户对应用程序产生好感外，也可以减少再工程或修改软件时所需要的工作量和时间。

【案例 5.9】学生学籍管理系统的部分界面如图 5.39 至图 5.41 所示。

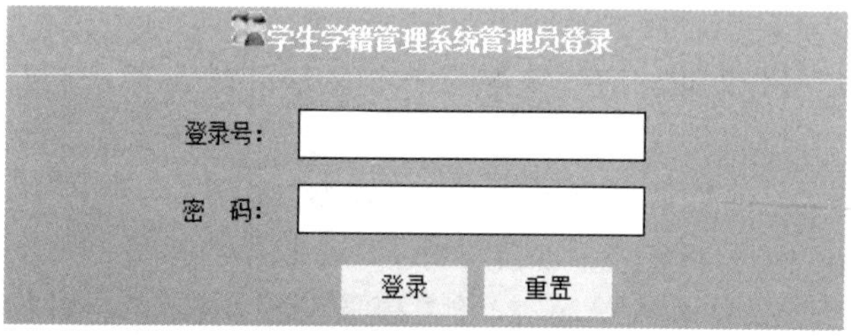

图 5.39　管理员登录界面

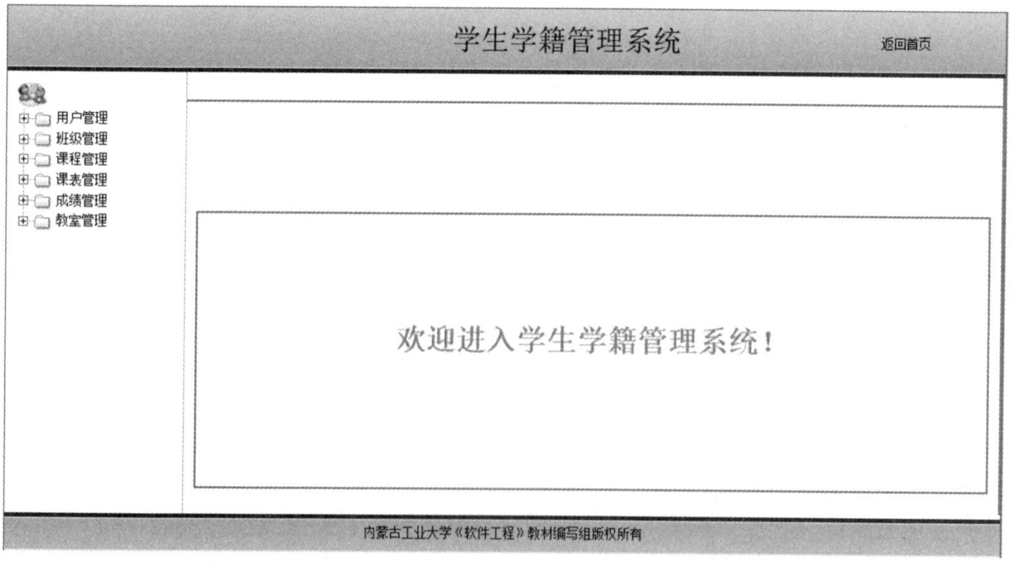

图 5.40　管理员主界面

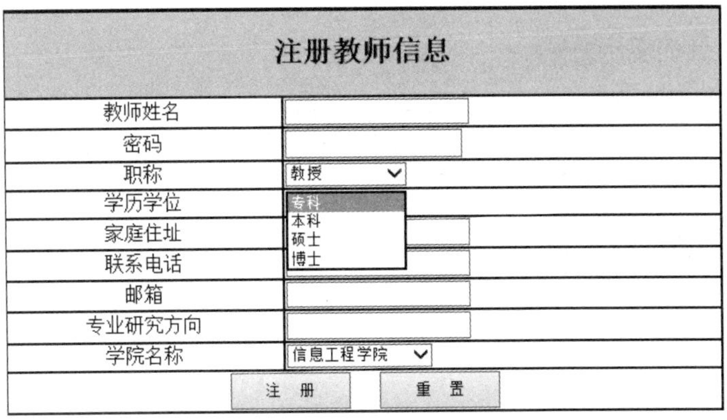

图 5.41　管理员注册教师信息主界面

5.3　详细设计的任务

在概要设计阶段，已经确定了软件系统的总体结构，给出系统中各个组成模块的功能和模块间的联系。详细设计又称为过程设计，详细设计的根本目标是确定应该怎样具体地实现所需要的系统，也就是说，经过这个阶段的设计工作，应该得出对目标系统的精确描述，确定概要设计阶段划分的每个模块的具体执行过程，从而在编码阶段把其翻译成某种程序语言书写的程序。

5.3.1　详细设计的基本任务

1. 模块的算法设计

为每个模块进行详细的算法设计，写出模块的详细过程性描述。即用图形、表格、语言等工具将每个模块处理过程的详细算法描述出来。

2. 模块的数据设计

对于需求分析、概要设计确定的概念性的数据类型进行确切的定义。数据设计包括数据结构设计、数据库表结构设计和文件设计等。

3. 模块的接口设计

主要是对概要设计中软件接口的设计结果进行细化，包括模块输入数据、输出数据及局部数据的全部细节。在详细设计结束时，应该把上述结果写入详细设计说明书，并且通过复审形成正式文档，作为编码阶段的工作依据。

4. 模块的测试用例设计

要为每个模块设计出一组测试用例，这样可以在编码阶段对模块代码（即程序）进行测试。模块的测试用例包括输入数据、预期输出的结果。负责过程设计的软件人员对模块的内容很清楚，由他们完成过程设计并对各个模块进行测试最为合适。

5. 编写详细设计说明书

在详细设计结束时，应该把上述设计结果写入详细设计说明书，并对详细设计说明书进行评审。如果评审没有通过，要再次进行详细设计，直到满足要求为止。通过复审的详细设计说明书形成正式文档，交付给下一阶段（编码阶段）并成为其工作的基础和依据。

5.3.2 详细设计的表示方法

详细设计中描述模块处理过程常用的三种工具是：图形、语言和表格。其中图形工具包括程序流程图、盒图和问题分析图；语言包括过程设计语言；表格包括判定表、判定树。

1. 程序流程图（Program Flow Chart）

程序流程图，是历史最悠久、使用范围最广泛的一种描述程序逻辑结构的工具。它使用的箭头符号代表控制流而不是信息流。

（1）程序流程图中的五种基本控制结构。

1）顺序结构（Sequential Structure）如图 5.42 所示。

2）选择结构（Selective Structure）如图 5.43 所示。

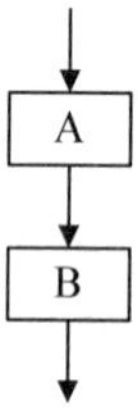

图 5.42 顺序结构

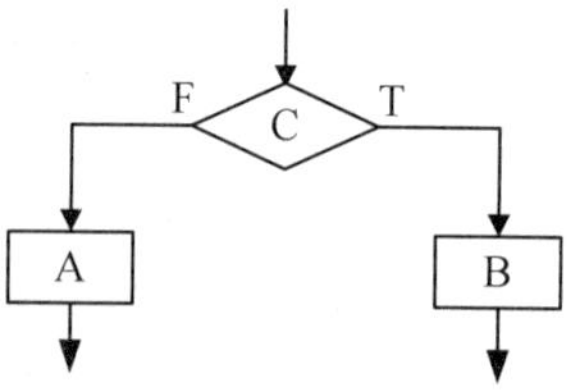

图 5.43 选择结构

3）多分支选择结构（Case Structure）如图 5.44 所示。

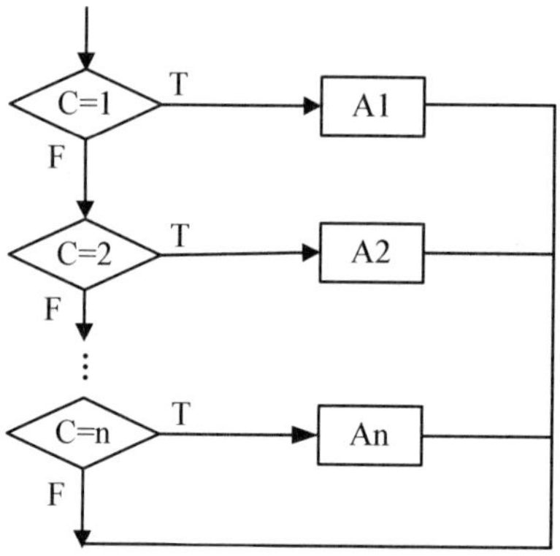

图 5.44 多分支选择结构

4）先判定型循环结构（While-Loop Structure）如图 5.45 所示。

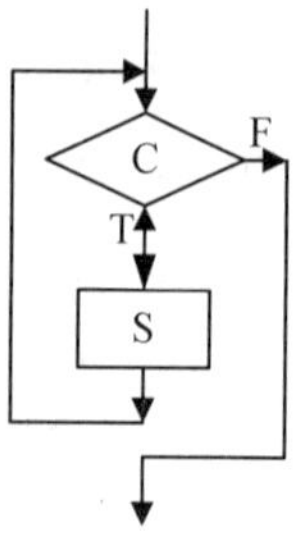

图 5.45 先判定型循环结构

5）后判定型循环结构（Until-Loop Structure）如图 5.46 所示。

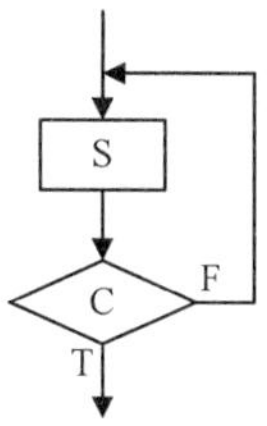

图 5.46　后判定型循环结构

【案例 5.10】程序流程图。

用程序流程图表示某个模块的算法，如图 5.47 和图 5.48 所示。

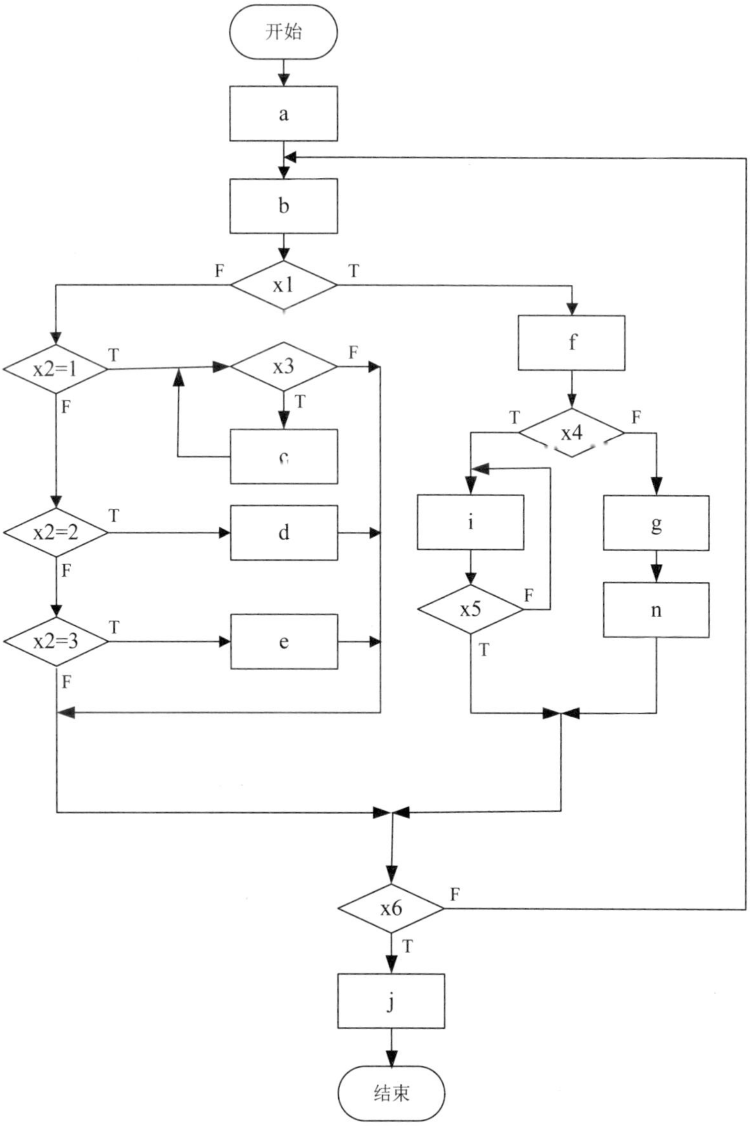

图 5.47　程序流程图 1

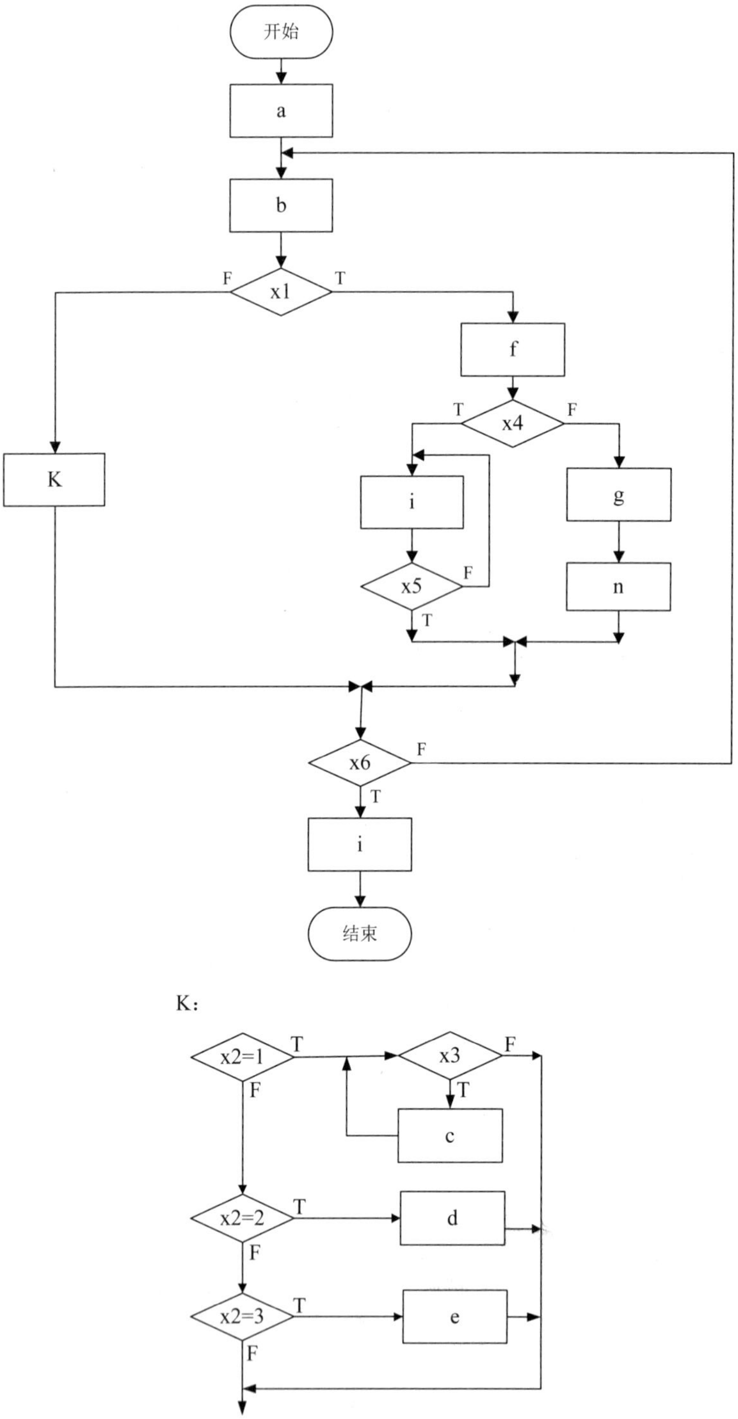

图 5.48　程序流程图 2

（2）程序流程图的优点及缺点。

1）程序流程图的主要优点如下：

- 直观清晰、易于使用。

- 任何复杂的程序流程图都是由以上五种基本控制结构嵌套组合而成的。
- 容易掌握，且历史“悠久”，使用广泛。

2）程序流程图的主要缺点如下：

- 易造成非结构化的程序结构，编码时使用 GOTO 语句，导致基本控制块多入口多出口，与结构化程序设计的原则相违背。
- 程序流程图不描述相关数据，只是描述程序执行的过程（控制流）。

2. 盒图（Box Diagram）

盒图又称 N-S 图，是 Nassi & Shneiderman 提出的一种图形描述工具。对于程序中的每一个处理步骤，用一个盒子来表示，并规定程序流向只能从盒子的顶部进入，从底部出来，实现单入口、单出口。取消了箭头，有效地限制随意使用控制转移。N-S 图的这种设计方式符合结构化程序设计的原则，使得程序的结构更加清晰。

（1）盒图中的基本控制结构。

1）顺序结构（Sequential Structure）如图 5.49 所示。

2）选择结构（Selective Structure）如图 5.50 所示。

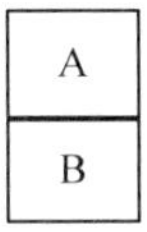

图 5.49　顺序结构

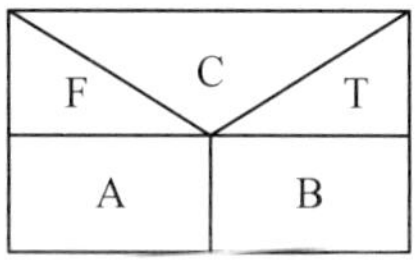

图 5.50　选择结构

3）多分支选择结构（Case Structure）如图 5.51 所示。

4）先判定型循环结构（While-Loop Structure）如图 5.52 所示。

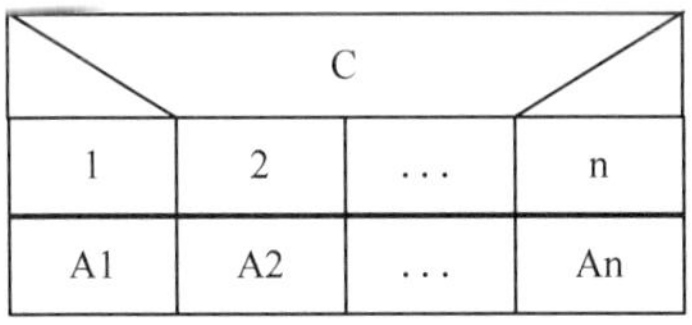

图 5.51　多分支选择结构

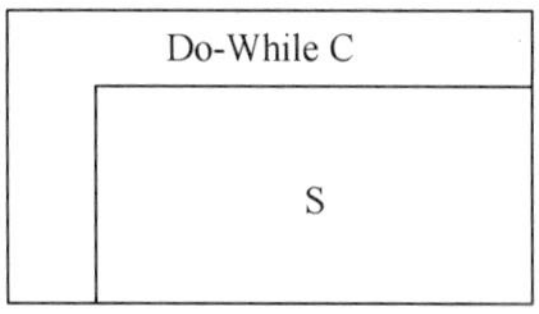

图 5.52　先判定型循环结构

5）后判定型循环结构（Until-Loop Structure）如图 5.53 所示。

6）调用子程序（Call Subroutine）如图 5.54 所示。

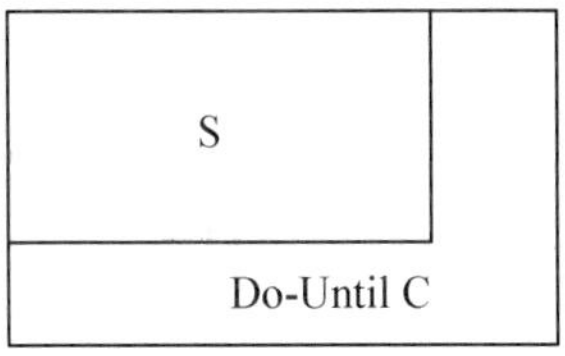

图 5.53　后判定型循环结构

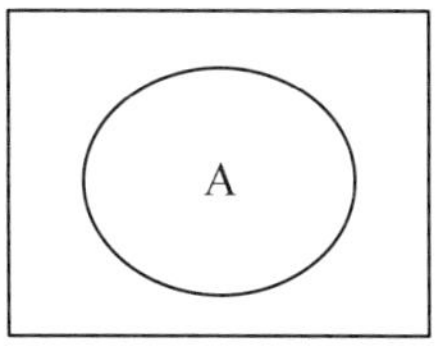

图 5.54　调用子程序

（2）盒图。

【案例 5.11】盒图。

与程序流程图 5.47 等价的盒图如图 5.55 所示。

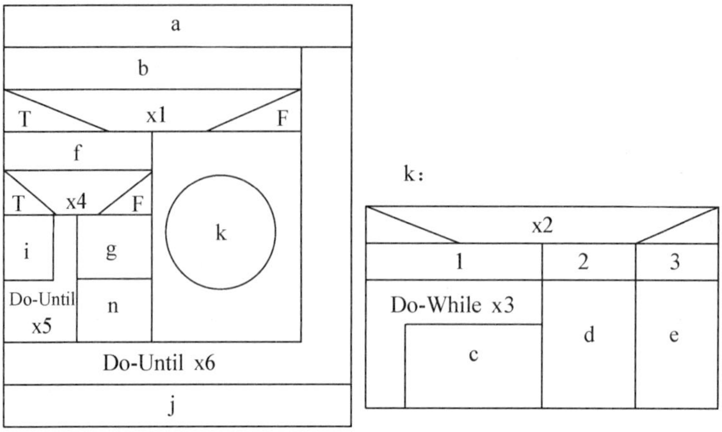

图 5.55 盒图

（3）盒图主要具有如下优点：

1）图形的条理清晰，易于理解。

2）便于确定全局数据和局部数据的作用域。

3）有效地限制了随意使用控制转移，符合结构化程序设计的原则。

4）易于表现模块的层次结构及其嵌套关系。

3. PAD 图（Problem Analysis Diagram）

PAD 图是由日本日立公司提出的描述程序逻辑结构的图形工具，这种图形由程序流程图演化而来，它用二维树形结构的图来表示程序的控制流，这样使得图形的描述更加清晰、直观。

（1）PAD 图中的基本控制结构。

1）顺序结构（Sequential Structure）如图 5.56 所示。

2）选择结构（Selective Structure）如图 5.57 所示。

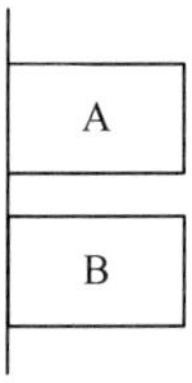

图 5.56 顺序结构

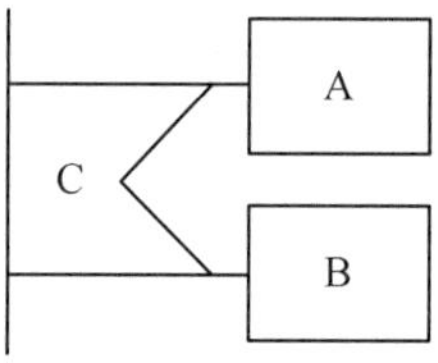

图 5.57 选择结构

3）多分支选择结构（Case Structure）如图 5.58 所示。

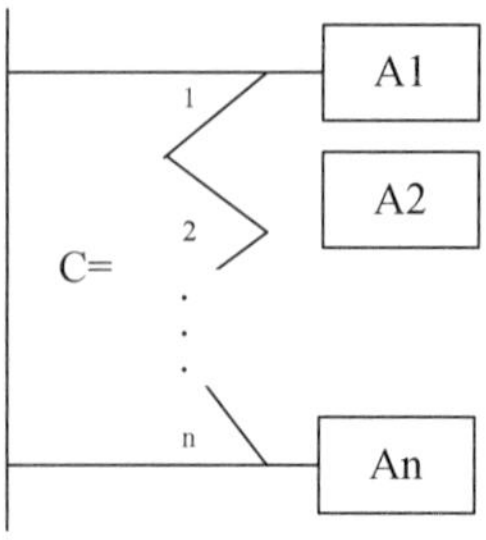

图 5.58 多分支选择结构

4）先判定型循环结构（While-Loop Structure）如图 5.59 所示。

5）后判定型循环结构（Until-Loop Structure）如图 5.60 所示。

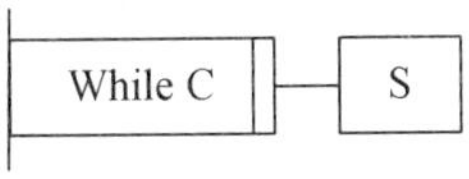

图 5.59　先判定型循环结构

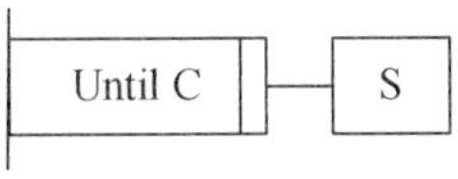

图 5.60　后判定型循环结构

6）索引点如图 5.61 所示。

7）定义如图 5.62 所示。

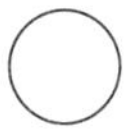

图 5.61　索引点

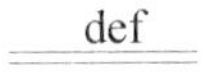

图 5.62　定义

（2）PAD 图。

【案例 5.12】PAD 图。

与程序流程图 5.47 等价的 PAD 图如图 5.63 所示。

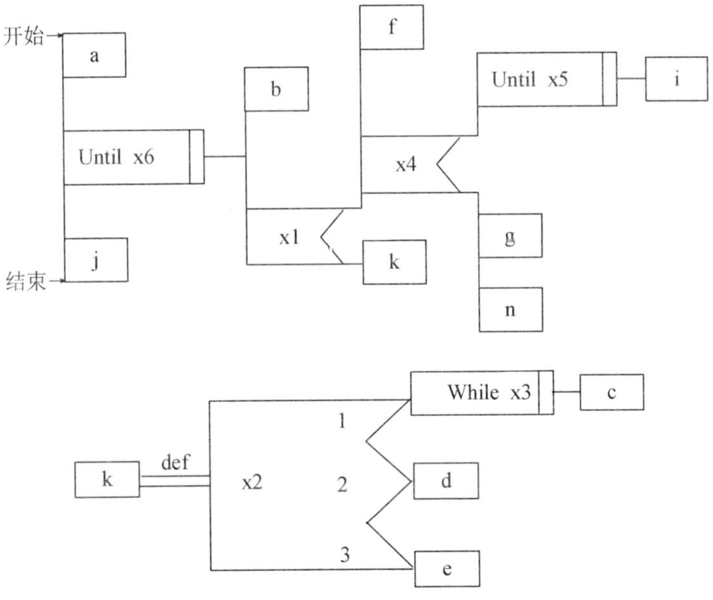

图 5.63　PAD 图

（3）PAD 图的主要优点。

1）使用表示结构化的 PAD 符号，所设计出来的程序必然是结构化程序。

2）对于程序结构的描述更加清晰、直观，图中最左面的竖线是程序的主线，即第一层结构，随着层数的增加，PAD 图逐步向右延伸，每增加一个层次，图形向右扩展一条竖线。PAD 图中竖线的总条数就是程序的层次数。

3）支持自顶向下、逐步求精的设计方法，开始时设计者可以定义一个抽象的程序，随着设计工作的深入，使用 def 符号逐步定义细节，直至完成所有的详细设计。

4）可以使用软件工具将 PAD 图自动化转化为高级语言程序，可大大提高软件可靠性、软件生产率和质量。

4. PDL 语言（Program/Process Design Language）又称伪代码（Pseudocode）

PDL 语言（又称伪码），介于自然语言和编程语言之间，能用于描述模块内部的过程结构，独立于具体的编程语言。

PDL 语言一方面具有严格的关键字外部语法，用于定义控制结构和数据结构；另一方面，它又使用自然语言的词汇。

（1）举例。

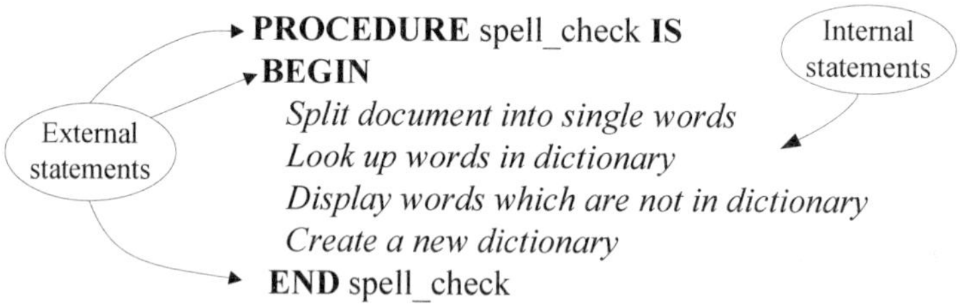

（2）PDL 语言的主要特点。

1）由于同自然语言很接近，所以易于理解和交流。

2）可作为注释嵌在源程序中成为程序的内部说明，这将有效地提高程序的可读性。

3）PDL 的缺点是不如图形描述直观。

5. 判定表

（1）判定表结构（表 5.3）。当模块逻辑中含有复杂的条件组合时，用前面介绍的图形工具描述显得烦琐、不清晰，用判定表与判定树可更加清楚地描述复杂的条件组合与其对应的行为之间的关系。

通常，一张判定表由四部分组成，左上部分列出所有条件；右上部分是表示各种条件组合的一个矩阵；左下部分是所有可能做的动作；右下部分是与每种条件组合相对应的执行动作。但是，判定表并不适合作为一种通用的设计工具，没有一种简单的方法使它能同时清晰地表示顺序和重复等处理特性。

表 5.3 判定表结构

条件定义	条件取值的组合
动作定义	在各种取值的组合下应执行的动作

（2）下面以行李托运费的算法为例说明判定表和判定树的组织方法。

【案例 5.13】 判定表。

假设某航空公司规定，乘客可以免费托运重量不超过 30kg 的行李。当行李重量超过 30kg 时，对头等舱的国内乘客超重部分每千克收费 4 元，对其他舱的国内乘客超重部分每千克收费 6 元，对外国乘客超重部分每千克收费比国内乘客多一倍，对残疾乘客超重部分每千克收费比正常乘客少一半。用判定表可以清楚地表示与上述每种条件组合相对应的计算行李费的算法。见表 5.4，其中，W 表示行李的重量。

表 5.4　计算行李费的判定表

	1	2	3	4	5	6	7	8	9
国内乘客		T	T	T	T	F	F	F	F
头等舱		T	F	T	F	T	F	T	F
残疾乘客		F	F	T	T	F	F	T	T
行李重量不超过30kg	T	F	F	F	F	F	F	F	F
免费	X								
(W−30)×2				X					
(W−30)×3					X				
(W−30)×4		X						X	
(W−30)×6			X						X
(W−30)×8						X			
(W−30)×12							X		

6. 判定树

判定树是判定表的变种，也能清晰地表示复杂的条件组合与对应处理之间的关系。由于判定树的优点在于，它是一种图形表示方式，且不需要任何说明就可以看出其含义，因此，更易被用户理解和掌握。

【案例 5.14】 判定树。

计算航空行李费算法的判定树如图 5.64 所示。

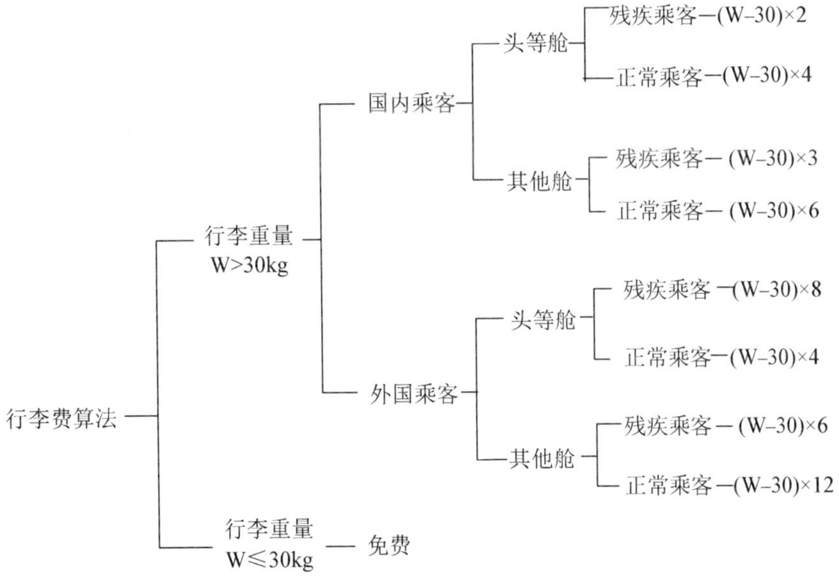

图 5.64　用判定树表示计算行李费算法

5.3.3 面向数据结构的设计方法

计算机软件本质是信息处理系统，因此，可以根据软件所处理信息的特征来设计软件。面向数据结构的设计方法，就是根据数据结构设计程序处理过程的方法，即按输入、输出以及计算机内部存储信息的数据结构进行软件结构设计，把对数据结构的描述转换为对软件结构的描述。通常，在完成软件结构设计之后，可以使用面向数据结构的方法来设计每个模块的处理过程。面向数据结构的设计方法有两种：Jackson 方法和 Warnier 方法。这两种方法只是图形工具不同，本章主要介绍 Jackson 方法。

1. Jackson 图

Jackson 方法由英国的 M. Jackson 于 1975 年提出，在欧洲较为流行。它特别适用于设计管理类的数据处理系统。Jackson 方法的主要图形工具是 Jackson 图，它既可以表示数据结构也可以表示程序结构。

Jackson 把数据结构（或程序结构）分为以下三种基本类型：

（1）顺序结构。顺序结构的数据由一个或多个元素组成，每个元素按确定的次序依次出现一次，如图 5.65 所示。

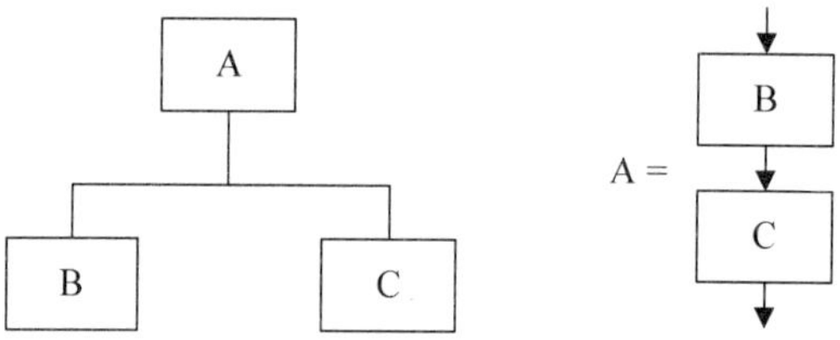

图 5.65 顺序结构

（2）选择结构。选择结构的数据包含两个或多个数据元素，每次使用该数据时按一定的条件从这些元素中选择一个。图 5.66 表示数据 A 根据条件 S 是 B 或 C 中某一个。B 与 C 右上角的“°”表示从中选择一个。

（3）重复结构。重复结构的数据，根据条件 I 由一个数据元素出现零次或多次组成。图 5.67 表示数据 A 由 B 出现零次或多次组成。数据 B 右上角的“*”表示重复零次或多次。

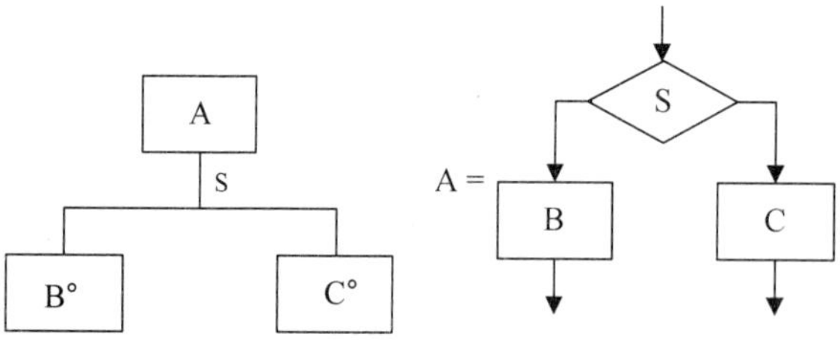

图 5.66 选择结构

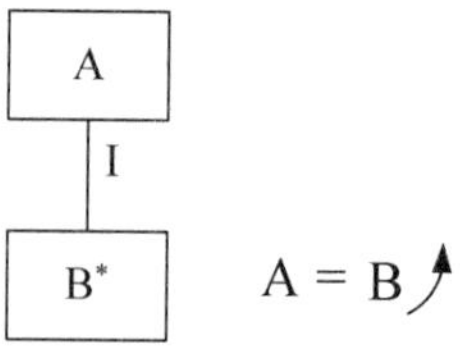

图 5.67 循环结构

2. Jackson 方法

Jackson 结构程序设计方法由下述五个步骤组成：

（1）分析并确定输入数据和输出数据的逻辑结构，然后用 Jackson 图表示这些数据结构。

（2）找出输入数据结构和输出数据结构中有对应关系的数据单元。即找出那些有直接因果关系，在程序中可以同时处理的数据单元。而对于重复结构的数据单元，则要求它们在重复次数和次序都相同时，才可能有对应关系。

（3）用以下 3 条规则将描述数据结构的 Jackson 图导出描述程序结构的 Jackson 图。

1）为每对有对应关系的数据单元，按照它们在数据结构图中的层次在程序结构图中相应的层次画一个处理框。如果这对有对应关系的数据单元在输入数据结构图与输出数据结构图中所处的层次不同，则取它们当中层次较低的那个，将那个层次与程序结构图中的层次相对应。

2）根据输入数据结构图中剩余的每个数据单元所处的层次，为它们在程序结构图中相应的层次分别画一个对应的处理框。

3）根据输出数据结构图中剩余的每个数据单元所处的层次，为它们在程序结构图中相应的层次分别画一个对应的处理框。

注意：*在导出程序结构图的过程中，在构成顺序结构的元素中不能出现重复元素或选择元素，因此这时就有必要增加一个中间层次的处理框来解决这个问题。*

（4）列出所有的操作和（分支和循环结束）条件，并把它们分配到程序结构图中适当的位置。

（5）用伪码表示程序。

Jackson 方法中用伪码表示程序与 Jackson 图相对应。

3 种基本结构相对应的伪码表示如下：

（1）顺序结构。

```
A  seq
     B
     C
A  end
```

（2）选择结构。

```
A  select  条件 1
B
A  or  条件 2
C
A  end
```

（3）重复结构。

```
A  iter until（或 while）条件
     B
A  end
```

3. 举例

【案例 5.15】Jackson 方法。

高考结束后，为了能给考生发送成绩单，需要将考生的档案文件和考生高考成绩文件合并，生成一个考生汇总文件。为简便起见，其中，考生档案文件包括准考证号、姓名、通信地址；考生高考成绩文件包括准考证号、各门课分数；考生汇总文件包括准考证号、姓名、通信地址和各门课分数。

（1）确定问题输入和输出数据结构。输入数据结构如图 5.68 所示。输出数据结构如图 5.69 所示。

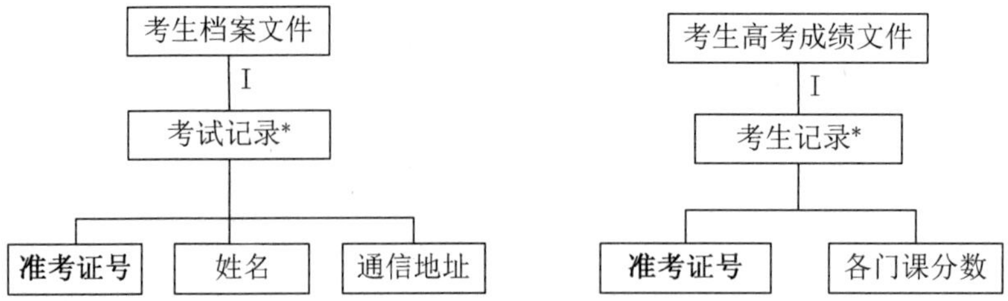

图 5.68 输入数据结构

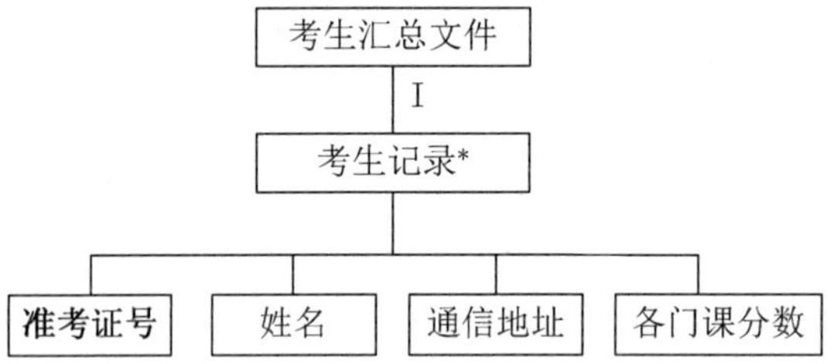

图 5.69 输出数据结构

（2）找出输入数据结构和输出数据结构的对应关系，如图 5.70 所示。

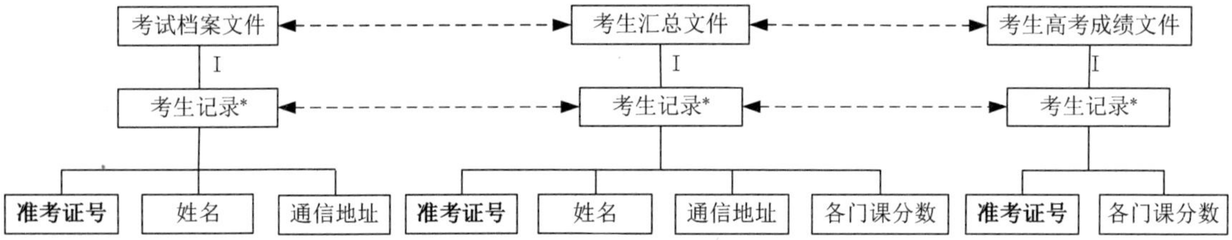

图 5.70 输入/输出数据结构

（3）确定程序结构图，如图 5.71 所示。

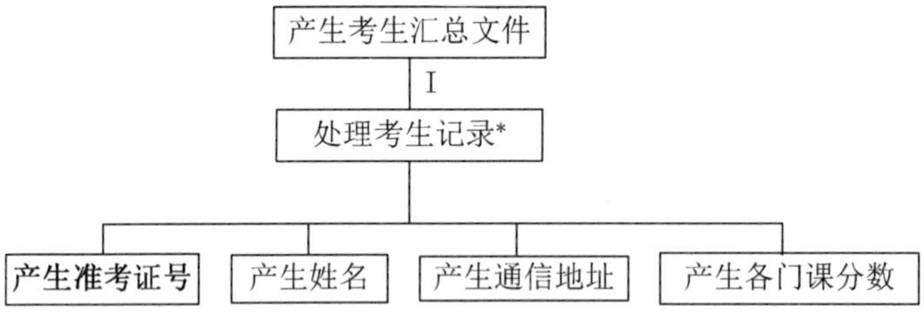

图 5.71 程序结构

（4）列出并分配所有操作和条件，并把操作和条件分配到程序结构图的适当位置，完整的程序结构如图 5.72 所示。

操作：

1）停止。

2）打开两个输入文件。

3）建立输出文件。

4）从输入文件中各读一条记录。

5）生成一条新记录。

6）将新记录写入输出文件。

7）关闭全部文件。

条件：

I（1）：文件结束。

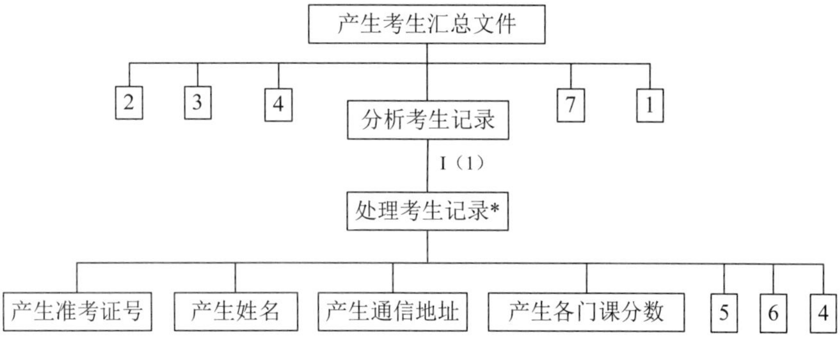

图 5.72　完整的程序结构

（5）用伪码表示程序。

```
产生新文件　seq
    打开两个输入文件
    建立输出文件
    从输入文件中各读一条记录
    分析考生记录 iter until 文件结束
        处理考生记录　seq
            产生准考证号
            产生姓名
            产生通信地址
            产生各门课分数
            生成一条新记录
            将新记录写入输出文件
            从输入文件中各读一条记录
    关闭全部文件
    停止
产生新文件　end
```

5.3.4　程序复杂程度的定量度量

详细设计阶段设计的模块质量如何度量是软件工程研究课题之一。虽然可以用软件概要设计阶段的基本原理衡量模块的质量，但这种衡量只是定性的，人们希望能进一步定量地度量软件的质量。程序复杂程度定量度量方法是比较成熟的一种。

定量度量程序复杂度的方法很有价值：把程序的复杂程度乘以适当的系数即可估计出软件中故障的数量以及软件开发需要用到的工作量；定量度量的结果还可以用来比较两个不同设计或两个不同算法的优劣；程序复杂程度的定量度量可以作为模块规模的精确限度。

应用比较广泛的有 McCabe 方法和 Halstead 方法。

1. McCabe 方法

McCabe 方法以图论为工具，认为程序的复杂性很大程度上取决于控制的复杂性，循环和选择所构成的环路越多，程序越复杂。这种方法的步骤：

第 1 步：将程序流程图转化为流图（程序图）（Control Flow Graph，CFG）。

第 2 步：计算 CFG 的环形复杂度（Cyclomatic Complexity，CC）。

第 3 步：用该图的环路数作为程序复杂性的度量值。

有了流图后，可以用下述 3 种方法中的任一种来计算环形复杂度。

- 流图中的区域数等于环形复杂度。
- 流图 G 的环形复杂度 V(G)= E–N+2。其中，E 是流图中边的条数，N 是结点数。
- 流图 G 的环形复杂度 V(G)= P+1。其中，P 是流图中判定结点的数目。

（1）举例。

【案例 5.16】McCabe 方法的定量度量。

程序流程图与流图，分别如图 5.73 和图 5.74 所示。

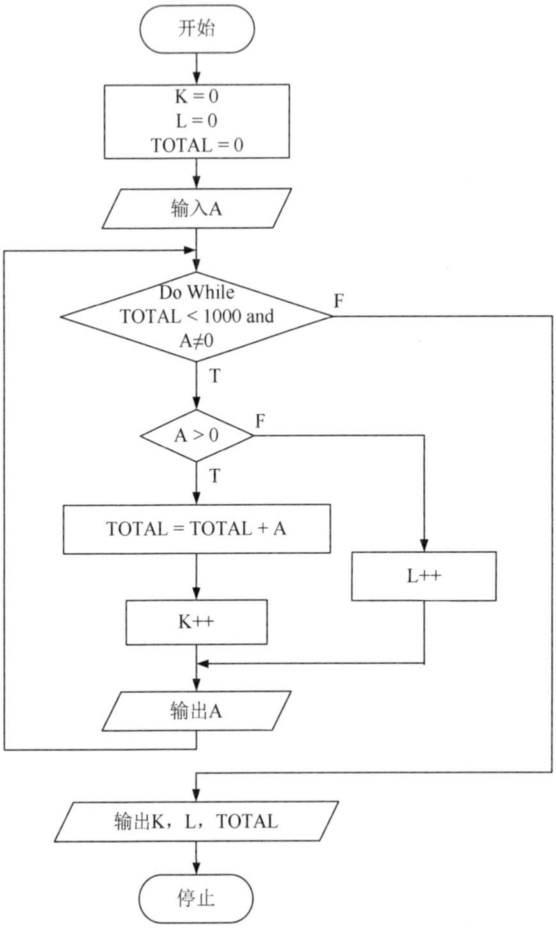

图 5.73 程序流程图

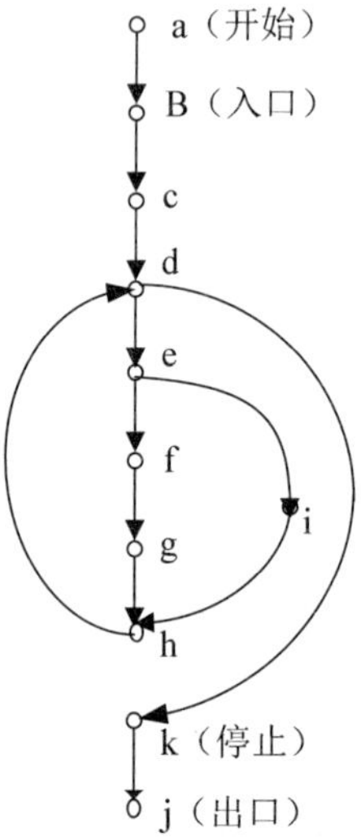

图 5.74 流图

V(G) = 12–11+2 = 3

V(G) = G 在平面上围成的区域的个数=3

V(G) = 判定节点数+1=2+1=3

（2）McCabe 环形复杂度的主要特点。

1）分支或循环增多时，CC 也随之增大。CC 值实际上是为软件测试的难易度提供了一个定量度量的方法，间接表示了软件的可靠性。

2）CC 是可加的，模块的总复杂度等于每个 CC 之和。

3）实践经验表明，使用 McCabe 方法计算的环形复杂度 V(G)=10 是模块规模的合理上限，对于复杂度超过 10 的程序（CC>10），应分解成几个小程序，以减少程序中的错误。

2. Halstead *方法*

Halstead 方法是根据程序中的运算符和操作数的总数来度量程序的复杂程度的。设 N_1 为程序中运算符出现的总次数，N_2 为操作数出现的总次数，因此程序长度为 $N=N_1+N_2$。

详细设计完成后，可以大致知道程序中使用的不同运算符（包括关键字）的个数 n_1，以及不同操作数（变量和常量）的个数 n_2。Halstead 方法给出的预测程序长度的公式如下：

$$H = n1\log2\ n1 + n2\log2\ n2$$

此外，还给出了预测程序中包含错误的个数的公式：

$$E = N\ \log2\ (n1+n2)/3000$$

经过多次验证，预测的程序长度 H 与实际长度 N 非常接近；对 300 条到 12000 条语句范围内的程序也核实了错误预测公式，发现预测的错误数与实际错误数相比误差在 8%之内。

5.4　项目案例

针对前面讲述的学生学籍管理系统，采用结构化的方法进行软件设计。

5.4.1　软件功能设计

学生学籍管理系统包括以下三类角色：

（1）管理员：负责对学生、教师、班级、课程、课表、成绩、教室信息的管理。

（2）教师：发布成绩，导出成绩报表；查询教师个人课表、课表中相应课程信息；查询、修改个人信息。

（3）学生：查看课程、课表、成绩信息；查询、修改个人基本信息。

模块图如图 5.75 至图 5.78 所示。

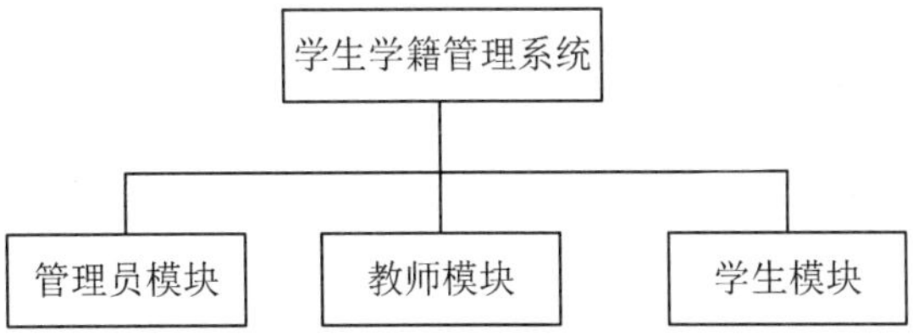

图 5.75　系统总体模块图

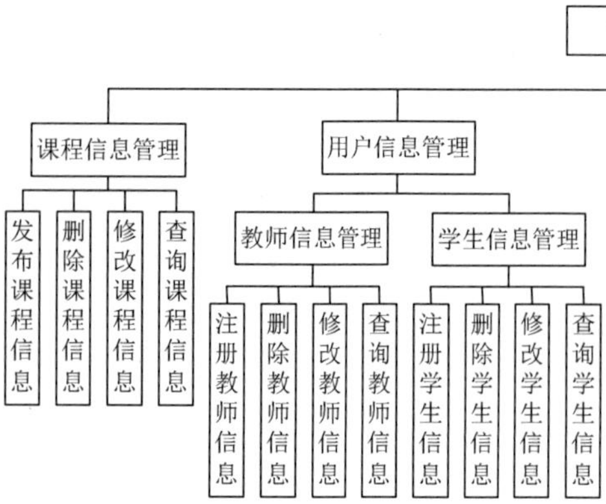

图 5.76　系统详细模块图

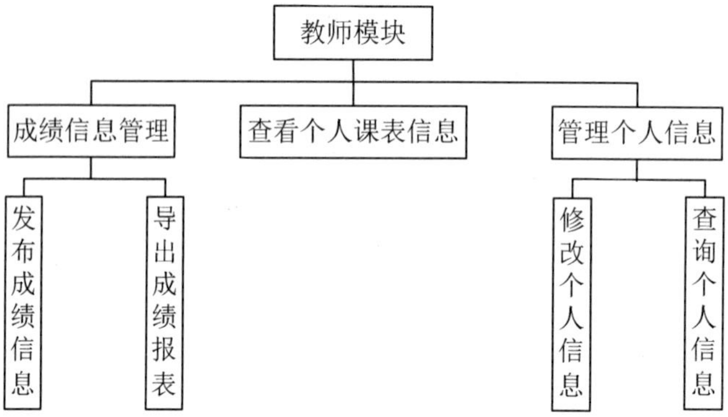

图 5.77　教师角色详细模块图

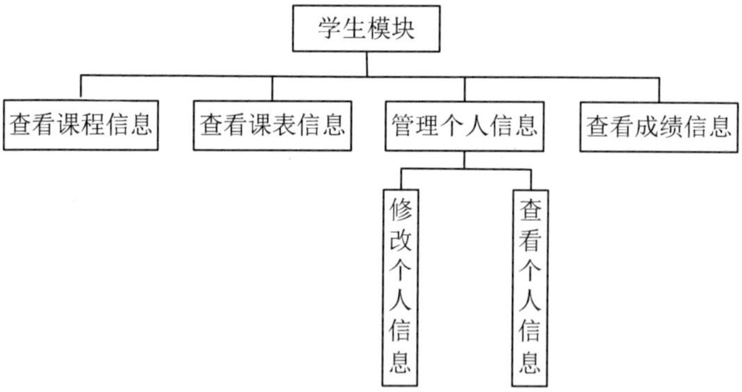

图 5.78　学生角色详细模块图

5.4.2　软件数据库设计

根据第 4 章得到的软件数据需求分析结果 E-R 图，设计得到软件数据库表的设计结果，见表 5.5 至表 5.13。

表 5.5　管理员信息表（admins）

序号	中文名称	字段名称	数据类型	非空	外键	主键或唯一键	缺省值	说明
1	登录号	loginNo	char(11)	Y		PK		唯一标识
2	姓名	adminName	varchar(20)	Y				管理员真实姓名
3	密码	adminPass	varchar(20)	Y				管理员登录时的密码

表 5.6　班级信息表（classes）

序号	中文名称	字段名称	数据类型	非空	外键	主键或唯一键	缺省值	说明
1	班级编号	classNo	int	Y		PK		唯一标识
2	班级名称	className	varchar(30)	Y				学生的真实姓名
3	学院编号	collegeNo	int	Y				所在学院
4	教师编号	teacherNo	char(11)	Y	FK			所属班主任与教师表关联

表 5.7　学院信息表（colleges）

序号	中文名称	字段名称	数据类型	非空	外键	主键或唯一键	缺省值	说明
1	学院编号	collegeNo	int	Y		PK		唯一标识
2	学院名称	collegeName	varchar(30)	Y				学院的名称

表 5.8　教师信息表（teachers）

序号	中文名称	字段名称	数据类型	非空	外键	主键或唯一键	缺省值	说明
1	教师编号	teacherNo	char(11)	Y		PK		唯一标识
2	教师姓名	teacherName	varchar(20)	Y				教师的真实姓名
3	密码	teacherPassword	varchar(20)	Y				教师登录时的密码
4	职称	professional	int	Y				标识教师的职称： 0：教授或正高工 1：副教授或副高工 2：讲师 3：助教
5	学历学位	education	varchar(30)	Y				教师最后学历学位
6	家庭住址	address	varchar(100)	Y				教师家庭住址
7	联系电话	phone	varchar(20)	Y				联系电话
8	邮箱	email	varchar(30)	Y				邮箱
9	研究方向	teacherSubject	varchar(50)	Y				教师的研究方向
10	学院编号	collegeNo	int	Y	FK			所在学院

表 5.9 学生信息表（students）

序号	中文名称	字段名称	数据类型	非空	外键	主键或唯一键	缺省值	说明
1	学号	studentNo	char(12)	Y		PK		唯一标识
2	姓名	studentName	varchar(20)	Y				学生的真实姓名
3	密码	studentPass	varchar(20)	Y				学生登录时的密码
4	家庭住址	address	varchar(100)	Y				学生家庭住址
5	联系电话	phone	varchar(20)	Y				联系电话
6	邮箱	email	varchar(30)	Y				邮箱
7	班级编号	classNo	int	Y	FK			所在班级，关联班级表

表 5.10 课程信息表（courses）

序号	中文名称	字段名称	数据类型	非空	外键	主键或唯一键	缺省值	说明
1	课程编号	courseNo	char(9)	Y		PK		唯一标识
2	课程名称	courseName	varchar(30)	Y				课程名称
3	总学时	studyTime	int	Y				课程学时
4	学分	grade	int	Y				课程学分
5	课程类别	courseType	int	Y				课程类别： 0：基础课 1：专业基础课 2：专业课
6	课程性质	courseClass	int	Y				课程类别： 0：必修课 1：选修课
7	学院编号	collegeNo	int	Y	FK			所属学院

表 5.11 课表信息表（courseArranges）

序号	中文名称	字段名称	数据类型	非空	外键	主键或唯一键	缺省值	说明
1	课表编号	arrangeNo	int	Y		PK		唯一标识
2	课程编号	courseNo	char(9)	Y	FK			课程编号，关联课程表
3	班级编号	classNo	int	Y	FK			班级编号，关联班级表
4	教师编号	teacherNo	char(11)	Y	FK			教师编号，关联教师表
5	教室编号	roomNo	int	Y	FK			教室编号，关联教室表
6	学期	term	char(6)	Y				上课学期，固定长度：例如，2015 春
7	周次分布	distibute	varchar(10)	Y				上课周次，不固定长度，例如，1~8 周

续表

序号	中文名称	字段名称	数据类型	非空	外键	主键或唯一键	缺省值	说明
8	周学时	period	varchar(2)	Y				每周上课学时，不固定，例如，6、12 等
9	星期	cweek	int	Y				每周上课星期，固定长度，例如，1、2 等
10	节次	sections	char(3)	Y				每周上课节次，固定长度，例如，1～2 等

表 5.12　成绩信息表（scores）

序号	中文名称	字段名称	数据类型	非空	外键	主键或唯一键	缺省值	说明
1	学号	studentNo	char(12)	Y	FK	PK		学生编号，关联学生表
2	课表编号	arrangeNo	int	Y	FK	PK		课表编号，关联课表
3	成绩	achievement	int					学生成绩
4	备注	remark	varchar(50)					有关成绩的备注信息，例如，缺考、作弊等

表 5.13　教室信息表（rooms）

序号	中文名称	字段名称	数据类型	非空	外键	主键或唯一键	缺省值	说明
1	教室编号	roomNo	int	Y	FK	PK		教室编号，关联课表
2	教室名称	roomName	varchar(30)	Y				教室名称
3	教室容量	roomCapacity	int	Y				教室能容纳的人数

小　结

在需求分析阶段，项目开发者知道了系统“做什么”，但是还不知道系统应该“怎么做”。软件设计的工作就是解决“怎么做”的问题。

软件设计可以分为概要设计和详细设计两个子阶段。在进行详细设计和编写程序之前，首先进行结构设计，其好处在于可以在软件开发的早期站在全局高度对软件结构进行优化，在这个时期进行优化使软件质量得到很好的改进，付出的代价却不高。

概要设计的主要目的是从总体角度，确定系统设计方案、组成系统的各个模块以及模块之间的关系，同时要进行数据库设计、接口设计、制订用户手册和测试计划。

详细设计的主要目的是确定应该怎样具体地实现各个软件元素，也就是要设计出程序的“蓝图”。详细设计包括软件过程设计、系统接口设计（包括模块输入数据、输出数据及局部数据的全部细节）等，以得到对目标系统的精确描述，在编码阶段完成计算机程序代码的实现。

习题 5

1．选择题

（1）程序结构中矩形表示（　　）。

A．数据　　B．处理　　C．模块　　D．存储

（2）划分模块时，一个模块的（　　）。

A．作用范围应在其控制范围之内

B．控制范围应在其作用范围之内

C．作用范围与控制范围互不包含

D．作用范围与控制范围不受任何限制

（3）结构化设计方法在软件开发中，用于（　　）。

A．测试用例设计　　B．概要设计

C．程序设计　　D．详细设计

（4）软件结构图中，模块框之间若有直线连接，表示它们之间存在着（　　）关系。

A．调用　　B．组成　　C．连接　　D．顺序执行

（5）在进行软件结构设计时应遵循的最主要的原理是（　　）。

A．抽象　　B．模块化　　C．模块独立　　D．信息隐藏

（6）设计软件结构一般不确定（　　）。

A．模块的功能　　B．模块的接口

C．模块内的局部数据　　D．模块间的调用关系

（7）变换流的 DFD 由三部分组成，不属于其中一部分的是（　　）。

A．事务中心　　B．变换中心　　C．输入流　　D．输出流

（8）通过抽象，可以（　　）。

A．确定组成软件的过程实体

B．定义和实施对模块的过程细节存取限制

C．定义和实施对局部数据结构的存取限制

D．不能确定组成软件的过程实体

（9）为了提高模块（　　），当修改或维护模块时减少把一个模块的错误扩散到其他模块中去的机会。

A．耦合性　　B．独立性　　C．内聚性　　D．共享性

（10）块内联系中，（　　）块内联系最强。

A．偶然性　　B．功能性　　C．通信性　　D．顺序性

（11）面向数据结构的设计方法是进行（　　）形式化的方法。

A．系统设计　　B．详细设计　　C．软件设计　　D．编码

（12）Jackson 方法中数据元素组成数据的方式有如下（　　）基本类型。

A．顺序　　B．选择　　C．重复　　D．以上全部

（13）软件详细设计主要采用的方法是（　　）。

A．结构程序设计　　B．模型设计

C．结构化设计　　D．流程图设计

（14）下列叙述正确的是（　　）。

A．N-S 图可以用于系统设计

B．PDL 语言可以用于运行

C．PAD 图表达的软件过程成树型结构

D．结构化程序设计强调效率第一

（15）在下述情况下，（　　）工具适合描述算法中计算多种条件的复杂组合。

A．程序流程图　　B．N-S 图

C．PAD 图　　D．判定表

（16）PDL 是（　　）。

A．高级程序设计语言　　B．伪码

C．中级程序设计语言　　D．低级程序设计语言

（17）Jackson 方法是一种面向（　　）的方法。

A．对象　　B．数据结构　　C．数据流　　D．控制流

（18）Jackson 方法根据（　　）来导出程序结构。

A．数据结构　　B．数据间的控制结构

C．数据流图　　D．IPO 图

（19）在软件开发过程中，以下说法正确的是（　　）。

A．程序流程图是逐步求精的好工具

B．N-S 图不可能任意转移控制，符合结构化原则

C．判定表是一种通用的设计工具

D．程序流程图和 N-S 图都不易表达模块的层次结构

（20）软件详细设计主要采用的方法是（　　）。

A．模块设计　　B．结构化设计

C．PDL 语言　　D．结构化程序设计

2．简答题

（1）什么是模块？模块有哪些基本属性？

（2）软件设计的基本原理包括哪些内容？

（3）衡量模块独立性的两个标准是什么？它们各表示什么含义？

（4）详细设计的基本任务是什么？

（5）详细设计有哪几种描述方法？

3．应用题

（1）某银行拟开发计算机储蓄系统。储户填写的存款单或取款单由业务员键入系统，如果是存款，系统记录存款人姓名、住址、存款类型、存款日期、利率等信息，并印出存款单给储户；若是取款，系统计算利息并印出利息清单给储户。根据上述软件需求，用面向数据流的方法设计该系统的软件结构。

（2）下面是学生学籍管理系统的一部分，其中 1）和 2）是同一模块的两种设计方案，你认为哪种好，并说明理由。

1）方案一

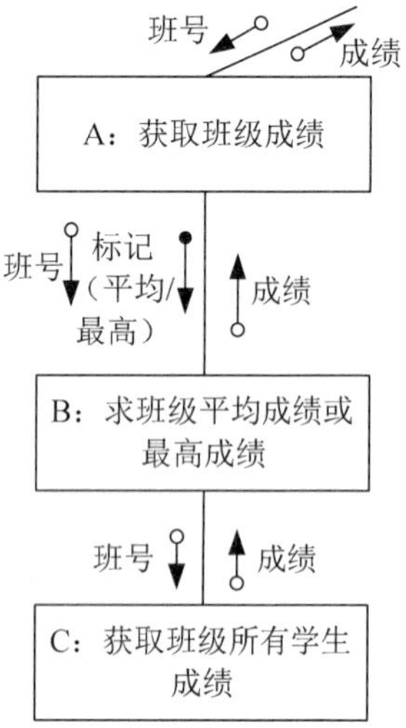

2）方案二

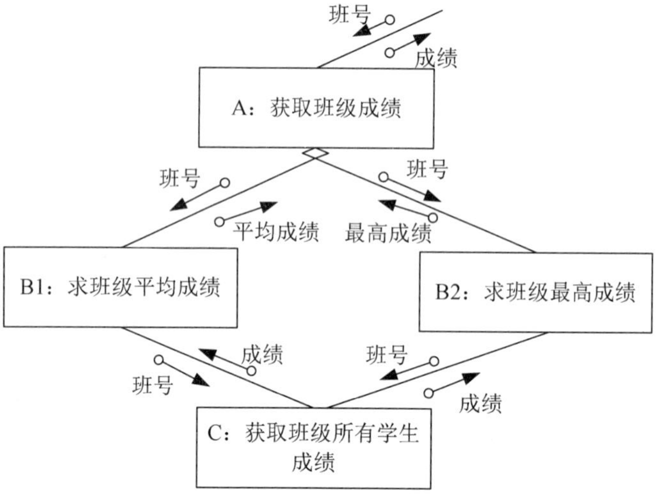

（3）请使用程序流程图、盒图和PAD图描述下面程序的算法。

输入三个正整数，判断是否能作为三角形的三个边，构成一个三角形。

第 6 章　软件实现

本章学习目标

- 掌握程序设计语言及要求。
- 熟悉掌握软件测试模型、测试阶段划分。
- 熟悉掌握软件测试类型及方法。
- 了解软件测试工具。

本章首先介绍程序设计语言及程序设计风格，然后介绍软件测试基础知识，最后介绍软件测试技术及相关工具。

6.1　软件编码

软件编码就是我们平常说的软件编程，就是将详细设计的结果转换为用某种计算机语言写的程序，即源程序代码。编码所选用的程序设计语言的特点及程序设计风格将对软件质量有一定的影响，特别是直接影响程序的可靠性、可读性、可测试性和可维护性。

6.1.1　程序设计语言

程序设计语言是用来编写计算机程序的语言，是人和计算机通信的工具。计算机做的每个动作，执行的每个步骤，都是按照已经编好的程序来进行的。随着计算机技术的发展，目前已经出现了数百种程序设计语言，但被广泛应用的只有几十种。由于不同种类的语言适用于不同的系统环境，因此了解程序设计语言的分类及特点可以帮助我们选择合适的语言。

1. 程序设计语言分类

现有的程序设计语言品种繁多，按照程序设计语言发展的历程可以将它们分成四类。

（1）第一代语言：机器语言。自从有了计算机，就有了机器语言——由机器指令组成的语言。机器语言是由二进制代码 0、1 指令构成，不同的 CPU 具有不同的指令系统，并且所有的地址分配都是以绝对地址的形式来处理的。存储空间的安排和寄存器的使用都是由程序人员自己规划设计的，所以使用机器语言编写的程序不直观，出错率较高，但是运行效率高。

（2）第二代语言：汇编语言。汇编语言比机器语言更直观，与机器语言存在直接的对应关系，但是可直接访问系统接口，汇编语言翻译成的机器语言程序效率高，相对于机器语言出错率低。从软件工程角度来看，汇编语言一般在高级语言无法实现或不支持某种特定技术性能时才被使用。

（3）第三代高级语言。高级语言是面向用户的，形式上接近于算术语言和自然语言，概念上接近于人们通常使用的概念和符号。高级语言的一个命令可以对应若干条汇编语言的指令。所以高级语言易学易用，应用广泛。从应用角度来看，高级语言可以分为基础语言（BASIC、

Fortran、Cobol)、结构化语言（PL/1、Pascal、C、Ada）和专用语言（APL、Lisp、Prolog、smalltalk、C++、Java 等）。

（4）第四代语言。第四代语言是非过程化语言，它不再需要规定算法细节，兼有过程性和非过程性的两重特性。程序员规定条件和相应的动作，这是过程性部分；程序员指出想要的结果，这是非过程部分。第四代程序设计语言是面向应用，为最终用户设计的一类程序设计语言。它具有缩短应用开发过程、降低维护代价、最大限度地减少调试过程中出现的问题以及对用户友好等优点。常见的第四代语言有数据库查询语言，程序代码生成器等。

2. *程序设计语言的选择*

程序设计语言是人机通信的工具之一，在选择语言时，首先要从问题入手，确定问题的需求和这些需求的相对重要性，再根据这些需求和相对重要性来衡量可以采用的语言。

一般衡量某一语言是否可选作编码语言时，可按照如下准则考虑：

（1）项目所属领域。各种语言都有适用的领域。通常，Cobol 适用于商业领域；Fortran 适用于工程和科学计算领域；Prolog 和 Lisp 适用人工智能领域和组合应用领域；SQL、PowerBuilder、Delphi 适用数据处理领域；Java 和 C#适用于 web 开发及网络应用领域。

（2）软件开发的方法。编程语言的选择依赖于开发的方法，如果要用快速原型模型来开发，要求能快速实现原型，因此适宜用第四代语言。

（3）系统用户的要求。如果所开发的系统由用户负责维护，用户通常会要求用他们熟悉的语言书写程序。

（4）软件执行的环境。良好的编程环境不但可以提高软件生产率，同时还能减少错误，提高软件的质量。

（5）算法和数据结构的复杂性。科学计算、实时处理和人工智能领域中的问题算法比较复杂，数据处理、数据库应用、系统软件领域内的问题，数据结构比较复杂，所以，选择程序语言时可以考虑是否有可以完成算法或数据结构的复杂性计算的能力。

（6）软件开发人员的知识。编写语言的选择与软件开发人员的知识水平及心理因素有关，开发人员应仔细的分析软件项目的类型，敢于学习新知识，掌握新技术。

6.1.2 程序设计风格

软件实现是软件产品由概念到实体的一个关键性过程，它将详细设计的结果翻译成用某种程序语言编写的，并且最终可以运行的程序代码。虽然软件的质量取决于软件设计，但是规范的程序设计风格对软件后期的维护有不可忽视的影响。

1. *编码规范要求*

在软件工程实践中，程序员总结出常用的程序设计语言的编码规范，采用规范的编码程序可以增强代码的可读性和可移植性，减少程序错误。

（1）基本要求。

1）程序结构清晰，简单易懂，一般单个函数的程序行数不得超过 100 行。

2）代码要精简，避免出现垃圾程序。

3）尽量使用标准库函数和公共函数。

4）为避免二义性尽量使用括号。

5）不要随意定义全局变量，尽量使用局部变量。

（2）可读性要求。

1）可读性第一，效率第二。

2）保持注释与代码完全一致。

3）每个源程序文件，都有文件头说明，说明规格见规范。

4）每个函数，都有函数头说明，说明规格见规范。

5）主要变量（结构、联合、类或对象）定义或引用时，注释能反映其含义。

6）常量定义（DEFINE）有相应说明。

7）处理过程的每个阶段都有相关注释说明。

8）在典型算法前都有注释。

9）利用缩进来显示程序的逻辑结构。

10）循环、分支层次不要超过五层。

11）注释的作用范围可以为：定义、引用、条件分支以及一段代码。

12）注释行数（不包括程序头和函数头说明部份）应占总行数的 1/5 到 1/3。

（3）正确性与容错性要求。

1）程序首先是正确，其次是优美。

2）所有变量在调用前必须被初始化。

3）对所有的用户输入，必须进行合法性检查。

4）不要比较浮点数是否相等，如 10.0 * 0.1 == 1.0，不可靠。

5）程序与环境或状态发生关系时，必须主动去处理发生的意外事件，如文件能否逻辑锁定、打印机是否联机等。

（4）可用性与可移植性要求。

1）可以重复使用的并且功能相对独立的算法或者接口，要考虑封装成公共的控件或者类，以便提高系统中程序的复用或开发过程中程序的可重用。

2）对于 Java 程序来说，应尽量使用标准的 JDK 提供的类，避免使用第三方提供接口，以确保程序不受具体的运行环境影响，而且与平台无关，具备良好的可移植性。

3）对数据库的操作，要使用符合 Java 语言规范的标准接口，避免使用第三方提供的产品，除非程序运行于特定的环境下，并且有较高的性能优化需求。

4）若程序中涉及数据库定义和操作语句，尽量使用标准 SQL 数据类型和 SQL 语句。

很多公司或组织的开发团队，都有各自的编码规范，例如 C 语言编程规范、dotNet 平台设计规范、Java 编程规范、JavaScript 编码规范等。下面例子为某组织 Java 编码规范中，关于代码注释的规范。

【案例 6.1】 Java 代码注释规范。

代码注释主要分四种类型：常规注释、单行注释、行尾注释和标注型注释。

（1）常规注释。常规注释用于为文件、方法、数据结构和算法提供恰当的描述和注解。通常，常规注释中的描述文字多于一行。常规注释必须与所解释的代码对齐，并位于相应代码的头部。常规注释采用如下格式：

```
/ *
* 从此行开始写常规注释
*   ……
*/
```

（2）单行注释。单行注释为随后的代码和数据结构提供简短的注解和说明。单行注释可以采用/* …… */和// ……两种形式。单行注释必须与随后的代码对齐，如：

```
if (condition) {
    /* Handle the condition */
    ……
}
```

（3）行尾注释。行尾注释位于被注解代码行的尾部，尽量使行尾注释的位置看起来比较显著，避免其隐藏在大量代码中间。行尾注释可以采用/* …… */和// ……两种形式。同一代码块相关的行尾注释应该尽可能对齐，如：

```
if (a == 2) {
    return TRUE;            /* special case */
} else {
    return isPrime(a);      /* works only for odd a */
}
```

（4）标注型注释。

1）对未完成的代码添加//TODO : XXX 的注释。

2）对发现了错误，但还未修改的代码添加//BUG: XXX 的注释。

2. 程序文档化

（1）标识符。应按实际意义取名，遵循一定的命名规则。

（2）程序中应加注释。注释是程序员与日后的程序读者之间通信的重要手段。注释决不是可有可无的。一些正规的程序文本中，注释行的数量占到整个源程序的 1/3 到 1/2，甚至更多。

注释分为序言性注释和功能性注释。序言性注释应置于每个模块的起始部分，主要包括模块的功能、用途，模块接口的调用形式、参数描述及开发历史。功能性注释嵌入在源程序内部，主要说明程序的功能。

（3）格式清晰。程序中添加一些空格、空行和缩进等技巧，帮助人们可以清晰地观察到程序的层次结构；自然的程序段之间可用空行隔开。

3. 数据说明

在编写程序时需要注意数据说明的风格，为了使程序中数据说明更容易理解和维护，必须注意数据说明的规范化、有序化，复杂的数据结构要添加注释说明。

4. 语句结构

在编码时首先要考虑的是程序的清晰性，写出的程序必须让人容易读懂。一般遵循如下规则：

（1）每个语句单独一行。

（2）尽量避免复杂的条件判定。

（3）尽量减少对“非”条件的判定。

（4）对多分支语句尽量把出现可能性大的分支放在前面，把较少出现的分支放在后面，以便提高运算时间。

（5）避免使用大量的循环嵌套语句和条件嵌套语句。

（6）每个循环要有终止条件，不要出现死循环，以及不可能被执行的循环。

5. 输入和输出

输入/输出技术是在软件需求分析和设计阶段就已经确定的，具体实现方式是在编码过程中确定的，它决定了用户对系统性质的可接受程度。输入/输出的方式与格式应尽可能方便用户使用，尽量避免因设计而给客户带来的麻烦。为了方便用户，在设计阶段和编码阶段，都应考虑以下原则：

（1）输入数据加校验可以避免用户输入错误。

（2）对重要的组合项的合法性增加检查语句。

（3）交互式输入时，提供可用的选择和边界值。

（4）应保持输入格式的一致性。

（5）使用数据输入结束标志。

6. 运行效率

运行效率是指程序的执行速度和存储空间的使用。提高效率的原则如下：

（1）效率是性能要求，应该在需求分析阶段确定关于效率的要求。软件效率以需求为准，不应以人力所及为准。

（2）良好的设计和良好的数据结构算法可以提高程序的效率。

6.2　软件测试

软件测试是在软件投入运行使用之前，对软件需求、软件设计和软件程序进行的一种检查，是保证软件质量的关键步骤，也是软件评测的重要依据。

6.2.1　软件测试目的

随着信息化建设的飞速发展，软件产品与软件系统在社会的各个领域都得到了广泛的应用。同时，软件系统的规模越来越大、各系统之间数据交换越来越频繁，软件开发中出现错误或缺陷的机会越来越多，市场对软件质量重要性的认识逐渐增强，软件测试在软件项目实施过程中的重要性日益突出。

1. 软件测试目的

在《计算机软件测试规范》（GB/T 15532－2008）中，明确了软件测试的目的：

（1）验证软件是否满足软件开发合同或项目开发计划、系统/子系统设计文档、软件需求规格说明、软件设计说明和软件产品说明等规定的软件质量要求。

（2）通过测试，发现软件缺陷。

（3）为软件产品的质量测量和评价提供依据。

在软件测试发展的初期，人们认为软件测试是证明软件正确的过程。随着软件工程的发展，人们发现在程序中往往存在着许多预料不到的问题，可能会被疏漏，许多隐藏的错误只有在特定的环境下才可能暴露出来。如果不把着眼点放在尽可能查找错误这样一个基础上，这些隐藏的错误和缺陷就查不出来，会遗留到运行阶段中去。同时，软件测试并不仅仅是为了要找出错误，通过软件测试可以分析错误产生的原因和错误的分布特征，帮助评价软件的质量，即软件评测。

2. 软件质量特性

软件测试是保证软件质量的关键步骤和评价软件质量的重要途径，因此我们必须对软件的质量特性进行深刻的认识。

根据《软件工程产品质量 第 1 部分：质量模型》（GB/T 16260.1—2006），将软件质量属性划分为六个特性，并进一步细分为若干子特性，如图 6.1 所示。

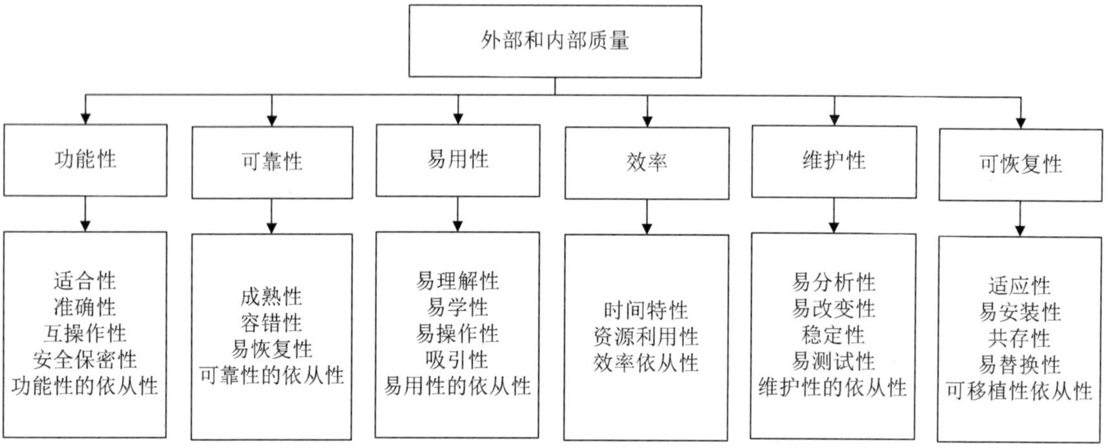

图 6.1 软件质量特性

这六个特性包含的子特性如下：

（1）功能性。当软件在指定条件下使用时，软件产品提供满足明确和隐含要求的功能的能力。

1）适合性：软件产品为指定的任务和用户目标提供一组合适的功能的能力。

2）准确性：软件产品提供具有所需精度的正确或相符的结果或效果的能力。

3）互操作性：软件产品与一个或更多的规定系统进行交互的能力。

4）安全保密性：软件产品保护信息和数据的能力，以使未授权的人员或系统不能阅读或修改这些信息和数据，而不拒绝授权人员或系统对它们的访问。

（2）可靠性。在指定条件下使用时，软件产品维持规定的性能级别的能力。

1）成熟性：软件产品为避免由软件中故障而导致失效的能力。

2）容错性：在软件出现故障或者违反其指定接口的情况下，软件产品维持规定的性能级别的能力。

3）易恢复性：在失效发生的情况下，软件产品重建规定的性能级别并恢复受直接影响的数据的能力。

（3）易用性。在指定条件下使用时，软件产品被理解、学习、使用和吸引用户的能力。

1）易理解性：软件产品使用户能理解软件是否合适以及如何能将软件用于特定的任务和使用条件的能力。

2）易学性：软件产品使用户能学习其应用的能力。

3）易操作性：软件产品使用户能操作和控制它的能力。

4）吸引性：软件产品吸引用户的能力。

（4）效率。在规定条件下，相对于所用资源的数量，软件产品可提供适当性能的能力。

1）时间特性：在规定条件下，软件产品执行其功能时，提供适当的响应和处理时间以及吞吐率的能力。

2）资源利用性：在规定条件下，软件产品执行其功能时，使用合适数量和类别的资源的能力。

（5）维护性。软件产品可被修改的能力。修改可能包括纠正、改进或软件对环境、需求和功能规格说明变化的适应。

1）易分析性：软件产品诊断软件中的缺陷、失效原因或识别待修改部分的能力。

2）易改变性：软件产品使指定的修改可以被实现的能力。

3）稳定性：软件产品避免由于软件修改而造成意外结果的能力。

4）易测试性：软件产品使已修改软件能被确认的能力。

（6）可移植性。软件产品从一种环境迁移到另外一种环境的能力。

1）适应性：软件产品毋需采用额外的活动或手段就可适应不同指定环境的能力。

2）易安装性：软件产品在指定环境中被安装的能力。

3）共存性：软件产品在公共环境中同与其分享公共资源的其他独立软件共存的能力。

4）易替换性：软件产品在同样环境下，替代另一个相同用途的指定软件产品的能力。

6.2.2 软件测试模型

软件测试和软件开发一样，都遵循软件工程原理和管理学原理。随着软件测试技术和测试管理水平的提高，软件测试专家总结了一些经典的测试模型，例如 V 模型、W 模型、X 模型、H 模型等。这些模型将测试活动进行了抽象，明确了测试与开发之间的关系，是软件测试及测试管理的重要参考依据。下面主要介绍 V 模型和 W 模型。

1. V 模型

在软件测试方面，V 模型是最广为人知的模型。V 模型已存在了很长时间，和瀑布开发模型有着一些共同的特性，由此也和瀑布模型一样地受到了批评和质疑。V 模型中的过程从左到右，描述了基本的开发过程和测试行为。V 模型的价值在于它非常明确地标明了测试过程中存在的不同阶段，并且清楚地描述了这些测试阶段和开发过程期间各阶段的对应关系。V 模型的局限性是把软件测试作为编码之后的活动，需求分析等前期产生的错误直到后期的验收测试才能被发现。软件测试 V 模型如图 6.2 所示。

2. W 模型

W 模型由 Evolutif 公司提出，是随着人们对软件测试认识的发展，在 V 模型基础上的发展和提升。W 模型，如图 6.3 所示，强调的是测试伴随着整个软件开发周期，测试是一个持续进行的过程，而不是一个阶段；同时强调了测试的对象不仅仅是程序，需求、功能和设计同样要测试。测试与开发是同步进行的，从而有利于尽早地发现问题。

W 模型和 V 模型都把软件的开发视为需求、设计、编码等一系列串行的活动，无法支持迭代、自发性以及变更调整。实际的软件测试过程是多次 V 模型或 W 模型的迭代过程。

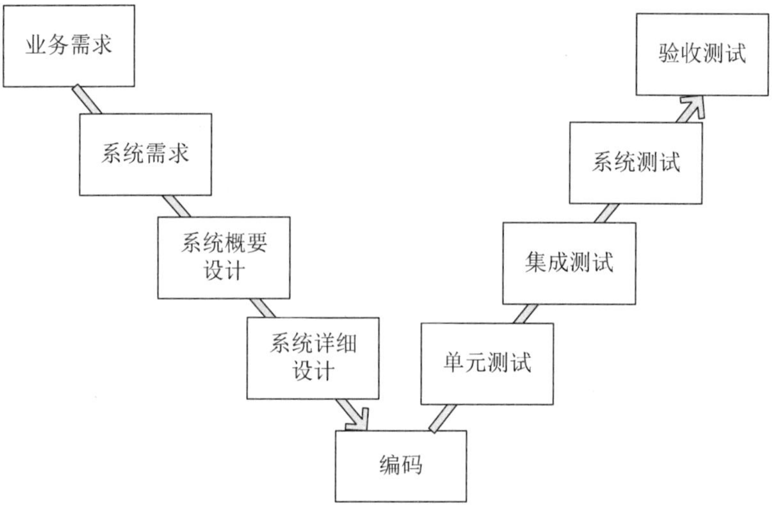

图 6.2　软件测试 V 模型

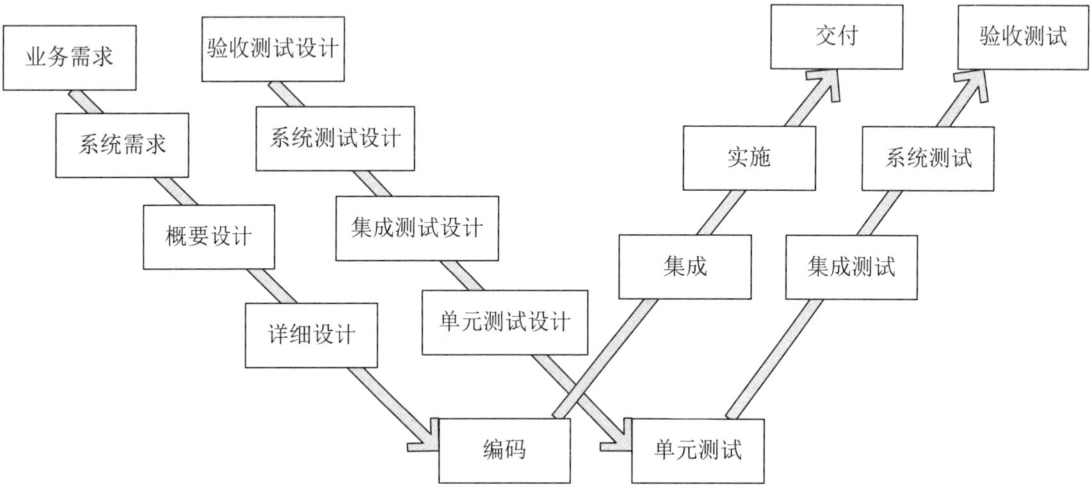

图 6.3　软件测试 W 模型

6.2.3　软件测试阶段

在 V 模型和 W 模型中，非常明确地划分了软件测试过程的不同阶段。伴随着基本的开发过程，基本的测试行为都是先从单元测试开始的，然后是集成测试、系统测试和验收测试。在《计算机软件测试规范》（GB/T 15532－2008）中，将软件测试阶段分为单元测试、集成测试、配置项测试、系统测试、验收测试（及回归测试）。有些书籍又分为三个阶段：单元测试、集成测试、确认测试。虽然阶段划分各有不同，但实质上对一个软件系统所需要的测试，总体上内容是一致的。

下面按照 V 模型和 W 模型的分类，分别介绍单元测试阶段、集成测试阶段、系统测试阶段、验收测试阶段的方法及重点。

1. 各测试阶段的测试方法

各阶段的主要测试方法如下：

（1）单元测试（Unit Testing）。单元测试是最微小规模的测试，目的是检查每个软件单元能否正确地实现设计说明书中的功能、性能、接口和其他设计约束等要求，发现单元内可能存在的各种差错。软件单元测试的对象是可独立编译或汇编的程序模块（或称为软件构件或在面向对象设计中的类）。软件单元测试一般由软件的供方或开发方组织并实施，因为它需要知道内部程序设计和编码的细节。

（2）集成测试（Integration Testing）。软件集成测试的目的是检验软件单元之间、软件单元和已集成的软件系统之间的接口关系，并验证已集成软件系统是否符合设计要求。集成测试是单元测试的逻辑扩展，测试的技术依据是软件设计文档（或称软件结构设计文档）。

（3）系统测试（System Testing）。系统测试是基于系统整体说明书的黑盒测试，应覆盖系统所有联合的部件。系统测试是针对整个产品系统进行的测试，目的是验证系统是否满足了需求规格的要求，找出与需求规格不相符或者与之矛盾的地方。

系统测试的对象不仅仅包括需要测试的软件产品，还要包含系统运行所依赖的软硬件环境、数据和人员等，要检验整个系统是否可以协调工作。

（4）验收测试（Acceptance Testing）。验收测试是部署软件之前的最后一个测试操作。在软件产品完成了单元测试、集成测试和系统测试之后，产品发布之前所进行的软件测试活动。

验收测试是以需方为主的测试，其对象是完整的、集成的计算机系统。验收测试的结论是软件的需方确定是否接收该软件的主要依据。

2. 各测试阶段的测试重点

（1）单元测试阶段。单元测试主要是软件设计的最小单位——模块——的验证。一般来说，单元测试主要侧重于测试各个模型的以下部分：

1）模块接口：主要检查数据能否正确通过模块，属性及对应关系是否一致。

2）局部数据结构：找出不正确或不一致，数据类型不相容，上溢、下溢或地址错误等。

3）重要的执行路径：重要模块要进行基本路径测试。

4）错误处理：主要测试程序对错误处理的能力，应检查是否能正确处理外部输入错误或内部处理引起的错误。

5）边界条件：程序最容易在边界上出错，如输入/输出数据的等价类边界、复杂数据结构的边界等都应进行测试。

（2）集成测试阶段。集成测试时根据实际情况对程序模块采用适当的集成测试策略组装起来，进行综合测试以便发现与接口有关的各种错误。集成测试的方法有两类：非渐增式测试和渐增式测试。非渐增式测试是对每个模块分别进行单元测试，之后把所有的模块按设计要求组装在一起再进行整体测试；渐增式测试是逐个把未经过测试的模块组装到已经测试过的模块上去，进行集成测试。实践表明，软件的一些模块能够单独地工作，但并不能保证链接之后也能正常工作。

（3）系统测试阶段。系统测试要逐项测试系统/子系统需求规格中规定的系统的功能、性能等特性，也需要测试运行条件在边界状态和异常状态下，或在认为设定的状态下，系统的功能和性能。另外根据系统的特性，测试系统的输出及其格式、数据的安全性、应测试系统的全部存储量、输入/输出通道和处理时间的余量等。

对完整性级别高的系统，应对其进行安全性、可靠性分析，明确每一个危险状态和导致危险可能的原因，并对此进行针对性的测试；对有恢复或重置功能需求的系统，应测试其恢复或重置功能和平均恢复时间，并且对每一类导致恢复或重置的情况进行测试，另外，对不同的实际问题应增加专项测试。

（4）验收测试阶段。验收测试是用户根据验收标准，在开发环境或模拟真实环境中执行的可用性、功能和性能测试。验收测试是向未来的用户表明系统能够像预定要求那样工作。用户验收测试可以分为两个大的部分：软件配置审核和可执行程序测试。其大致顺序可分为：文档审核、源代码审核、配置脚本审核、测试程序或脚本审核、可执行程序测试。验收测试的运行环境一般应符合软件测试合同（或项目计划）的要求，通常是软件及其所属系统的正式或类正式工作环境。

在单元、集成、系统及验收测试完成后，测试人员、用户或运维人员需要在实际的环境中执行投产版本检验工作，以确保已验证的版本在实际环境中被正确地安装部署。投产版本检验中使用的测试用例，常常是验收测试的测试用例的子集，主要是业务流程及一些涉及金额、权限等的关键功能。

6.2.4 软件测试技术

软件测试技术随着软件工程的发展而不断发展。软件测试技术的分类也根据分类的维度不同，可以有不同的分类方法。从测试的不同阶段，软件测试可分为单元测试、集成测试、系统测试和验收测试；从是否需要执行软件的角度，软件测试可以分为静态测试和动态测试；从测试是否针对软件结构与算法的角度，又可以分为白盒测试和黑盒测试。图 6.4 所示是常用的一种分类方式。

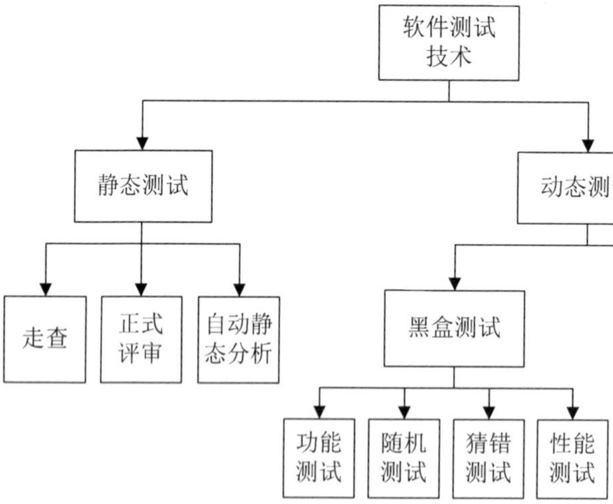

图 6.4 软件测试技术分类

下面对这些主要的测试技术作讲解：

（1）静态测试。静态测试指测试不运行的部分，例如测试产品说明书，对此进行检查和审阅。静态方法是指不运行被测程序本身，仅通过分析或检查源程序的文法、结构、过程、接口等来检查程序的正确性。静态方法通过程序静态特性的分析，找出欠缺和可疑之处，例如不匹配的参数、不适当的循环嵌套和分支嵌套、不允许的递归、未使用过的变量、空指针的引用和可疑的计算等。静态测试结果可用于进一步的查错，并为测试用例选取提供指导。在软件测试前期，如单元测试阶段的代码审查、文档审查属于静态测试。

（2）动态测试。动态测试是指通过运行软件来检验软件的动态行为和运行结果的正确性。动态测试是通过输入一组预先按照一定的测试准则构造的实例数据来动态运行程序，而达到发现程序错误的过程。在软件测试后期，系统集成后，系统测试阶段和验收测试阶段往往用动态测试方法。动态测试中涉及多方面工作，人员多、设备多、数据多，要求有较好的管理和工作规程。

（3）黑盒测试。黑盒测试又称功能测试或者数据驱动测试。黑盒测试是根据软件的规格对软件进行的测试，这类测试不考虑软件内部的运作原理，因此软件对用户来说就像一个黑盒子。软件测试人员以用户的角度，通过各种输入和观察软件的各种输出结果来发现软件存在的缺陷，而不关心程序具体如何实现的一种软件测试方法。具体的黑盒测试用例设计方法包括等价类划分法、边界值分析法、错误推测法、因果图法、判定表驱动法、正交试验设计法、功能图法、场景法等。

（4）白盒测试。白盒测试又称结构测试、逻辑驱动测试或基于代码的测试。白盒测试是把测试对象看作一个打开的盒子。利用白盒测试法进行动态测试时，需要测试软件产品的内部结构和处理过程，不需测试软件产品的功能。

白盒测试的测试方法有代码检查法、静态结构分析法、静态质量度量法、逻辑覆盖法、基本路径测试法、域测试、符号测试、路径覆盖和程序变异。

白盒测试法的覆盖标准有逻辑覆盖、循环覆盖和基本路径测试。其中逻辑覆盖包括语句覆盖、判定覆盖、条件覆盖、判定/条件覆盖、条件组合覆盖和路径覆盖。六种覆盖标准发现错误的能力呈由弱到强的变化：

1）语句覆盖：每条语句至少执行一次。

2）判定覆盖：每个判定的每个分支至少执行一次。

3）条件覆盖：每个判定的每个条件应取到各种可能的值。

4）判定/条件覆盖：同时满足判定覆盖、条件覆盖。

5）条件组合覆盖：每个判定中各条件的每一种组合至少出现一次。

6）路径覆盖：使程序中每一条可能的路径至少执行一次。

【案例 6.2】白盒测试案例编写。

图 6.5 是函数 M 的处理逻辑，它的源程序为：

```
public double M(int A,int B,double X){
    double result;
    if(A>1 && B=0){
        result= X/A;
    }

    if(A=2 || X > 1 ){
        result = X + 1;
    }
    return result;
}
```

请用白盒测试的六种逻辑覆盖方法编写 M 的测试案例。

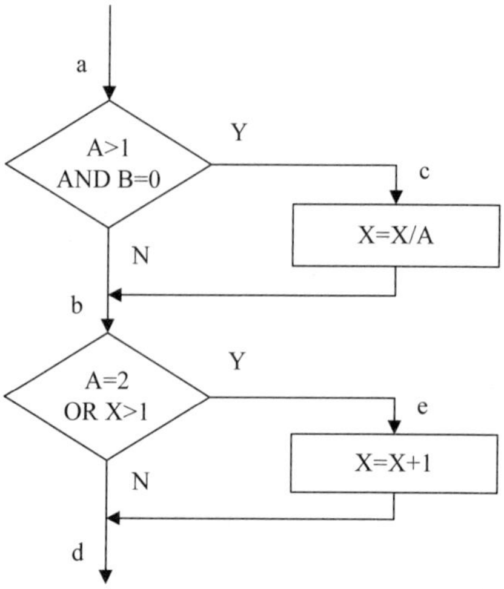

图 6.5　函数 M 的处理逻辑

（1）语句覆盖。为使程序中每个语句至少执行一次，只需设计一个能通过路径 ace 的案例，例如选择输入数据为：A=2，B=0，X=3

（2）判定覆盖。本段程序共有两个判断，每个分支执行一次，可以选择通过路径 ace 和 abd，或者通过路径 acd 和 abe，就可达到“判定覆盖”标准，案例为

1）A=3，B=0，X=1（沿路径 acd 执行）

2）A=2，B=1，X=3（沿路径 abe 执行）

（3）条件覆盖。本段程序共有四个条件：A＞1、B=0、A=2、X＞1。为了达到“条件覆盖”标准，需要执行足够的测试用例使得在 a 点有 A＞1、A≤1、B=0、B≠0 等各种结果出现，以及在 b 点有 A=2、A≠2、X＞1、X≤1 等各种结果出现。当然可以设计更少的案例将这四个条件覆盖，如：

1）A=2，B=0，X=4（沿路径 ace 执行）

2）A=1，B=1，X=1（沿路径 abd 执行）

（4）判定/条件覆盖。判定/条件覆盖的含义是选取更多案例，使得判定表达式的每个条件都取到各种可能值，而且每个判定也都取到各种可能结果。本例中下面两个案例可以满足这个覆盖。

1）A=2，B=0，X=4（沿 ace 路径）

2）A=1，B=1，X=1（沿 abd 路径）

（5）条件组合覆盖。本例中有八种可能的条件组合，分别是：

1）A>1，B=0

2）A>1，B≠0

3）A≤1，B=0

4）A≤1，B≠0

5）A=2，X>1

6）A=2，X≤1

7）A≠2，X>1

8）A≠2，X≤1

案例为

A=2，B=0，X=4 使 1）、5）两种情况出现；

A=2，B=1，X=1 使 2）、6）两种情况出现；

A=1，B=0，X=2 使 3）、7）两种情况出现；

A=1，B=1，X=1 使 4）、8）两种情况出现。

（6）路径覆盖。路径覆盖是一种比较强的覆盖，使程序中每一条可能的路径至少执行一次。（5）中的四个案例分别覆盖了 acd、ace、abd、abe，即覆盖了 a、b、c、d、e 各条路径。当然路径覆盖可以编写更多的案例。

6.2.5 软件测试类型及方法

软件测试的最终目的就在于检测软件质量，发现软件的各种缺陷，然后改善软件的品质。围绕软件质量模型，人们探讨了不同质量特性的一些相应测试类型，如图 6.6 所示。随着软件生产的发展，品种的增加，测试类型也在不断发展和细化。

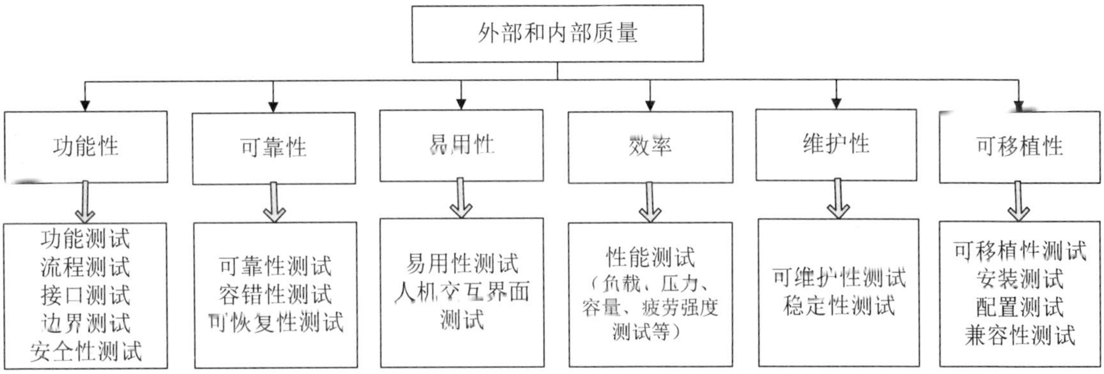

图 6.6 质量模型及相应的测试类型

随着软件测试的发展，软件测试类型也日益增多，例如功能测试，典型业务流程测试，安装、卸载和配置测试，文档测试，代码审查测试，接口测试，性能测试，负载测试，压力测试，稳定性测试，易用性测试，可恢复性测试，资源消耗性测试，健壮性测试，安全测试，数据迁移测试，可靠性测试，可维护性测试，兼容性测试等。在对某一个系统或项目进行软件测试时，并不需要把每一种测试类型都进行测试，更不是测试类型越多越好。在一个项目的测试中，选取哪些测试类型，是根据系统的质量目标、用户情况及系统建设的特点与要求等决定的。例如对于电子商务类系统与公司内部办公 OA 系统，由于使用者分别为广泛的网络用户和某公司的内部人员，因此在测试类型选择中，除了都需要关注系统业务流程、业务功能外，电子商务类系统的测试，需要更多地关注兼容性测试、易用性测试及性能测试；而 OA 系统对办公流程的灵活配置性、数据流的正确性更加关注。一般可以把以上这些测试类型划分为功能测试与非功能测试两大类。下面介绍一些常见的测试类型及其测试方法。

1．功能测试

功能测试是在测试环境下，对软件需求规格说明或设计文档中的功能需求逐项进行的测试，以验证其功能是否满足要求。所有系统都需要进行功能测试。功能测试又可以细分为针对业务功能的测试、业务流程的测试、业务规则的测试、界面测试、接口测试等。

（1）功能测试及用例编写方法。包括等价类划分方法、边界值分析方法、错误推测方法、因果图方法、判定表驱动分析方法、正交分解方法等。功能测试时一般都要做到以下几点：

1）用正常值的等价类输入数据值测试。

2）用非正常值的等价类输入数据值测试。

3）对每个功能的合法边界值和非法边界值作为输入进行测试。

4）对控制流程的正确性、合理性等进行验证。

（2）界面测试。界面测试，也称 UI 测试。界面测试是对界面操作和显示进行的测试，以检验是否满足用户的要求。随着网络尤其是手机 App 的兴起，界面测试越来越受到重视。界面测试需要对界面的规范性、易用性、设计合理性、美观与协调性、独特性及安全性等进行测试。界面测试需要注意以下几点：

1）界面显示：布局设计合理、空间显示完整，字体、颜色、格式一致规范。

2）界面操作流程：正常操作流程是否符合用户手册，对错误操作流程进行检测并提示。

3）测试对错误命令或非法数据输入的检测能力与提示情况。

4）界面操作：在不同浏览器或操作系统下，界面操作方式、显示方式的一致性等。

（3）接口测试。接口测试是对软件需求规格说明或设计文档中的接口需求逐项进行的，测试系统组件间接口的一种测试。接口测试主要用于检测外部系统与系统之间以及内部各个子系统之间的交互点。测试的重点是要检查数据的交换，传递和控制管理过程，以及系统间的相互逻辑依赖关系等。一般以用于多系统间交互开发，或者拥有多个子系统的应用系统开发的测试。它适用于为其他系统提供服务的底层框架系统和中心服务系统，主要测试这些系统对外部提供的接口，验证其正确性和稳定性。

接口测试实施在多系统多平台的构架下，有着极为高效的成本收益比，通过测试，为高复杂性的平台带来高效的缺陷监测和质量监督能力。平台越复杂，系统越庞大，接口测试的效果越明显。测试的重点是要检查数据的交换，传递和控制管理过程，还包括处理的次数。外部接口测试一般是作为系统测试来看待的。

接口测试首先是测试接口的逻辑，主要是根据所描述的业务逻辑，设计测试用例，目标是测试在正常输入的情况下能否得到正确的结果，测试用例设计方法有等价类和边界值方法；接着是出错测试，包括空值输入、错误参数属性的测试，例如，输入一个未赋值参数等。制造一些异常的测试场景，测试软件异常提示是否清晰、准确。测试方法一般为：有外部测试系统的尽量利用、对于 API 类接口采取编程的方式进行测试、打开消息日志、检查日志中消息的接收和发送情况。

2. 非功能测试

（1）性能测试。性能测试是通过一些技术手段来确定或验证被测系统的响应时间、处理速度、扩展性以及稳定性，验证软件系统是否能够达到用户提出的性能指标；性能测试中要尽可能地发现软件系统中存在的性能瓶颈，通过优化软件，最终起到优化系统的目的。性能测试又可以细化为负载测试、强度测试、容量测试等。性能测试的具体表现为

1）评估系统的能力，测试中得到的负荷和响应时间数据可以被用于验证所计划的模型的能力，并帮助作出决策。

2）识别体系中的弱点，受控的负荷可以被增加到一个极端的水平，并突破它，从而修复

体系的瓶颈或薄弱的地方。

3）系统调优，重复运行测试，验证调整系统的活动得到了预期的结果，从而改进性能。

4）检测软件中的问题，长时间的测试执行可导致程序发生由于内存泄露引起的失败，揭示程序中的隐含问题或冲突。

5）性能测试需求分析是性能测试最关键的过程。该阶段性能测试需求分析人员必须把客户的需求明确化。在该阶段需求分析人员必须明确哪些是用户应用的典型业务，这些典型的业务通常也是性能测试的关键业务；之外还需要明确使用该系统的用户数量，每天、每年等业务量，客户关心的关键业务处理时响应时间及其服务器资源的利用情况等。

性能测试过程可以细化为图 6.7 所示的多个步骤，每一步又有多项工作内容。

性能测试关注的性能指标主要有：

1）系统处理能力是指系统在利用系统硬件平台和软件平台进行信息处理的能力。一般用 TPS 这个值来衡量系统处理能力。TPS（Transaction Per Second）：系统每秒处理交易数，单位是笔/秒。

2）响应时间指用户从客户端发起一个请求开始，到客户端接收到从服务器端返回结果的响应结束，整个过程所耗费的时间。在性能检测中一般以测试环境中压力发起端至服务器返回处理结果的时间为计量，单位一般为秒或毫秒，该时间不同于模拟真实环境的用户体验时间。

3）并发用户数指在同一时刻内，登录系统并进行业务操作的用户数量。

4）网络吞吐量是指在无网络故障的情况下单位时间内通过网络的数据数量。单位为 Byte/s。

5）CPU 利用率阈值：不同负载情况下各应用服务器、数据库服务器等主机的 CPU 上限。考虑系统稳定性和安全性，一般最大值为 70%。

6）错误率指系统在负载情况下，失败交易的概率。错误率＝(失败交易数/交易总数)×100%。不同系统对错误率的要求不同，但一般不超出千分之五。

7）并发接入能力是系统能够同时接入（或登录）的最大连接用户数。

8）服务器内存占用率，存储设备的 I/O 吞吐率。

（2）安全性测试。安全性测试是检验软件安全性、保密性的测试，是验证应用程序的安全等级和识别潜在安全性缺陷的过程。测试应尽可能在符合实际使用的条件下进行。安全性测试主要目的是查找软件自身程序设计中存在的安全隐患，并检查应用程序对非法侵入的防范能力。安全性测试方法主要有如下三种：

1）静态的代码安全测试：主要通过对源代码进行安全扫描，根据程序中数据流、控制流、语义等信息与其特有软件安全规则库进行匹对，从中找出代码中潜在的安全漏洞。静态的源代码安全测试是非常有用的方法，它可以在编码阶段找出所有可能存在安全风险的代码，这样开发人员可以在早期解决潜在的安全问题。

2）动态的渗透测试：渗透测试也是常用的安全测试方法。是使用自动化工具或者人工的方法模拟黑客的输入，对应用系统进行攻击性测试，从中找出运行时刻所存在的安全漏洞。这种测试的特点就是真实有效，一般找出来的问题都是正确的，也是较为严重的。但渗透测试一个致命的缺点是模拟的测试数据只能到达有限的测试点，覆盖率很低。

3）程序数据扫描：一个有高安全性需求的软件，在运行过程中数据是不能遭到破坏的，否则就会导致缓冲区溢出类型的攻击。数据扫描的手段通常是进行内存测试，内存测试可以发现许多诸如缓冲区溢出之类的漏洞，而这类漏洞使用除此之外的测试手段都难以发现。例如，对软件运行时的内存信息进行扫描，看是否存在一些导致隐患的信息，当然这需要专门的工具（比如 HP WebInspect、IBMAppscan 和 Acunetix Web Vulnerability Scanner）来进行验证。

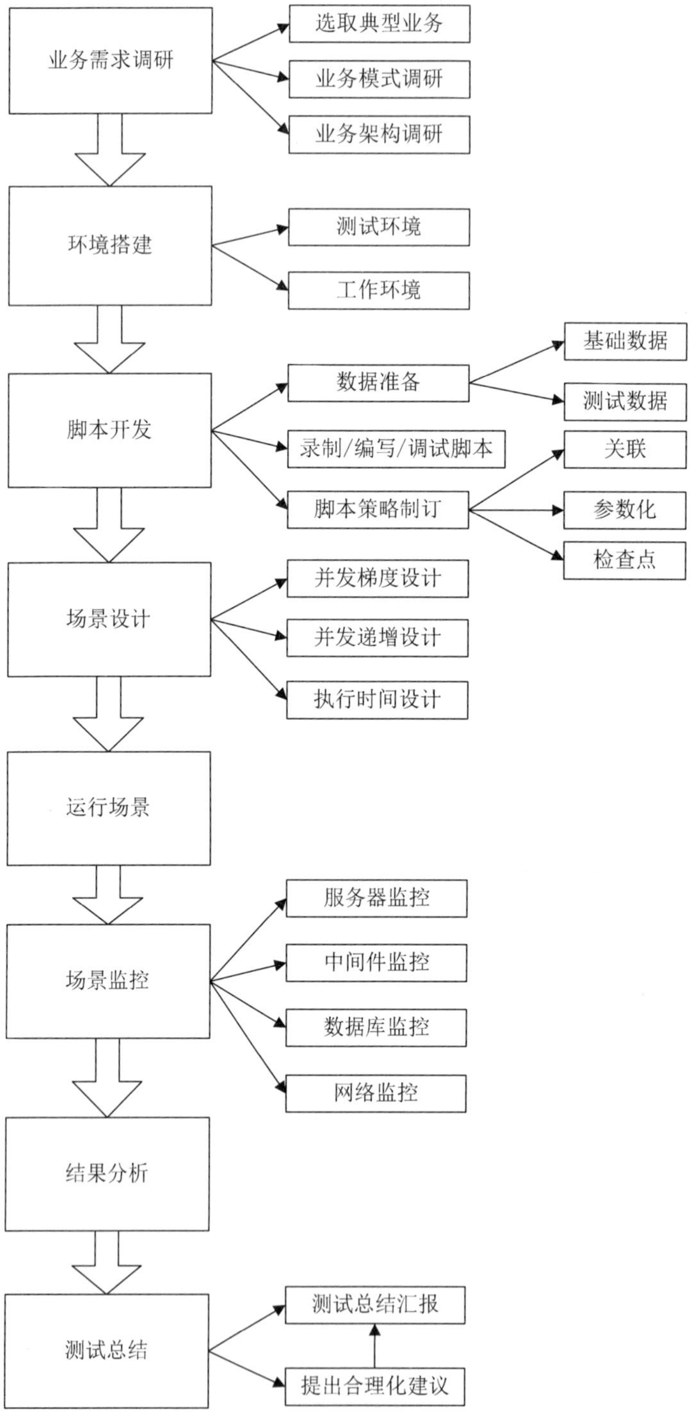

图 6.7　典型的性能测试过程

（3）安装测试。安装测试是检验安装过程是否符合安装规程的测试，以发现安装过程中的错误。安装测试是确保该软件在正常情况和异常情况的不同条件下，例如，进行首次安装、升级、完整的或自定义的安装都能进行安装。异常情况包括磁盘空间不足、缺少目录创建权限等。核实软件在安装后可立即正常运行。安装测试包括测试安装代码以及安装手册。安装手册提供如何进行安装，安装代码提供安装一些程序能够运行的基础数据。安装测试需要考虑以下内容：

1）不同配置下的安装和卸载测试。

2）安装规程的正确性测试。

（4）兼容性测试。软件兼容性测试是指测试软件在特定的硬件平台上、不同的应用软件之间、不同的操作系统平台上、不同的网络等环境中是否能很好地运行的测试。兼容性测试范围包括

1）硬件兼容：与整机兼容、与外设兼容。

2）软件兼容：操作系统/平台、应用软件之间的兼容，不同浏览器的兼容。

3）数据库的兼容、软硬件配合兼容。

4）数据兼容：不同版本间的数据兼容、不同软件间的数据兼容。

兼容性测试的要点包括测试软件是否能在不同的操作系统平台上兼容、测试软件是否能在同一操作平台的不同版本上兼容；软件本身能否向前或向后兼容；测试软件能否与其他相关的软件兼容；数据兼容性测试，主要是指数据能否共享等。

（5）文档测试。也称文档审查，属于静态测试。文档测试是根据文档审查表对文档的完整性、一致性和准确性进行检查。文档审查表通常依据开发合同中规定的文档要求制订，包括核对文档的种类、文档的版本记录、目录、章节、格式规范性、描述清晰、内容充实、定义准确等。为了保证文档的完整、正确，测试主要包括以下方面：

1）正确性：内容与实际系统相符。

2）文档一致：软件的需求规格说明、概要设计、详细设计、测试文档及用户手册应保持上下文一致，有良好的可追溯性。在全部的开发文档中使用标准的术语和定义。

3）无二义性：文档的语言通俗易懂，逻辑清晰，不存在理解的二义性。

4）符合规范：文档编写格式符合相关的文档编制规范。

5）内容完整性：所有功能性和非功能性（包括安全、效率等）的需求、设计、手册是全面的、无遗失的。

6.2.6　软件测试过程

每一个阶段的测试，一般都包括测试规划、测试需求分析、测试用例设计、测试用例执行及测试总结报告等五个环节的活动。其中，测试需求分析与计划制订过程是相互交叉和一个渐进明细的过程。

无论是一次开发项目还是滚动开发模式的项目，无论是大型项目还是中小型项目，测试阶段的工作过程及测试产品间关系均可以采用如图 6.8 所示的测试过程模型，并基于本模型进行相关的裁剪。

根据项目的特点，各测试环节具体的工作方式、工作内容、工作时间均将有各自不同的特点。在接收每个测试任务后，测试团队都要首先明确该项目的特点，开发的阶段、本次测试的目的、测试范围、测试交付物、各文档的审查部门等，以更好地筹备、组织与实施测试。

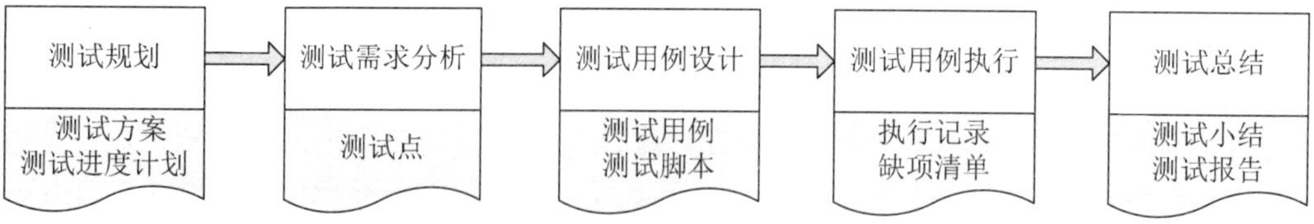

图 6.8　测试过程模型

1. 测试规划

在测试规划阶段，需要明确测试目标，包括测试所需要的资源、范围和进度；描述总体测试通过/失败的标准；明确如何进行测试，说明各测试阶段的测试手段、工具和资源、测试轮次等；明确进度计划及里程碑计划；预估测试过程中可能会发生的风险及规避措施；明确为保证测试工作的高效进行而配置的测试人力资源组织架构和职责，及测试交付物等。

【案例 6.3】学籍管理系统测试规划。

假设目前的测试阶段是系统测试阶段，暂不考虑非功能测试，测试进度规划略。

（1）测试目标。

1）通过功能测试，验证被测系统功能是否满足业务需求。

2）尽可能地找出隐藏的功能缺陷。

3）根据测试结果，客观准确地报告该系统在目前阶段的功能质量状态。

（2）测试范围。本次系统属于对新建系统的测试，所有需求点均需要进行测试，测试范围包括四个功能模块、八个子模块的功能，见表 6.1。

表 6.1　系统模块组成

序号	模块	子模块	优先级
1	用户管理	教师信息管理	
		学生信息管理	
2	班级管理	班级管理	
3	课程管理	课程基本信息管理	
		课表（排课）管理	
		学生成绩管理	
4	教室管理	教室基本情况管理	
		教室使用情况管理	

（3）测试类型。根据被测系统的特点，测试可从以下几方面进行：

1）功能测试：功能测试为本次测试的重点，本次功能测试采取动态的手工测试，人工执行测试案例并记录测试结果，通过与预期结果进行比较以发现软件问题。

2）界面测试：界面的简洁、规范及健壮性检测。

3）安装测试：系统的安装及卸载应该方便快捷。

4）兼容性测试：仅检验对主流操作系统和浏览器的兼容性。

（4）测试方法。

1）采用黑盒测试、手工测试方法，检验系统功能、业务流程、业务规则等是否满足需求。

2）测试用例设计方法采用等价类划分、边界值分析、错误推测法等。

3）测试执行中可根据缺陷情况增补测试用例或冻结用例。

4）按照测试计划确定的执行轮次依次执行测试用例。

5）测试人员应在测试过程中记录测试结果并与预期结果进行比较，并及时提交发现的缺陷。

（5）测试轮次规划。测试分三个轮次进行，见表 6.2。

表 6.2　测试轮次规划

测试类型	测试轮次
安装/卸载测试	第一轮，功能测试完成前
	第二轮，全部功能测试完成后
功能/界面测试	第一轮，全覆盖
	第二轮，多轮回归测试
	第三轮，主要业务流程
兼容性测试	一轮全面检测
	仅缺陷回归

（6）测试数据准备。

1）准备两个院系的各十位以上的教师注册信息。

2）准备两个班级的学生信息。

3）准备一个院系的十门以上课程信息。

（7）测试执行准入条件。

1）测试方案编写完成（并经过评审）。

2）测试用例准备完毕。

3）测试数据准备完毕。

4）系统测试环境到位并通过验证。

5）测试人员到位。

6）冒烟测试通过。

（8）测试执行准出条件。

1）所有测试用例均已按计划执行。

2）严重及以上级别的缺陷均得以正确修改。

3）测试报告（或小结）提交并通过评审。

（9）测试交付物。

1）功能测试方案。

2）功能测试用例集。

3）测试缺陷清单。

4）功能测试报告。

2．测试需求分析

测试需求，就是在项目中要测试什么。在测试工作中，首先需要明确测试需求（What），才能决定怎么测（How）、测试时间（When）、需要多少人（Who）、测试的环境是什么（Where），测试中需要的技能、工具以及相应的背景知识，测试中可能遇到的风险等。测试需求分析是后续测试工作的起点，已被确定的测试需求也是测试人员进行测试用例设计和考虑测试覆盖的依据。测试需求的准绳可以是业务需求、系统需求及概要或详细设计文档等。此外，功能测试和非功能测试（性能测试、安全测试等）的需求分析方法各不相同。

【案例 6.4】学籍管理系统功能测试需求分析。

下面以“用户管理”下的“教师信息管理”子模块为例，进行测试需求分析，分析将从功能需求、业务流程、业务规则、界面要素等四个维度进行。

（1）功能模块分析。根据“学生学籍管理系统需求”文档，测试人员进行功能需求的分析，见表 6.3。

表 6.3 测试需求分析

序号	模块	子模块	功能	子功能	用户角色
1	用户管理	教师信息管理	教师信息注册	教师信息界面注册	管理员
2				批量导入教师注册信息	管理员
3			教师信息修改	教师职称、学历学位信息修改	管理员
4				教师其他信息修改	教师、管理员
5			教师信息的注销	教师离职（退休、调离）后相关信息的注销	管理员
6			教师信息的查询	按教师姓名、职称等条件查询	教师、管理员
7			教师登录	登录	教师
8			教师退出	退出	教师
9		学生信息管理	学生信息注册	学生信息界面注册	管理员
10				批量导入学生注册信息	管理员
11			学生信息修改	学生留级信息修改	管理员
12				学生其他信息修改	学生
13			学生信息的删除	学生退学后删除学生信息	管理员
14			学生信息的查询	按学生姓名、班级等条件查询	学生、管理员
15			学生登录	登录	学生
16			学生退出	退出	学生

（2）业务流程分析。根据软件的需求或设计文档中的时序图、活动图或数据流图等，梳理系统的业务流程及相关的分支流程，并将这些流程逐一列出来。

例如，根据第 10 章“图 10.26 修改教师个人信息功能时序图”，可以得到修改教师个人信息的业务流程：

1）录入教师编号。

2）查询出该教师信息。

3）对该教师相关信息进行修改。

4）若修改的学院名称不存在，则系统页面显示不存在输入名称的名称。

5）若修改的学院名称存在，则该教师信息成功修改，并在页面上显示修改成功。

（3）业务规则需求分析。根据软件的需求或设计文档中的说明，或根据实际业务的理解，逐一列出在功能实现过程中，有哪些业务规则的约束。例如“教师信息管理”子模块中，可以有如下规则需要验证：

1）教师信息的注册，只能由管理员进行操作。

2）教师的职称、学历学位信息，只能由管理员进行操作。

3）教师编号、教师姓名信息在注册后不可修改。

4）教师的家庭住址、联系电话、邮箱和专业研究方向，管理员和教师都可以修改。

5）教师信息的注销，只能由管理员进行操作。

6）管理员和教师都可以查询教师基本信息，但学生不能查询教师基本信息。

7）……

（4）界面要素需求分析。下面我们以“注册教师信息”为例，说明界面要素需求点的分析结果。图 6.9 所示为“注册教师信息”界面。

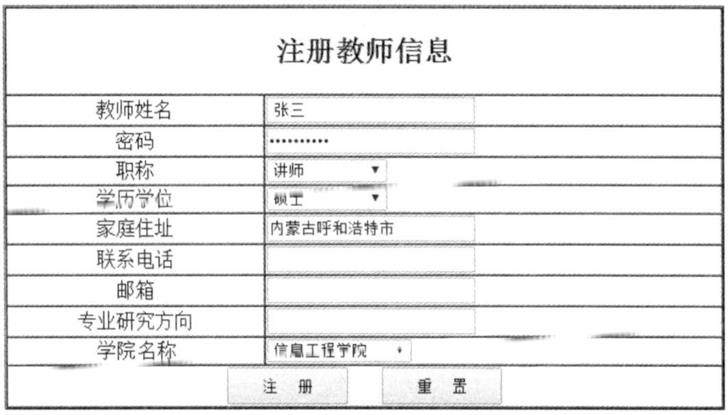

图 6.9　“注册教师信息”界面

在教师成功注册后，教师的注册信息存放在教师信息表（表 5.8）中，分析该表的各字段类型及属性。在“注册教师信息”界面，有如下类型的界面测试点：

1）必填项检查：教师信息均为必填，分别为教师姓名、密码、职称、学历学位、家庭住址、联系电话、邮箱、专业研究方向、学院名称。

2）下拉框检查：职称项有“教授或正高工、副教授或副高工、讲师、助教”共四个选项。

3）输入框检查：联系电话的检测、邮箱的检测、密码应该为加密方式显示。

4）界面的易用性。

5）在显示器的不同分辨率时，界面的显示情况。

6）与其他界面风格的一致性检查。

3. 测试用例设计

测试设计的主要任务是根据测试需求分析结果编写测试用例（或测试案例），主要任务包括设计测试用例、编写自动化测试脚本等。测试用例，是为某个特殊目标而编制的一组测试输入、执行条件以及预期结果，以便测试某个程序路径或核实是否满足某个特定需求。它是将软件测试的行为活动作一个科学化的组织归纳，目的是能够将软件测试的行为转化成可管理的模式，同时测试用例也是将测试具体量化的方法之一。

如果把测试活动比作软件生命周期，测试需求就相当于软件的需求规格，测试策略相当于软件的架构设计，测试用例相当于软件的详细设计，测试执行相当于软件的编码过程。只是在测试过程中，我们把“软件”两个字全部替换成了“测试”。这样，我们就明白了整个测试执行活动的依据来源于测试用例。

【案例 6.5】学生学籍管理系统测试用例设计。

测试用例的设计方法很多，针对某一功能，可以设计一个或多个测试用例。根据被测系统的特点，测试用例的正反比例一般要达到 1∶4。以教师登录为例，根据等价类、边界值的测试用例设计方法，设计的部分功能测试用例见表 6.4。

表 6.4 功能测试用例

用例标识号	用例名称	测试类型	前提条件	操作步骤	测试数据	预期结果	正反用例
Jsdl-1	教师登录	功能	已有注册教师信息	输入正确的教师编号和密码	zhangsan 12345678	正常登录	正
Jsdl-2	教师登录	功能		输入正确的教师编号、错误的密码	zhangsan 12335678	提示密码错误	反
Jsdl-3	教师登录	功能		输入错误的教师编号和正确密码	zhangsa 12345678	提示教师编号错误	反
Jsdl-4	教师登录	功能		输入错误的教师编号和错误密码	zhang 123456	提示教师编号或密码错误	反
Jsdl-5	教师登录	界面		输入正确的教师编号和空密码	zhangsan	提示密码错误	反
Jsdl-6	教师登录	界面		输入空教师编号和密码	12345678	提示教师编号错误	反
Jsdl-7	教师登录	界面		输入正确教师编号、密码输入*	zhangsan *	提示密码错误	反

4. 测试用例执行

测试执行是在搭建的测试环境中运行测试用例的一系列活动，通过手工或者自动化的方式执行测试用例，记录测试执行的结果和测试环境标识，提交缺陷及回归测试。执行测试是执行所有或选定部分测试用例，并观测及记录其结果的一种过程。执行测试是测试的最重要的一个阶段，因为它可实际检查前几个阶段的工作成果是否满足用户的需求。执行测试前需要准备测试环境、测试数据等。

测试用例执行中，有两个非常重要的概念是冒烟测试和回归测试，下面介绍这两个概念的含义：

（1）冒烟测试。英文是 Smoke Testing，可以理解为该种测试耗时短，仅用一袋烟功夫足够了。也有人认为是形象地类比新电路板基本功能检查。任何新电路板焊好后，先通电检查，如果存在设计缺陷，电路板可能会短路，板子冒烟了。冒烟测试的对象是新编译的每一个需要正式测试的软件版本，目的是确认软件基本功能正常，可以进行后续的正式测试工作。冒烟测试的执行者是版本编译人员。

（2）回归测试。英文是 Regression Testing，是指在发生修改之后重新测试先前的测试以保证修改的正确性。理论上，软件产生新版本，都需要进行回归测试，验证以前发现和修复的错误是否在新软件版本上再次出现。根据修复好了的缺陷再重新进行测试。回归测试的目的在于验证以前出现过但已经修复好的缺陷不再重新出现。一般指对某已知修正的缺陷再次围绕它原来出现时的步骤重新测试。通常确定所需的再测试的范围时是比较困难的，特别当临近产品发布日期时。因为为了修正某缺陷时必需更改源代码，因而就有可能影响这部分源代码所控制的功能。所以在验证修复好的缺陷时不仅要服从缺陷原来出现时的步骤重新测试，而且还要测试有可能受影响的所有功能。因此应当鼓励对所有回归测试用例进行自动化测试。

【案例 6.6】学生学籍管理系统缺陷记录。

在测试执行中，当测试用例的实际结果与预期结果不符合时，测试人员要提交缺陷（BUG）。描述缺陷的主要字段包括“缺陷 ID”“缺陷描述”“缺陷状态”“缺陷级别”“缺陷类型”“发现人”“发现日期”“发现版本”等，若缺陷关闭，“关闭日期”及“关闭版本”也是重要信息。测试缺陷记录表见表 6.5。

表 6.5　测试缺陷记录表

缺陷ID	模块名称	子模块	缺陷描述	缺陷状态	缺陷级别	缺陷类型	发现人	发现日期	发现版本	注释
1	用户管理	教师信息管理	教师的“学历学位”建议由文本框修改为下拉框选择方式	打开	建议性	界面			V1.0	
2	用户管理	教师信息管理	教师编号、教师姓名信息在注册后不可修改	打开	严重性	功能			V1.0	
3	用户管理	教师信息管理	教师信息注销时，首先把教师所带课程删除	新建	告警性	功能			V1.0	
4	用户管理	教师信息管理	建议退休的教师不注销，为以后做数据挖掘做数据准备	延期	建议性	功能			V1.1	

若使用缺陷管理工具，如使用 QC，可以直接将缺陷记录到工具中。

5. 测试总结

测试总结是从已完成的测试活动中收集和分析有用信息的一系列活动，包括测试工作产品、测试经验和教训等。工作成果是一组有关测试的文档和必要的测试程序代码。测试总结报告是本阶段的重要产品。测试总结模板见表 6.6。

软件测试不可能测试一遍就结束，一般需要有目的地反复测试，所以每轮次的测试结果分析对下一轮的测试有很大的意义。对记录的缺陷进行分析归类，确定测试是否达到预期标准。

测试结果分析既是对已完成项目的总结，又是经验教训的积累。主要分析测试用例设计数、已执行数、成功执行用例数、失败用例数，以及测试缺陷趋势分析、缺陷分布范围、缺陷处理情况等。测试分析的主要度量指标有测试覆盖率、测试执行率、缺陷解决率等。

表 6.6 测试总结模板

1.概述	4.测试过程简介
1.1.编写目的	4.1.测试流程与方法
1.2.项目背景	4.2.测试进度偏差情况
1.3.预期读者	4.3.测试轮次及被测版本
1.4.参考资料	4.4.测试内容
1.5.术语定义	4.5.用例设计情况
2.测试目标	4.6.测试用例执行情况
3.测试基准	5.测试结果
3.1.测试基线	5.1.缺陷分布情况
3.2.测试准入/准出条件	5.2.遗留缺陷情况
3.3.测试用例状态定义	6.测试结果分析
3.4.缺陷级别定义	7.测试结论及建议
3.5.缺陷状态定义	8.测试交付物
	附录（注：可附录测试用例、遗留缺陷等）

1）测试覆盖率：测试用例对需求的覆盖情况。

2）测试执行率：实际执行过程中已经执行的用例比率，即“测试执行率=已执行的测试用例数/设计的总测试用例数”。

3）测试执行通过率：在已经执行的用例中“通过”的比率。测试执行通过率=已执行用例“通过”数/已经执行的用例数。

4）缺陷解决率：某阶段已关闭缺陷数占总缺陷数的比率。缺陷解决率=已关闭缺陷数/缺陷总数。

5）缺陷分布情况：缺陷在系统模块的分布，可统计各个维度的缺陷情况。

6）缺陷生命周期：Σ（验证并关闭缺陷时间–发现缺陷时间）/N（已关闭缺陷总数）。

【案例 6.7】系统测试总结示例。

测试结束后，根据每轮测试结果和遗留缺陷的情况，分析系统的质量状况，编写测试总结报告。测试报告中，缺陷分析是非常重要的内容。根据对不同严重级别的缺陷数量的分析、对不同模块缺陷数量的分析、对开发人员对缺陷修复情况的分析，以及对在回归测试后系统遗留缺陷的分析等，对被测系统的状况进行分析。各模块缺陷按严重级别统计表样例（数据为假设）见表 6.7。

表 6.7 各模块缺陷按严重级别统计表样例

严重级别	1-致命性	2-严重性	3-告警性	4-建议性	合计
模块 A	0	6	4	1	11
模块 B	0	5	9	0	14
模块 C	1	4	5	0	10
模块 D	0	5	6	4	15

续表

严重级别	1-致命性	2-严重性	3-告警性	4-建议性	合计
模块 E	1	8	13	5	27
模块 F	0	0	1	0	1
模块 G	0	0	1	0	1
合计	2	28	39	10	79

测试缺陷的分析常常会使用柱状图、饼图或折线图等更直观的表示，这样更有助于测试人员的分析，例如上表可以用图 6.10 所示的折线图直观表示。

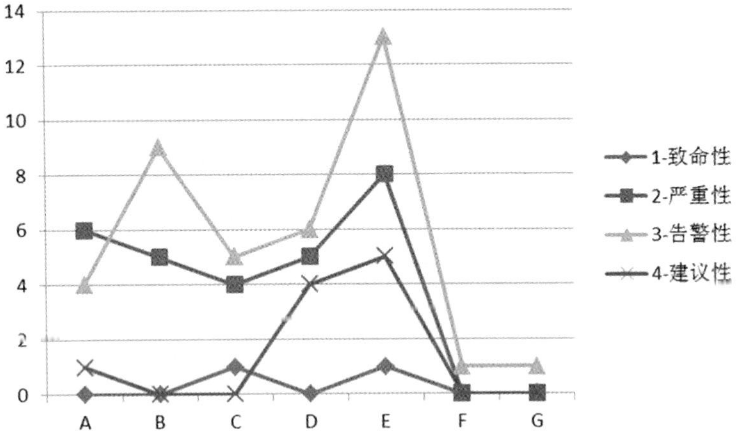

图 6.10　各模块缺陷严重级别情况

图 6.11 所示为各个级别的缺陷分别饼图。

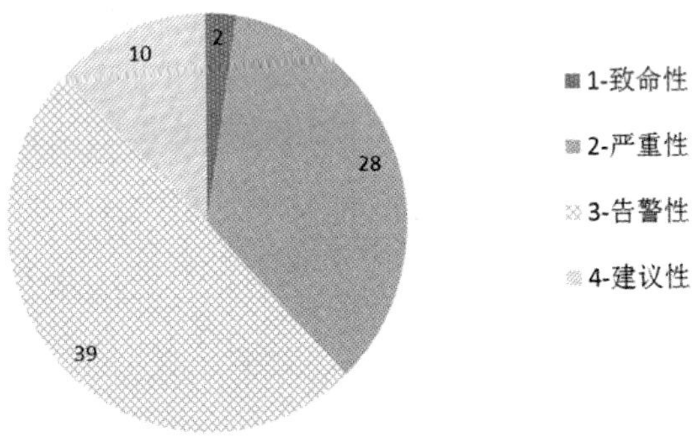

图 6.11　缺陷按严重级别分布饼图

有些缺陷分布图也可以通过缺陷管理工具直接导出，如图 6.12 所示是截至某个时刻，从 QC 中导出的系统各个级别的缺陷修改情况。

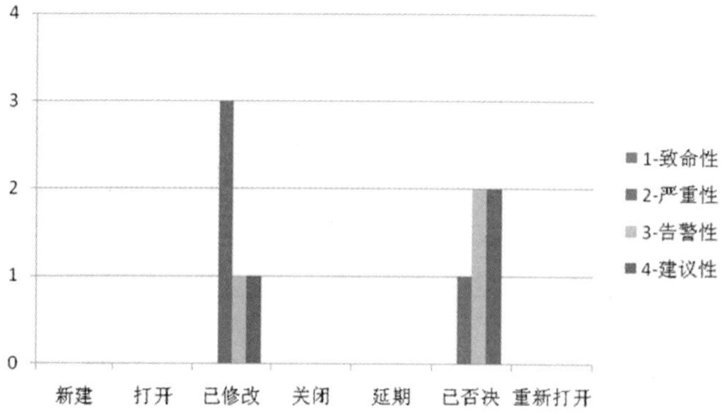

图 6.12　缺陷级别—状态关系图

6. 各测试环节的测试活动

某项目的系统测试中，各测试环节的测试活动分解见表 6.8，从中可以了解各环节相应的活动内容。

表 6.8　测试环节活动细化

序号	测试环节	测试活动
1	测试方案制订	明确测试目的
2		明确测试范围和目标
3		识别测试标准和策略
4		按照标准测试流程进行过程剪裁
5		测试估算（进度计划）
6		测试人员分工
7		编写测试方案
8		评审测试方案
9		建立测试方案基线
10	测试需求分析	明确测试需求基线
11		细化测试需求
12		评审测试需求
13		建立和维护测试需求追溯矩阵
14		测试需求变更管理
15		建立测试需求基线
16	测试用例设计	制订测试用例设计策略
17		设计测试用例（包括测试脚本）
18		评审测试用例
19		建立测试用例基线
20	测试用例执行	明确测试执行的准备工作
21		接收测试版本

续表

序号	测试环节	测试活动
22	测试用例执行	冒烟测试
23		正式测试
24		测试执行记录
25		缺陷及缺陷管理
26		回归测试
27	测试总结	分析测试用例的执行结果
28		编写测试报告
29		评审测试报告
30		建立测试报告基线

6.3 软件测试自动化

6.3.1 软件自动化测试

软件自动化测试是相对于手工测试而存在的。软件测试自动化是通过测试工具或其他手段，按照测试人员的预定计划对软件系统或软件产品进行自动的测试。它是软件测试的一个重要组成部分，能够完成许多手工无法完成或者难以实现的一些测试工作。

自动化测试是把以人为驱动的测试行为转化为机器执行的一种过程。借助测试工具，使测试人员在尽可能短的时间内完成尽可能多的软件测试，并提供更强的执行测试的能力，从而有效降低测试成本、提高测试效率。

1. 自动化测试的适用条件

（1）软件需求变动不频繁。测试脚本的稳定性对自动化测试的成本投入影响很大。如果软件需求变动频繁，测试人员需要针对变动的软件需求，重新进行测试需求分析、测试用例设计，并相应地自动化测试脚本维护，之后才能够进行自动化测试。这个过程中，脚本维护本身就是一个代码开发过程，需要修改及调试。一般对于项目中相对稳定的模块可采取自动化测试，变动频繁的就采取手工测试方式。

综上原因，自动化测试一般适用于回归测试。在回归测试中，为了检验由于缺陷的修复，系统是否引入了新的缺陷，通过采用自动化测试可以对缺陷相关模块或其他子系统进行自动化测试，更好地保障软件的质量。

（2）手工测试无法实现或难以实现的测试。对于并发用户测试、大数据量测试、长时间运行的可靠性测试等，手工测试面临很大的困难，而通过自动化工具，如某些性能测试工具，可以模拟大量的虚拟用户，仿真几十个、几百个或几千个用户对系统进行各种测试脚本的执行。同时，通过一定的设置，大量用户的测试脚本执行可以做到无人值守和连续作业，在自动化测试完成后，测试人员通过工具产生的测试执行日志及监控记录，分析与判断测试结果。

（3）项目周期足够长。自动化测试需求的确定、自动化测试框架的设计、自动化测试脚本的研发与调试，都需要一定的时间投入和工作量。如果项目周期比较短，经费比较少，一般不采用或少量采用（如性能测试等）自动化测试。对于大型软件工程，或者持续的长期工程，如产品不断地迭代，采用自动化测试的效果才能明显，投入资金做自动化测试才更有意义。

2. 自动化测试的作用与优势

（1）增加测试的深度与广度。通过自动化测试工具的有效使用，可增加测试的深度与广度，进而改进测试工作质量。例如 App 的测试中，兼容性测试需要投入大量人力与时间。由于软件上线的时间或投入资金的限制，常常导致手工测试的广度有限，而通过自动化测试，测试人员可以通过工具对多种手机多款机型多款浏览器等进行大量的测试，通过增加测试广度进而提升了测试工作质量。又如银行的 ATM 机软件系统的质量要求是 7×24 小时无故障，通过手工测试难以实现这样的测试，通过自动化测试工具可以实现相应的检测。

（2）提升测试效率，加快测试进度。使用测试工具来进行测试，可节省测试时间并加快测试工作进度是毋庸置疑的。采用自动化测试，对软件测试各过程的工作量的影响是不同的。在测试规划阶段，需要测试人员投入更多的时间，用于明确哪些内容必须采取手工测试，确定被测系统与测试工具的兼容性，确认支持自动化测试的抽样数据的可用性，考虑模块化和测试脚本的重用等。在用例设计阶段，需要投入一定的工作量进行自动化脚本的开发，以及自动化测试数据的准备。但是在测试用例执行中，自动化测试可以反复地进行大量的测试，并记录执行日志，提升测试效率。在反复、大量的回归测试中，自动化测试的优势更加明显。

（3）产生可靠的系统。测试工作的主要目的就是发现软件产品缺陷，目前自动化工具能够在需求定义、代码静态检测、代码动态测试、性能测试及压力测试、测试过程管理等诸多方面，支持测试人员发现更多的缺陷，进一步保证被测系统的可靠性。

6.3.2 自动化测试工具概述

为了提高测试效率或规范测试管理，越来越多的测试工具被应用到测试实践活动中。市场上的测试工具比较多，例如 HP 公司的 Quality Center、QuickTest Professional、LoadRunner，IBM 公司的 Rational ClearQuest、Rational Functional Tester、Rational Performance Tester，在市场上占据了较高的份额。另外还有一些开源测试工具也得到广泛应用，如缺陷管理工具 Butterfly、Bugzilla、Mantis 等。国内一些企业也有自主生产的测试工具。

按照测试工具的用途，测试工具主要有如下类别：

（1）白盒测试工具：针对代码进行测试，测试中发现的缺陷可以定位到代码级别。常用工具有 Jtest、VcSmith、Jcontract、C++ Test、CodeWizard、Logiscope、PRQA 等。

（2）测试过程管理工具：用于测试过程的管理，包括对测试需求、用例及用例执行的管理，例如，Quality Center、Test Manager、TrackRecord 等。

（3）缺陷管理工具：主要用于记录缺陷和跟踪缺陷的扭转，例如，Butterfly、Bugzilla、Mantis、JIRA、BugFree 等。

（4）性能测试工具：用于模拟实际用户的操作行为，并实时对性能指标进行监控，例如，LoadRunner、Rational Performance Tester、QaLoad 等。

（5）自动化功能测试工具：一般用于回归测试，能够替代部分手工功能测试，对系统功能、业务流程、界面要素等进行检测，例如，QuickTest Professional、Rational Functional Tester 等。

本书主要介绍 HP 公司的 Quality Center、QuickTest Professional、LoadRunner，这几个软

件均可以从 HP 官网下载试用版进行学习。

6.3.3 Quality Center（QC）

1. QC 简介

Quality Center（简称 QC）是惠普公司（HP）的一个基于 Web 的测试管理工具，该产品的前身是 Mercury Iteractive（美科利）公司的 TestDirector （简称为 TD），后被 HP 公司收购，正式起名为 HP Quality Center。QC 将一个项目测试周期细分成了各个模块，把各个阶段集成到统一的平台上来，通过模块与模块之间的联系来控制项目测试流程的执行，以达到保证项目质量的目的。测试执行者和监督者因为可以在同一个平台上操作，按照统一的标准进行测试工作，也方便了项目各个阶段的沟通、评审、检查，从而提高工作效率。图 6.13 所示是 QC 的登录界面。

图 6.13 QC 的登录界面

QC 可以组织和管理应用程序测试流程的主要阶段，包括制订测试需求、测试计划、执行测试和缺陷跟踪。此外，通过 QC 还可以创建报告和图来监控测试流程，便于测试资料的沉淀及测试工作的管理等；使“测试需求/测试要点分析”“测试用例设计”及“测试用例执行”三者分工明确。

2. 基本工作流程

QC 的工作流程图如图 6.14 所示。

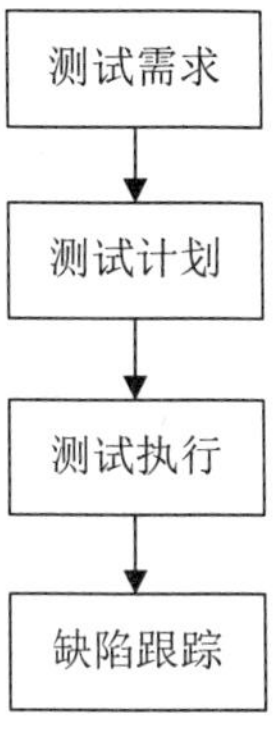

图 6.14 QC 工作流程

（1）测试需求模块用于对测试需求的管理，其主要功能如下：

1）定义测试范围：查看应用程序相关文档，决定测试的范围，包括测试目标、功能需求点统计、工作量、方法、目的、策略。

2）建立需求：对于定义的全部测试需求构建需求目录树结构。

3）细化需求：对于需求树中的每一个需求标题，建立细化的测试需求列表。描述每一个需求，指定优先级别及添加必要的附件。

4）分析需求：产生报告和图表帮助分析测试需求，重新检查需求以确保它们满足测试范围。

（2）测试计划模块主要用于对测试用例的管理，其主要功能如下：

1）建立测试用例：可分别建立手工测试、自动化测试的测试案例。

2）设计测试步骤：在测试计划树中设计手工测试的测试步骤，包括对每一步的描述、预期结果等。

3）建立需求覆盖：将测试计划树中的每一个测试都链接到需求树中的一个或多个需求。

4）分析测试计划：根据测试分析图表，可以生成测试进度计划图、测试总结图等。

（3）测试执行模块主要用于对测试轮次及每轮测试用例执行情况的跟踪管理，其主要功能如下：

1）创建测试集：定义项目中满足不同测试目标的测试集合的组。这些组可以包括，例如：按测试应用程序的版本划分的组或是按应用程序的指定功能划分的组。决定每一个测试集中包含有哪些测试用例。

2）确定时间运行：确定测试执行时间和分配任务给应用程序的测试者。

3）执行测试：执行测试集中的测试，并记录执行人、执行时间等。

4）分析测试结果：产生报告和图表帮助分析产生的测试执行结果。

（4）缺陷跟踪模块主要用于缺陷的记录与缺陷生命周期的管理，其主要功能如下：

1）新建缺陷：测试人员将发现缺陷提交入库，缺陷内容一般报告检测日期，检测者，严重程度，还可以根据测试系统情况增加自定义字段，例如：关闭日期，缺陷类型等等。

2）确认缺陷：开发方验证缺陷，如果确认是缺陷，将进行缺陷修复任务。

3）修改缺陷：开发将缺陷修复之后，将缺陷状态更新为已修复。

4）验证缺陷：测试人员将开发更新的缺陷，进行回归测试任务。

5）分析缺陷数据：QC 比较强大的功能，使用图表来分析缺陷趋势，缺陷分布范围，缺陷严重程度等等各种维度的缺陷数据。

6.3.4 QuickTest Professional（QTP）

1. QTP 简介

QuickTest Professional 简称 QTP，是 HP 的功能测试自动化工具。使用 QTP 可执行重复的手动测试，主要是用于回归测试和测试同一软件的新版本。针对的主要是 GUI 应用程序，包括传统的 Windows 应用程序，以及现在非常流行的 Web 应用。并不是所有的功能测试都需要使用 QTP，它主要适合于存在大量重复性的手工测试的项目和测试周期比较长的项目，例如回归测试。对于系统功能在不断修正，系统界面还在不断修改的新建系统，一般不使用 QTP。QTP 的工作界面如图 6.15 所示。

2. 基本测试流程

QTP 采用“录制+回放”机制，录制测试人员执行具体的业务操作，并通过工具形成测试脚本，然后在被测试环境还原后，回放执行脚本，查看日志，对比并显示测试结果。对象库 Object Repository 是 QTP 的核心和灵魂，在录制的时候，QTP 把操作过的所有对象都记录下来，保存在对象库中，记录的形式是一个逻辑名加上若干识别属性。 在执行脚本的某个语句时，QTP 分析该脚本语句要对哪个对象操作，根据该语句中的对象逻辑名，在对象库中查找对这个对象的详细记载，然后在运行的真实软件中按图索骥，找到需要操作的对象，把语句规定的操作施加在该对象上。施加的主要动作就是把操作的相关消息事件放入到该对象窗口的消息循环队列中。

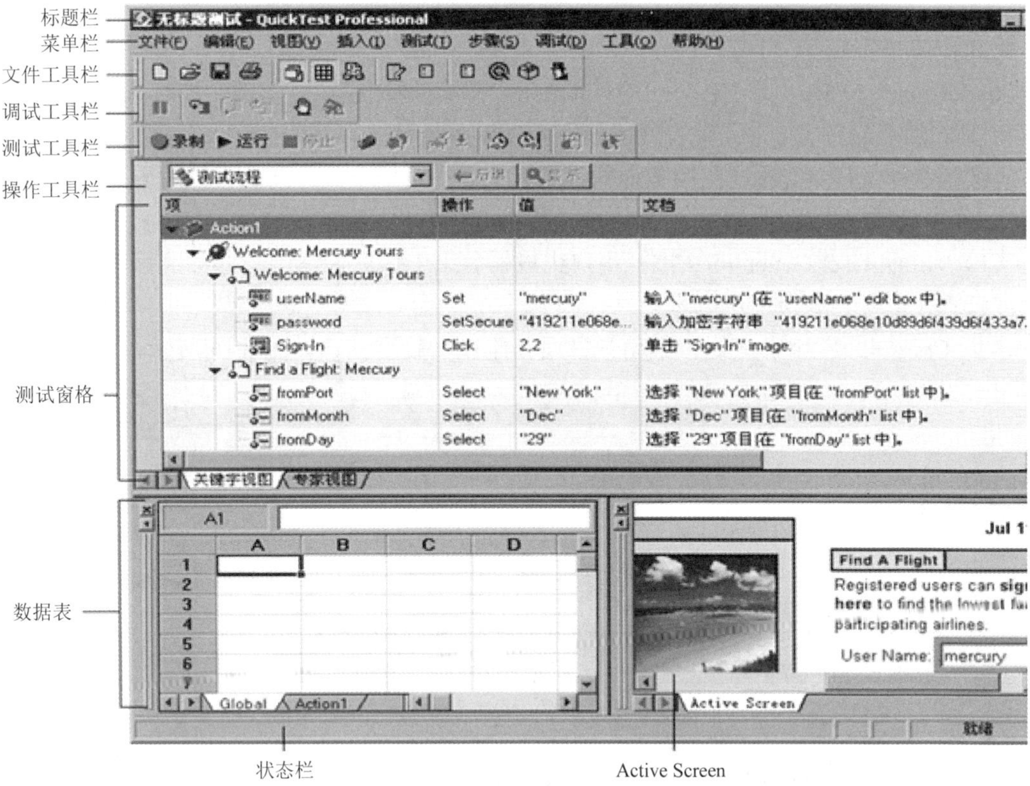

图 6.15　QTP 工作界面

QTP 测试主要包括以下六个主要阶段：

（1）准备录制：确认应用程序和 QTP 已按测试要求设置打开，确保应用程序显示要录制的元素，例如，工具栏或特殊窗口窗格；还要确保应用程序选项已按测试目标设置。

（2）创建测试脚本：在应用程序或 Web 页面执行操作时，QTP 会自动记录每一个操作步骤，并自动产生测试脚本。停止录制后，会看到 QuickTest 在 Keyword View 中以表格的方式显示测试脚本操作步骤。

（3）调试脚本：检查脚本是否存在错误。

（4）编辑测试脚本：通过加入检查点、参数化测试，以及添加分支、循环等控制语句，来增强测试脚本的功能，使将来的回归测试真正能够自动化。例如通过增加多种类型的检查点功能，可以让 QTP 检查一下在程序的某个特定位置或对话框中是否出现了需要的文字，还可以检查一个链接是否返回了正确的 URL 地址等；还可以通过参数化功能，使用多组不同的数据驱动整个测试过程。

（5）运行测试脚本：QTP 从脚本第一行开始自动运行，检查应用程序或网站的行为。在运行时，QTP 将打开应用程序，或者连接到网站，并执行测试中的每个步骤。

（6）分析测试结果并报告缺陷：运行结束或意外中断时，QTP 会自动生成一份详细的测试结果报告。如果已安装了 Quality Center，则可以将发现的缺陷报告给 QC 的数据库。

6.3.5 Load Runner（LR）

1. LR 简介

Load Runner（LR），是 HP 公司的性能测试工具，通过模拟真实的用户行为，通过负载、并发和性能实时监控以及完成后的测试报告，分析系统可能存在的瓶颈。LR 最为有效的手段之一应该就是并发控制，通过在控制台的设置，以达到同一个业务同时模拟成千上万的用户进行操作。LR 包括三大组件：

（1）Virtual User Generator：虚拟用户生成器，用于捕获最终用户业务流程和创建自动性能测试脚本（也称为虚拟用户脚本）。

（2）Controller：用于组织、驱动、管理和监控负载测试，如图 6.16 所示。

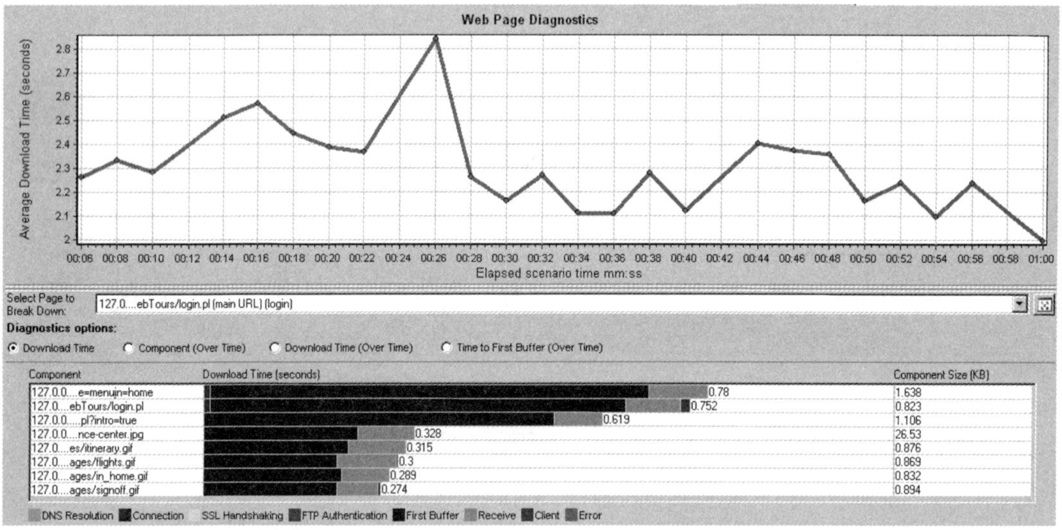

图 6.16　在 Controller 中运行与监控性能测试

（3）Analysis：用于查看、分析和比较性能结果。

2. 基本工作流程

性能测试流程细化后，可以分为以下九个步骤，如图 6.17 所示。

（1）性能测试需求分析。性能测试需求分析是性能测试最关键的过程。该阶段测试人员必须把客户的需求明确化：明确哪些是用户应用的典型业务，该系统的用户数量，每天、每年等业务量，客户关心的关键业务处理的响应时间及其服务器资源的利用情况等。

（2）性能测试计划制订。在对客户提出的需求经过认真分析后，作为性能测试管理人员，需要编写性能测试计划。在性能测试计划中，需要阐述测试性能需求、测试环境、测试策略、人力资源和进度等。系统性能测试的环境要尽量和客户上线的环境条件相似，在软、硬件环境相差巨大的情况下，对于真正评估系统上线后的性能有一定偏差。

（3）性能测试用例设计。性能测试用例应结合用户应用系统的场景设计，用例应能覆盖到测试需求。测试用例包括用例名称、测试用例标识、测试用例覆盖的需求（测试性能特性）、应用说明、（前置/假设）条件、操作步骤、期望结果等。

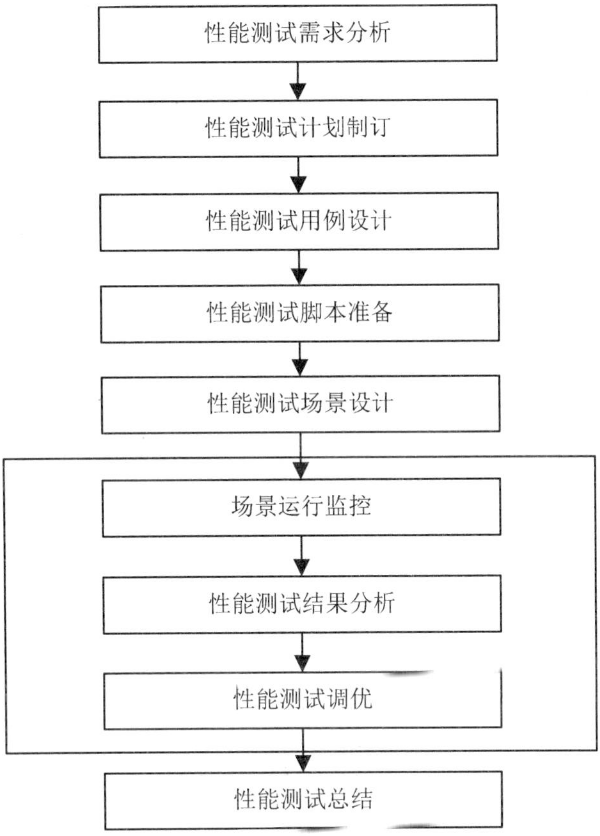

图 6.17 性能测试流程

（4）测试脚本编写。LR 脚本准备需要注意以下几点：

1）协议的正确选用关系到脚本是否能够正确录制与执行，十分重要。

2）在应用工具录制或者编写完成以后，需要去除脚本不必要的冗余代码，对脚本进行完善，需要加入集合点、检查点、事务以及对一些数据进行参数化、关联等处理。

3）在编写测试脚本的时候，需要注意编码的规范和代码的编写质量问题。建立脚本的规范模板，脚本的创建人、创建日期、项目名称、脚本功能描述、参数化数据、关键步骤等都应该有注释。

4）脚本要纳入到配置管理，保留脚本的历史版本。

（5）测试场景设计。脚本编写完成后，需要在脚本中进行如下处理：如需进行并发操作，则加入集合点；如需考察某一部分业务处理响应时间，则需要插入事务；为检查系统是否正确的执行相应功能而设置检查点；如需输入不同的业务数据，则需要进行参数化等。

（6）测试场景运行监控。性能测试场景的运行过程中需要注意以下内容：

1）尽量模拟用户的真实环境。

2）测试的执行环境是独立的、不受其他人员或系统的干扰。

3）测试用的主控机和负载机应安装同版本的性能测试工具。

4）测试执行前，应明确要监控的相应指标，提前配置好相应内容（如监控数据库需要提前安装客户端并进行配置等）。

（7）性能测试结果分析。LR 能生成很多图表，可以进一步将这些图表进行合并等操作来定位性能问题。目前，广泛被大家应用的性能分析方法就是“拐点分析”的方法。

“拐点分析”方法是一种利用性能计数器曲线图上的拐点进行性能分析的方法。它的基本思想是：性能产生瓶颈的主要原因是因为某个资源的使用达到了极限，此时表现为随着压力的增大，系统性能却出现急剧下降，这样就产生了“拐点”现象，从而得到“拐点”附近的资源使用情况，就能定位出系统的性能瓶颈。

（8）系统性能调优。经过对结果的分析以后，有可能发现系统存在性能瓶颈或缺陷。在相应人员对系统进行调整以后，性能测试人员一般需要继续进行第二轮、第三轮、……的测试，通过与以前的测试结果进行对比分析，从而确定经过调整以后系统的性能是否有提升。通常按照由易到难的顺序对系统性能进行调优。

（9）性能测试总结。性能测试工作完成以后，需要编写性能测试总结报告。总结是对性能测试全过程的一个总结。性能测试总结中需要对性能测试需求覆盖情况、性能测试过程中出现的问题及解决办法、进度控制与实际执行偏差、测试结果等进行说明。

6.3.6 国产测试软件

随着国内测试行业的发展，以及测试厂商对测试技术与测试过程管理的理解，越来越多的国产测试软件应运而生。在这些测试工作者及测试厂商的努力下，国产测试工具在软件行业中得到了较为广泛的应用。

下面我们概要介绍上海泽众软件科技有限公司和北京捷科智诚科技有限公司的自有测试工具。

1. 泽众软件测试工具

泽众软件的自有测试工具包括测试管理平台（TestCenter）、自动化测试工具（AutoRunner）、性能测试工具（PerformanceRunner）、移动测试工具（MobileRunner）、项目管理软件（Precise-Project Management）、终端自动测试引擎（Terminal AutoRunner）、测试用例设计工具（TestCase Designer）、静态分析工具（Code Analyzer）、数据比对测试工具（AutoDate Checker）等。

（1）TestCenter 是面向测试流程和测试用例库的测试管理工具。它可以帮助用户进行测试用例的过程管理，包括对测试需求分析过程、测试用例设计过程、业务组件设计实现过程等整个测试过程进行管理。

（2）AutoRunner 是黑盒测试工具，可以用来完成功能测试、回归测试，通过自动化的功能测试来提高测试效率。

（3）PerformanceRunner 是性能测试软件，通过模拟高并发的客户端，通过协议和报文产生并发压力给服务器，测试整个系统的负载和压力承受能力，实现压力测试、性能测试、配置测试、峰值测试等。

（4）MobileRunner 是面向移动平台的自动化测试工具。支持同时直接连接多台移动设备，通过脚本录制和执行，实现移动设备和应用的自动化测试、设备兼容性测试、功能测试等工作。

（5）PreciseProject Management 是项目管理软件，能够实现不同类型的项目管理，包括研发项目管理和工程项目管理，实现了项目的计划、预算、费用、进度、报工、资源、风险、里程碑、项目模板、项目预警管理，也能够实现多项目组合管理。

（6）Code Analyzer 是脱离任何编译器的代码静态分析软件产品，工作方式是编译处理之后的规则验证。

2. 捷科智诚测试工具

捷科智诚的主要自有软件测试工具平台沿测试生产和管理两个基本过程展开，分为三个系列：测试生产平台、测试管理平台、测试资产库。测试生产平台同时支持手工测试与自动化测试，覆盖分析、设计、执行以及生产管理；测试管理平台包含测试资源规划和测试过程管理；测试资产库包含组织级的资产化容器及内容，例如案例库、缺陷库、流程库、规则库等，如图 6.18 所示。

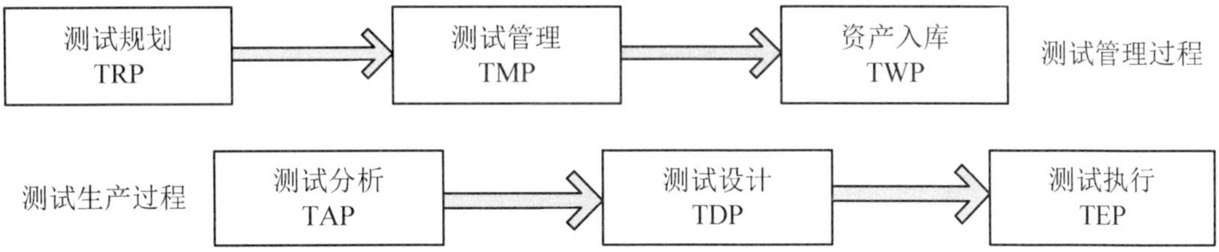

图 6.18　捷科智诚测试工具

（1）测试分析平台（Test Analysis Platform，TAP），帮助用户进行测试需求分析，包含业务分析和系统分析，生成测试点。

（2）测试设计平台（Test Design Platform，TDP），由测试分析平台生成的测试点，自动生成测试用例。

（3）测试执行平台（Test Execute Platform，TEP），手工或自动化执行测试用例，记录执行结果，自动生成测试报告。

（4）测试规划平台（Test Resource Platform，TRP），用于测试实施前的资源规划。

（5）测试管理平台（Test Manage Platform，TMP），用于手工或自动化测试的测试管理，包括角色分配、任务下达及报表统计等。

（6）测试规划平台（Test Warehouse Platform，TWP），用于对测试资产的管理，通过资产复用更好地为未来的测试服务。

此外，捷科智诚还拥有一批经中华人民共和国国家版权局认定的具有软件著作权登记证书的测试工具，例如测试业务分析平台（BAP）、测试需求变更影响分析系统（BIA）、功能测试过程管理平台（JETBASE）、ASL 用例描述原语系统软件（自动化测试平台）、测试过程管理平台等。

小　结

软件实现是软件项目实施人员根据前期确定的用户需求和软件设计文件，编写程序，实现设计要求，完成具体的软件功能的过程。软件实现包括编码和测试两个阶段。编码所选用的程序设计语言的特点及程序设计风格将对软件质量有一定的影响。

软件测试是为了发现软件错误而执行程序的过程；软件测试可为软件产品的质量测量和评价提供依据。软件的质量特性可划分为六个：功能性、可靠性、易用性、效率、维护性和可恢复性。

软件测试技术随着软件工程的发展而不断发展。从测试的不同阶段，软件测试可分为单元测试、集成测试、系统测试和验收测试；从是否需要执行软件的角度，软件测试可以分为静态测试和动态测试；从测试是否针对软件结构与算法的角度，又可以分为白盒测试和黑盒测试。本章对软件测试过程及相关活动进行了阐述，对自动化测试的适用条件、作用及优势进行了说明，并介绍了几个常用的软件测试工具。

习题 6

1．选择题

（1）软件测试的目的：（　　）。

A．避免软件开发中出现的错误

B．发现软件开发中出现的错误

C．尽可能发现并排除软件中潜藏的错误，提高软件的可靠性

D．修改软件中出现的错误

（2）下面属于动态分析的是（　　）。

A．代码覆盖率　　B．模块功能检查

C．系统压力测试　　D．程序数据流分析

（3）下面属于静态分析的是（　　）。

A．代码规则检查　　B．程序结构分析

C．程序复杂度分析　　D．内存泄漏

（4）测试设计员的职责有（　　）。

A．制订测试计划　　B．设计测试用例

C．设计测试过程、脚本　　D．编写设计文档

（5）不属于系统测试步骤的是（　　）。

A．制订测试计划　　B．执行系统测试

C．记录系统测试结果　　D．编写用户手册

2．简答题

（1）程序设计中，一般有哪些编码规范？

（2）软件测试的目的是什么？测试方案包括哪些要素？

（3）请描述软件测试活动的生命周期？

（4）如何划分等价类？

（5）自动化测试有哪些优势？

（6）软件过程管理工具 QC 主要有哪些功能？

3．应用题

（1）某图书馆有一个使用 CRT 终端的信息检索系统，该系统有下列四个基本检索命令，见表 6.9。

表 6.9　检索命令

名称	语法	操作
BROWSE（浏览）	b（关键字）	系统搜索给出的关键字，找出字母排列与此关键字最相近的字。然后在屏幕上显示约 20 个加了行号的字，与给出的关键字完全相同的字约在中央
SELECT（选取）	s（屏幕上的行号）	系统创建一个文件保存含有由行号制订的关键字的全部图书的索引，这些索引都有编号（第一个索引的编号为 1，第二个为 2，……依此类推）
DISPLAY（显示）	d（索引号）	系统在屏幕上显示与给定的索引号有关的信息，这些信息与通常在图书馆的目录卡片上给出的信息相同。这条命令接在 BROWSE/SELECT 或 FIND 命令后面用，以显示文件中的索引信息
FIND（查找）	f（作者姓名）	系统搜索指定的作者姓名，并在屏幕上显示该作者的著作的索引号，同时把这些索引存入文件

要求：

1）设计测试数据以全面测试系统的正常操作。

2）设计测试数据以测试系统的非正常操作。

（2）根据学生学籍管理系统项目案例的需求描述，及前面章节中介绍的相应数据流图等，梳理相关的业务流程有哪些。

（3）请列出测试一个矿泉水瓶的测试用例。

第 7 章　软件运行与维护

本章学习目标

- 熟悉软件的可维护性及软件维护类型。
- 理解软件维护流程及维护过程文档的重要性。
- 熟悉软件运维工作的工作内容。
- 了解软件运维的管理及关键点。

本章首先向读者介绍软件维护的基本概念，包括类型、工作流程、过程文档等，然后介绍软件运维管理，最后对软件运维的关键进行梳理。

7.1　软件维护概述

软件维护是软件生命周期中的最后一个阶段也是历时最长的一个阶段，处于系统投入生产运行以后直到软件生命周期结束。软件维护与普通的商品维护不一样，因为软件产品在重复使用的过程中不会像车辆、电器那样有磨损现象。软件维护，就是指软件系统交付使用以后，为了改正软件运行错误，或者为了满足新的需求而加入新功能的修改软件的过程，同时通过软件维护，保证软件的日常良好运行。

软件系统在使用过程中，会出现很多问题，如新增需求或缺陷修复、硬件及软件环境的更新等，为了使系统能够适应这种变化，更好地发挥软件作用，产生良好的社会效益及经济效益，就要进行系统维护工作。

7.1.1　软件的可维护性

在软件开发过程中始终强调软件的可维护性，是因为一个应用系统由于需求和环境的变化以及自身暴露的问题，在交付用户使用后，对它进行维护是不可避免的，许多大型软件公司为维护已有软件耗费大量人力、财力。

许多软件的维护十分困难，原因在于这些软件开发时没有严格按照软件工程的规范和标准，在维护时也没有按照规范认真填写维护申请单和修改报告单，例如：文档不全、质量差、开发过程不注意采用结构化方法，忽视程序设计风格等，因此造成软件维护工作量增加，成本上升，修改出错率升高。许多软件维护要求并不是因为程序出错而提出的，而是为适应环境的变化或需求提出的，为了使软件能够易于维护，必需考虑软件的可维护性。

软件的可维护性是指软件能够被理解，并能纠正软件系统出现的错误和缺陷，以及为满足新的要求进行修改、扩充或压缩的容易程度。一个软件的可维护性又取决于以下几个属性：可理解性、可测试性、可修改性、可靠性、可移植性、可使用性与效率。

（1）可理解性。表现为人们理解软件的结构、接口、界面功能和内部过程的难易程度。

模块化、详细设计文档完整、结构化设计、风格一致完整等，都有助于提高可理解性。

（2）可测试性。可测试性是指软件程序能够被测试的难易程度。良好的文档有利于测试设计和测试执行，并以此来诊断和发现故障。此外，程序结构、高性能测试工具和调试工具，以及测试工序也是非常重要的。常见的可测试性的特征有可操作性、可观察性、可控制性、可分解性、简单性、稳定性、易理解性等。

（3）可修改性。可修改性是指便于软件程序的修改及升级。一个可修改程序应该是易理解、通用、灵活、简单的。由于修改程序会引起潜在连锁反应，通常需要大量的软件维护工作，因此软件的可修改性被看作是软件可维护性的一个主要属性。

（4）可靠性。可靠性是指软件产品在规定的时间和条件下，按照客户要求及目标完成执行的能力。软件系统规模越复杂越大，其可靠性就越难保证，有很多因素影响着软件可靠性，其中有需求定义错误、设计错误、编码错误、测试错误、文档错误等。

（5）可移植性。可移植性是指软件系统源代码转移到不同的环境下，需要改动的程度。程序修改的内容越少，移植性越好。一个可移植的软件程序应该具有良好的结构、易安装性、替换性，或者不依懒于某一具体操作系统的性能。

（6）可使用性。可使用性是指软件系统操作方便、易理解、实用性强，满足用户易用性等，可以及时明确地提供操作反馈。

（7）效率。效率是指系统性能覆盖面广，程序按照预定执行并不浪费资源的程度。一般包括执行效率、设备效率、网络效率等。

7.1.2　软件维护的类型

按照软件维护的目的可分为以下四种类型：

（1）改正性维护。软件在交付使用后，难免存在软件自身隐含的错误及软件缺陷。改正性维护就是为了改正潜藏及遗留下来的错误而进行的活动。这方面的维护工作量要占整个维护工作量的 17%～21%。所发现的错误有的不太重要，不影响系统的正常运行，其维护工作可随时进行；而有的错误非常重要，甚至影响整个系统的正常运行，其维护工作必须制订计划，进行修改，并且要进行复查和控制。

（2）适应性维护。适应性维护是指使用软件适应信息技术变化和管理需求变化而进行的修改。这方面的维护工作量占整个维护工作量的 18%～25%。近年来，对于一些中小型的系统，人们常常为改善系统硬件环境和运行环境而产生系统更新换代的需求；而对于一些大中型系统，由于企业的外部市场环境和管理需求的不断变化，也使得各级业务或管理人员不断提出新的系统需求。这些因素都将导致适应性维护工作的产生。进行这方面的维护工作也要像系统开发一样，有计划、有步骤地进行。

（3）完善性维护。完善性维护是为扩充功能和改善性能而进行的修改，主要是指对已有的软件系统增加一些在系统分析和设计阶段中没有规定的功能与性能特征。这些功能对完善系统功能是非常必要的。另外，还包括对处理效率和编写程序的改进，这方面的维护占整个维护工作的 50%～60%，比重较大. 也是关系到系统开发质量的重要方面。这方面的维护除了要有计划、有步骤地完成外，还要注意将相关的文档资料加入到前面相应的文档中去。

（4）预防性维护。预防性维护是为了改进应用软件的可靠性和可维护性，为了适应未来的软硬件环境的变化，应主动增加预防性的新功能，以使应用系统适应各类变化而不被淘汰。

例如将专用报表功能改成通用报表生成功能，以适应将来报表格式的变化。这方面的维护工作量占整个维护工作量的 5%左右。最典型的是在 2000 年时出现的“千年虫问题”。

在整个软件维护阶段，完善性维护所占比例最大，如图 7.1 所示。这说明大部分的维护工作是改进和加强软件，而不是纠错。另外，对于不同的软件系统，这个比例也会有一定的不同，例如对于行业软件，如金融业务，随着业务的发展，适应性维护任务的数量也可能超过完善性维护任务的数量。

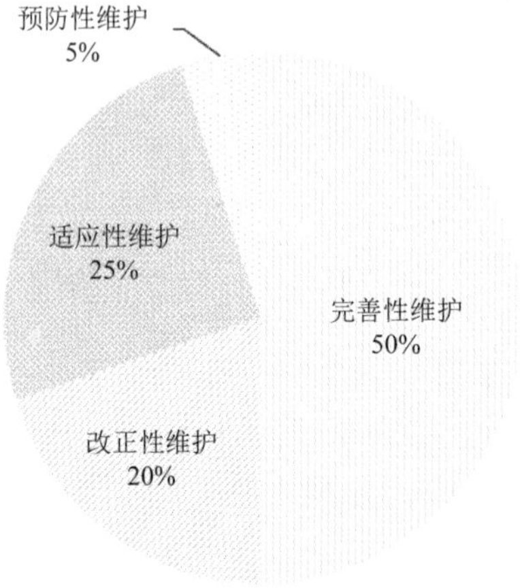

图 7.1　四种维护类型的占比

人们还研究了不同的维护类型与可维护性的七个质量特性之间的关系，见表 7.1，在不同的维护类型中，质量特性的侧重点也不同。

表 7.1　七种特性在各类维护中的侧重点

可维护性特性	改正性维护	适应性维护	完善性维护
理解性	√		
可测试性	√		
可修改性	√	√	
可靠性	√		
可移植性		√	
可使用性		√	√
效率			√

7.1.3　软件维护工作流程

软件维护工作首先要确定维护类型，当外部或内部组织提出申请后，软件运维组织首先判断维护类型，并对维护需求进行分类；其次根据排序的优先级进行统一版本规划，根据维护策略进行软件维护，并记录软件维护过程，最后对工作进行评价。软件维护的基本流程如图 7.2 所示。

对于任何类型的软件维护来说，维护实施的技术工作基本都是相同的。软件程序、代码、文档的修改往往都会影响其他部分。因此软件维护工作需要有计划、有步骤、有审核地安排，严格按照维护工作流程进行。

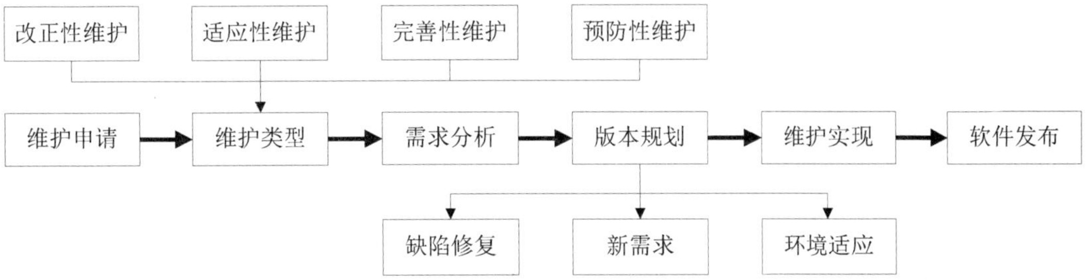

图 7.2　软件维护的基本流程

通常软件维护执行以下步骤：

（1）提交维护申请。

（2）选择符合申请的维护类型。

（3）分析修改的内容及必要性，确认修改后对原有系统的影响程度。

（4）审核同意或否决维护申请。

（5）为每个提交的维护申请排优先级，并且安排工作进度及人员。

（6）修改代码，记录所修改的内容并评审，保证程序运行正常。

（7）评审编码情况，详细填写维护工作记录表。

（8）不仅测试所修改的部分，还要对其他部分进行全面测试，确认是否对其他部分有影响。

（9）必须保持程序与文档的一致性，应实时更新相关文档。

（10）发布软件版本，并确保发布后的程序可在系统程序中安全运行。

（11）每日查看数据库备份情况，并定期完成数据清理。

7.1.4　软件维护过程文档

软件可维护性是软件系统应具备的基本特点，在软件系统开发阶段就应考虑此特点。文档是软件可维护性的决定性要素之一。具有规范详细的文档，软件才具有较高的可维护性。

软件系统的文档可分为用户文档、系统文档两类：

（1）用户文档。用户文档主要描述系统功能和使用方法，包括功能描述、安装说明、使用说明、操作手册等，用户文档不体现功能具体的实现方法。

（2）系统文档。系统文档主要描述系统设计、实现、测试等各方面的内容，包括安装部署维护文档（包括应用及程序部署说明书、系统维护手册、网络拓扑图及访问策略、相关设备的配置数据文档）、接口规范和协议（包括建设方案用到的工程技术规范、协议和一些接口协议文档）、设计文档（包括系统各个模块的详细设计说明书，主要是业务流程方面的、数据库设计文档及说明）等资料。

软件维护过程文档是对整体软件系统的描述，如只修改程序代码未反映在设计文档或操作手册中，可能会引起严重的后果。每当数据、软件程序、硬件设备或其他相关软件发生改变时，需实时更新技术文档。系统文档必须与软件系统保持一致性，在以后的维护工作中如文档不符合实际的软件系统，维护人员将无法准确地理解系统，会引起不必要的错误。

7.1.5 软件维护的困难及应对策略

1. 软件维护的困难

软件维护中常常遇到以下困难：

（1）文档缺失、不充分或过期。主要表现在各类文档之间的不一致、文档与程序之间的不一致性以及文档缺失，从而导致维护人员不知如何进行修改和维护，加大了维护的难度。

（2）软件升级频繁。由于业务的发展或市场竞争的因素，软件的适应性维护内容多，软件升级频繁，有时每周可能会有几次版本的升级，由此加大了系统的不稳定性，增加了软件维护的难度。

（3）软件维护人员变动。软件维护是一个长期的过程，当软件需要维护时，维护者首先要对软件各个阶段的文档和代码进行分析、理解，在大多数情况下，软件维护工作并不是最初的软件的设计和开发人员，理解别人的源程序是非常困难的，如果文档不全，或仅有程序无文档，难度则更大。

（4）未严格遵守软件开发标准。由于有的软件在设计时对未来的维护考虑不充分，未使用统一的编程语言也没有按模块独立设计原理进行设计，这种软件的维护既困难也易出错，软件生命周期越长越难维护。

2. 提高软件可维护性的途径

软件的可维护性越强，软件的生命周期就越长，如何克服软件维护的困难，提高软件的可维护性，是软件维护组织需要认真解决的问题。

（1）可理解的系统结构设计。系统的设计必须采用模块化和结构化的设计，每个模块都应具有独立的功能，需要满足高内聚、低耦合的原则。采用可理解的结构设计，可以帮助维护人员进行维护，因为结构化设计不仅可以使模块结构标准化，还可以将模块化间的相互作用也标准化，可以得到良好的程序结构。

（2）标准化的程序设计语言。程序设计语言的选择直接影响到软件的维护，因为语言的功能越强，生成程序的模块化和结构化程度越高，所需的指令数就越少，程序的可读性越好。源代码都必须具有良好的结构，所有代码都必须文档化。一般来说，第 4 代开发工具和高级语言程序比汇编语程序更容易理解。

（3）结构化的文档。软件维护人员在维护软件时只能通过阅读、理解和分析源代码来了解系统的功能、结构、设计模式等，如果没有这些结构化文档就会给维护带来困难，要弄清某个系统就必须花费大量的人力和物力，这样势必影响到软件的可维护性。因此需要及时创建各个阶段的文档，文档的设计风格也要简洁一致，及时更新完善相关文档，固定存放文档，为今后维护工作提供帮助。

（4）有效的软件维护管理。建立问题处理流程与机制，针对不同的维护内容，明确是维护人员还是有开发人员解决处理，可以定期安排软件人员开发任务和维护任务的适当轮换，这样可以使软件人员体会到开发和维护工作的具体要求、开发和维护的关系，有利于提高软件人员的技术水平和软件系统的质量。

（5）明确软件质量目标及优先级。当版本更新的任务很多时，针对各类改正性维护、适应性维护、完善性维护，明确软件的质量目标，筛选问题的优先处理级别。

（6）明确的质量保证审查。在软件修改或完善后，在版本上线前，要尽可能地进行更多的软件测试和质量保证审查活动。

7.2　软件运维管理

软件运维的目的是保证系统可以正常地运行，与用户环境、软硬件环境、数据处理操作及其他相关系统的请求取得协调，使软件系统不断地改善及提高。因此软件运维要有组织、有计划地对系统进行改进升级，以保证软件系统在任何环境下，始终可以稳定、正确地运行。

1. 软件维护任务

软件维护常见的工作如图 7.3 所示，根据软件系统的规模不同、软件的应用范围不同、软件的安全性及可靠性等要求的不同，软件维护的工作内容也会有相应地增减。

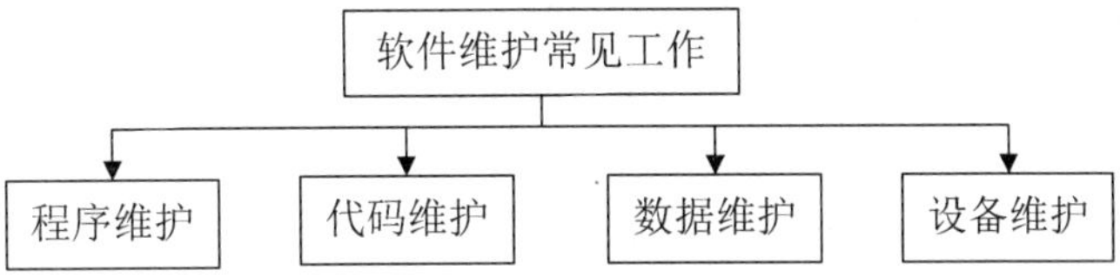

图 7.3　软件维护常见工作

（1）程序维护。通常是在源代码基础上进行修改或更新。修改后的源代码必须要详细注释指出修改日期及修改人员等。

（2）代码维护。随着用户环境的变化或提升，源代码已不适应于新需求，为了满足用户需要，需采用软件新技术更新代码。

（3）数据维护。主要是定期对重要数据进行备份，对运行过程中产生的数据文件及数据记录进行增加、修改、删除等操作。

（4）设备维护。保持计算机及设备良好的运行状态，定期对系统设备进行检查和保养，对突发性故障集中检修或更换。

2. 运维工作内容

小型的软件通常维护工作不需要保持一个正式的组织结构，可以由原开发小组承担，但也可以指定一个专门的维护小组；而大型的软件运维是一件非常复杂的工作，运维工作需要由一定数量的工程师组成的正式机构完成。对于大型的运维组织，工作内容一般包括

（1）日常运维管理。包括值班管理、作业计划管理、机房进出管理和知识经验管理等内容，主要定义和规范日程进行的常规任务和工作。

（2）事件管理。记录和管理故障从发生到业务恢复的过程，主要包括来自 IT 基础架构的故障告警、来自客服和业务部门的客户投诉，也包括来自其他业务部门的服务请求。

（3）问题管理。记录和管理故障根源分析和解决的过程，包括事件处理在业务恢复后，仍需进行深入分析故障原因、日程维护中发现的尚未影响业务的故障、工作例会上对事件进行趋势分析确定的潜在故障。

（4）配置管理。配置管理是对 CMDB（Configuration Management Database，配置管理数据库）的规划、建立、维护和审核过程的管理，保证 CMDB 的完整性、实效性和权威性，为其他流程提供良好的支撑。

（5）变更管理。跟踪和记录变更评估、审批、实施和验证的过程，包括 IT 基础架构中设备、部件、板卡、配置的新增、变更和下线，也包括非项目性质、日常化业务需求的新增和变更。

（6）发布管理。跟踪和记录新系统测试、培训、部署、上线的过程，包括大版本测试上线发布和日常化需求变更的测试上线。

（7）数据备份应急。业务数据的备份（恢复）工作。

（8）服务器定期巡检。正常巡检（软件检查内容应包括数据完整性检查、运行状态检查、功能检查、软件可用性和安全性检查等；硬件检查内容应包括各主机系统状态检查、网络情况检查）、周期性维护的工作。

3. 软件运维管理

在软件的生命周期中，人们往往热衷于系统开发而忽视系统运维工作。系统维护不仅是技术性工作，更是为了保证系统维护的工作质量，因此需要规范的管理工作。主要包括如下方面：

（1）明确工作规范及流程。建立软件维护组织后，首先需要建立一套完整的系统维护过程文档及管理措施以及评审标准。维护组织应在维护活动开始前就明确责任，避免维护过程中出现混乱。

（2）进行过程度量。根据维护过程度量的结果，对软件开发技术、程序语言、维护工作量规划、资源分配等规范处理，确保维护工作按照严格的步骤进行。

（3）重视审批过程。任何未经允许擅自修改程序的行为都会对系统造成混乱，如多个人修改的结果不一致、未及时更新文档导致程序实现不一致、修改后未记录修改过程等都会对程序系统造成影响，因此维护审批过程也是极其重要的环节，虽然可能会降低流程进展的速度，但可以保证系统的稳定性。

（4）设立紧急通道。如当前系统发生恶性或紧急故障，也可立即动用资源解决问题，保证系统正常运行，后续再记录及排查问题出现的原因。

4. 软件运维组织

一个大中型企业的 IT 部门或信息科技部门，组织架构如图 7.4 所示，包括研发中心、运维中心、测试中心、数据中心及项目管理部门等。有的企业数据中心归属运维部门；而对于小型的组织，组织架构就相对简单得多，例如有些小型机构，IT 的开发和运维可能是同一个或几个人员。

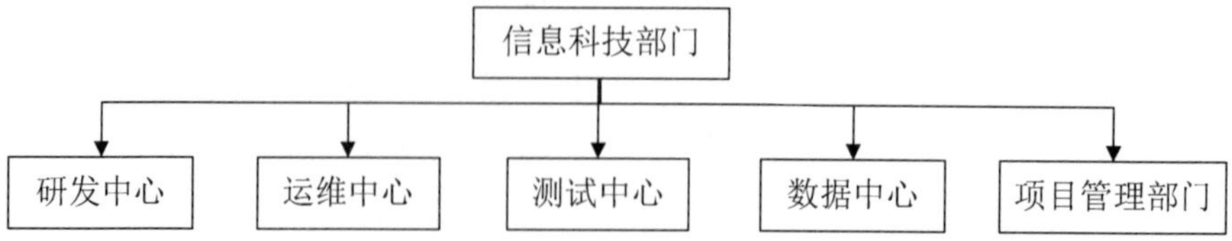

图 7.4 信息科技部门组织架构

在系统上线后长期的运行维护中，针对系统的各种类型的维护任务，运维部门与研发、测试部门互相配合，针对周期性的系统更新版本或紧急上线任务，进行相应的研发、测试及上线部署等工作。

对于大型组织，运维中心可能包括如下岗位的人员：运维中心管理岗、系统管理岗、应用管理岗、数据管理岗、网络管理岗、服务支持管理岗等。

5. 软件维护工作评价

软件维护工作结束时，需要对工作完成情况进行评价。维护记录中的各种数据是维护评价的重要参考。全面、详细、准确地描述维护记录，可以更便捷地对维护工作进行评价。可以从以下几个方面对维护活动进行评价：

（1）程序运行时的平均出错次数。

（2）各类维护申请的比例。

（3）每个程序、每种语言、每种维护类型所做的平均修改数。

（4）维护过程中，增加、修改或删除每条源程序语句花费的平均人力和时间。

（5）维护不同程序语言花费的人力和时间。

（6）维护申请报告的平均处理时间。

7.3　软件运维的关键

7.3.1　运维平台

信息系统资源的不断增长，使信息系统软件面临着巨大的运维压力，利用人工的日常巡检来发现与排除故障已不能满足信息系统业务持续的可用性和性能要求，为了获得更高的性能和可用性，就需要借助运维管理平台自动实现对信息系统各类资源的数据采集、状态监控和性能分析。

信息系统运维平台是站在运维的整体视角，以流程、技术、服务为导向的业务服务管理和运维支撑平台，其中针对信息系统软件运维的管理内容主要包括

（1）信息系统软件信息采集。可以快速查询网络内各计算机中安装信息系统软件的详细信息，也可以查询出某一信息系统软件在整个网络中的安装数量。查询结果可以报表形式输出，也可导出为 Excel 或文本文件，可以记录信息系统软件变更情况。当终端 PC 信息系统软件有新变化后，例如，安装或删除某个信息系统软件，可以统计终端 PC 信息系统软件的变更情况。

（2）信息系统软件监控。信息系统软件监控功能可以让信息系统软件管理者对客户端 PC 的信息系统软件运行使用情况了如指掌，并赋予信息系统软件管理者控制客户端 PC 是否能够运行某些信息系统软件的能力。

信息系统软件监控的目的是使单位内部的计算机能够根据单位工作需要而发挥作用，杜绝不相干的信息系统软件运行，降低系统故障的概率，同时也对信息系统软件的运行历史记录进行统计分析，让管理人员了解网络内信息系统软件运行频度等信息。

7.3.2 文档管理

信息系统软件运维文档管理应注意如下方面：

（1）文档管理制度化。形成一整套完善的文档管理制度，根据这一套制度来协调、控制、评价信息系统软件运维中各类人员的工作。

（2）文档标准化、规范化。在信息系统软件运维前要选择或制定文档标准，在统一的标准约束下来规范地建立各类文档。

（3）落实文档管理人员。应设专人负责集中保管与信息系统软件运维相关的文档，他人可按一定的流程向文档管理员借阅文档。

（4）保持文档的一致性。信息系统软件在运维过程中，如果修改了原来的需求和设计，但是文档却没有进行同步修改，会造成交付的文档与实际信息系统软件不一致。所以，在信息系统软件运维过程中，如果修改部分涉及设计文档或用户手册，一定要及时更改，这样才能达到事半功倍的效果。

（5）维护文档的可追踪性。由于信息系统软件运维的动态性，软件的某种修改最终是否有效要经过一定时间的检验，所以运维文档也应与相应的信息系统软件一样要分版本进行管理，这样软件和文档就具有可追踪性，便于持续地运维与改进。

7.3.3 水波效应

水波效应是指人们对信息系统软件的某一处甲进行修改时引出乙的错误，修改乙时又影响到丙，以此类推形成的“一石激起千层浪”的连带影响的局面。

在信息系统软件运维过程中，要注意水波效应的影响，避免因修改信息系统软件中的一处错误而造成其他的错误或其他不希望情况的发生。水波效应分析如下：

（1）程序修改的水波效应。在修改信息系统软件源程序时可能引入新的错误，例如，删除或修改一个子程序、一个标号、一个标识符，改变程序代码的时序关系，改变占用存储的大小，改变逻辑运算符，修改文件的打开或关闭，改进程序的执行效率，以及把设计上的改变翻译成代码的改变，为边界条件的逻辑测试做出改变等。要谨慎地修改信息系统软件程序，尽量保持程序的风格及格式，要在程序清单上注明改动的指令；不要删除程序语句，除非完全肯定它是无用的；不要试图共用程序中已有的临时变量或工作区，为了避免冲突或混淆用途，应自行设置自己的变量；插入错误检测语句；在修改过程中做好修改的详细记录，消除信息系统软件代码变更中任何有害的水波效应。

（2）数据修改的水波效应。在修改信息系统软件数据结构时，有可能造成软件设计与数据结构不匹配，因而导致软件出错。数据水波效应是修改信息系统软件数据结构导致的结果。例如，重新定义局部或全局常量，重新定义记录或文件的格式，增大或减小一个数组或高层数据结构的大小，修改全局或公共数据，重新初始化控制标志或指针，重新排列输入/输出或子程序的参数等。

（3）文档修改的水波效应。对数据流、软件结构、模块逻辑或任何其他有关特性进行修改时，必须对相关技术文档进行相应修改，否则会导致文档与程序功能不匹配，使得信息系统软件文档不能反映软件的当前状态。对用户来说，软件事实上就是文档。如果对可执行软件的修改不反映在文档里，就会产生文档的水波效应。

软件的可理解性和文档的质量对信息系统软件运维非常重要。通常可采用自顶向下的方法，在理解程序的基础上，研究程序的各个模块、模块的接口及数据库，从全局的观点提出修改计划。依次把要修改的及那些受修改影响的模块和数据结构分离出来。通常要做的工作包括识别受修改影响的数据；识别使用这些数据的程序模块；对于程序模块，按产生数据、修改数据还是删除数据进行分类；识别这些数据元素的外部控制信息；识别编辑和检查这些数据元素的地方；隔离要修改的部分。

小　结

软件开发结束或版本上线后，就进入了运维阶段。根据常用的“二八”原则理论，软件生命周期的 20%是在开发阶段，80%是在运维阶段，因此软件运维是软件生命周期中历时最久，花销最多的阶段。

软件维护的任务就是要有组织、有计划地对系统进行改进升级，以保证软件系统在任何环境下，始终可以稳定、正确地运行。本章介绍了软件维护类型、工作流程、过程文档，经常遇到的困难及应对策略。

软件维护工作需要有计划、有步骤、有审核地安排，严格按照维护工作流程进行，因此运维管理非常重要。本章最后，从运维平台、文档管理和水波效应三个方面对软件运维的关键进行了梳理。

习题 7

1. 选择题

（1）为增加软件功能和性能而进行的软件修改维护过程是（　　）。

A．校正性维护　　B．适应性维护　　C．完善性维护　　D．预防性维护

（2）生产性维护活动是（　　）。

A．修改设计　　B．理解设计　　C．解释数据结构　　D．理解功能

（3）软件的可维护性度量可分解为对多种因素的度量。下列各种因素中，（　　）是可维护性度量的内容。

① 可测试性　　② 可理解性　　③ 可修改性　　④ 可复用性

A．①、②、③、④　　B．①

C．①、②、③　　D．①、②

（4）在软件生命周期中，（　　）阶段所占工作量最大，约占 70%。

A．分析　　B．编码　　C．测试　　D．维护

（5）目前广泛使用七个特性来衡量软件的可维护性，下列（　　）特性不属于衡量软件可维护性的范围。

A．可移植性、可使用性　　B．可靠性、效率

C．一致性、数据无关性　　　　　　D．可理解性、可测试性

2．简答题

（1）一个软件的可维护性取决于哪些属性？

（2）提高软件可维护性有哪些途径？

（3）软件维护的类型有哪些？

（4）简述软件维护的基本流程。

（5）简述软件运维工作的主要内容。

第 8 章　软件过程管理

本章学习目标

- 熟悉软件工程项目管理知识领域。
- 熟悉软件能力成熟度模型。
- 熟悉配置管理。
- 了解配置管理工具的使用方法。

本章首先结合项目管理知识体系和项目管理中常见的管理内容，对软件工程项目管理进行介绍，并介绍其中的项目启动管理、计划管理、人员组织与管理、变更管理和风险管理等内容；然后介绍软件能力成熟度模型及发展；最后介绍软件配置管理。

8.1　软件工程项目管理

软件工程项目管理是一种应用于软件工程技术的管理过程。软件项目的管理非常重要，因为软件是知识产品，其开发进度和质量很难估计和度量，开发及测试工作效率也难以预测和保证，并且软件系统的复杂性也导致了开发过程中各种风险难以预见和控制。像大型的开发项目有数百名程序员、测试员甚至项目经理都会有多个，对于这样庞大的项目如果没有管理，其质量保障是难以想象的。

在软件工程项目管理方面比较权威的体系是项目管理知识体系，即 PMBOK（Project Management Body Of Knowledge），它是由美国项目管理协会（Project Management Institute, PMI）发起的。PMBOK 对项目管理所需的知识、技能和工具进行了全面的阐述。PMBOK 每四年更新一次，截至目前最新版是 PMBOK 第五版（PMBOK 2012）。它包括十大知识领域，47 个项目管理过程。这十大知识领域为项目整合管理、项目范围管理、项目时间管理、项目成本管理、项目质量管理、项目人力资源管理、项目沟通管理、项目干系人管理、项目风险管理、项目采购管理。为了给项目管理人员提供统一的行业标准，PMI 设置了项目管理专业人员资格认证（Project Management Professional，PMP）考试。目前公认 PMP 是一个严格评估项目管理人员知识技能的资格认证考试。

本章内容将结合项目管理知识体系知识和项目管理中常见的内容，介绍项目启动管理、项目计划管理、人员的组织与管理、变更管理和风险控制。

8.1.1　项目启动管理

项目启动是指组织正式开始一个项目或继续到项目的下一个阶段。项目启动阶段是一个项目非常重要的阶段，然后项目的启动管理往往被忽视，因此作为项目管理者或项目经理（PM），应该特别重视项目启动管理。

项目启动时需要明确以下几个问题：

（1）项目范围、项目周期、关键里程碑点。

（2）识别干系人，明确沟通、汇报渠道及各个角色的职责。

（3）项目规则约定、表单模板、流程。

（4）项目资源、费用预算。

（5）产品业务需求、技术需求，用户群体。

（6）识别可能的项目风险。

（7）需要什么样的技术支持，是否需要前期学习和调查。

项目启动会是（甲乙双方的）项目小组进行认识和会面的过程。项目启动会的成功开展，有助于明确项目目标，同时向项目经理和项目小组成员进行授权。并有助于调动员工的积极性，让项目各方自上而下达成共识，为日后开展相关的工作扫除障碍。项目启动阶段准备的充足与否往往决定着一个项目的成败，目前对项目启动管理的重要性已形成统一的认知。

项目启动的准备工作比较烦琐，具体事宜取决于项目所在的管理环境的要求。在项目启动准备期，可以准备一个项目启动检查清单，以确保项目启动工作的有序，避免疏漏。一般说来，启动会准备工作包括建立项目管理制度、整理启动会资料等，其中建立项目管理制度是非常关键而且容易忽略的一项工作，主要包括

（1）项目考核管理制度。

（2）项目例会等沟通管理制度。

（3）项目汇报制度。

（4）项目计划管理制度：明确各级测试项目计划的制订、检查流程，如整体计划、阶段计划、周计划等。

（5）项目文件管理流程：明确各种测试文件名称的管理和文件的标准模版，如测试需求编写规范、测试用例编写规范、缺陷编写规范、汇报模板、例会模板日志等。

8.1.2 项目计划管理

项目计划管理是在项目计划阶段对项目实施的管理，内容包括范围管理、进度管理和综合管理。一个科学的计划，不仅可以保证项目工期，减少资源浪费；而且，所制订出的进度时间表还可以对项目的进程进行跟踪控制管理，以掌握并调控项目的进度，从而保证项目的按期完成。

计划是行动的准则，是衡量项目成功与否的标准。在进行计划时，需要和客户沟通好时间、范围、成本、质量各个方面的内容。在完成项目计划后，计划需要通过项目管理团队评审通过，并与客户沟通，书面认可。在项目实施过程中，需要保证项目组成员理解并按照计划实施。

项目计划应在项目开始初期制订出来，并随着工程的进展渐进明细。在项目初期，通常由于需求模糊以及它的不确定性导致前期的工作重点都用在需求确认上以及了解相关行业的业务知识上。这样做的好处是可以提前把未知的部分变成已知的并展开工作，若把未知部分留滞到以后通常会产生很多问题，因为未知部分具有最高的风险系数。下面主要介绍进度计划管理。

1. 制订开发进度计划

软件项目的进度安排与任何一个工程的进度安排没有实质上的不同。项目进度安排的正

确方法是首先识别一组项目任务，建立任务间的相互关联，然后估计各个任务的工作量，分配人力和其他资源，指定进度时序。一般来说，项目进度的安排有两种考虑方式，一种是系统最终交付日期已经确定，项目组织必须在规定期限内完成；另一种是系统最终交付日期只确定了大致年限，确切日期由项目组织确定。在第一种方式中，延迟交付会引起用户的不满，甚至还会要求赔偿经济损失，因此，强调在规定的期限内合理地分配人力资源和安排进度。在第二种方式中，应该对软件项目进行细致分析，最好地利用资源与合理地分配工作，最后的交付日期在详细分析之后确定下来。

项目进度安排需要将项目的所有工作分解为若干个独立的活动，并在此基础上判断这些活动所需的时间，其具体过程如图 8.1 所示。

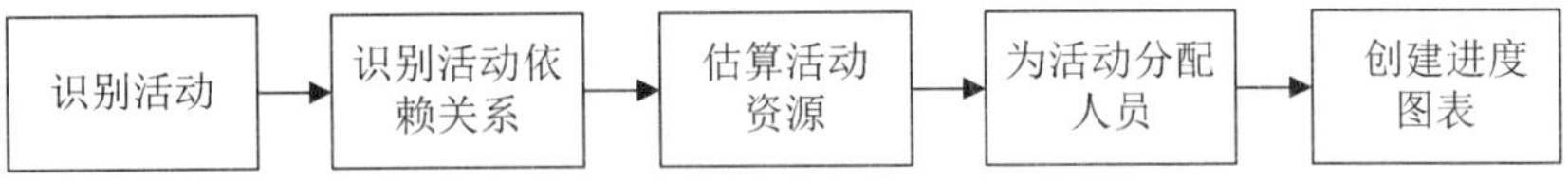

图 8.1　项目进度安排

测试进度计划的制订对一个项目的成功起着至关重要的作用。在做项目进度计划的时候，常常采用项目管理中的一些技术，如工作分解结构（WBS）、甘特图（GANT）及 PERT 估算法等。项目进度通常用一系列的图表表示，通过这些图表可以直观地了解任务分解、活动依赖关系和人员分配情况。

目前广泛使用 Project 软件制作进度计划。Microsoft Project 是由微软公司开发销售的项目管理软件程序。软件设计目的在于协助项目经理发展计划、为任务分配资源、跟踪进度、管理预算和分析工作量。

结合 Project 工具的使用，项目经理编制进度计划大约分如下几步。

（1）日历设置（工作日、非工作日、项目日历、任务日历、资源日历）。

（2）WBS 分解（分级的层次结构建议，任务备注如何使用，80 小时法则）。

（3）工期设置（分钟、小时、天、周、月，弹性工期，摘要任务工期计算、估计工期用法）。

（4）关联性设定（四种关联性、网络图解释、关联设置方法与技巧）。

（5）关键路径（概念、作用、实践的用法）。

（6）项目进度压缩方法（赶工、快速跟进、并行工程、修改日历）。

（7）检查进度计划是否满足要求，如果不满足如何调整。

（8）进度计划评审与确认。

使用 Project 软件制订的项目进度计划模板如图 8.2 所示，其中对项目所有任务及子任务，从工期、开始时间、完成时间、前置任务、资源名称、输出物等方面进行规划。另外，项目的进度管理常常使用甘特图。甘特图（Gantt Chart）由亨利·甘特于 1910 年开发，它通过条状图来显示项目进度和其他与时间相关的进展的内在关系随着时间进展的情况。其中，横轴表示时间，纵轴表示活动（项目）。线条表示在整个期间上计划和实际的活动完成情况。甘特图可以直观地表明任务计划在什么时候进行，及实际进展与计划要求的对比。管理者由此可以非常便利地弄清每一项任务（项目）还剩下哪些工作要做，并可评估工作是提前还是滞后，亦或正常进行。除此以外，甘特图还有简单、醒目和便于编制等特点。

	任务名称	工期	开始时间	完成时间	前置任务	资源名称	输出
0	**− 项目进度表模板**	**191 个工作日?**	**2014年1月6日**	**2014年9月26日**			
1	**+ 项目策划**	**40 个工作日?**	**2014年1月6日**	**2014年3月5日**			
44	**− 项目实施**	**154 个工作日?**	**2014年1月7日**	**2014年8月11日**			
45	**− 软件需求开发**	**33 个工作日**	**2014年1月7日**	**2014年2月26日**			
46	业务需求理解	10 个工作日	2014年1月7日	2014年1月21日	4	请输入姓名	
47	软件需求分析与开发	16 个工作日	2014年1月21日	2014年2月18日	46	请输入姓名	软件需求规
48	软件需求评审	2 个工作日	2014年2月18日	2014年2月20日	47	请输入姓名	
49	建立软件需求基线	2 个工作日	2014年2月20日	2014年2月24日	48	请输入姓名	
50	软件需求里程碑总结	2 个工作日	2014年2月24日	2014年2月25日	49	请输入姓名	里程碑总结
51	软件需求里程碑评审	1 个工作日	2014年2月25日	2014年2月26日	50	请输入姓名	
52	**− 系统设计**	**28 个工作日**	**2014年2月26日**	**2014年4月7日**			
53	**− 概要设计**	**10 个工作日**	**2014年2月26日**	**2014年3月12日**	**49**		
54	概要设计	6 个工作日	2014年2月26日	2014年3月6日	51	请输入姓名	
55	数据库设计	1 个工作日	2014年3月6日	2014年3月7日	54	请输入姓名,	
56	编制概要设计说明书	6 个工作日	2014年2月26日	2014年3月6日	51	请输入姓名	概要设计说
57	概要设计评审	1 个工作日	2014年3月6日	2014年3月7日	56	请输入姓名,	
58	评审问题修改	2 个工作日	2014年3月7日	2014年3月11日	57	请输入姓名,	
59	建立概要设计基线	1 个工作日	2014年3月11日	2014年3月12日	58	请输入姓名	
60	**− 详细设计**	**18 个工作日**	**2014年3月12日**	**2014年4月7日**			
61	详细设计	6 个工作日	2014年3月12日	2014年3月19日	59	请输入姓名	
62	编制详细设计说明书	6 个工作日	2014年3月19日	2014年3月27日	61	请输入姓名	概要设计说
63	详细设计评审	1 个工作日	2014年3月27日	2014年3月28日	62	请输入姓名	
64	评审问题修改	2 个工作日	2014年3月28日	2014年4月1日	63	请输入姓名	
65	建立详细设计基线	1 个工作日	2014年4月1日	2014年4月2日	64	请输入姓名	
66	设计里程碑总结	1 个工作日	2014年4月2日	2014年4月3日	65	请输入姓名	
67	设计里程碑评审	1 个工作日	2014年4月3日	2014年4月7日	66	请输入姓名	

图 8.2　项目进度计划表模板

2. 计划跟踪监控

计划做得再好，没有有效的执行等于没做，所以在项目的进度跟踪与控制方面，采用日志的方式或相应的工具，项目组成员每天填写工作完成情况，项目经理及时了解项目进展情况和每个人的工作情况，便于项目经理及时发现项目当前存在的问题并且快速地作出相应的调整。对于未按计划完成的任务，需要与相关人沟通，明确原因，找到问题解决办法，并尽快采取措施解决问题，避免进度偏差扩大化。与此同时，所有的工作成果必须上传到配置管理服务器上，方便工作成果的抽检，做好项目进度控制。计划跟踪监控可以分为如下三项内容：

（1）计划跟踪：对计划中各里程碑进行必要的跟踪，了解项目进度、范围的覆盖情况、人员状况、开发与测试中的问题等。

（2）分析偏差：根据里程碑计划跟踪任务的完成情况，对项目的实际数据信息进行分析，并与项目里程碑计划进行比对，分析进度偏差情况，对偏差产生的原因进行必要分析。

（3）进度汇报：负责汇总项目进度情况，并定期向公司管理人员和客户项目管理人员汇报。对于与实际情况偏差较大的计划，须经项目管理人员批准后变更计划。

8.1.3 人员组织与管理

人员是软件工程项目中最重要也是最为活跃的资源因素。如何组织得更加合理，管理得更加有效，从而最大限度地发挥这一重要资源的潜力，对于成功地完成软件工程项目至关重要。

一个成功的项目经理应具备领导者的才能、沟通者的技巧、推动者的激情。因为项目负责人是一个项目的核心人物，对项目的成败起着关键的作用。项目负责人的工作主要有下面几项：

（1）确定项目目标。每个项目都应该有一个明确的、大家一致认可的主要目标。过多的目标会分散注意力，如果有些目标是在项目过程中自然产生的，那么不要一开始把它定为项目的目标。分析达到目标应该完成的具体任务，每个任务都围绕一个中心，并且不会互相抵触。

（2）明确职责权限。在项目开始前应该有岗位职责书，明确每个岗位的职责和权限。有些事情可能需要他人协助或者授权给别人，但是责任人必须是明确的。作为管理者一定要明确有哪些权力，而且要清楚如何利用职权，这样才能采取有效的策略。权力很大，可以更威严；权力很小，试试多一些感情投资。

（3）熟悉工作流程。软件组织在制定一个企业或一个项目的管理规范时，应该首先了解一些国际或国家软件工程规范和标准，尽量使自己的项目过程符合大的规范和标准。

（4）掌握技术要点。通常，项目经理不需要有非常娴熟的技术能力，可以在项目组或公司层面配置技术专家。项目经理应该对需要使用的技术有一定的理解，便于沟通。

（5）了解人力资源状况。一般软件项目中人员的使用是分段的，不同的阶段需要不同人员，应该根据需求选择合适的人员组建项目组。通常很难找到所有合适的人员，因此很多情况下，项目经理要制订一个人员培训计划，在实际项目过程中培养技术和管理人才。

（6）把握内外资源。尽可能在项目早期明确提出需要的资源，除了前面提到的人力资源外，还有资金和设备等。好的项目经理还要清楚，通过什么途径可以获得这些资源。

（7）制订项目计划。以上工作都完成后，可以开始制订项目计划了。制订项目计划的第一个重要原则是尊重事实：计划要合理和可行，充分考虑项目背景、开发者的能力和项目风险等因素。计划的第二个原则是分步细化：很难在一开始就将所有的阶段计划细化，因此可以先定出阶段性的计划和细化计划的时机，然后只细化最近内容。计划的第三个原则是描述清晰、没有歧义。最后一个原则是计划一定要通过评审，得到所有相关部门人员的认可。

（8）对项目变更要有完整的记录。项目从启动到设计、实施、上线通常要经历一个较长的时间，其中不免会有变化。所有的变化项目经理都必须控制，包括需求分析、方案设计、人员和设备调整等，以规避风险。

（9）保持良好的客户关系，建成一个项目，结交一批朋友。

【案例 8.1】项目经理工作内容。

下面结合一个实际的项目来了解一下项目经理的工作。这个研发项目的投资为 150 万元，项目经理做了以下工作：

（1）写技术可行性方案，到现场给客户讲解可行性方案并进行部分演示，主要目的是显示技术实力和对业务的理解程度，让客户了解开发组织的能力。

（2）根据客户发出的邀标书，编写投标书。

（3）中标后，编写项目开发计划，包括预计需要的资源、项目预算、可能遇到的困难、开发进度等。

（4）需求调研，帮助客户梳理业务流程，同时自己了解客户业务，编写初步的需求文档。

（5）组建开发团队，分配任务。

（6）进行技术培训，制定软件框架和开发规范、数据库设计等规范。

（7）开发软件原型界面，并与客户一起讨论和完善原型界面，这个周期比较长也很重要。

（8）按照原型开发软件。

（9）测试人员陆续进行测试。

（10）与其他外部系统接口厂商讨论接口方案。

（11）过程监控，计划跟踪，风险预估与规避。

（12）团队建设，项目冲突管理。

（13）新系统与原有系统并行工作，发现问题及时解决，目的是试用。

（14）并行一段时间后，准备正式上线，项目组检查所有的运行环境和外部接口。

（15）正式上线运行后，开始催促客户付剩余的开发款。

项目经理的工作可谓是事无巨细，很辛苦、很负责任，但是有两点要特别注意。

第一，项目组的人员是有分工的，不可能全部由项目经理一个人来完成，分工之间有合作，但是一定要有责任人。对这个项目应该组织多个业务需求调研小组，每个小组分别进行调研，对调研结果进行讨论，并且由客户参加，然后编写调研报告。原型开发小组由专人负责，统一界面的风格、布局和操作方式。此外设专人负责数据库设计，所有关于数据库的创建和修改都由此人负责。测试、文档管理、变更管理各设一专人负责，负责包括制定标准和规范（对现有的标准规范进行适当裁减，满足项目需要）、编写任务书、检查相应的工作结果、编写工作报告。项目经理要掌握完整的项目变更记录，因此，要设置专人记录项目的变更。这里的专人不是指只做此项工作，他还要做其他工作，只是对此项工作负责。

第二，项目商务问题，例如招投标、客户付款等问题不该由项目经理负责，项目经理可以协助商务人员工作。另外，团队建设非常重要，好的团队需要有凝聚力和“战斗力”，所以项目经理还需要注意与团队人员的沟通、团队建设，以及冲突的解决。

8.1.4 变更管理

随着客户对信息化建设认识的发展和业务水平的提高，以及市场的要求，项目（或软件系统）会不断地被提出新的需求和修改项，即需求变更。需求变更可能发生在任何阶段，即使到项目后期也会存在。后期的变更往往会对项目产生很负面的影响。需求变更是软件开发过程中开发人员和管理者们最为头疼的一件事情，而且有的项目由于需求的频繁变更，又没有很好的变更管理，最后导致项目失败。虽然需求稳定有助于产品的质量，但是必须接受“需求会变更”这个事实。

需求变更管理是组织、控制和文档化需求的系统方法。需求开发的结果经验证批准就定义了开发工作的需求基线，这个基线在客户和开发人员之间构筑了一个需求约定。需求变更管理包括在项目进展过程中维持需求约定一致性和精确性的活动，现在很多商业化的需求管理工具都能很好地支持需求变更管理活动。需求变更管理活动需要完成下面几个任务：

（1）确定变更控制过程，即确定一个选择、分析和决策需求变更的过程，所有的需求变更都需遵循此流程。

（2）建立一个由项目风险承担者组成的软件变更控制委员会（Software Change Control Board，SCCB），由他们来评估和确定需求变更。

（3）进行变更影响分析，评估需求变更对项目进度、资源、工作量和项目范围以及其他需求的影响。

（4）跟踪变更影响的产品，当进行某项需求变更时，根据需求跟踪矩阵找到相关的其他需求、设计文档、源代码和测试用例，这些相关部分可能也需要修改。

（5）建立基准和控制版本，需求文档确定一个基线，这是一致性需求在特定时刻的快照，之后的需求变更遵循变更控制过程即可。

（6）维护变更的历史记录，记录变更需求文档版本的日期、所做的变更及其原因，还包括由谁负责更新和更新后新版本号等情况。

（7）跟踪每项需求的状态，状态包括“确定”“已实现”“暂缓”“新增”“变更”等，建立一个数据库，其中每一条记录一项需求。

（8）衡量需求稳定性，记录基线需求的数量和每周或每月的变更（添加、修改、删除）数量。

在出现需求变更时，首先需要相关人员填写“需求变更申请表”，将变更进行较为详细的记录，其模板见表 8.1。

表 8.1　需求变更申请单模板

<table>
<tr><td>项目名称</td><td></td><td>变更类型</td><td></td></tr>
<tr><td>项目编号</td><td></td><td>变更申请人</td><td></td></tr>
<tr><td>项目经理</td><td></td><td>申请时间</td><td></td></tr>
<tr><td colspan="4">需求变更原因及内容（提供变更依据并详细描述，相关资料可附后）</td></tr>
<tr><td colspan="4">变更原因：市场要求？用户业务需求改变？需求理解的歧义？</td></tr>
<tr><td colspan="4">变更内容：填写需求变更、变更的可行性和涉及的内容、需求变更的优先级和重要程度等。</td></tr>
<tr><td colspan="4">变更影响分析</td></tr>
<tr><td colspan="4">变更涉及范围和影响评估，即涉及资源和需修改的其他关联内容，对项目成本、进度、质量的影响，变更实施的可行性和涉及的风险等。</td></tr>
<tr><td>需求开发工作量</td><td>设计开发工作量</td><td>实施工作量</td><td>计划实施该变更的时间</td></tr>
<tr><td></td><td></td><td></td><td></td></tr>
<tr><td colspan="4">建议的解决方案</td></tr>
<tr><td colspan="4">建议的解决方案可由项目经理或者变更相关人员填写：变更实现所涉及的风险等其他相关问题。</td></tr>
<tr><td colspan="4">接收方意见</td></tr>
<tr><td colspan="4">相关接收人员签字：
年　　月　　日</td></tr>
</table>

8.1.5　风险管理

软件项目风险管理是软件项目管理的重要内容之一。软件项目风险是指在软件开发过程中遇到的预算和进度等方面的问题，以及这些问题对软件项目的影响。软件项目风险会影响项目计划的实现，如果项目风险变成现实，就有可能影响项目的进度，增加项目的成本，甚至使软件项目不能实现。如果对项目进行风险管理，就可以最大限度地减少风险的发生。

项目风险管理的目标在于提高项目中积极事件的概率和影响，降低项目中消极事件的概率和影响。在进行软件项目风险管理时，首先要识别风险，评估它们出现的概率及产生的影响，然后建立一个规划来管理风险。具体地，项目风险管理可划分为识别风险、分析风险、规划风险应对和控制风险等过程。

1．识别风险

识别风险是判断哪些风险会影响项目并记录其特征的过程。一般来说识别风险的过程主要就是对已有的风险进行文档化并对其进行管理，目的是为项目团队预测未来事件积累知识和技能。识别风险是一个反复进行的过程，因为在项目生命周期中，随着项目的不断进行，可能会产生新的风险并暴露出来。对于一个项目团队或组织，需要做一般项目风险的收集，或称风险库，以更好地指导未来项目的实践。

【案例 8.2】软件项目常见的一些风险。

某组织随着项目实践的积累，将项目中可能出现的风险纳入风险库管理，见表 8.2。

表 8.2 风险清单

序号	大类别	小类别	风险描述
1	估算	项目规模超过实际工程能力	没有正确估算工程规模
2			相关人员估算能力不足
3			缺乏相应预算或人力资源保证
4		需求不明确	作为估算前提条件的系统需求不明确或实现有困难
5			客户对自己的需求不明确
6			主要系统需求是从客户谈话中推测出来或口头确认的
7		潜在需求	有潜在需求或预测又会影响日程、成本的需求变更
8			客户的一些非功能需求描述不清楚
9			包括潜在需求、主要需求以外的变更要求
10		容量/性能需求	容量/性能需求不明确，或者实现有困难
11			能确认容量/性能需求的可行性，但要一定时间的验证
12		估算方法	估算中有欠客观的地方
13			公司现有的估算方法不适应现在项目的估算
14			规模、工时、成本通过客观的方法来估算
15			没有制作估算书/开发设计书
16		估算结果	不存在以工作量为基础的成本估算
17			有各阶段的粗略的工作量和成本估算
18	客户	与客户方交流障碍	缺乏相应的语言（日语、德语等）基础
19			未建立完善的沟通渠道

续表

序号	大类别	小类别	风险描述
20	客户		没有形成沟通的意识
21		客户的诚信度	新客户
22			虽是老客户，但过去有交货延期、成本超支等严重问题
23		客户需求	客户需求确定慢或者在测试过程中需求变更多
24		合同	没有签订合同
25		责任不明确	和客户分担的工作、工作产品不明确
26	工作条件	工作环境	对工作环境缺乏足够的重视
27			对员工的关心不够
28			缺乏相应的激励机制
29			必要的工作环境（工具、场所）无法确保
30		系统难易度	系统特殊性、复杂度太高
31			影响范围、测试范围很难定
32		目标不明确	成本、交货期、项目目标不明确、欠详细
33	进度	项目时间太紧	因商业目的而制订了较短的工期
34			项目启动太晚
35			项目初期缺乏紧迫感，组织不力
36		项目后期变动频繁	客户需求模糊或未能正确理解需求
37			客户需求发生变动或变更太多
38			缺少有效的需求变化管理和相关分析
39		交货期延迟	工作延迟等组织本身的原因，最终交货期比预期的晚
40			客户的一些原因，最终交货期比预期的晚
41		工作延迟	比主进度计划延迟，需修改日程计划
42			比主进度计划延迟，但能够挽回
43		加班过多	半数以上成员加班时间一个月超过 60 小时
44			特定成员加班时间一个月超过 60 小时
45		进度管理	没有定期地进行项目内的进度报告，也没有记录
46		组织内进度报告	没有定期地向上级管理者（部长、部长以上）汇报进度
47		客户进度报告	没有定期地向客户汇报进度
48	人事	关键人员的影响	对关键人员安排的职责不明确
49			人事安排不当或冲突
50			缺乏合作的团队素质
51			关键人员的离职
52		人员变动	工作环境恶劣、项目缺乏吸引力、报酬不公，造成人员离职
53			管理不善造成人员离职

续表

序号	大类别	小类别	风险描述
54	人事		人员能力不足或无法管理被清退
55			被公司其他项目组调用
56		缺乏人力	培训不足
57			公司相关技术人员缺少
58			项目过多，人力分散
59			人员使用不合理
60	技术	技术方面的问题	对采用的技术缺乏深入了解
61			对开发方法、工具和技术的理解不够或缺乏相应的支持
62			对业务知识不了解或掌握不够
63		经验缺乏	缺乏按同一开发过程的开发习惯和能力
64			人员缺乏同类项目的开发经验
65			测试人员技术不足
66			相关人员缺乏培训的机会
67			没涉足过相关应用领域
68	管理	管理能力不足	没有专职的 PM，或不能确保必要的管理工时
69			管理人员缺乏相应的管理能力
70			管理人员陷入技术事务
71			计划和任务定义不够充分
72		计划不明确	没有主进度计划
73			过程行动计划不明确
74			没有 WBS 或不完全，或者和主进度计划的工程不一致

2. 分析风险

风险分析是评估并综合分析风险的发生概率和影响。这一过程用来确定风险对项目目标可能的影响，以及对风险进行排序。它在明确特定风险和指导风险应对方面十分重要。对风险的分析可以从以下角度进行：

（1）“风险类型”，一般包括“技术、人员、需求、测试环境、测试管理、项目协调管理、其他”。

（2）“发生概率”是对风险出现的可能性进行评估，可能的结果有：非常小（小于 10%）、小（10%～25%）、中等（25%～50%）、大（50%～75%）、非常大（大于 75%）。

（3）“风险影响”是对风险的严重性进行评估，可能的结果有：灾难性（进度延迟 1 个月以上，或者无法完成项目）、严重（进度延迟 2 周～1 个月，或者严重影响项目完成）、中等（进度延迟 1 周～2 周，或者对项目完成有一定影响）、低（进度延迟 1 周以下，或者对项目完成稍有影响）。

（4）“发生时段”是对风险可能发生的时间进行估计，一般包括近期，可能在本阶段发生；中期，可能在下一阶段发生；远期，可能在下一阶段之后发生。

3. 规划风险应对

规划风险应对是针对项目目标，制订提高机会、降低威胁的方案和措施的过程。规划风险应对是针对已识别的风险进行的；对于未来未知的风险，不可能预先制订相应的应对计划或应急计划。制订风险应对措施需要理解风险处理机制，这是一种可据此分析风险应对计划是否正在发挥应有作用的机制，其中包括确定和分配某个人（风险应对责任人）来实施已获同意和资金支持的风险应对措施。

通常应对措施有以下几种：

（1）规避策略。改变项目计划或缩小项目工作范围以及采用更成熟的技术方案来进行风险规避。

（2）转移策略。把风险的影响和责任转嫁给第三方，该风险还是存在的。这种方式通常是要给第三方报酬的。

（3）减轻策略。降低不利风险发生的可能性，例如选择更好的方案、更可靠的供应商等。

（4）接受策略。面对风险选择"坦然接受"，不对项目计划做任何改变，最常用的措施是风险储备金：费用、资源、时间等。

4. 控制风险

控制风险是指风险管理者采取各种措施和方法，消灭或减少风险事件发生的各种可能性，或风险控制者减少风险事件发生时造成的损失。控制风险是在整个项目中实施风险应对计划、跟踪已识别风险、监督残余风险、识别新风险，以及评估风险过程有效性的过程。控制风险会涉及选择替代策略、实施应急或弹回计划、采取纠正措施，以及修订项目管理计划等。风险应对责任人应定期向项目经理汇报计划的有效性、未曾预料到的后果，以及为合理应对风险而需要采取的纠正措施。在控制风险过程中，还应更新项目经验教训数据库或风险库，以使未来的项目受益。

8.2　软件过程管理及能力成熟度模型

在软件开发中的过程经验有很多，例如需求管理、设计方法以至于编码的风格、技巧等，还有很多项目管理过程中的技巧方法等。最初，这些成功的过程只在成功者的头脑中，没有被企业内部共享和重复利用，从而使这些本应从属于企业的巨大财富被人们所忽视，无形中给企业带来了巨大的损失，特别是当出现人员流动时，企业的这种财富也随之流失。通过软件过程工程管理，企业将成功的过程进行有效的积累，形成可重复的过程，让过程能够被共享、复用，并得到持续的改进，最终软件企业能够在人员更替时也能很好地控制项目，从而保证软件产品的质量。

软件过程管理的目的是保证软件产品具有相对稳定的质量。在人们将工程的概念、原理、技术和方法引入了软件系统开发后，软件过程管理作为提高软件生产率和保证软件质量的一个重要的方法，日益受到软件生产者及学术界的关注。那么如何评判一个企业当前的软件过程处于什么水平？

8.2.1　软件能力成熟度与 SW-CMM

20 世纪 60 年代中期，大型软件系统生产中爆发的软件危机，使程序中大量的错误难以消除，软件生产的进度无法预测，开发应用费用失去控制，程序员人数增长，需求很难满足要求。在人们将工程的概念、原理、技术和方法引入了软件系统开发后，在一定程度上解决了软件生产过程中遇到的问题。软件工程成为软件产业的重要分支。但是直至20世纪80年代还是没有提出一套管理软件开发的通用原则，软件管理不善的问题依旧在大范围内存在。

20世纪70年代中期，美国国防部曾立题专门研究软件项目做不好的原因，发现70%的项目是因为管理不善而引起的，而并不是因为技术实力不够。20世纪90年代中期，软件工程管理不善的问题仍然存在。据美国软件工程实施现状的调查，大约只有10%的项目能够在预定的费用和进度下交付。1987年9月，美国卡内基-梅隆大学软件工程所研究发布了软件过程成熟度框架，并提供了软件过程评估和软件能力评价两种评估方法和软件成熟度提问单。4年之后，软件工程学会（Software Engineering Institute，SEI）将软件过程成熟度框架进化为软件能力成熟度模型（Capability Maturity Model For Software，SW-CMM）。

SW-CMM为软件企业的过程能力提供了一个阶梯式的进化框架。它是基于过去所有软件工程成果的过程改善的框架，吸取了以往软件工程的经验教训。CMM（Capability Maturity Model）把软件过程分为五个阶段，并把这些阶段排序，形成五个逐层提高的等级，如图8.3所示。CMM通过定义能力成熟度的五个等级，引导软件开发组织不断识别出其软件过程的缺陷，并指出应该做哪些改进，但是它并不提供做这些改进的具体措施。

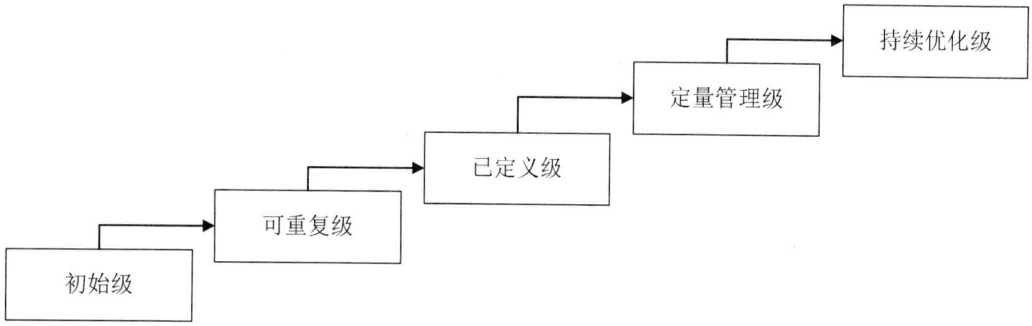

图8.3 软件能力成熟度等级

1. 初始级（混沌的软件过程）

（1）不具备稳定的环境用于软件开发和维护。

（2）缺乏健全的管理惯例，其软件过程能力无法预计。

（3）软件过程总是随着软件开发工作的推进而处于变更和调整之中。

现实中有许多这样的软件组织，这种情况被CMM定义为初级（第1级）能力成熟度。

2. 可重复级（经过顺良的软件过程）

（1）软件开发的首要问题不是技术问题而是管理问题，因此，可重复级的焦点集中在软件管理过程上。

（2）一个可管理的过程则是一个可重复级的过程，一个可重复级的过程则能逐渐进化和成熟。

（3）该级管理过程包括了需求管理、项目管理、质量管理、配置管理和子合同管理五个方面。

（4）项目管理分为计划过程和跟踪监控过程两个过程。

通过实施这些过程，从管理角度可以看到一个按计划执行的且阶段可控的软件开发过程。

3. 已定义级（标准、一致的软件过程）

（1）制定企业范围的工程化标准。

（2）将这些标准集成到企业软件开发标准过程中去，所有开发的项目需根据这个标准过程，剪裁出该项目的过程，并执行这些过程。

（3）对用于软件开发和维护的标准过程要以文件形式固定下来。针对各个基本过程建立起文件化的“标准软件过程”。

较普遍的看法是，只有当达到了第 3 级能力成熟度时，才表明这个软件组织的软件能力“成熟”了，已定义级是标准一致的软件过程。

4. 定量管理级（可预测的软件过程）

（1）第四级的管理是量化的管理。

（2）所有过程都需建立相应的度量方式，所有产品的质量（包括工作产品和提交给用户的产品）需有明确的度量指标。这些度量是详尽的，且可用于理解、控制软件过程和产品，这种量化控制将使软件开发真正变成工业生产活动。

处于这一级的组织已经能够为软件产品和软件过程设定定量的质量目标，并且能对跨项目的重要软件过程活动的效率和质量予以度量。管理级是可度量的、可预测的软件过程。

5. 持续优化级（能持续改善的软件过程）

（1）第五级的目标是达到一个持续改善的境界。

（2）可根据过程执行的反馈信息来改善下一步的执行过程，即优化执行步骤。

如果一个企业达到了这一级，那么表明该企业能够根据实际的项目性质、技术等因素，不断调整软件生产过程以求达到最佳，优化级是能持续改善的软件过程。

8.2.2 CMMI 的发展

CMM 的成功促使其他学科也相继开发类似的过程改进模型，例如系统工程、需求工程、人力资源、集成产品开发、软件采购等，从 CMM 衍生出了一些改善模型，比如 SW-CMM、SE-CMM、IPD-CMM 等。不过，在同一个组织中多个过程改进模型的存在可能会引起冲突和混淆。CMMI 就是为了解决怎么保持这些模式之间的协调的问题。

CMMI 全称是 Capability Maturity Model Integration，即软件能力成熟度模型集成，是由美国国防部与卡内基-梅隆大学和美国国防工业协会共同开发和研制的，其目的是帮助软件企业对软件工程过程进行管理和改进，增强开发与改进能力，从而能按时地、不超预算地开发出高质量的软件。其所依据的想法是：只要集中精力持续努力去建立有效的软件工程过程的基础结构，不断进行管理的实践和过程的改进，就可以克服软件开发中的困难。

CMM 集成 CMMI（CMM Integration®）的建立，是为了解决使用多个 CMM 的问题，目的是为从事企业级过程改进的组织使用。开发一套集成的模型不仅仅是简单地把现有的模型资料组合在一起。CMMI 产品团队采用了促进达成共识的过程，构建出一个可以容纳多个群集的框架。CMMI 的发展历史如图 8.4 所示。经过一系列的研究和探讨，最新的 CMMI 为 2010 年出版的 V1.3 版，它由 CMMI 采购模型 1.3 版（2010）、CMMI 开发模型 1.3 版（2010）、CMMI 服务模型 1.3 版（2010）构成。本书主要介绍 CMMI 开发模型 1.3 版。

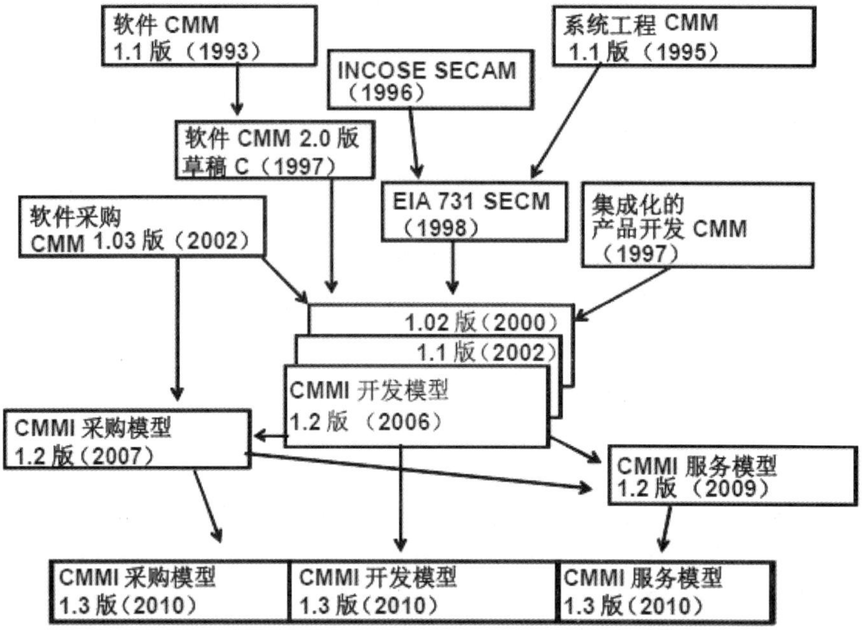

图 8.4　CMMI 的历史

CMMI 为改进一个组织的各种过程提供了一个单一的集成化框架，新的集成模型框架消除了各个模型的不一致性，减少了模型间的重复，增加透明度和理解性，建立了一个自动的、可扩展的框架。因而能够从总体上改进组织的质量和效率。CMMI 的主要关注点就是成本效益、明确重点、过程集中和灵活性四个方面。

CMMI 开发模型是一个参考模型，涵盖了开发产品与服务的活动。来自很多行业的组织，包括航空航天、银行、计算机硬件、软件、国防、汽车制造与电信等，都使用 CMMI 开发模型。

CMMI 开发模型所包含的实践覆盖了项目管理、过程管理、系统工程、硬件工程、软件工程与其他用于开发与维护的支持过程。CMMI 模型描述的过程域刻画了被多数用户视为最佳实践的行为。

CMMI 开发模型并不规定项目或组织必须遵循特定的过程顺序，或每天必须开发出一定数量的产品，或必须达成特定的绩效指标。模型所规定的是项目或组织应该具备应对开发相关实践的过程。项目或组织可将其过程映射至本模型中的过程域，以确定这些过程是否具备。过程至过程域的映射使组织能够对照 CMMI 开发模型来追踪组织进行过程更新或创建时的进展。但不要期望 CMMI 开发模型中的每一个过程域能够一一对应至组织或项目的过程。

8.2.3　CMMI 开发模型 V1.3 介绍

CMMI 有两种表示方法，一种是大家很熟悉的和软件 CMM 一样的阶段式表现方法，另一种是连续式的表现方法。这两种表现方法的区别是：阶段式表现方法仍然把 CMMI 中的若干个过程区域分成了五个成熟度级别，用于帮助实施 CMMI 的组织建议一条比较容易实现的过程改进发展道路，如图 8.5 所示。

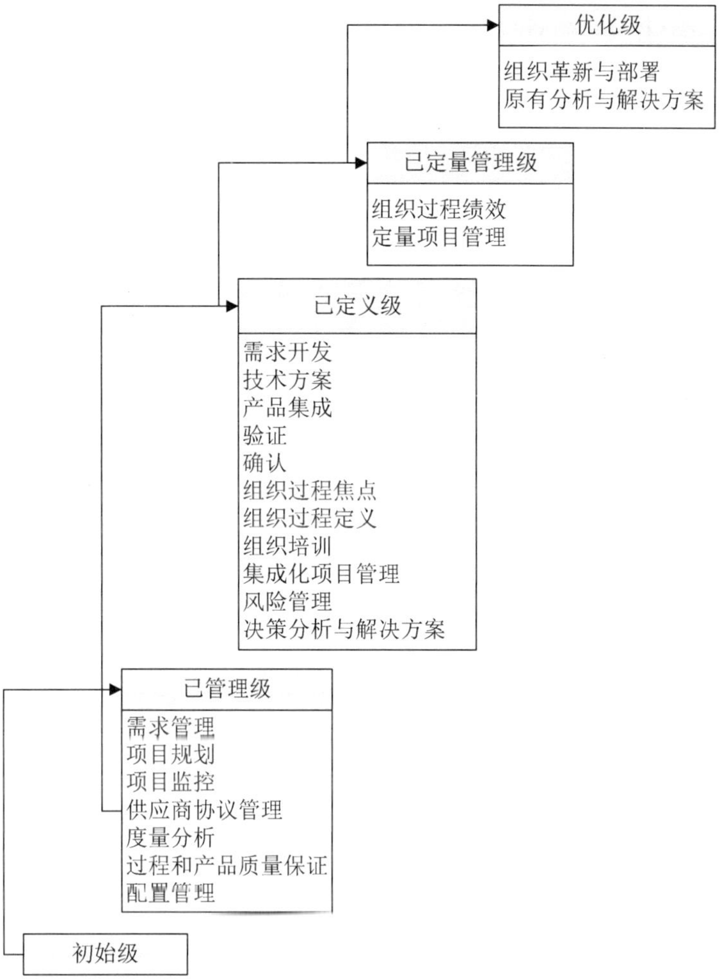

图 8.5　CMMI V1.3 成熟度等级

CMMI 开发模型 V1.3 的各级中都包含了一些过程域，五级共包括 22 个过程域。按照连续式表现方法，这 22 个过程域又分为四大类：过程管理、项目管理、工程以及支持。如二级中的“需求管理”属于工程类型，“项目规划”“项目监控”“供应商协商管理”属于项目管理类型；“度量分析”“过程和产品质量保证”“配置管理”属于支持类型；三级中的“组织培训”属于过程管理等。

二级的过程域都是直接针对项目提出要求的，所以二级也常常称为“项目级”。通过了 CMMI2 级认证，标志着一个组织在某几个项目的实施过程中，二级所包含的七个过程域的综合评价是通过状态。而 CMMI3 级对组织级提出了要求，例如要求有组织级的集成化项目管理，要有组织级的风险管理策略等。

目前我国很多软件企业都通过了 CMMI 的认证。CMMI 认证对于企业没有硬性的要求，任何软件开发或软件服务的企业都有权利去申请 CMMI 认证。但是企业要获得 CMMI 证书，例如某企业希望通过 CMMI3 级认证，那么需要该企业按要求导入了 CMMI3 的模型，建立起 CMMI3 的管理模型与框架，通过认证中的评估环节，最终评定符合 CMMI3 的要求。

【案例 8.3】CMMI2“已管理级”的七个过程域详解。

（1）需求管理（Requirements Management，RM）：要求通过访谈客户，将对需求的理解编写为需求规格说明书，并能够对需求进行跟踪及变更控制。

（2）项目计划（Project Planning，PP）：制订并维护项目计划，将其作为项目管理的基础，包括定义项目生命周期、估算项目范围、估算工作量和成本、编制进度计划、明确工作产品等。

（3）项目监控（Project Monitoring and Control，PMC）：对照项目计划监督项目进展，定期度量各个里程碑和各项活动的实际完成情况，识别出项目计划预算显著偏高，并与相关干系人沟通风险状态。跟踪变更请求和问题报告。当项目实施明显偏离计划时采取适当的纠正措施。

（4）供应商协议管理（Supplier Agreement Management，SAM）：目的是管理来自供应商的产品和服务的获取，包括建立并维护与供方的协议；与供应商一起执行协议所规定的活动；在接收供应商提供的产品之前，确保其满足协议要求；保证从供应商采购的产品的移交。

（5）度量分析（Measurement and Analysis，MA）：度量分析的目的是协助支持管理，CMMI2级的度量指标一般比较简单，内容包括建立和维护度量目标、明确度量项、收集度量数据、根据度量数据进行分析和报告，以及向所有干系人报告度量分析结果。

（6）过程和产品质量保证（Process and Product Quality Assurance，PPQA）：目的是使员工和管理者对软件过程和相关的工作产品能有客观深入的了解，通过质量保证人员的工作，客观地跟踪和评价项目实施过程和相关工作产品与服务，及时发现质量问题并与经理们交流，确保和促进相关问题的解决。质量保证评估的客观性是项目成功的关键。

（7）配置管理（Configuration Management，CM）：配置管理的目的是利用配置标示、配置控制、配置状态记实和配置审核，建立和维护工作产品的完整性。建立和维护配置管理系统，将软件生产过程中的代码及关键文档等，及时纳入配置库管理，确保基线版本、版本历史可获得，并确保配置项满足需求，文档齐全等。

8.3 软件配置管理

软件配置管理（Software Configuration Management，SCM）应用于整个软件工程过程。在软件建立时变更是不可避免的，而变更加剧了项目中软件开发者之间的混乱。SCM 活动的目标就是为了标识变更、控制变更、确保变更正确实现并向其他有关人员报告变更。从某种角度讲，SCM 是一种标识、组织和控制修改的技术，目的是使错误降为最小并最有效地提高生产效率。软件配置管理包括六个子域，即软件配置管理过程管理、软件配置标志、软件配置控制、软件配置状态统计、软件配置审核、软件发行管理和交付。

8.3.1 软件配置管理作用

软件配置管理在整个软件的开发活动中占有很重要的位置。每一个软件项目都需要经历需求分析、系统设计、编码实现、用例设计和维护过程，在此过程中将会产生大量的文档和程序代码。如何应对软件变更所带来的文档及程序代码变化的情况，软件配置管理起到了关键性的作用。主要作用如下：

（1）版本控制。版本控制是软件配置管理的基本要求，它可以保证在任何时刻恢复任何一个版本。版本控制记录每个配置项的发展历史，这样就保证了版本之间的可追踪性，也为查找错误提供了帮助。

（2）并行开发支持。因开发和维护的原因，通过配置管理能够实现开发人员同时在同一个软件模块上工作，同时对同一个代码部分作不同的修改，即使是跨地域分布的开发团队也能互不干扰，协同工作，而又不失去控制。

（3）变更控制。管理、计划软件的变更，跟踪与记录每次变更的相关信息（变更的原因、变更的实施者以及变更的内容等），从而加快问题和缺陷的确定。

（4）配置管理。开发人员可以明确地了解他被分配的开发任务，并根据优先级依次完成；项目经理能够随时清晰地了解项目的状态，掌握工作进度，进行强大的过程控制。

8.3.2　软件配置管理过程

配置管理过程是对处于不断演化、完善过程中的软件产品的管理过程，其最终目标是实现软件产品的完整性、一致性、可控性，使产品极大程度地与用户需求相吻合。它通过控制、记录、追踪对软件的修改和每个修改生成的软件组成部件来实现对软件产品的管理功能。

1. 制订配置管理计划

配置管理员制订配置管理计划，主要内容包括配置管理软硬件资源、配置项计划、基线计划、交付计划、备份计划等。由变更控制委员会（CCB）审批该计划。

2. 配置库管理

配置管理员为项目创建配置库，并给每个项目成员分配权限。各项目成员根据自己的权限操作配置库。配置管理员定期维护配置库，例如清除垃圾文件、备份配置库等。

【案例 8.4】某项目配置库目录结构。

配置库目录结构表样例见表 8.3。

表 8.3　配置库目录结构表样例

No.	一级目录	二级目录	三级目录	备注
项目名称（项目编号）				
001	1 管理库			
002		1.1 项目计划		
003		1.2 项目监控		
004			1.2.0 监控记录	
005			1.2.1 个人周报	
006			1.2.2 项目周报	
007			1.2.3 里程碑报告	
008			1.2.4 问题管理表	
009			1.2.5 项目总结	
010		1.3 质量保证		
011			1.3.1 QA 计划与记录	
012			1.3.2 QA 报告	
013		1.4 配置管理		

续表

No.	一级目录	二级目录	三级目录	备注
014			1.4.1 CM 计划与记录	
015			1.4.2 配置报告	
016		1.5 需求管理		
017			1.5.1 需求追溯	
018			1.5.2 需求变更	
019		1.6 评审记录		
020		1.7 沟通记录		
021			1.7.1 邮件与 RTX	
022			1.7.2 会议纪要	
023		1.8 资源管理		
024			1.8.1 人员	
025			1.8.2 培训资料	
026			1.8.3 工具	
027	2 工程库			
028		2.1 业务需求		
029		2.2 软件需求		
030		2.3 概要设计		
031		2.4 详细设计		
032		2.5 编码		仅存放编码阶段的文档
033		2.6 单元测试		
034			2.6.1 单元测试计划	
035			2.6.2 单元测试设计	
036			2.6.3 单元测试报告	
037		2.7 集成测试		
038			2.7.1 集成测试计划	
039			2.7.2 集成测试设计	
040			2.7.3 集成测试报告	
041		2.8 系统测试		
042			2.8.1 系统测试计划	
043			2.8.2 系统测试设计	
044			2.8.3 系统测试报告	
045		2.9 业务验收		
046		2.10 上线与试运行		
047		2.11 项目验收		

续表

No.	一级目录	二级目录	三级目录	备注
048	3 基线库			
049		3.1 项目计划基线		
050		3.2 软件需求基线		
051		3.3 概要设计基线		
052		3.4 详细设计基线		
053		3.5 单元测试设计基线		
054		3.6 集成测试设计基线		
055		3.7 系统测试设计基线		
056		3.8 源代码基线		
057	4 发布库			

【案例 8.5】某测试项目配置库权限设置。

假设共有五类人员会使用该配置库，其中 R 表示仅可读，W 表示可写，D 表示可以删除。具体设置见表 8.4。

表 8.4 配置库权限设置样例

目录	配置项举例	权限（R－读、W－修改、D－删除）					纳入配置库时间
		项目经理	配置管理员	项目组其他成员	质量保证人员	项目外其他人员	
项目立项	立项记录 测试方案建议书等	R	RWD	R	R	R	立项阶段
需求分析	测试需求表 需求追溯矩阵	RW	RWD	R	R	R	测试需求分析阶段
测试计划	测试计划	RW	RWD	R	R	R	测试计划阶段
测试设计	测试用例 测试实施方案	R	RWD	RW	R	R	测试实施过程任何阶段
测试执行	测试脚本 Bug 记录 测试数据等	R	RWD	RW	R	R	测试执行阶段
测试总结	测试总结报告 Bug 汇总统计等	R	RWD	RW	R	R	测试总结阶段
测试验收	交付工作产品清单	RW	RWD	R	R	R	测试验收阶段

3. 版本控制

在项目开发过程中，绝大部分的配置项都要经过多次的修改才能最终确定下来。对配置项的任何修改都将产生新的版本。由于我们不能保证新版本一定比老版本“好”，所以不能抛弃老版本。版本控制的目的是按照一定的规则保存配置项的所有版本，避免发生版本丢失或混淆等现象，并且可以快速准确地查找到配置项的任何版本。配置项的状态有一般有三种：“草稿”“正式发布”和“正在修改”，配置计划中需要制定配置项状态变迁与版本号的规则。

4. 变更控制

在项目开发过程中，配置项发生变更几乎是不可避免的。变更控制的目的就是为了防止配置项被随意修改而导致混乱。修改处于“草稿”状态的配置项不算是“变更”，无需 CCB 的批准，修改者按照版本控制规则执行即可。当配置项的状态成为“正式发布”，或者被“冻结”后，此时任何人都不能随意修改，必须依据“申请－审批－执行变更－再评审－结束”的规则执行。

5. 配置审计

为了保证所有人员（包括项目成员、配置管理员和 CCB）都遵守配置管理规范，质量保证人员要定期审计配置管理工作。配置审计是一种“过程质量检查”活动，是质量保证人员的工作职责之一。

8.3.3 常用的软件配置管理工具

软件配置管理概念的提出是在 20 世纪 60 年代末 70 年代初。当时加利福利亚大学圣巴巴拉分校的 Leon Presser 教授在承担美国海军的航空发动机研制合同期间，撰写了一篇名为 *Change and Configuration Control* 的论文，提出控制变更和配置的概念。Leon Presser 在 1975 年成立了一家名为 SoftTool 的公司，开发了配置管理工具：Change and Configuration Control（CCC），这是最早的配置管理工具之一。

配置管理工具比较多，常见的有 IBM Rational Software 提供的 ClearCase、Microsoft 提供的 VSS（Visual Source Safe）、由 CollabNet 提供开发的 SVN（Subversion）及 CVS（Concurrent Versions System），以及 Hansky 公司的 Firefly 等。

1. Visual Source Safe（VSS）

VSS 的主要任务是负责项目文件的管理，几乎可以适用任何软件项目。VSS 是一种源代码控制系统。它提供了完善的版本和配置管理功能，以及安全保护和跟踪检查功能。VSS 通过将有关项目文档（包括文本文件、图像文件、二进制文件、声音文件、视屏文件）存入数据库进行项目研发管理工作。用户可以根据需要随时快速有效地共享文件。文件一旦被添加进 VSS，它的每次改动都会被记录下来，用户可以恢复文件的早期版本，项目组的其他成员也可以看到有关文档的最新版本，并对它们进行修改，VSS 也同样会将新的改动记录下来。通过用 VSS 来组织管理项目，使得项目组间的沟通与合作更简易而且直观。

VSS 的优点是可管理软件开发中各个不同版本的源代码和文档，占用空间小，并且方便各个版本代码和文档的获取，在开发小组中对源代码的访问进行有效的协调。VSS 可以同 Visual Basic、Visual C++、Visual J++、Visual InterDev、Visual FoxPro 开发环境以及 Microsoft Office应用程序集成在一起，提供了方便易用、面向项目的版本控制功能。

VSS 使用过程中要遵循的是“锁定-修改-解锁流程”，即开发人员首先将自己要修改源代码和文档从 VSS 服务器主备份文件上 checkout（检出）到本地，同时锁定服务器上的源代码和文档（multi - checkout 情况除外），修改完成后 checkin（检入）到服务器上，同时解除服务器上文件的锁定。服务器集中控制所有的源程序和文档。

【案例 8.6】VSS 主要工作步骤。

VSS 安装后包括服务器端和客户端，项目的配置管理库建立在服务器端，项目组各成员可以通过客户端同时访问服务器。

（1）VSS 服务器的配置和管理。在 VSS 服务器安装完毕后，就可以针对开发项目进行 VSS 服务器的配置和管理，这些工作均需由 VSS 管理员来完成。

1）为整个项目创建一个 VSS 数据库，假设为 test vss，如图 8.6 所示。

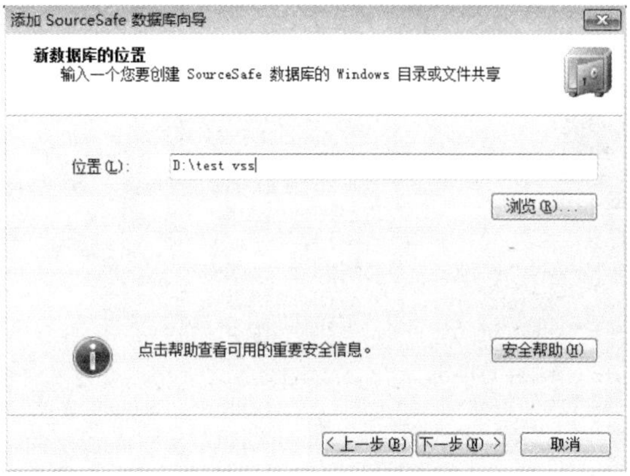

图 8.6　创建 VSS 数据库

2）为新创建的数据库建立用户。

3）在该新建的数据库中创建项目 Project。

至此 VSS 服务器的配置基本上已经完成，创建了数据库和项目，并为它们建立了相应的用户。用户在客户端可以直接登录到 VSS 服务器上，进行在 VSS 控制管理下的开发工作。

（2）VSS6.0 客户端的使用。

1）打开 VSS 客户端软件，登录到 VSS 服务器。

2）如果是第一次登录到 VSS 服务器，需要先设定项目工作目录，如图 8.7 所示。

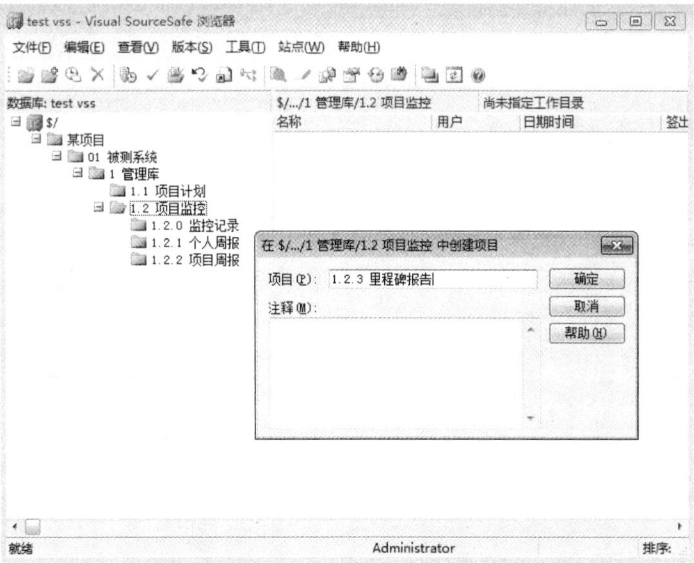

图 8.7　设定项目工作目录

3）当需要修改配置库中的文件时，将相应文件“签出”到本地工作目录中，如图 8.8 所示。

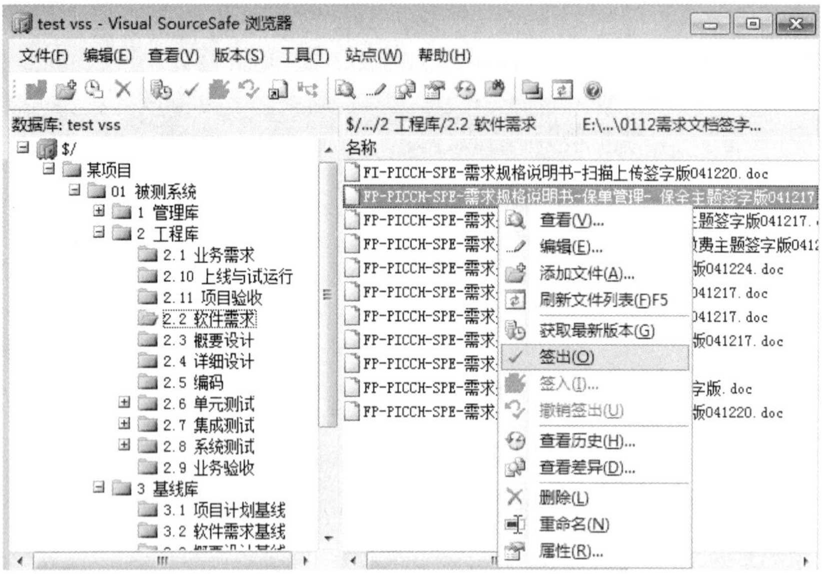

图 8.8 签出文件

4）对本地工作目录当中的文档进行文字修改，或对代码进行调试。

5）某人“签出”的文件，其他人将无法修改。这样保证了版本的一致性。文件修改后，可将修改的文件“签入”配置库中，如图 8.9 所示。

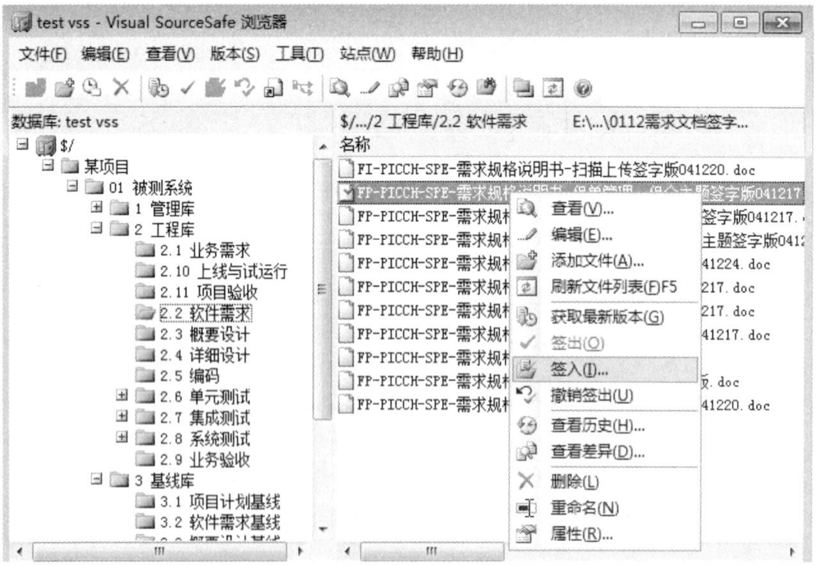

图 8.9 签入文件

6）所有版本控制系统都有文件历史记录报告，记录每个文件的操作历史，可以恢复到以前的版本，如图 8.10 所示。

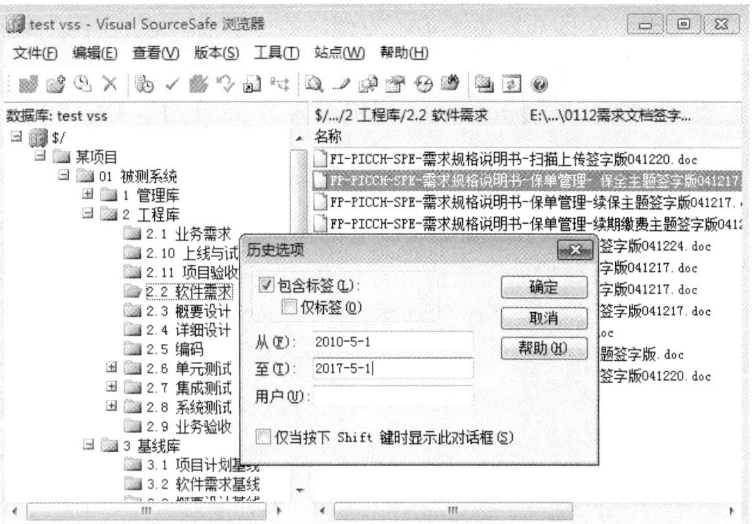

图 8.10 查看历史

2. Subversion（SVN）

SVN 是一个开放源代码的版本控制系统。由于 VSS 较为易学易用，目前更多用于小型项目，或用于 Team 级，而 SVN 广泛应用于企业级。此外，由于 SVN 的源代码开放，使得 SVN 得到了广泛的应用。

SVN 本地拷贝可以随时变更，不会被设定成只读，只在提交版本的时候才进行版本更新，SVN 采用的是“拷贝-修改-合并”模型；而 VSS 使用的是“锁定-修改-解锁”模型。这对用户来说是两种完全不同的工作方式。SVN 的配置界面如图 8.11 所示。

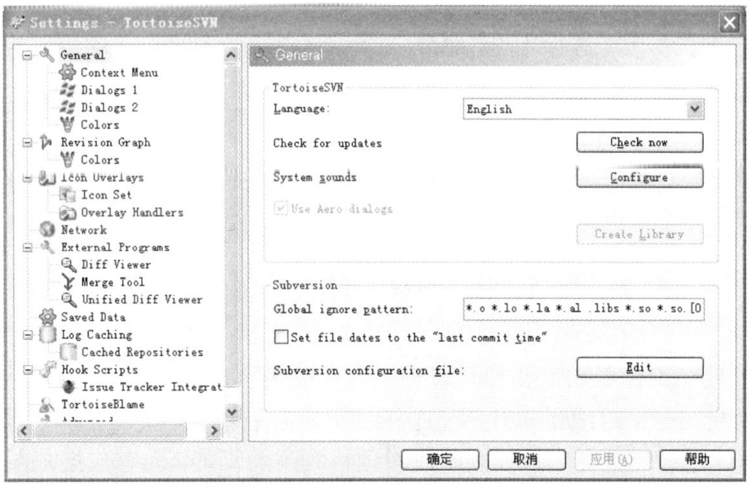

图 8.11 SVN 配置界面

与 VSS 相比，除了免费之外，SVN 的优点还有：

（1）支持重命名。为了得到更好的代码，开发中需要经常进行重构，重构就经常涉及文件的重构名，重命名对 Java 开发来说非常重要，SVN 支持重命名。而重命名在 VSS 中是不被支持的。

（2）锁定文件。锁定文件会导致重构不方便，另一方面，VSS 不能离线开发，而 SVN 则不同，员工可以带回家或出差时继续开发，回来后提交就行了。

（3）多平台支持。SVN 支持多个平台下的操作，广泛应用于 UNIX/Linux 平台上；VSS 仅支持 Windows 平台。

（4）外围工具的集成。SVN 有多种用于服务器端的外围工具，满足多种需要。如果有需要，也可以自己写插件或管理脚本，其开放的架构允许这样做。而 VSS 不具备这些优势。

SVN 集中式管理的工作流程如图 8.12 所示。集中式代码管理的核心是服务器，所有开发者在开始新一天的工作之前必须先从服务器获取代码，然后开发，最后解决冲突，提交。所有的版本信息都放在服务器上。

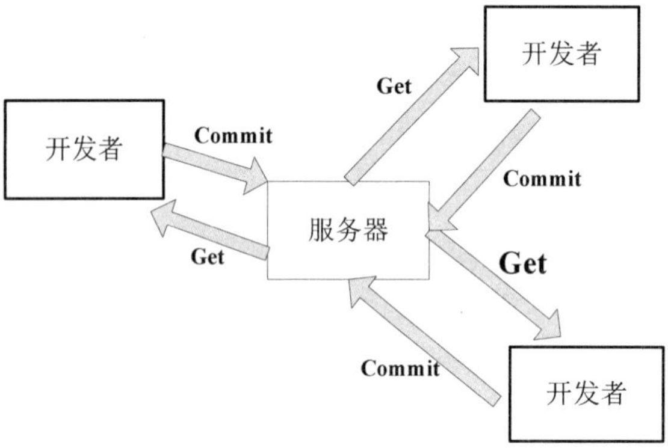

图 8.12　SVN 集中式管理工作的流程

下面举例说明开始新一天的工作，经典的 SVN 工作流程：

（1）从服务器下载项目组最新代码。

（2）进入自己的分支，进行工作，每隔一个小时向服务器将自己的分支提交一次代码（很多人都有这个习惯。因为有时候自己对代码改来改去，最后又想还原到前一个小时的版本，或者看看前一个小时自己修改了哪些代码，就需要这样做了）。

（3）下班时间快到了，把自己的分支合并到服务器主分支上，一天的工作完成，并反映给服务器。

小　结

结合项目管理知识体系知识和项目管理中常见的内容，本章重点介绍了其中几类管理：项目启动管理是指在一个组织正式开始一个项目阶段时的管理，项目启动管理非常重要，但常常被忽视；项目计划管理是在项目计划阶段对项目实施的管理，内容包括范围管理、进度管理和综合管理，本节主要介绍了进度管理；在人员组织与管理中，主要对项目负责人的工作内容进行了阐述；需求变更管理是组织、控制和文档化需求的系统方法；而项目风险管理的目标在于提高项目中积极事件的概率和影响，降低项目中消极事件的概率和影响。

软件能力成熟度是评判一个企业当前软件过程处于什么水平的一种依据。本章介绍了能力成熟度模型，CMMI 的发展、开发模型的分类及相关过程域。

软件配置管理在整个软件的开发活动中占有很重要的位置，用于应对软件变更所带来的文档及程序代码的变化。本章介绍了软件配置管理的作用、过程及常用工具。

习题 8

简答题

（1）软件工程项目管理包括哪些方面的管理内容？

（2）为什么项目启动管理非常重要？

（3）一般的软件项目常见风险有哪些？

（4）请说明制订进度计划的工作流程。

（5）软件度量指标有什么作用？

（6）什么是 CMM 软件能力成熟度模型？

（7）CMM 与 CMMI 的区别有哪些？

（8）CMMI V3.1 有哪些过程域？

（9）请说明软件配置管理的作用。

（10）试阐述配管理过程。

第2篇　面向对象的软件工程

第9章　面向对象的软件工程概述

本章学习目标

- 掌握面向对象思想及概念。
- 掌握面向对象方法及过程。
- 掌握统一建模语言 UML。
- 掌握一种面向对象建模工具。

本章首先向读者介绍了面向对象思想及面向对象的概念，其次介绍了面向对象方法及过程，最后介绍了面向对象建模语言及工具。

9.1　面向对象思想及概念

1. 面向对象思想

面向对象方法是一种新兴的程序设计方法。自 20 世纪 80 年代以来，该方法已经深入到计算机软件的各分支领域。面向对象方法解决问题的思路是从现实世界中的客观对象（人和事物）入手，尽量运用人类的自然思维方式从多方面来构造软件系统，与传统开发方法构造系统的思想不同。

面向对象方法是在传统方法基础上发展起来的，传统方法就是面向过程的设计方法，这种方法以算法为核心，把数据和过程作为相互独立的部分。然而，面向对象方法与传统方法相比发生了根本性的变化，面向对象的软件技术以对象为核心，对象是对现实世界实体的正确抽象，它是由描述内部状态表示静态属性的数据，以及对这些数据施加的操作，封装在一起所构成的统一体。面向对象方法所建立的模型与问题域具有完整且直接映射的能力。

2. 面向对象的主要概念

面向对象中的主要概念有对象、类、继承、聚合和重载等。

（1）对象（Object）。现实世界中客观存在的任何事物都可以被看作是对象。对象可以是物理实体的抽象，比如一名职工、一辆汽车、一家公司；也可以是人为的概念，比如一项计划或一个抽象的概念。无论从哪个方面看，对象都是一个独立单位，具有自己的性质和行为。对于所要建立的特定系统模型来说，现实世界中的有些对象是有待于抽象的事物。

在面向对象的系统模型中，对象是构成系统的一个基本单位，它由一组属性和对这组属性进行操作的一组操作构成。属性是用来描述对象静态特征的一个数据项。操作是用来描述对象行为的一个动作序列。对象、对象的属性和对象的操作都有各自的名字。

在开发系统时，先要根据完整的需求描述，对现实世界中的对象进行分析与归纳，以此为基础来定义系统中的对象。系统中的一部分对象是对现实世界中的对象的抽象，这些对象只包含与所解决的现实问题有关的那些内容；系统中的另一部分对象是为了构建系统而设立的。

（2）类（Class）。类是具有相同属性和操作的一组对象的集合。它为属于该类的全部对象提供了统一的抽象描述，其内部包括属性和操作两个主要部分。类的作用是创建对象，对象是类的一个实例。例如，在一个学生管理系统中，“学生”是一个类。“学生”类具有“姓名”“性别”“学号”和“年龄”等属性，还具有“注册”和“选课”等操作。一个具体的学生就是“学生”这个类的一个实例。

同一个类所产生的对象之间一般有着不同点，因为每个对象的属性值可能是不同的。

在寻找类时，要用到两个概念：抽象与分类。抽象就是忽略事物的非本质特征，只注意与当前目标有关的本质特征，从而找出事物的共性。把具有共同性质的事物划分为一类，得出一个抽象的概念，这种做法叫作分类。

（3）继承（Inheritance）。继承是指特殊类自动地拥有或隐含地复制其一般类的全部属性与操作，这种机制也称作一般类对特殊类的泛化（Generalization）。例如，本科生是一种学生，大专生是一种学生，类“本科生”和 “大专生”作为特殊类继承了一般类“学生”的所有属性和操作。

在类的继承层次结构中，位于较高抽象层次的类叫作一般类，而位于较低抽象层次的类叫作特殊类。

有时一个类要同时继承两个或两个以上一般类中的属性和操作，把这种允许一个特殊类具有一个以上一般类的继承模式称为多继承。

继承简化了人们对事物的认识和描述，简化了系统的构造过程及其文档，有益于软件复用，这也是面向对象方法能提高软件开发效率的重要原因之一。

（4）聚合（Aggregation）。一个较复杂的对象由若干较简单的对象构成，把这种对象间的关系称为聚合。聚合刻画了现实事物之间的构成关系，例如汽车与发动机间的关系，汽车与轮胎的关系。这种关系的语义是“有一个”或“是一部分”。

聚合是具有“整体一部分”关系语义的关联；也就是说，聚合是关联的一种，只是它还具有明显的“整体一部分”含义。例如，汽车和驾驶员之间存在着某种关联关系，但是不能说谁是谁的一部分，因而两者之间的关系不能为聚合。

（5）重载（Overload）。有两种重载：函数重载是指在同一作用域内的若干个参数特征不同的函数可以使用系统的函数名字；运算重载是指同一个运算符可以施加于不同类型的操作数上面。当参数特征不同或被操作数的联系不同时，实现函数的算法或运算符的语义是不相同的。

重载进一步提高了面向对象系统的灵活性和可读性。

3. 面向对象的基本原则

面向对象的基本原则主要有抽象、分类、封装、消息、多态性等。

（1）抽象（Abstraction）。抽象是指从事物中舍弃个别的、非本质的特征，而抽取共同的、本质特征的做法。抽象是具体到一般化的过程。目的是为了把概念和实现分离，以达到应对软件需求变化的影响的目的。

抽象方法是面向对象中的最基本的方法，也是最重要的方法之一。在实际使用抽象方法的时候主要是对对象分类，规范行为。

抽象使对象具有一般的属性和行为，做到数据与逻辑的有机结合。

在面向对象方法中，对象是对现实世界中的事物的抽象，类是对对象的抽象，一般类是对特殊类的抽象。

（2）分类（Classification）。分类的作用是按照某种原则划分出事物的类别，以便有助于认识复杂世界。

在面向对象方法中，分类就是把具有相同属性和相同操作的对象划分为一类，用类作为这些对象的抽象描述。一个对象是类的一个实例。

运用分类原则，清楚地表示了对象与类的关系，以及特殊类与一般类的关系。

（3）封装（Encapsulation）。封装有两个含义：

1）把描述一个事物的静态特征和行为结合在一起，对外形成该事物的一个界限。面向对象方法中的封装就是用对象把属性和操纵这些属性的操作包装起来，形成一个独立的实体单元。封装原则使对象能够集中而完整地描述并对应一个具体的事物，体现了事物的相对独立性。

2）信息隐蔽，即外界不能直接存取对象的内部信息（属性）以及隐藏起来的内部操作，外界也不用知道对象操作的内部实现细节。在原则上，对象对外界仅定义其什么操作可被其他对象访问，而其他的对象不知道所要访问对象的内部属性和隐藏起来的内部操作以及它是如何提供操作的。

（4）消息（Message）。对象可通过它对外提供的操作在系统中发挥作用。当系统中的其他对象或其他系统成分请求这个对象执行某个操作时，该对象就响应这个请求，完成该操作。在面向对象方法中，把向对象发出的操作请求称为消息。

原则上，对象之间只能通过消息进行通信，而不允许在对象之外直接存取对象内部的属性，这是由封装原则决定的。

消息必须直接发给特定的对象，消息中包含关于所请求的服务的必要信息，且遵守所规定的通信规约。一条消息应包括消息名、入口参数和返回参数。一个对象可以是消息的发送者，也可以是消息的接收者，还可以作为消息中的参数值。

（5）多态性（Polymorphism）。在面向对象的软件技术中，多态性是指子类对象可以像父类对象那样使用，同样的信息既可以发送给父类对象也可以发送给子类对象。也就是说，在类等级的不同层次中可以公用一个方法的名字，然而不同层次中的每个类却各自按自己的需要来实现这个行为。这样，针对同一个消息，不同的对象可对其进行响应，所体现出来的行为是不同的。当对象接收到发送给它的信息时，根据该对象所属的类动态选用在该类中定义的实现算法。

多态性机制不仅增加了面向对象软件系统的灵活性，进一步减少了信息冗余，而且显著提高了软件的可重用性和可扩充性。

9.2 面向对象方法与过程

1. 面向对象方法的主要优点

（1）面向对象方法与人类习惯的思维方法一致。面向对象方法从对象出发认识问题域，对象对应着问题域中的事物，其属性与操作分别刻画了事物的性质和行为，对象之间的继承、聚合、关联和依赖关系如实地表达了问题域中事物之间实际存在的各种关系。因此，把描述事物静态属性的数据结构和表示事物动态行为的操作放在一起构成一个整体，才能完整、自然地表示客观世界中的实体。

（2）面向对象方法使分析与设计之间无缝连接。在结构化方法中，对问题域的描述与认识并不以问题域中的固有事物作为基本单位，而是在全局的范围内以功能、数据或数据流为中心来进行分析，所以运用该方法得到的分析结果不能直接地映射到问题域。这样就容易造成一些对问题域理解的偏差。此外，由于分析与设计的表示体系不一致，导致了设计文档与分析文档很难对应，因而很容易因理解上的错误而埋下隐患。正是由于这些隐患，使得编程人员经常需要对分析文档和设计文档进行重新认识，以产生自己的理解再进行工作，这样使得分析文档、设计文档和程序代码之间不能较好地衔接。由于程序与问题域和前面的各个阶段产生的文档不能较好地对应，因而维护阶段发现的问题的每一步回溯都存在着很多理解上的障碍。

面向对象开发过程的各个阶段都使用了一致的概念与表示法，而且这些概念与问题域的事物是一致的，这对整个软件生命周期的各种开发和管理活动都具有重要的意义。首先是分析与设计之间不存在鸿沟，从而可减少人员的理解错误并避免文档衔接得不好的问题。从设计到编程，模型与程序的主要成分是严格对应的，这不仅有利于设计与编程的衔接，而且还可以利用工具自动生成程序的框架和部分代码。对于测试而言，面向对象的测试工具不但可以依据类、继承和封装等概念与原则提高程序测试的效率与质量，而且可以测试程序与面向对象分析和设计模型不一致的错误。上述的一致性对软件维护人员也提供了从问题域到模型再到程序的良好对应。

（3）面向对象方法有助于软件的复用与维护。在结构化方法中，所有的软件都以功能（可用过程或函数实现）作为其主要构造块，数据结构与算法是分别组织的，对一处进行修改，可能会引起连锁反应。这种建模的缺点是模型脆弱，难以适应不可避免的错误修改以及需求变动，以至于系统维护困难。算法和数据的分离是造成这种状况的根本原因。算法和数据间的可能的紧密耦合，也使得复用难以实现。

在面向对象方法中，把数据和对数据的处理作为一个整体，即对象。该方法以众多的对象及交互模式为中心，把易变的数据结构和部分算法封装在对象内并加以隐藏，仅供对象自己使用，这保证了对它们的修改并不会影响其他的对象。这样对需求变化有较强的适应性，有利于维护。

封装性和继承性有利于复用对象。把对象的属性和操作绑定在一起，提高了对象的内聚性，减少了与其他对象的耦合，这为复用对象提供了可能性和方便性。在继承结构中，特殊类对一般类的继承，本身就是对一般类的属性和操作的复用。

（4）面向对象方法有助于开发大型高质量软件。面向对象的软件稳定性较好。当对软件的功能或性能的要求发生变化时，通常不会引起软件的整体变化，往往只需对局部做一些修改，比较容易实现。

面向对象的软件技术符合人们习惯的思维方式，用这种方法所建立的软件系统的结构与问题空间的结构基本一致，所以软件系统比较容易理解，从而降低修改和扩充系统的工作量。

对类的测试通常比较容易实现，如果发生错误也往往集中在类的内部，比较容易调试。

采用面向对象方法开发软件时，构成软件系统的每个对象就像一个微型程序，有自己的数据、操作、功能和用途。因此，把一个大型软件产品分解成一系列本质上相互独立的小产品来处理，不仅降低了开发难度，而且使得开发管理工作变得轻松容易。许多软件开发公司的经验表明，当采用面向对象方法开发大型软件系统时，软件成本明显降低，软件整体质量也提高了。

2. 面向对象方法

当前，面向对象方法几乎覆盖了计算机软件领域的所有分支。例如，面向对象的编程语言、面向对象的分析、面向对象的设计、面向对象的测试、面向对象的维护、面向对象的图形用户界面、面向对象的数据库、面向对象的数据结构、面向对象的智能程序设计、面向对象的软件开发环境和面向对象的体系结构等。

面向对象方法以对象作为系统的基本构成单位。面向对象的分析与设计方法是在面向对象编程语言被广泛采用的形势下逐渐形成的。首先是在 20 世纪 80 年代中期出现了面向对象的设计方法，继而在 20 世纪 80 年代末期出现了面向对象的分析方法。

（1）面向对象分析（Object-Oriented Analysis，OOA）。顾名思义，OOA 即面向对象的分析，就是运用面向对象方法对系统进行分析。

OOA 是一种基于对象、类、继承、封装、聚合、关联、消息和多态性等面向对象概念的分析方法。

OOA 的基本任务是：运用面向对象的概念对问题域进行分析和理解，对其中的事物和它们之间的关系产生正确的认识，关键是识别出问题域内的类和对象，定义这些类和对象的属性与操作，并分析它们相互间的关系。最终建立起问题域的简洁、精确、可理解的正确模型。

（2）面向对象设计（Object-Oriented Design，OOD）。OOD 就是在 OOA 模型基础上运用面向对象方法进行系统设计，其目标是产生一个可实现的 OOD 模型。

（3）OOA 模型。完整的 OOA 模型应包括对象模型、动态模型、功能模型三种。解决问题的不同，这三种模型的重要程度也不同。对象模型最重要，开发任何系统都需要；当问题涉及交互作用和时序时（例如，用户界面及过程控制等），动态模型是重要的；解决运算量很大的问题（例如，科学计算、编译系统等），则涉及重要的功能模型。

复杂问题（大型系统）的对象模型通常由五个层次组成：主题层（Category）、类与对象层（Class-&-Object）、结构层（Structure）、属性层（Attribute）和服务层（Method），如图 9. 1 所示。

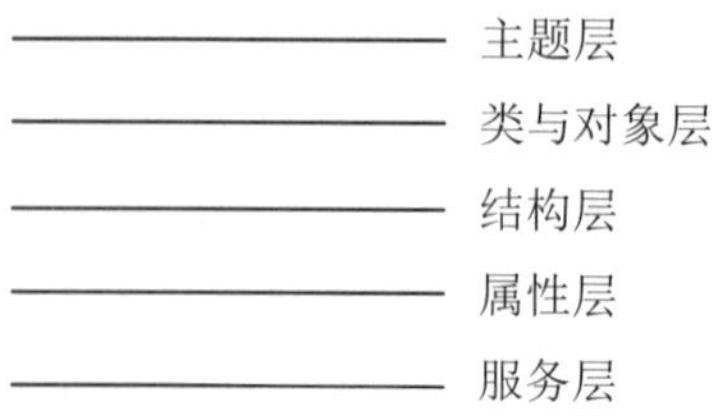

图 9.1　复杂问题的对象模型的五个层次

这五个层次很像叠在一起的五张透明塑料片，它们一层比一层显现出对象模型的更多细节。在概念上，这五个层次是整个模型的五张水平切片，如图 9.2 所示。

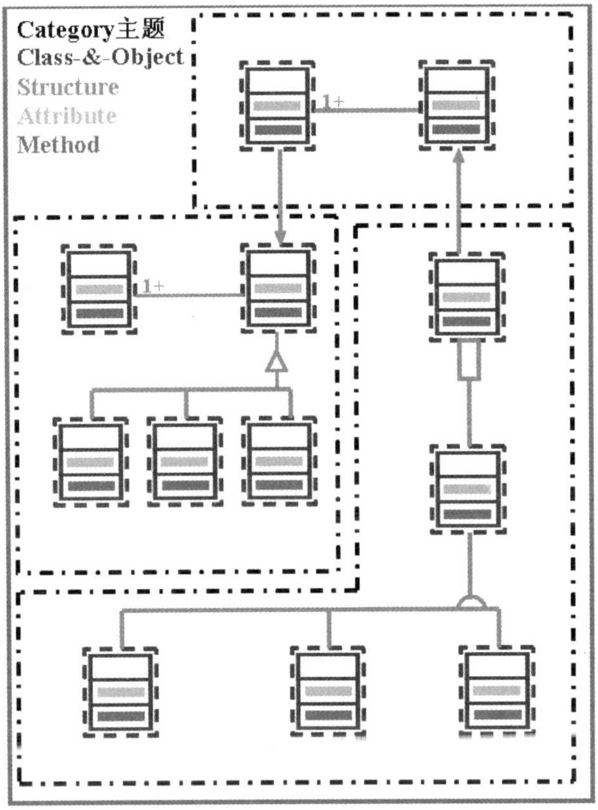

图 9.2　对象模型的五个层次

（4）OOD 模型。在采用面向对象方法设计软件系统时，面向对象设计模型与面向对象分析模型一样，也由主题、类与对象、结构、属性、服务五个层次组成。这五个层次一层比一层表示的细节更多，可以把这五个层次想象为整个模型的水平切片。大多数系统的面向对象设计模型，在逻辑上都由四大部分组成。这四部分对应于组成目标系统的四个子系统，它们分别是问题域子系统、人机交互子系统、任务管理子系统和数据管理子系统。

可以把面向对象设计模型的四个组成部分想象成整个模型的四个垂直切片。面向对象设计模型如图 9.3 所示。

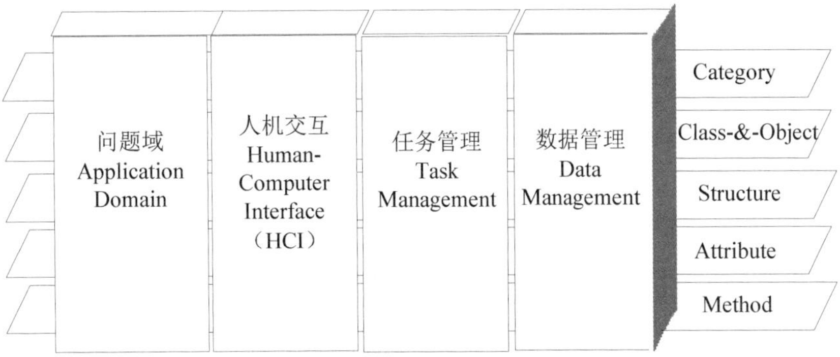

图 9.3　面向对象设计模型

3. 面向对象的过程

（1）OOA 过程。

1）建立对象模型。面向对象分析的首要任务是建立问题域的对象模型。

类与对象是在问题域中客观存在的，系统分析员的主要任务就是通过分析找出这些类与对象。首先找出所有候选的类与对象，然后从候选的类与对象中筛掉不正确的或不必要的。

接下来分析确定类与对象之间存在的关联关系。分析确定关联，能促使分析员考虑问题域的边缘情况，有助于发现那些尚未被发现的类与对象。经分析得到的关联只能作为候选的关联，还需要进一步筛选，以去掉不正确的或不必要的关联。之后，应该进一步完善经筛选后余下的关联。

在开发大型、复杂系统的过程中，往往需要引入主题层。首先由高级分析员粗略地识别出类与对象和关联，然后初步划分主题，经进一步分析，对系统结构有更深入的了解之后，再进一步修改和精炼主题。应该按问题域而不是功能分解法来确定主题。

确定与具体应用直接相关的属性，不要考虑那些超出所要解决问题范围的属性。

确定了类中应该定义的属性之后，需要有领域专家的密切配合，对系统中众多的类加以组织，识别类间的继承关系。

仅仅经过一次建模过程很难得到完全正确的对象模型。事实上，软件开发过程就是一个多次反复修改、逐步完善的过程。在建模的任何一个步骤中，如果发现模型的缺陷，都必须返回到前期阶段进行修改。由于面向对象的功能和符号在整个开发过程中都是一致的，所以比结构化分析和设计更容易实现反复修改、逐步完善的过程。

2）建立动态模型。在开发交互式系统时，动态模型起着很重要的作用。

建立动态模型的第一步，是编写典型交互行为的脚本，即编写系统在某一执行期间内出现的一系列交互事件。可以包括系统中发生的全部事件，也可以只包括由某些特定对象触发的事件。大多数交互行为可以分为应用逻辑和用户界面两部分。应用逻辑是内在的、本质的内容，用户界面是外在的表现形式，可以实现同样的程序逻辑。软件开发人员往往快速地建立起用户界面的原型，以供用户试用与评价。

建立动态模型的第二步，从脚本中提取出事件，确定触发每个事件的动作对象以及接受事件的目标对象。

建立动态模型的第三步，排列事件发生的次序，确定每个对象可能有的状态及状态间的转换关系，并用状态图描绘它们。

各个类的状态图通过共享事件合并起来，构成系统的动态模型。在完成每个重要交互行为的类的状态图之后，检查它们之间的一致性，确保事件之间的匹配。

3）建立功能模型。功能模型表明了系统中数据之间的依赖关系，以及有关的数据处理功能，它由一组数据流图组成。其中的处理功能可以用 IPO 图（或表）、伪码等多种方式进一步描述。

通常是在建立了对象模型和动态模型之后再建立功能模型。

4）定义服务。对象是由描述其属性的数据，及可以对这些数据施加的操作（即服务），封装在一起构成的独立单元。为建立完整的对象模型，既要确定类中应该定义的属性，又要确定类中应该定义的服务。通常在完整定义每个类中的服务之前，需要先建立起动态模型和功能模型，通过对这两种模型的研究，能够更正确更合理地确定每个类应该提供哪些服务。

（2）OOD 过程。

分析是提取和整理用户需求，并建立问题域精确模型的过程。数据则是把分析得到的需求转变为符合成本和质量要求的、抽象的系统实现方案。或者说，面向对象设计就是用面向对象观点建立求解域模型的过程。从面向对象分析到面向对象设计，是一个逐渐扩充模型的过程。分析和设计活动是一个多次反复迭代的过程。

1）设计问题域子系统。通过面向对象分析得到的问题域精确模型，为设计问题域子系统奠定了良好的基础，建立了完整的框架。只要可能，就应该保持面向对象分析所建立的问题域结构。通常，面向对象设计仅需从实现角度对问题域模型做一些补充或修改，主要是增添、合并或分解类与对象、属性及服务，调整继承关系等。当问题域子系统过于复杂时，应该把它进一步分解成若干个更小的子系统。

2）设计人机交互子系统。在面向对象分析过程中，已经对用户界面需求做了初步分析，在面向对象设计过程中，则应该对系统的人机交互子系统进行详细设计，以确定人机交互的细节，其中包括指定窗口和报表形式、设计命令层次等内容。

由于对人机界面的评价在很大程度上由人的主观意识决定，因此，使用由原型支持的系统化的设计策略，是成功地设计人机交互子系统的关键。

3）设计任务管理子系统。从概念上说，不同对象可以并发地工作，但在实际系统中，许多对象之间往往存在相互依赖的关系。因此，设计工作的重要任务是，确定哪些是必须同时动作的对象，哪些是相互排斥的对象，然后设计任务管理子系统。

常见的任务有事件驱动型任务、时钟驱动型任务、优先任务、关键任务和协调任务等。设计任务管理子系统包括确定各类任务并把任务分配给适当的硬件或软件去执行。

4）设计数据管理子系统。数据管理子系统是系统存储或检索对象的基本设施，它建立在某种数据存储管理系统之上，并且隔离了数据存储管理模式的影响。

不同的数据存储管理模式有不同的特点，适用范围也不同，设计者应该根据应用系统的特点选择适用的模式。数据存储管理模式包括文件管理系统、关系数据库管理系统和面向对象数据库管理系统等。

选择数据存储管理模式后，设计数据管理子系统，包括对数据格式和相应的服务的设计。

5）设计类中的服务。面向对象分析得出的对象模型，通常并不详细描述类中的服务。面向对象设计则是扩充、完善和细化面向对象分析模型的过程，设计类中的服务是它的一项重要工作内容。

6）设计关联。在面向对象设计过程中，设计人员必须确定实现关联的具体策略，以与它在应用系统中的使用方式相适应。

7）设计优化。系统的各项质量指标并不是同等重要的，设计人员必须确定各项质量指标的相对重要性（即优先级），以便在优化设计时指定折衷方案。

9.3　常用面向对象建模语言及工具

9.3.1　统一建模语言

目前，统一建模语言（Unified Modeling Language，UML）已经成为世界性的建模语言，适用于各种开发方法。把UML作为面向对象的建模语言，不但在软件产业界的支持率高，在学术界影响面也很大。

1. UML的历史

Booch 是面向对象方法最早的倡导者之一，他提出了面向对象软件工程的概念。Booch 1993比较适用于系统的设计和构造。Rumbaugh等人提出了面向对象的建模技术方法（Object Modeling Technology，OMT），采用面向对象的概念，并引入各种独立于语言的表示符。Jacobson于1994年提出了面向对象的软件工程（Object-Oriented Software Engineering，OOSE）方法，其最大特点是面向用例（Use Case），并在用例的描述中引入了外部角色的概念。此外，还有Coad/Yourdon方法，即著名的OOA/OOD，它是最早的面向对象的分析和设计方法之一，该方法简单、易学，适用于面向对象技术的初学者使用，但由于该方法在处理能力方面的局限，目前已很少使用。

UML产生于20世纪80年代末至90年代。它不仅统一了Booch、Rumbaugh和Jacobson等面向对象表示方法，而且在此基础上有了进一步的发展，并最终统一为大众所接受的标准建模语言。

2. UML包含的内容

UML融合了上述几种方法的基本概念，但不是上述方法的简单汇合，而是扩展了现有方法的应用范围，UML是标准的建模语言，而不是标准的开发过程。

作为一种建模语言，UML包括UML语义和UML表示法两个部分。

（1）UML语义。描述基于UML的精确元模型定义。元模型为UML的所有元素在语法和语义上提供了简单、一致和通用的定义性说明，使开发者能在语义上取得一致，消除了因人而异的表达方法所造成的影响。此外UML还支持对元模型的扩展定义。

（2）UML表示法。定义UML符号的表示法，为开发者或开发工具使用这些图形符号和文本语法进行系统建模提供了标准。这些图形符号和文本所表达的是应用级的模型，在语义上它是UML元模型的实例。

3. UML的定义

UML是一种面向对象的建模语言，主要是对软件系统进行面向对象的描述和建模。UML提供了各种图形，如用例图、类图、时序图、协作图和状态图等，将对象、用例等模型元素及其关系可视化，便于清晰理解这些模型。通过多个视角去考察模型，即同一个模型元素出现在多个UML图中，从而更加全面地了解模型。

4. UML的组成

UML由视图（View）、图（Diagram）、模型元素（Model Element）和通用机制（General Mechanism）等几个部分组成。

（1）视图。视图是表达系统某一方面特征的UML建模元素的子集；视图并不是图，它是由一个或多个图组成的对系统某个角度的抽象。在建立一个系统模型时，往往需要建立多个视图，从不同角度对系统做出完整的描述。

UML中的视图大致可以分为如下五种：

1）用例（用况）视图（Use Case View），强调从用户的角度看到的或需要的系统功能，是被称为“参与者”的外部用户所能观察到的系统功能的模型图。

2）逻辑视图（Logical View），展现系统的静态或结构组成及特征，也称为结构模型视图

（Structural Model View）或静态视图（Static View）。

3）并发视图（Concurrency View）体现了系统的动态或行为特征，也称为行为模型视图（Behavioral Model View）或动态视图（Dynamic View）。

4）组件（构件）视图（Component View），体现了系统实现的结构和行为特征，也称为实现模型视图（Implementation Model View）。

5）配置（部署）视图（Deployment View），体现了系统实现环境的结构和行为特征，也称为环境模型视图（Environment Model View）或物理视图（Physical View）。

（2）图。图是模型元素集的图形表示，通常是由弧（关系）和顶点（其他模型元素）相互连接构成。UML 通常提供九种基本的图，把这几种图结合起来就可以描述系统的所有视图。

（3）模型元素。模型元素代表面向对象中的类、对象、接口、消息和关系等概念。UML 中的模型元素包括事物和事物之间的关系，事物之间的关系能够把事物联系在一起，组成有意义的结构模型。常见的关系包括关联关系、依赖关系、泛化关系、实现关系和聚合关系等。同一个模型元素可以在几个不同的 UML 图中使用，但保持相同的意义和符号。

（4）通用机制。用于表示其他信息，比如注释、模型元素的语义等。

5. UML 的建模机制

UML 有两类建模机制：静态建模机制和动态建模机制。静态建模机制包括类图、对象图、包、组件图和配置图。动态建模机制包括消息、用例图、状态图、时序图、协作图、活动图。

UML 2.0 在原来的基础上增加了 4 种图，组合结构图、交互概览图、通信图和定时图。图 9.4 简单列出了 UML 2.0 中 13 种图的种类及其之间的关系。

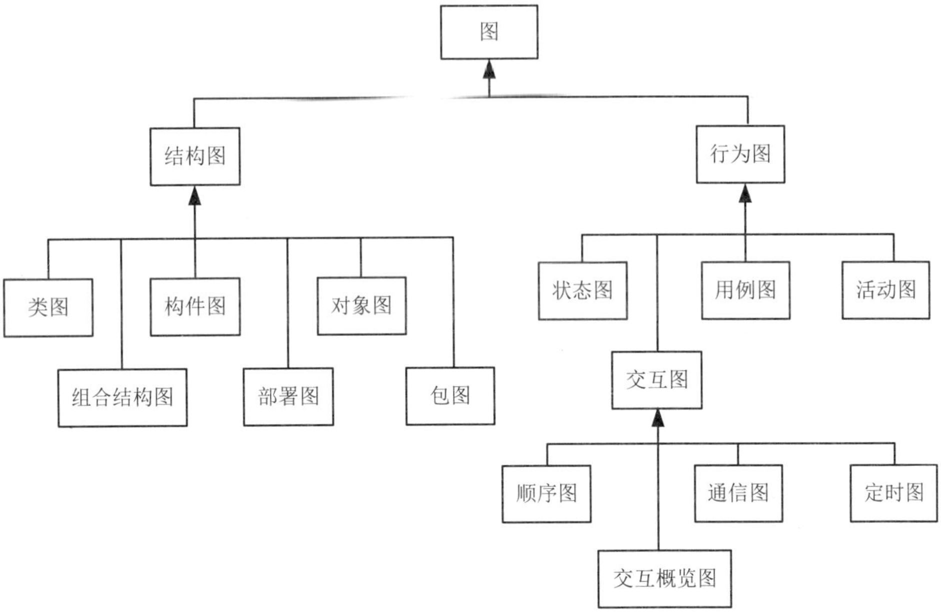

图 9.4　UML 2.0 中的图的种类及其之间的关系

UML 2.0 支持的模型图在逻辑上分为两大类：结构图（Structure Diagram）和行为图（Behavior Diagram）。

结构图用于对系统的静态方面建模。结构图分为类图、组合结构图、构件图、部署图、对象图和包图。行为图用于对系统的动态方面建模。行为图包括活动图、用况图、状态图、交互图等。

（1）类图（Class Diagram）。它是描述系统中各个对象的类型以及其间存在的各种关系的图。

（2）组合结构图（Composite Sructure Diagram）。它是描述类和构件内部结构的图，其中包括与系统其他部分的交互点。

（3）构件图（Component Diagram）。它是描述构件的组织结构和相互关系的图，用于表达如何在实现时把系统元素组织成构件，从而支持以构件为单位进行软件制品的实现和发布。

（4）部署图（Deployment Diagram）。它是描述节点、节点间的关系以及构件和节点间的部署关系的图。

（5）对象图（Object Diagram）。它是描述在某一时刻一组对象以及它们之间的关系的图。

（6）包图（Package Diagram）。它是描绘模型元素分组（包）以及分组之间依赖的图。

（7）活动图（Activity Diagram）。它是描述活动、活动的执行顺序以及活动的输入与输出的图。

（8）用况图（Use Case Diagram）。它是描述一组用况和参与者以及它们之间的关系的图。

（9）状态图（State Diagram）。它是描述一个对象（或其他实体）在其生存期内所经历的各种状态以及状态变迁的图。

（10）交互图（Interaction Diagram）。交互图是顺序图、交互概览图、通信图和定时图的统称。其中顺序图（Sequence Diagram）是描述一组角色和由扮演这些角色的实例发送和接收的消息的图。

1）交互概览图（Interaction Overview Diagram）。它是以一种活动图的变种来描述交互的图，它关注于对控制流的概览，其中控制流的每个节点都可以是一个交互图。

2）通信图（Communication Diagram）。它是描述一组角色、这些角色间链接件以及由扮演这些角色的实例所收发的消息的图。

3）定时图（Timing Diagram）。它是描述在线性时间上对象的状态或条件变化的图。

6. UML 的应用领域

UML 的目标是以面向对象图的方式来描述任何类型的系统，其中最常用的是建立软件系统的模型，但它同样可以用于描述非软件领域的系统，例如机械系统、企业机构或业务过程，以及处理复杂数据的信息系统、具有实时要求的工业系统等。

总之，UML 是一个通用的标准建模语言，可以对任何具有静态结构和动态行为的系统进行建模。此外，UML 适用于系统开发过程中从需求规格描述到系统完成后测试的不同阶段。

9.3.2 Rational Rose

Rational Rose 是由美国的 Rational 公司开发的一种面向对象的可视化建模工具，是常用的面向对象软件系统的分析与设计工具。Rational Rose 允许系统开发人员在软件开发周期的各个阶段建立可视化模型，并且能够将这些可视化模型转换成代码，帮助系统开发。

Rational Rose 支持 UML 视图模型，下面对其进行介绍。

1. Rational Rose 的视图模型

采用 Rational Rose 可以建立的模型包括用例视图、逻辑视图、构件视图和部署视图等，如图 9.5 所示。

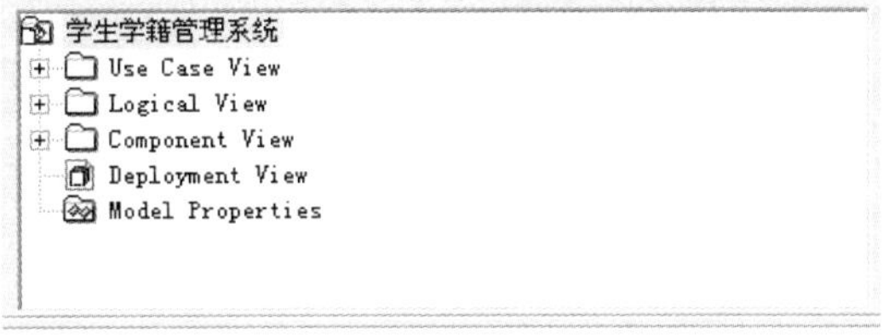

图 9.5　Rational Rose 模型视图

（1）用例视图。在用例视图中包括了系统中的所有参与者、用例和用例图。用例视图与系统中的实现是不相关的，它关注的是系统功能的高层抽象，适合于对系统进行分析和获取需求，而不关注系统的具体实现方法。如图 9.6 所示是学生学籍管理系统的用例视图示例。

图 9.6　用例视图示例

在用例视图中可以创建多种模型元素。在浏览器中选择“Use Case View”选项，右击，在弹出的快捷菜单中可以看到在视图中允许创建的模型元素，如图 9.7 所示。

图 9.7　用例视图可以创建的模型元素

1）包（Package）。包是在用例视图和其他视图中最通用的模型元素组的表达形式。使用包可以将不同的功能进行区分。如果需要对很多的用例图进行组织，可以使用包的功能。在用例视图的包中，可以再次创建用例视图内允许的所有图形。

2）用例（Use Case）。用例用来表示在系统中所提供的各种服务，它定义了系统是如何被参与者所使用的，它描述的是参与者与系统进行交互的功能实现。在浏览器中选择某个用例，右击，在弹出的快捷菜单中可以看到在该用例中允许创建的图，如图 9.8 所示。

图 9.8　用例下可以创建的图

3）参与者（Actor）。参与者是指存在于系统外部并与该系统发生交互的人或其他系统，参与者代表了系统的使用者或使用环境。在参与者中可以创建参与者的属性（Attribute）、操作（Operation）、嵌套类（Nested Class）、状态图（State Diagram）和活动图等。在浏览器中选择某个参与者，右击，在弹出的快捷菜单中可以看到在该参与者中允许创建的模型元素。

4）用例图（Use Case Diagram）。在用例视图中，用例图显示了各个参与者、用例以及它们之间的交互。在用例图下可以连接用例图相关的文件和 URL 地址。在浏览器中选择某个用例图，右击，在弹出的快捷菜单中可以看到在该用例图中允许创建的元素，如图 9.9 所示。

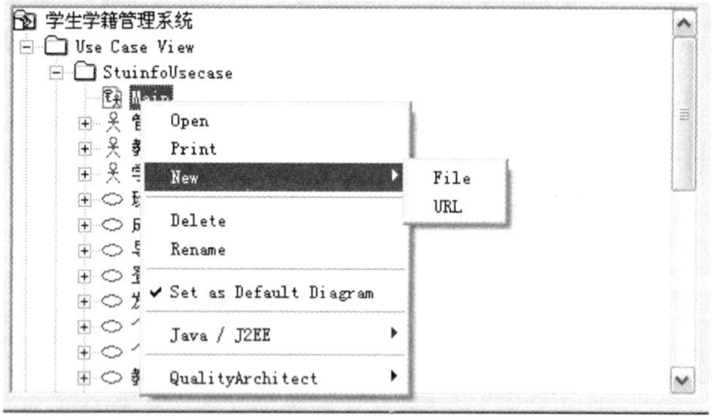

图 9.9　用例图可以管理文件和 URL

5）文件（File）。File 是指能够连接到用例视图中的一些外部文件。它可以详细介绍使用用例视图的各种信息，甚至包括错误处理等信息。

6）URL 地址（URL）。URL 是指能够连接到用例视图的一些外部 URL 地址。这些地址用于介绍用例视图的相关信息。

在用例视图中，可以创建类、用例、包、类图、用例图、协作图、序列图、状态图、活动图，与在逻辑视图中创建过程类似，这里就不重复讲解了，详见逻辑视图。

在项目开始的时候，项目开发小组可以选择用例视图来进行业务分析、确定业务功能模型、完成系统的用例模型。客户、系统分析人员和系统的管理人员根据系统的用例模型和相关文档来确定系统的高层视图。一旦客户同意了用例模型的分析，就可确定系统的范围，然后在逻辑视图中继续进行开发。

（2）逻辑视图。逻辑视图关注于系统如何实现用例中所描述的功能，主要是对系统功能性需求提供支持，在逻辑视图中，将这些大多数来自于问题域的事物通过采用抽象、封装和继承的原理，使之表现为对象或对象类的形式，借助于类图和类模板等手段提供系统的详细设计模型图。类图用来显示一个类的集合和它们的逻辑关系：关联、使用、组合、继承等。相似的类可以划分为类集合。类模板关注于单个类，它们强调主要的类操作，并且识别关键的对象特征。如果需要定义对象的内部行为，则使用状态转换图或状态图来完成。公共机制或服务可以在工具类中定义。对于数据驱动程度高的应用程序，可以使用其他形式的逻辑视图（例如 E-R 图）来代替面向对象的方法。

在逻辑视图下的模型元素可以包括类、类工具、用例、接口、类图、用例图、协作图、顺序图、活动图和状态图等。充分利用这些细节元素，系统建模人员可以构造出系统的详细设计内容。在 Rational Rose 的浏览器中的逻辑视图如图 9.10 所示。

图 9.10　逻辑视图示例

在逻辑视图中，同样可以创建一些模型元素。在浏览器中选择“Logical View”选项，右击，在弹出的快捷菜单中可以看到在该视图中允许创建的模型元素。

1）工具类（Class Utility）。工具类仍然是类的一种，是对公共机制或服务的定义，通常存放一些静态的全局变量，从而方便其他类对这些信息进行访问。在工具类下也可以像类一样创建工具类的属性、操作、嵌套类、状态图和活动图等信息。在浏览器中选择某个工具类，右击，在弹出的快捷菜单中可以看到在该工具类中允许创建的元素。

2）接口（Interface）。接口和类不同，类可以有它的真实实例，然而一个接口必须至少有一个类来实现它。接口和类相同的是：在接口中可以创建接口的属性、操作、嵌套类、状态图和活动图等。

3）类图（Class Diagram）。在逻辑视图下创建类图。类图提供了结构图类型的一个主要实例，并提供一组记号元素的初始集，以供其他结构图使用。在逻辑视图中，类图主要提供各种参与者和用例中的对象的细节信息。与用例图相同，在类图下也可以创建连接类图的相关文件和 URL 地址。

4）协作图（Collaboration Diagram）。在逻辑视图下创建协作图来表达各种参与者和对象之间的交互协作关系。与用例图相同，在协作图下也可以创建连接协作图的相关文件和 URL 地址。在浏览器中选择某个协作图，右击，在弹出的快捷菜单中可以看到在该协作图中允许创建的元素。

5）序列图（Sequence Diagram）。在逻辑视图下创建序列图，序列图用于表达各种参与者和类、对象之间的交互序列关系。在序列图下也可以创建连接序列图的相关文件和 URL 地址。在浏览器中选择某个序列图，右击，在弹出的快捷菜单中可以看到在该序列图中允许创建的元素。

6）状态图（State Diagram）。在逻辑视图下，状态图主要用来表达各种参与者或类的状态之间的转换。在状态图下也可以创建各种元素，包括状态、开始状态、结束状态以及连接状态图的文件和 URL 地址等。在浏览器中选择某个状态图，右击，在弹出的快捷菜单中可以看到在该状态图中允许创建的元素。

7）活动图（Activity Diagram）。在逻辑视图下，活动图主要用来表达参与者的各种活动之间的转换。同样，在活动图下也可以创建各种元素，包括状态（State）、活动（Activity）、开始状态（Start State）、结束状态（End State）、泳道（Swimlane）和对象（Object）等，以及连接活动图的相关文件和 URL 地址。在浏览器中选择某个活动图，右击，在弹出的快捷菜单中可以看到在该活动图中允许创建的元素。

在逻辑视图中关注的焦点是系统的逻辑结构。在逻辑视图中，不仅要认真抽象出各种类的信息和行为，还要描述类的组合关系等，尽量产生出能够重用的各种类和构件，这样就可以在以后的项目中方便地添加现有的类和构件，而不需要重新创建。一旦标识出各种类和对象并描绘出这些类和对象的各种动作和行为之后，就可以转入构件视图中，以构件为单位勾画出整个系统的物理结构。

（3）构件视图。构件视图用来描述系统中的各个实现模块以及它们之间的依赖关系。构件视图包含模型代码库、执行文件、运行库和其他构件的信息，但是按照内容来划分构件视图时，其主要由包、构件和构件图构成：包是与构件相关的组；构件是不同类型的代码模块，它是构造应用的软件单元，构件可以包括源代码构件、二进制代码构件以及可执行构件等。在构件视图中也可以添加构件的其他信息，例如资源分配情况以及其他管理信息等；构件图用于显示构件及其之间的关系，构件视图主要由构件图构成。一个构件图可以表示一个系统全部或者部分的构件体系。从组织内容来看，构件图显示了软件构件的组织情况以及这些构件之间的依赖关系。

在 Rational Rose 的浏览器中的构件视图如图 9.11 所示。

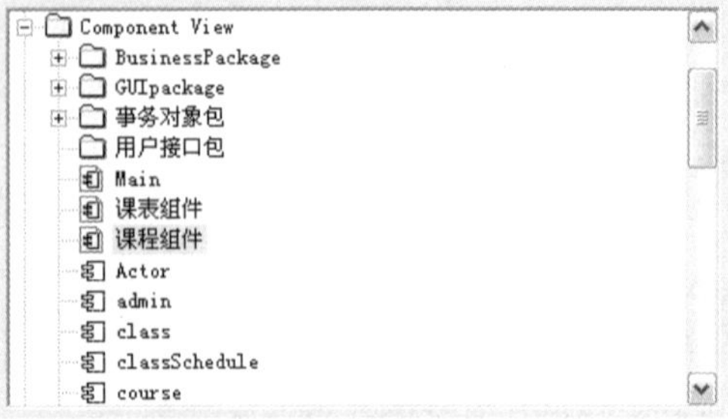

图 9.11 构件视图示例

在构件视图中，同样可以创建一些模型元素。在浏览器中选择“Component View”选项，右击，在弹出的快捷菜单中可以看到在该视图中允许创建的元素。

1）包（Package）。包在构件视图中仍然担当的是划分的功能。使用包可以将构件视图中的各种构件划分，不同功能的构件可以放置到不同的逻辑视图的包中。在将构件放置在某个包中的时候，需要认真考虑包与包之间的划分关系，这样才能达到在以后的开发程序中重用的目的。

2）构件（Component）。构件图中最重要的模型要素就是构件，构件是系统中实际存在的可更换部分，它实现特定的功能，符合一套接口标准并实现一组接口。构件代表系统中的一部分物理实施，包括软件代码（源代码、二进制代码或可执行代码）或其等价物（如脚本或命令文件）。构件使用一个带有标签的矩形来表示。在构件下可以创建连接构件的相关文件和 URL 地址。在浏览器中选择某个构件，右击，在弹出的快捷菜单中可以看到允许创建的元素，如图 9.12 所示。

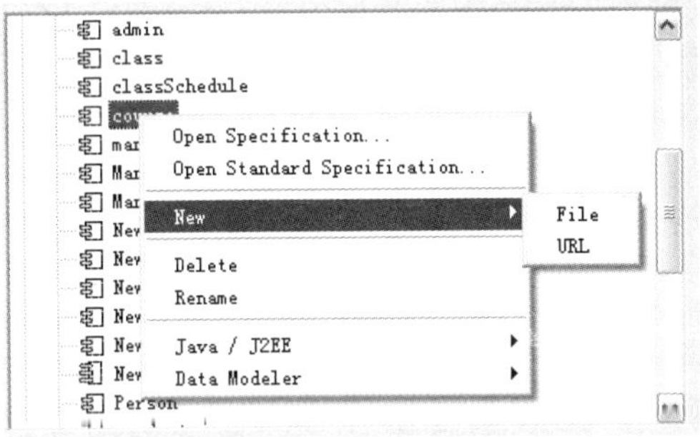

图 9.12　构件下可以创建的元素

3）构件图（Component Diagram）。构件图的主要目的是显示系统构件间的结构关系。一个构件表现了实施项目，如文件和可运行的程序。构件必须有严格的逻辑，设计时必须进行构造，其主要思想是能够很容易地在设计中被复用或被替换成一个不同的构件实现，因为一个构件一旦封装了行为、实现了特定接口，那么这个构件就围绕实现这个接口的功能而存在，而功能的完善或改变意味着这个构件需要改变。在构件图下也可以创建连接构件的相关文件和URL地址。在浏览器中选择某个构件图，右击，在弹出的快捷菜单中可以看到允许创建的元素。

（4）部署视图。与系统的逻辑结构不同，部署视图显示了运行软件系统的物理硬件，以及如何将软件部署到硬件上。在系统中只包含一个部署视图，用来说明各种处理活动在系统各节点的分布。部署视图中包括进程、处理器和设备。进程是在自己的内存空间中执行的线程；处理器是有任何处理功能的机器，一个进程可以在一个或多个处理器上运行；设备是指没有任何处理功能的机器。部署视图中还可以包含构件，这些构件都必须存在于部署图中的节点上。如图 9.13 所示显示了一个部署视图结构。

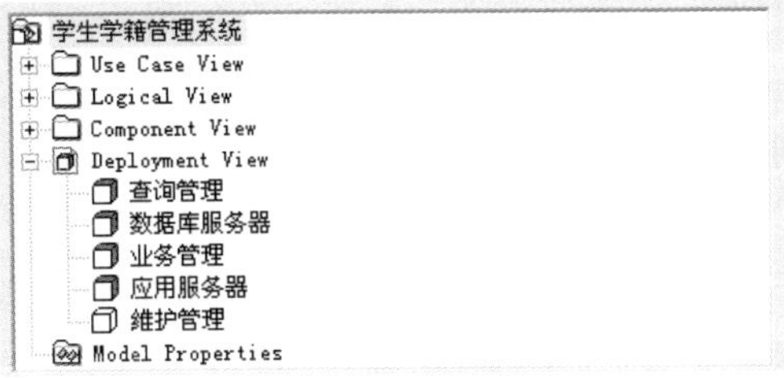

图 9.13　部署视图示例

在部署视图中，可以创建处理器和设备等模型元素，也可以创建连接构件的相关文件和URL 地址。在浏览器中选择“Delopment View”选项，右击，在弹出的快捷菜单中可以看到允许创建的元素。

1）处理器（Processor）。处理器是指任何有处理功能的节点。节点是各种计算资源的通用名称，包括处理器和设备两种类型。在每一个处理器中允许部署一个或几个进程，并且在处理器中可以创建进程，它们是拥有自己内存空间的线程。线程是进程中的实体，一个进程可以拥有多个线程，一个线程必须有一个父进程。线程不拥有系统资源，它与父进程的其他线程共享该进程所拥有的全部资源。线程可以创建和撤销，从而实现程序的并发执行。

2）设备（Device）。设备是指任何没有处理功能的节点，例如，打印机。

部署视图考虑的是整个解决方案的实际部署情况，所描述的是在当前系统结构中所存在的设备、执行环境和软件运行时的体系结构，它是对系统拓扑结构的最终物理描述。系统的拓扑结构描述了所有的硬件单元，以及在每个硬件单元上执行的软件结构。

2. Rational Rose 双向工程

Rational Rose 双向工程包括正向工程（Forward Engineering）和逆向工程（Reverse Engineering）。正向工程是使用模型生成代码，帮助程序员编写良好的代码，不需要再重新创建这些代码框架；而逆向工程是从代码生成模型，使所创建的代码逆向转换为对应的模型，保持代码与模型同步变化，能够使开发人员把握系统的静态结构。

（1）正向工程。在 Rational Rose 2003 中，不同的版本对于代码生成提供了不同程度的支持。Rational Rose Enterprise 版本对 UML 提供了更高的支持，可以使用多种语言进行代码生成，这些语言包括 Ada83、Ada95、ANSI C++、CORBA、Java、COM、Visual Basic、Visual C++、Oracle 8 和 XML- DTD 等。可以通过选择“Tools”菜单的“Options”选项查看所支持的语言信息，如图 9.14 所示。

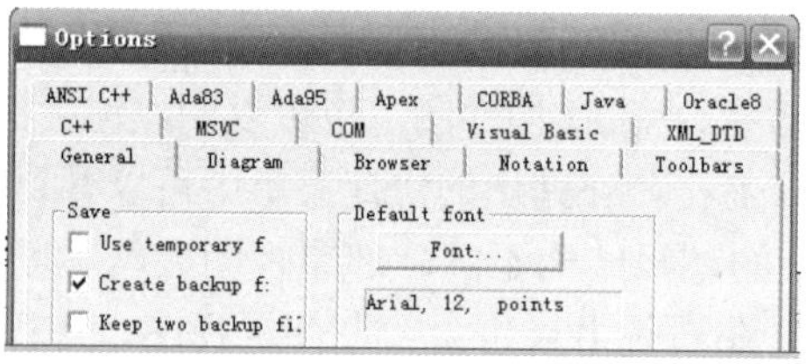

图 9.14　Rational Rose Enterprise 支持的语言信息

使用 Rational Rose 生成代码，可以通过以下四个步骤进行，下面以 Java 语言为例。

1）选择待转换的目标模型。在 Rational Rose 中打开已经设计好的目标图，选择需要转换的类、构件或包。一次可以生成一个类、一个构件或一个包的代码，通常在逻辑视图的类图中选择相关的类，也可在逻辑视图或构件视图中选择相关的包或构件。

2）检查 Java 语言的语法错误。Rational Rose 拥有独立于各种语言之外的模型检查功能，通过该功能能够在代码生成以前保证模型的一致性。

可以通过选择“Tools”菜单中的“Check Model”命令来检查模型的正确性，如图 9.15 所示。出现的错误将显示在下方的日志窗口中。常见的错误包括对象与类不映射等。在 Report（报告）工具栏中，可以通过 Show Usage、Show Instances、Show Access Violations 等功能辅助校正错误。

对于 Java 语言的语法检查，可以通过选择“Tools”菜单“Java/J2EE”子菜单中的“Syntax Check”命令来进行，如图 9.16 所示。如果检查出一些语法错误，也将在日志中进行显示。如果检查正确，将出现语法检查正确的提示信息。

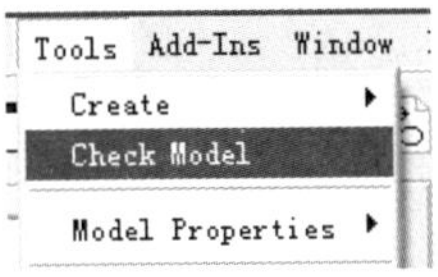

图 9.15　检查模型示例

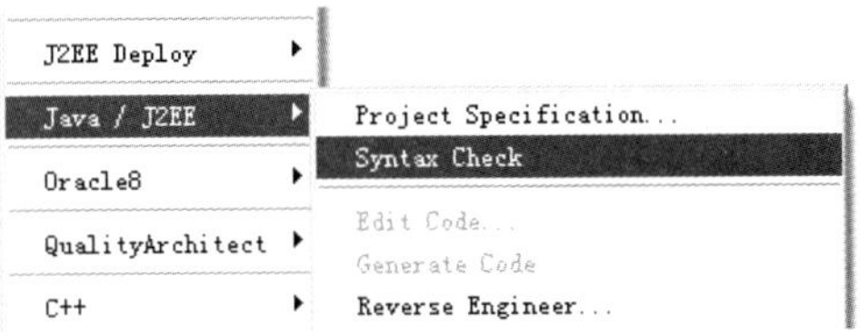

图 9.16　Java 语言的语法检查

3）设置代码生成属性。在 Rational Rose 中可以对类、类的属性、操作、构件和其他元素设置代码生成属性。通常 Rational Rose 提供默认的设置。可以通过选择“Tools”菜单的“Options”命令自定义设置这些代码的生成属性，如图 9.17 所示。

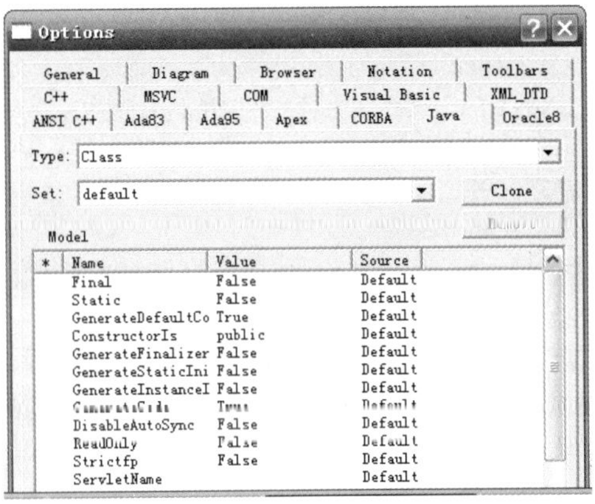

图 9.17　Java 语言代码生成属性设置示例

4）生成代码。在代码生成之前，一般需要将一个包或组件映射到一个 Rose 的路径目录中。可以通过选择“Tools”菜单的“Java/J2EE”子菜单，然后选择“Project Specification”命令设置项目的生成路径，在工具栏中选择项目规范（Project Specification），在“Classpaths”下添加生成的路径，既可以选择目标是生成在一个“jar”/“.zip”文件中，也可以选择生成在一个目录中。

设定生成路径后，可以通过在工具栏中选择“Tools”菜单的“Java/J2EE”子菜单，然后选择“Generate Code”命令生成代码。

以图 9.18 中的类模型为例进行生成代码说明。

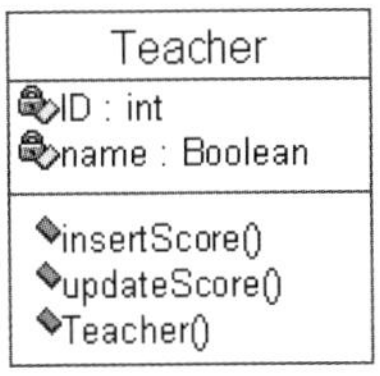

图 9.18　类模型

在该类模型中，类的名称为Teacher，包含两个私有属性ID和name，并且类型分别为int和Boolean，还包含三个public类型的方法，即insertScore()、updateScore()方法和构造函数。通过上面的步骤，对该类进行代码生成，可以获得的代码，如程序9.1所示。

程序9.1　通过模型生成的代码示例

```
//Source file: E:\\ Teacher. Java
public class Teacher
{   private int ID;                    //对应图中的 ID 属性
     /**
    * @roseuid 54D4735041B0
    */
   private Boolean name;               //对应图中的 name 属性
     /**
    * @roseuid 54D473A301B8
    */
   public Teacher () { }               //对应图中的 Teacher 方法
     /**
    * @roseuid 54D4731000CD
    */
   public void updateScore() { }       //对应图中的 updateScore 方法
     /**
    * @roseuid 54D47375009F
    */
   public void insertScore()  { }      //对应图中的 insertScore 方法
}
```

注意：在生成的代码中会出现如下的语句：@roseuid 54D47375009F。这些数字和字母的符号用来标识代码中的类、操作以及其他模型元素，从而保证Rational Rose中的模型与代码同步。

当类模型中包含基类模型和子类模型，在进行正向工程时，会在代码中保持模型中的继承关系，以Person为基本类，Teachers为子类模型，如图9.19所示。

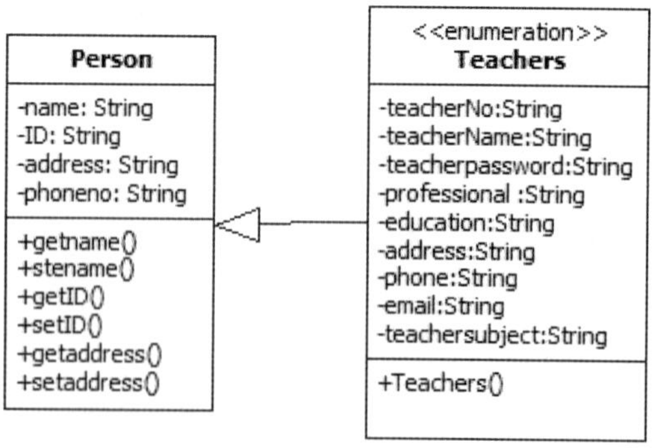

图9.19　类继承模型图

正向工程后产生的程序9.2的代码如下：

```
//Source file: E:\\ Person. Java


public class Person
```

```
{
        private String name;
        private String ID;
        private String address;
        private String phoneno;
        public void getname() {}
        public void stename() {}
        public void getID() {}
        public void setID() {}
        public void getaddress() {}
        public void setaddress() {}
}
```

程序 9.3 的代码如下：

```
//Source file: E:\\ Teachers. Java

public class Teachers extends Person
{
        private String teacherNo;
        private String teacherName;
        private String teacherpassword;
        private String professional;
        private String education;
        private String address;
        private String phone;
        private String email;
        private String teachersubject;
        public void Teachers () {}
        }
```

可以看到，在代码中保持了模型中的继承关系。代码生成后，开发者就可以在这个代码框架中实现具体的方法，大大节省了开发时间。

（2）逆向工程。在 Rational Rose 中可以通过收集有关类、类的属性、类的操作、类与类之间的关系以及包和构件等静态信息，将这些信息转化成为对应的模型，并在相应的图中显示。

修改 Teachers 类，加入一个 print 方法，暂时不加入任何实现内容，再删除 education 成员变量。

```
Public void print() { }
```

在 Rose 的逻辑视图中选择 Teachers 类，右击，在弹出的快捷菜单中选择“Java/J2EE”选项中的“Reverse Engineer”命令，选择 E:\ Teachers. Java 文件，单击 Reverse 按钮，可以发现 Teachers 类发生变化，如图 9.20 所示。

Rose 除了能够将代码直接转换成类图以外，还可以通过代码间的关系转换成相关图，从而表达类与类之间的关系，例如程序 9.4，在名称为 Test1 的类中声明了名称为 Test2 的类，根据这些代码创建的关联关系如图 9.21 所示。

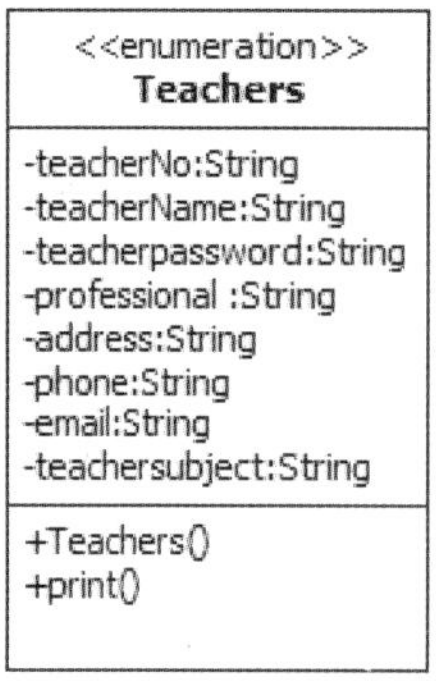

图 9.20 逆向工程生成模型

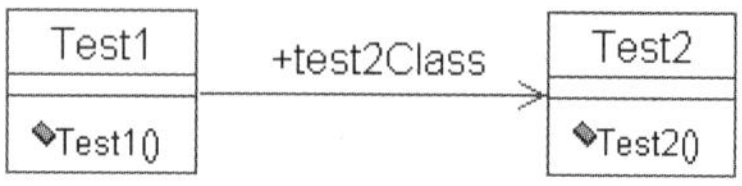

图 9.21 关联关系逆向转换图

程序 9.4：逆向工程代码关系示例。

```
Public class   Test1
{    public Test2   test2Class;
public Test1()   { }
}
Public class   Test2
{
public Test2()   { }
}
```

9.3.3 StarUML

随着面向对象程序设计的广泛应用，StarUML 吸取众多建模工具的优点，采用面向对象的成熟技术和双向工程的技术，提高了软件开发的效率。

1. StarUML 简介

StarUML 是由韩国公司主导开发出来的产品，是一个开源的 UML 工具软件。可以做到代替大型的商业 UML 工具软件，如 IBM 的 Rose、Borland 的 Together，受到很多设计人员的喜爱，而且安装文件非常的小。

StarUML 具备如下特点：

（1）可绘制多种 UML 图。用例图、类图、时序图、状态图、活动图、通信图、模块图、部署图以及复合结构图等。

（2）完全免费。是一套开放源码的软件，不仅免费自由下载，连源代码都免费开放。

（3）多种格式文件。可导出 JPG、JPEG、BMP、EMF 和 WMF 等格式文件。

（4）语法检验。StarUML 遵守 UML 的语法规则，不支持违反语法的动作。

（5）正反向工程。StarUML 可以依据类图的内容生成 Java、C++、C#代码，也能够读取 Java、C++、C#代码反向生成类图。

（6）支持 XMI。StarUML 接受 XMI 1.1、1.2 和 1.3 版的导入导出。XMI 是一种以 XML 为基础的交换格式，用以交换不同开发工具所生成的 UML 模型。

（7）导入 Rose 文件。StarUML 可以读取 Rational Rose 生成的文件，让原先 Rose 的用户可以转而使用免费的 StarUML。早期，Rational Rose 是市场占有率最高的 UML 开发工具，同时也是相当昂贵的工具。

（8）支持模式。支持 23 种 GoF 模式(Pattem)，以及 3 种 EJB 模式。GoF 模式出自 Erich Gamma 等 4 人合著的书，其内列出了 23 种软件模式，可解决软件设计上的特定问题。StarUML 也支持 3 种常用的 EJB 模式，分别为 EntityEJB、MessageDrivenEJB、SessionEJB。

2. StarUML 建模基本过程

（1）添加新项目。新建“New Project By Approach”项目，在弹出的对话框中，选择“Empty Project”（空项目）选项并且单击“OK”按钮，如图 9.22 所示。

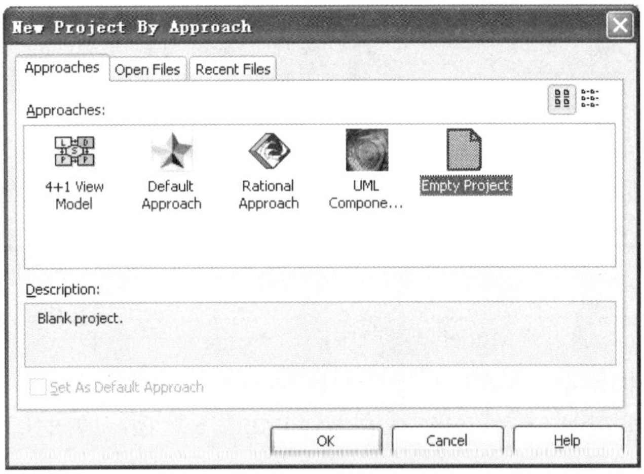

图 9.22　新建项目方式

（2）添加模型。在右边的 Model Explorer（模型资源管理器）框中选定“Untitled”（无标题）模型。通过“Model”主菜单或在“Untitled”上右击，在快捷菜单中选择“Add Model”选项，如图 9.23 所示。

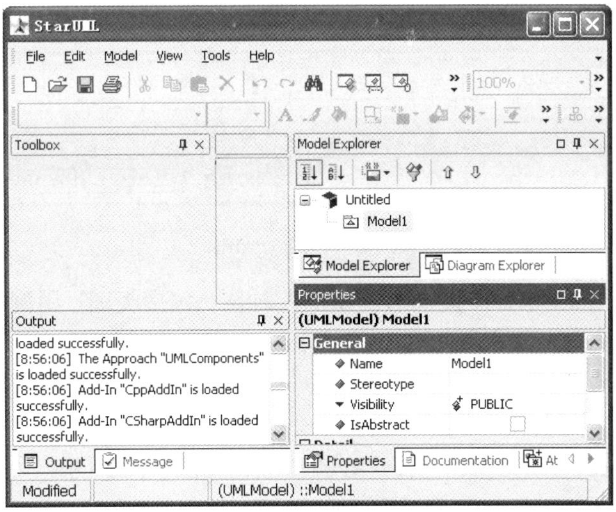

图 9.23　添加模型

（3）添加类图。在“Model”主菜单或右击快捷菜单添加类图，选择“Add Diagram”菜单的“Class Diagram”选项，如图 9.24 所示。

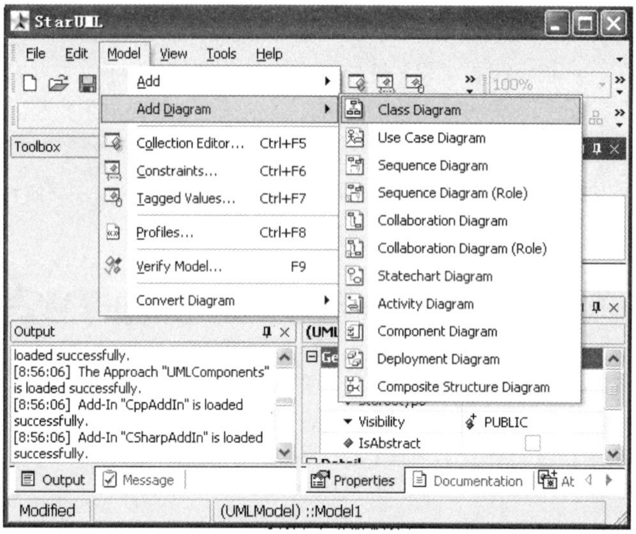

图 9.24 添加类图

（4）设置 Profile。通过“Model”菜单中的“Profiles”子菜单去设置项目所需的 Profile。这决定了项目所使用的规则和约定。其中“UML Standard Profile”必选，然后根据要生成的代码类型，选择“C++ Profile、C# Profile 或者 Java Profile”选项，如图 9.25 所示。

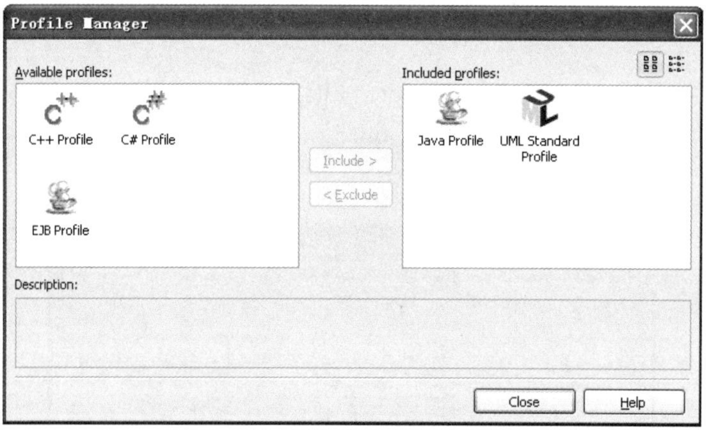

图 9.25 设置 Profile

（5）创建图。在 StarUML 中提供了常用的九种图，包括类图、用例图、顺序图、协作图、状态图、活动图、组件图、部署图、组合结构图。

（6）保存项目。这时保存项目到物理文件，这样在出现问题时，就不会丢失信息，也可以随时加载项目文件。从“File”菜单，选择“Save”，并选择保存项目的路径和保存的项目文件格式为“*.uml”。现在，StarUML 中新建好的空项目如图 9.26 所示。

3. 正向工程，生成 C#或 Java 代码

例如，生成 Java 代码，单击主菜单的“Tools”，选择“Java”子菜单中“Generate Code”菜单项，如图 9.27 所示。

（1）从对话框中选择相应模块（这里可能是“Model1”），单击“Next”按钮。

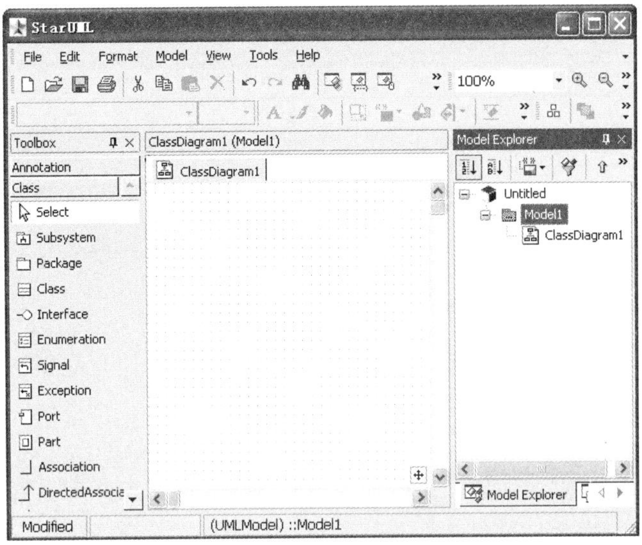

图 9.26　新建好的空项目

（2）为了使所选模块或者图标的所有类都生成代码，选择“Select All”选项，然后单击“Next”按钮。

（3）选择一个有效的输出目录，然后单击“Next”按钮。

（4）现在 StarUML 将从图产生代码，单击“Finish”按钮退出对话框。

（5）生成. Java 的代码文件，可以编辑生成的代码，以增加应用。

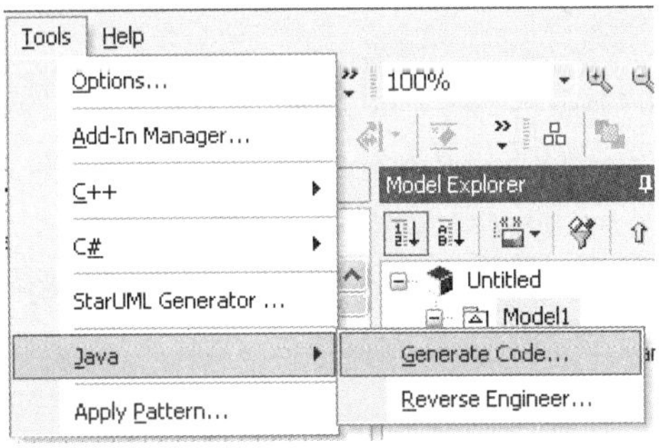

图 9.27　正向工程

4. 逆向工程

StarUML 还可以从现有的 C#或 Java 源代码创建一个类图，这被称为逆向工程，当你想从现有的代码生成图表或者修改了 StarUML 生成的代码，并且想在图表中反应出来的时候，逆向工程功能就非常有用了。

（1）到主菜单栏中选择“Tools”，选择“C#（Java）”子菜单中的“Reverse Engineer”选项，可以将现有的代码逆向工程。

（2）选择 C#或 Java 代码所在的目录，并单击“Add”或“Add All”按钮，将它们包括在逆向工程过程中，然后单击“Next”按钮。

（3）选择要加入类的模块（这里可能是“Model1”），然后单击“Next”按钮。

（4）对选项做检查后，单击“Run”按钮，就完成了。

（5）StarUML 会向指定的模块添加导入的类，并添加到图表中。

小　结

面向对象方法学比较自然地模拟了人类认识客观世界的思维方式，它所追求的目标和遵循的基本原则，就是使描述问题的问题空间和在计算机中解决问题的解空间，在结构上尽可能一致。

面向对象方法学认为，客观世界由对象组成。任何事物都是对象，每个对象都有自己的内部状态和运动规律，不同对象彼此之间通过消息相互作用、相互联系，从而构成了我们所要分析和构造的系统。

面向对象不同于面向过程，利用面向对象的概念把数据和过程封装成一个整体，运用消息来传递数据。用面向对象观点建立系统的模型，能够促进和加深对系统的理解，有助于开发出更容易理解、更容易维护的软件。

面向对象过程由两部分组成，即 OOA 和 OOD。分析的过程就是要发现系统要处理什么的过程，而不是确立如何解决的过程。在这个过程中我们把系统复杂的需求分解为基本的元素和相互关系。面向对象分析的分析模型有两种：静态模型和动态模型。静态模型分析使客户确认我们对系统业务的理解是否正确，在动态分析后可以确认分析对象能够支持需要的系统功能。面向对象设计是指用面向对象的方法为真实世界建立一个计算机中的虚拟模型。

统一建模语言 UML 是国际对象管理组织 OMG 批准的基于面向对象技术的标准建模语言。通常，使用 UML 的类图来建立对象模型，使用 UML 的状态图来建立动态模型，使用 UML 的用例图来建立功能模型。

通过对 Rational Rose 的概要介绍，使我们对这个建模工具有了更深的了解。在 Rational Rose 基本内容中，主要介绍了四个视图模型，分别为用例视图、逻辑视图、构件视图和部署视图。最后介绍了 Rational Rose 的双向工程。

通过对 StarUML 的概要介绍，体会到 StarUML 的功能强大和简单易用。StarUML 是一个非常不错的建模软件，并且在业界有良好的口碑。

习题 9

1．选择题

（1）Rational Rose 的代码生成功能可以针对不同类型的目标语言生成相应的代码，Rational Rose 企业版默认支持的目标语言不包括（　　）。

A．Java　　B．CORBA　　C．Visual Basic　　D．C#

（2）下面不是 Rational Rose 中的视图的是（　　）。

A．用例视图　　B．部署视图

C．数据视图　　D．逻辑视图

（3）Rational Rose 建模工具可以执行以下几项任务，其中不包括（　　）。

A．非一致性检查　　B．生成 Delphi 语言代码

C．报告功能　　D．审查功能

（4）下列说法不正确的是（　　）。

A．在用例视图下可以创建类图

B．在逻辑视图下可以创建构件图

C．在逻辑视图下可以创建包

D．在构件视图下可以创建构件

（5）下列不属于对象特性的是（　　）。

A．对象都是唯一的

B．一滴水是一个对象

C．一个对象肯定属于某个类别

D．对象必须是可见的

（6）如果要解决系统做什么，应该使用（　　）。

A．面向对象的分析

B．面向对象的设计

C．面向对象的编程

D．面向对象的开发

（7）面向对象中的（　　）描述了系统内部对象及其关系的静态结构。

A．对象模型　　B．状态模型　　C．交互模型　　D．类模型

（8）UML 中的（　　）用于描述系统的实现模块以及它们之间的依赖关系。

A．组件视图　　B．用例视图　　C．逻辑视图　　D．部署视图

（9）下列不属于 UML 2.0 中的图的是（　　）。

A．协作图　　B．包图　　C．交互图　　D．组合结构图

（10）UML 图不包括（　　）。

A．用例图　　B．类图　　C．状态图　　D．流程图

2．判断题

（1）UML 是面向对象的编程语言。（　　）

（2）如果把众多事物进行归纳和分类，那么所依据的面向对象的特性是抽象。（　　）

（3）交互概览图是将各种不同的交互结合在一起交互的整体图。（　　）

（4）可以认为对象是某种可被人感知的事物、思维、感觉、动作所能作用的物质或精神体。（　　）

（5）有些对象是不能被抽象成类的。（　　）

3．简答题

（1）比较结构化方法与面向对象方法。

（2）OOA 模型是什么？OOA 的过程是什么？

（3）OOD 模型是什么？OOD 的过程是什么？

（4）描述 OOA 与 OOD 之间的关系。

（5）简单说明 UML 2.0 提供了多少种图，分别是什么。

（6）简述双向工程的内容和作用。

（7）在 Rational Rose 中试着绘制出一个类，添加相应的属性和方法，将其进行代码生成

后查看生成的代码，并分析其结构。

4．应用题

为方便旅客，某航空公司拟开发一个机票预订系统。旅行社把预订机票的旅客信息（姓名、性别、工作单位、身份证号码、旅行时间、旅行目的地等）输入该系统，系统为旅客安排航班，打印出取票通知和账单，旅客在飞机起飞的前一天凭取票通知和账单交款取票，系统校对无误即打印出机票给旅客。用面向对象方法分析机票预订系统的需求陈述，试建立它的对象模型。

第 10 章　面向对象分析

本章学习目标

- 理解面向对象分析基本思想。
- 了解面向对象方法。
- 熟练掌握需求获取的步骤。
- 熟练掌握面向对象需求分析的任务。
- 熟练掌握面向对象需求分析的过程。

本章先向读者介绍面向对象的需求获取，再介绍面向对象需求分析，最后用项目案例说明面向对象分析的具体过程。

10.1　面向对象的需求获取

通常，传统方法学的需求获取、分析、设计和实现采用的是瀑布模型软件开发过程，后一步的工作依赖于前一步工作的完成，越接近软件生命周期后期，对系统设计前期的结果要做修改就会越困难。但是，在实际软件开发过程中，往往是在系统设计后期才会发现前期工作所形成的一些缺点、错误。因此，当系统规模越大，问题越复杂时，软件的可维护性越差。

为了避免可能导致软件危机的产生，应该使软件分析、设计和实现的方法尽可能的一致，使描述问题的问题空间和解决问题的解空间尽可能一致，使分析、设计和实现系统的方法学原理与人类认识客观世界的过程相一致，同时在软件的分析、设计和实现中采用增量、迭代的软件开发过程。这就是面向对象方法学的出发点和所遵循的基本原则。

需求工程主要包括三个活动：需求获取，即导出用户可理解的系统规格说明；需求分析，其结果是给设计者没有二义性的分析模型；需求规格说明的评审。

面向对象分析方法是以场景和用例为基础的，一个场景描述对象之间的一系列交互过程，用例是对一类场景的抽象。通过分析不同用户使用系统的场景，抽取和整理出用户需求，建立问题域精确模型。面向对象分析要建立三个主要模型：用例模型、对象模型和动态模型。其中对象模型是最基本的、最重要的、最核心的。

（1）用例模型。用例模型表达系统的需求，为进一步分析和设计系统打下基础。在面向对象方法中，通过用例和场景表示系统功能的用例模型。

（2）对象模型。对象模型表示静态的、结构化的系统“数据”性质。描述现实世界中实体的对象、功能对象以及它们之间的关系，表示目标系统的静态结构。在面向对象方法中，通过类图和对象图表示系统组成的对象模型。

（3）动态模型。描述系统的动态结构和对象之间的交互过程，表示瞬时的、行为化的、系统的“控制”特性。在面向对象方法中，常用顺序图、协作图、状态图构建系统的动态模型。

10.1.1 需求获取概述

当软件项目以招标方式确定开发单位时，“标书”往往可以作为初步的需求陈述。用户需求陈述可能由用户单方面写出，也可能由系统分析员配合用户共同写出。需求陈述的内容包括问题范围、功能需求、应用环境及假设条件等。此外，对采用的软件工程标准、模块构造准则、将来可能做的扩充及可维护性要求等方面的内容，也都要做适当描述。总之，需求陈述应该阐明“做什么”而不是“怎样做”。它应该描述用户需求而不是提出解决问题的方法；应该指出哪些是系统必要的属性，哪些是可选的属性；应该避免对设计策略施加过多的约束；也不要描述系统的内部结构，否则会限制系统实现的灵活性。

需求获取是开发者、用户之间为了定义新系统而进行的交流。需求获取是需求分析的前提，是获得系统必要的特征，或者是获得用户能接受的、系统必须满足的约束。由于用户是其各自领域的专家，对开发的系统应该如何做，已经有了总体考虑，但这些用户通常不具备软件开发方面的技术和经验。而与此相对，开发者在软件开发方面具有丰富的经验，但了解用户和用户的领域相关知识较少。如果双方所理解的领域内容在系统分析、设计过程方面出现问题，通常在开发过程的后期才会被发现，将会使整个系统交付延迟，或上线的系统无法或难以使用，最终所开发的系统以失败告终，导致出现严重的软件危机。例如，遗漏的需求（丢失了系统必须支持的功能）或错误的需求（不正确的功能描述或不可用的用户界面）。需求获取方法的目标，就是为了提高开发者与用户之间沟通的能力，进而构造应用系统的领域模型。

在面向对象的方法中，开发者选择用户易于理解的表达方式，通常使用用例来获取软件的需求。用例通过描述“参与者”和“系统”之间的交互来描述系统的行为。用例方法最主要的优点在于它是用户导向的，用户可根据自己所对应的用例来不断细化自己的需求。此外，使用用例还可方便地得到系统功能的测试用例。

10.1.2 需求获取

在需求获取过程中，常常使用一种称为联合应用设计（Joint Application Design）的沟通技术，即开发者、用户联合描述问题域的需求规格说明，建立系统需求模型。

1. 需求获取的步骤

（1）功能性需求。

1）标识参与者。需求获取的第一步是标识参与者，参与者是抽象的角色，这一步骤定义了系统边界。开发者需要标识出开发系统所支持的参与者，通过标识参与者，可找出与系统产生交互的外部实体，参与者可以是人，也可以是一个外部系统。

2）标识场景。一个场景（Scenario）是用户利用目标系统完成其业务目的一种使用系统的方式。场景是建立用例的基础，场景是用例的实例，为了获得系统将提供的所有功能，开发者使用场景对用户的活动进行描述，进而与用户进行沟通并加深开发者对问题域的理解。场景将重点放在特定实例和具体事件上，开发者和用户需撰写一系列场景，以达成系统应该做什么的共识。

使用场景描述来获取用户需求具有以下几个方面的好处：

- 使用场景描述系统的行为，便于用户理解，也有助于新需求的发现。

例如：学生学籍管理系统中管理员“查找学生信息”场景的描述，由于在众多学生中查找某个学生的信息效率很低，开发者可以增加新场景，例如，根据条件（学号、姓名、班级等）查找学生信息。

- 场景可以使用户在整个需求获取过程中显得积极主动，便于获取用户的真正需求。

3）标识用例。开发者和用户确认了一组场景，开发者将从场景中抽象出一组能够表示开发系统的用例。

4）求精用例、标识用例间的关系，建立用例模型。通过细化每一个用例，开发者标识出用例之间的各种关系。用例除了与其参与者发生关联外，还可以具有多个关系，包括泛化关系、包含关系和扩展关系，以确保需求规格说明是完整的。

5）用例模型评价。用例模型评价就是在建立用例模型后，应该邀请领域专家、相关用户和开发人员一起对模型进行评审，回答下面的问题：

- 是否已将所有必须的功能性需求都获取为用例？
- 每个用例的说明是否正确、完整和易于理解？
- 是否存在一些价值小或没有价值的用例？若有，将其删除。

6）优化用例模型。系统分析人员检查模型中的每个用例，若有公共部分，则创建新的用例，并且用包含关系与之连接；如果发现一个用例包含的功能复杂，并且既包含了一般处理又包含特殊处理，那么应该将特殊处理的部分提取出来，创建单独的用例，并且使用泛化关系连接相关的用例，以达到减小用例规模、简化用例的目的。

（2）非功能需求（也称为系统的质量需求）。在需求获取期间，开发者需要访问各种资源以获得非功能需求，这些资源包括

1）用户所提供的、与应用领域相关的文档和手册。

2）将被开发系统替换的遗留系统的技术文档。

3）用户。用户是最重要的信息资源，因为开发者在需求获取活动期间的最多活动是与用户之间的交流。

非功能需求描述了不直接关联到系统功能行为的方面。Jacobson 等人将非功能需求分四类，即可用性（Usability）、可靠性（Reliability）、性能（Performance）和可维护性（Maintainability）。

- 可用性：程序在给定的时间点，按照说明书的规定，成功地运行的概率。例如，可用性需求要求用户界面能方便使用、提供在线帮助功能和支持有层次的用户文档。
- 可靠性：程序在给定的时间间隔内，按照说明书的规定，成功地运行的概率。即在提供不正确输入或者压力环境条件的情况下，系统或构件能正确完成功能的程度和安全性。例如，可靠性需求要求具有检查指定错误的能力，以及抵挡特定安全攻击的能力等。
- 性能需求是系统要考虑的定量属性。例如，响应时间，即对用户输入而言，系统响应的快慢程度；吞吐量，即在一个指定的时间内，系统能完成的工作量；有效性，即当提出使用要求时，系统的可操作性和可访问性程度和准确性。
- 可维护性：维护人员理解、改正、改动和改进这个软件的难易程度。

2. 需求获取举例

（1）标识参与者。如何识别参与者呢？显然，直接使用系统的人员，也就是用户，应该都可以作为参与者。而这些用户有时候会在系统中扮演不同的角色，例如，管理员、教师和学生三种不同的角色，反映为三种不同的参与者。

从系统边界的角度，应该把与软件系统运行在同一平台上的应用系统看成是外部的应用。相对于当前正在开发的系统而言，外部应用系统可以是其他子系统、上级系统或任何与它进行协作的系统，但对它们的开发并不是当前系统开发人员的责任。

在学生学籍管理系统中，参与者是：管理员、教师和学生。

（2）标识场景。场景是对每一个参与者使用系统某项功能，所进行的一系列系统行为的描述。在场景中只需要准确、清晰地描述系统“做什么”，不需要描述“怎么做”，即内部细节不要在其中描述。场景可以是执行一个实际系统的历史记录，或者是执行拟采用系统的预想实验。

场景包含了对象之间的消息以及对象所执行的活动。每条消息把信息从一个对象传递到另一个对象。编写场景其实正是识别那些交换消息的对象，然后确定每条消息的发送者和接收者以及消息的顺序，从而在场景转换为代码时，可以很好地保障系统内部活动的实现。

【案例 10.1】场景举例。

例如，管理员王老师注册学生信息的场景。

1）管理员王老师首先在用户登录界面中输入自己的用户名和密码。

2）若用户名和密码都正确，进入管理员主界面；否则显示错误提示信息，重新返回到用户登录界面。

3）登录成功后，在系统主界面中，管理员首先选择用户管理，再选择学生信息管理，然后选择学生信息注册。在注册学生信息页面中，输入学生的学号（必须是 12 位数字）、姓名、密码、家庭住址、联系电话（必须是 11 位数字）、邮箱（必须符合电子邮箱地址的格式，例如，abc@126.com）和班级名称，单击“注册”按钮，进行学生信息的注册；或单击“重置”按钮进行重新输入；最后选择退出，关闭该系统。

（3）标识、求精用例。标识用例的目的是获取系统功能。用例是对参与者使用系统的一项功能时所进行的交互过程的描述。

【案例 10.2】注册学生信息的用例。

在学籍管理系统中注册学生信息，综合分析场景抽象出如下两个用例：

用例 1：登录系统。管理员通过登录界面，输入用户名和密码登录系统。

用例 2：注册学生信息。

（4）建立用例模型。用例模型由用例图和用例规约组成，用例图表示系统能提供的功能。用例规约使用说明文档对用例进行描述，也可以使用 UML 中的活动图来表示。

用例之间的关系见表 10.1。

表 10.1　用例之间的关系

关系	功能	表示法
扩展	在基础用例上增加其不能说明的部分	<<extend>> - - - - - - - -▸
泛化	用例间是一般和特殊关系，其中特殊用例继承了一般用例的特性并增加了新的功能	———▷
包含	一个用例包含其他用例的行为	<<include>> - - - - - - - -▸

【案例 10.3】注册学生信息的用例图。

管理员注册学生信息的用例图如图 10.1 所示。

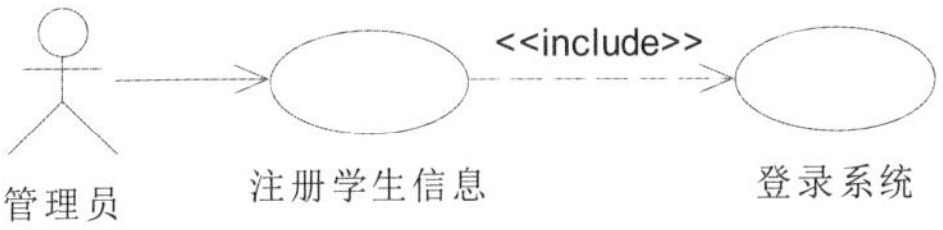

图 10.1　注册学生信息的用例图

上面给出了系统的用例图，对于用例图中的每个用例，只是给出了用例的名称，而没有给出该用例的描述与说明。在建模时，必须给出每个用例的说明，描述该用例所完成的功能，以及完成该用例功能的步骤。

在用例描述中需要对用例的主要属性进行说明。主要属性包括

1）事件流。事件流描述了在执行一个用例时，执行者与系统之间的一次交互过程。这个过程可以包括多个分支，也就是说执行这个过程时可以有多个路线。其中按照系统设计者的预期会成功的路线被称为基本流，剩下的其他路线被称为异常流（备选流）。

2）前置条件。前置条件是指在用例启动前，执行者与系统应置于什么样的状态，这个状态应该是系统能够检测得到的、可观测的，它用来描述在什么条件下可以开始执行一个事件流。

3）后置条件。后置条件用来说明当用例结束时系统的状态，这个状态也应该是系统能够检测得到的、可观测的。在用例描述中增加用例后置条件，可以明确表明用例结束时系统的状态，避免使系统出现处于不确定状态的情况。

【案例 10.4】注册学生信息的用例描述。

1）用例名称：注册学生信息。

2）用例描述：当管理员注册学生信息时，管理员启动该用例，该用例将学生基础数据注册到数据库中的学生信息表中。

3）启动用例的执行者：管理员。

4）前置条件：

- 管理员先执行登录用例，正确登录。
- 数据库中已建立学生信息表。
- 数据库中已建立班级信息表。

5）后置条件：

根据输入的内容，将学生基础数据存储在数据库学生信息表和班级信息表中，并返回注册成功信息。

6）事件流：

- 基本事件流：管理员输入正确格式的学号、联系电话、邮箱以及姓名、家庭住址、班级名称，提交正确，系统显示注册成功信息。
- 异常事件流：管理员输入学号、联系电话、邮箱的格式不正确，则需重新输入。数据提交时有错，则系统显示错误的提示信息。

3. 优化用例模型

（1）用例间的结构化。通过用例间的泛化（Specialize）、包含（Include）和扩展（Extend）关系，使其结构化。

【案例 10.5】学生查询成绩的用例图。

学生登录系统后，可以按学期、课程查询个人成绩；若某门课程不及格，补考后可以查询补考成绩。描述上述功能的用例图如图 10.2 所示。

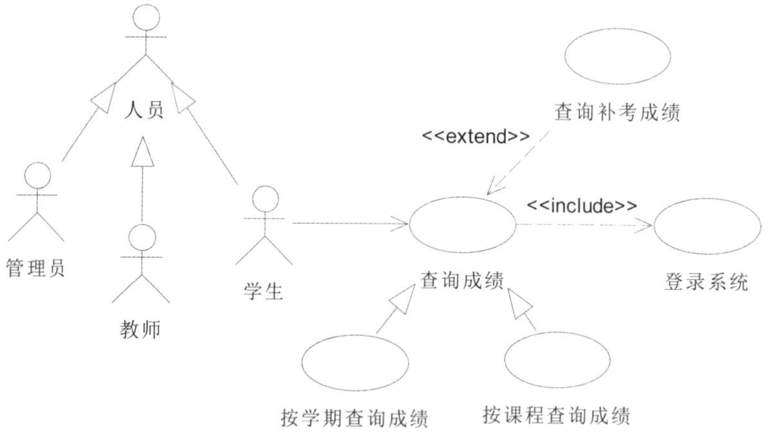

图 10.2　学生查询成绩的用例图

（2）参与者间结构化。通过参与者间泛化关系，使其结构化。

（3）层次化。在实际应用中，为了模型清晰，一个用例模型按照功能分解技术使用多个用例图来表示。

10.2　面向对象的需求分析

10.2.1　面向对象方法概述

20 世纪 80 年代初，随着面向对象语言 Smalltalk、C++等的出现，各种各样的面向对象软件开发方法陆续提了出来，并得到广泛的应用和迅速的发展。

目前，常用的面向对象方法有：1989 年 Peter Coad 和 Edward Yourdon 提出的面向对象的开发方法（OOA 和 OOD 方法）；1991 年由 Grady Booch 的 Booch 方法以及 James Rumbaugh 等人提出的对象建模技术等方法。到 1994 年，面向对象建模语言的数量增加到近 50 多种，上面介绍的方法，是众多的面向对象开发方法中比较有影响的，这些方法的建模语言各有优劣，用户很难找到一个完全满足自己要求的模型语言。因此，需要一种统一建模语言来结束符号方面的“方法之战”。1994 年 10 月，Booch 和 Rumbaugh 开始着手建立统一建模语言的工作。1995 年 10 月，第一个公开版本 Unified Method 0.8 发布，随后 OOSE 的创始人 Jacobson 加入项目团队。1996 年 5 月，发布了 UML 0.9，1997 年 11 月，对象管理组织（Object Management Group，OMG）将 UML1.1 作为可视化建模语言的工业标准。2005 年 10 月推出了 UML 2.0 版本。

OOA、OOD 与面向对象程序设计（Object-Oriented Programming，OOP）结合在一起形成了一种新的开发方法——面向对象（Object-Oriented，OO）方法。

1. Coad 和 Yourdon 的 OOA 和 OOD 方法

一些经典的 OOA 和 OOD 方法，基本上遵循的是 Coad 和 Yourdon 方法。

（1）OOA 方法。Coad 和 Yourdon 的 OOA 方法主要由五个层次和五个活动组成。

1）五个层次：主题层、类&对象层、结构层、属性层、服务层。

2）五个活动：标识类&对象、标识结构、确定主题、定义属性、定义服务。

（2）OOD 方法。OOA 中的五个层次和五个活动也适用于 OOD 过程。OOD 由四部分活动组成，分别为设计问题域部分、设计人机交互部分、设计任务管理部分、设计数据管理部分。

1）设计问题域部分：OOA 的结果是 OOD 的问题域部分，在保持整体系统框架稳定的情况下，可以对分析的结果进行适当的调整，以满足实际需求和设计的需要。

2）设计人机交互部分：在上述设计结果中加入人机交互的设计，可以用原型方法来深入交互的细节和选择合适的界面方案。

3）设计任务管理部分：识别事件驱动任务、识别时钟驱动任务、识别优先任务和关键任务、识别协调者、审查和定义每个任务。

4）设计数据管理部分：提供在数据管理系统中存储和检索对象的基本结构，隔离数据管理方案（例如，普通文件、关系数据库、面向对象数据库等）对系统其他部分的影响。

2. Booch 方法

Booch 方法将系统开发工作分为两个过程：

（1）微观过程：建立开发框架、确定类和对象、确定类和对象的语义、确定类和对象的层次、规范类和对象的关系。

（2）宏观过程：控制微观过程的活动、建立核心需要（概念化）、建立行为模型（分析）、创建体系结构（设计）、细化和完善实现模型（进化）、管理提交以后的模型（维护）。

3. 对象建模技术

OMT 方法是由 James Rumbaugh 等人提出来的。它定义了三种模型来描述面向对象系统。这三种模型分别为对象模型、动态模型和功能模型。 OMT 方法主要有以下四个步骤：分析、系统设计、对象设计和实现。

（1）分析。分析的目的是建立可理解的现实世界模型。分析模型必须简洁、明确地抽象目标系统必须做的事情，而不关心如何实现。

（2）系统设计。系统设计阶段主要确定整个系统的体系结构，形成解决问题的高层次策略；系统设计人员的主要工作有：将系统分解成子系统、标识问题中固有的并发性、选择数据存储管理方法、处理对全局资源的访问、选择软件中控制的实现、处理边界条件、设置优先级等。

（3）对象设计。对象设计要在分析模型的基础上建立设计模型，并根据系统设计期间建立的策略把实现的细节加入到设计模型中。在这一阶段，将所需的数据结构和算法加入到分析模型中的对象类中。设计者必须综合考虑上述三个模型以获得类中的操作，设计实现操作的算法、优化数据访问路径、实现与外部交互的控制，调整类结构以将类及相关关联包装到模块中，从而有利于系统的实现。

（4）实现。实现主要是要将上一阶段设计的对象类及其关系用特定的程序设计语言、数据库或硬件实现。

4. Jacobson 方法

Jacobson 提出了面向对象软件工程，该方法涉及软件生命周期的整个过程，包括需求分析、设计、实现和测试等阶段。Jacobson 方法的主要特点是采用用例驱动。需求分析阶段主要是定义角色，识别问题域中的对象和关系，基于需求规范说明和角色的需要发现用例并详细描述用例。设计阶段则从需求分析模型中发现设计对象，描述对象并把用例的行为分派给对象，然后根据实现环境的不同对设计模型进行适当的调整。

在 Jacobson 模型中，用例模型与以下五个系统模型相关联：

（1）领域对象模型：根据领域对象来表示用例模型。

（2）分析模型：通过分析来构造用例模型。

（3）设计模型：通过设计来具体化用例模型。

（4）实现模型：根据具体化的设计来实现用例模型。

（5）测试模型：用来使测试具体化的用例模型。

5. 最佳软件开发方法

目前，一个项目成功上线需要三个方面的支持，即方法（Method）与符号（Notation）、过程（Process）和工具（Tools）。方法采用面向对象方法，符号使用 UML；过程使用 RUP。UML+RUP 被认为是目前最佳软件开发方法。

（1）UML。UML 由于其简单、统一，而且能够同时描述软件分析与设计中的动态与静态信息，目前已经成为可视化建模语言事实上的工业标准。

UML 包括九种图，描述软件结构的图有五种：用例图、类图、对象图、组件图和部署图；描述软件行为的图有四种：顺序图、协作图、状态图和活动图。

1）UML 优点。

- 融合了 BOOCH、OMT、OOSE 方法中的基本概念。
- 广泛征求意见，集众家之长。
- UML 是标准的建模语言，而不是标准的开发过程，不同组织和不同应用领域采取不同开发过程。

2）UML 作用。

- 利用执行者（Actor）和用例（Use Case）来描述系统的边界和它的主要功能，通过各种交互图形来描述用例的实现。
- 用类图来描述系统的静态结构和特性。
- 用状态转换图来描述对象的动态特性。
- 通过构件图和部署图来描述系统物理特性的体系结构。
- 通过自定义类型来扩展系统功能。

（2）工具。UML 不是可视化的编程语言，但它的模型通过各种工具可以与各种各样的编程语言相对应，例如，C++、Java、Visual Basic 等。目前，市场上商业的或开源的主流 UML 建模工具有：Rational Rose、Rational Software Modeler、Visual UML、Visio、StarUML 等。其中大部分工具都给软件开发者提供了一整套的可视化建模工具，包括系统建模、模型集成、从模型生成代码的前向工程、从代码生成模型的逆向工程等有效的解决方案。

（3）RUP。RUP 既是一个软件过程，更是一个软件过程框架。它适合不同规模、各种类型的软件项目开发。统一过程 RUP 与建模语言 UML 有机地结合，非常适合采用面向对象软件技术进行软件项目开发。在实际应用中，可以根据项目的大小、开发者的需要对这个标准过程进行裁减。

1）RUP 的三个主要特点：

- 用例/需求驱动：所有的软件开发都是用户需求驱动的。统一软件开发过程采用用例来描述用户需求，同时提供一套方法把用例转化为设计的类图，进一步变成最终的程序代码。在整个软件开发过程中，用例是可跟踪的，即无论是设计阶段还是实现阶段的产品，都可以找到相应的需求。用例还可以作为用户测试和验收最终软件产品的标准。
- 以架构（Architecture）为中心：架构描述了系统的核心部分，它实现了用户的核心需求，包括了系统中最重要的静态和动态特征。架构刻画了系统的整体设计，它舍弃了细节部分，突出了系统的重要特征。统一软件过程提供了创建架构的相应方法和过程，可以帮助分析人员和设计人员很好地完成构架的设计。
- 采用迭代（Iterative）和增量的（Incremental）开发方式。统一软件过程采用迭代和增量的开发方式，把一个软件产品划分成多个较小的部分，每一次完成一个部分，每次要迭代部分是产品的一个增量部分。

采用迭代过程的好处：

- 把一个复杂的系统分解成多个简单的系统。
- 提高软件项目的可控性。
- 降低软件开发的风险。
- 有效地应对需求变更。

传统的瀑布开发模型是一个一维的模型，软件开发过程被划分为多个连续的阶段。对于 RUP 过程，其开发模型由软件生命周期（初始、精化、构建和移交）和 RUP 的核心工作流构成一个二维空间。横轴表示软件的生命周期的时间，纵轴表示 RUP 工作流。RUP 开发模型图参见第 1 章图 1.9。

2）RUP 的工作流。RUP 中有九个工作流，分为六个核心过程工作流（Core Process Workflows）和三个核心辅助工作流（Core Supporting Workflows）。尽管六个核心工作流与传统瀑布模型中各个阶段相似，但是在迭代过程中的操作过程是完全不同的，这些工作流在整个生命周期中多次被访问。九个工作流在软件开发中依次被使用，在每一次迭代中其重点和强度是不同的。

下面是六个核心工作流：

- 业务建模（Business Modeling）。业务建模工作流描述了如何为新的目标组织开发一个构想，并基于这个构想在业务用例模型和业务对象模型中定义组织的过程、角色和责任。
- 需求（Requirements）。需求工作流的目标是描述系统应该做什么，并使开发人员和用户就这一描述达成共识。为了达到该目标，要对需要的功能和约束进行提取、组织、文档化；最重要的是理解系统所解决问题的定义和范围。
- 分析和设计（Analysis & Design）。分析和设计工作流将需求转化成目标系统的设计，为系统开发一个健壮的结构并调整设计使其与实际环境相匹配，优化其性能。分析设计的结果是一个设计模型和一个可选的分析模型。设计模型是源代码的抽象，由设计类和一些描述组成。设计类被组织成具有良好接口的设计包（Package）和设计子系统（Subsystem），而描述则体现了类的对象如何协同工作，实现用例的功能。设计活动以体系结构设计为中心，体系结构由若干结构视图来表达，结构视图是整个设计的抽象和简化，该视图中省略了一些细节，使重要的特点体现得更加清晰。体系结构不仅仅是良好设计模型的载体，而且在系统的开发中能提高被创建模型的质量。

- 实现（Implementation）。实现工作流的目的包括以层次化的子系统形式定义代码的组织结构；以组件的形式（源文件、二进制文件、可执行文件）实现类和对象；将开发出的组件作为单元进行测试以及集成由单个开发者（或小组）所产生的结果，使其成为可执行的系统。
- 测试（Test）。测试工作流要验证对象间的交互作用，验证软件中所有组件的正确集成，检验所有的需求已被正确地实现，识别并确认缺陷在软件部署之前被发现并处理。RUP 提出了迭代的方法，意味着在整个项目中进行测试，从而尽可能早地发现缺陷，从根本上降低了修改软件缺陷的成本。测试可从可靠性、功能性和系统性方面来进行。
- 部署（Deployment）。部署工作流的目的是成功地生成版本并将软件分发给最终用户。部署工作流描述了那些与确保软件产品对最终用户具有可用性相关的活动，包括软件打包、生成软件本身以外的产品、安装软件、为用户提供帮助。在有些情况下，还可能包括计划和进行 Beta 测试版、移植现有的软件和数据以及正式验收。

下面是三个辅助工作流：

- 配置和变更管理（Configuration & Change Management）。配置和变更管理工作流描绘了如何在多个成员组成的项目中控制大量的产物。配置和变更管理工作流提供了准则来管理演化系统中的多个变体，跟踪软件创建过程中的版本。工作流描述了如何管理并行开发、分布式开发，如何自动化创建工程。同时也描述了对产品修改原因、时间、人员保持审计记录。
- 项目管理（Project Management）。软件项目管理平衡各种可能产生冲突的目标、管理风险，克服各种约束并成功交付使用户满意的产品。其目标包括为项目的管理提供框架，为计划、人员配备、执行和监控项目提供实用的准则，为管理风险提供框架等。
- 环境（Environment）。环境工作流的目的是向软件开发组织提供软件开发环境，包括过程和工具。环境工作流集中于配置项目过程中所需要的活动，同样也支持开发项目规范的活动，提供了指导手册并介绍了如何在组织中实现的过程。

3）RUP 的四个阶段。使用 RUP 过程开发软件系统，软件的生命周期分为四个阶段：初始阶段、精（细）化阶段、构建阶段、移交（交付）阶段。每个阶段结束于一个主要的里程碑（Major Milestone），在每个阶段的结尾执行一次评估，以确定这个阶段的目标是否已经达到。如果评估结果令人满意，可以允许项目进入下一个阶段。每个阶段本质上是两个里程碑之间的时间跨度。

- 初始阶段。初始阶段需要进行如下的活动：系统向用户提供的基本功能是什么？该系统的逻辑架构大概是什么样子？开发该产品的计划如何？建立关键用例模型，表述系统主要功能。确定最主要的风险及风险的优先次序，对细化阶段进行详细规划，并对项目进行粗略的估算。

  初始阶段的焦点是需求和分析工作流。
- 精化阶段。精化阶段需要进行如下的活动：在精化阶段要详细说明该系统的绝大多数用例，并设计出系统的架构。架构包括用例模型、分析模型、设计模型、实现模型和实施模型的视图，它们组合起来表示整个系统。在细化阶段末期，要规划完成项目的活动，估算完成项目所需的资源。关键要解决的问题是用例、架构和计划是否足够稳定、可靠，风险是否得到控制，以便按照合同的规定完成整个开发任务。

精化阶段的焦点是需求、分析和设计工作流。

- 构建阶段。构建阶段完成所有功能的需求、分析、设计和实现。所有的功能被详细测试。迭代式、递增地开发随时可以发布的产品。准备好软件系统的外部环境。

  构建阶段的焦点是实现工作流。

- 移交阶段。移交阶段的重点是完成系统部署，确保软件可用；对用户和维护人员进行培训；提供在线支持，以及改正软件交付后发现的缺陷等活动。

  移交阶段的焦点是实现和测试工作流。

4）RUP 中的迭代模型。在 RUP 过程中，可以把每个阶段的任务分成多个部分，采用多次迭代完成每个阶段的任务。每一次完整的迭代包含九个工作流，但迭代有可能只包含部分工作流。每一次迭代建立一个可执行的软件产品（版本），因此，每次迭代产生的软件产品是最终产品的一个子集。

10.2.2　需求分析阶段的任务

分析将关注点放在系统模型的产生上，这一模型称为分析模型。在需求获取中，已经介绍了怎样获得功能模型，现在要根据它导出对象模型和动态模型。需求获取与需求分析模型可相互迭代产生。

对象模型通过类图和对象图表示，是将系统功能用类如何实现的阶段，实现一个用例可能需要若干个分析类。由于面向对象编程的本质是类和对象的设计，因此对象模型在整个项目的开发中是至关重要的。三种模型的关系如图 10.3 所示。

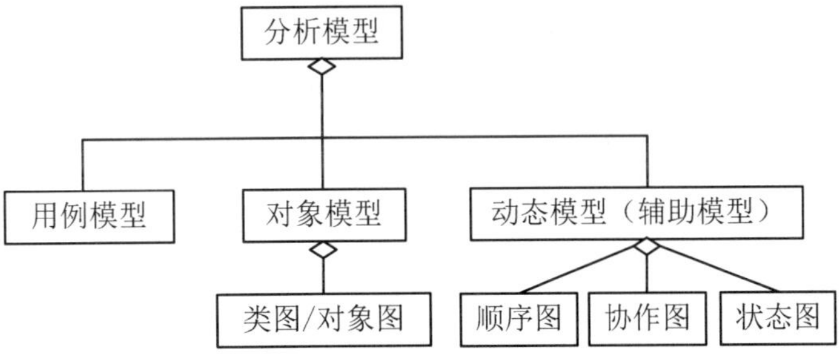

图 10.3　面向对象分析模型的组成

分析模型的创建在整个项目的开发中是至关重要的，因为，这是一个将用例模型转化成系统中应该存在的类的阶段，是将系统功能用类如何实现的阶段。整个项目开发的后面工作，都是在分析阶段所完成的分析模型的基础上进行的，所以，在项目的开发过程中，要确保该阶段工作的质量，严格按照软件过程完成该阶段的各种 UML 图。

RUP 是一个完整的软件开发过程框架，实际应用中，可以从 RUP 中派生出各种各样的开发过程，包括一些具有较短生命周期的小型项目的开发过程和那些大型的、分布式的项目的开发过程。因此，在使用 RUP 进行软件开发时，不能生搬硬套 RUP 规定的各种步骤和工件，必须针对自己项目的实际情况，从中派生出适合自己的开发步骤。

对于小型项目，在实际分析与设计中，通常要对 RUP 过程进行适当的裁减，保留 RUP 的特点，即仍然是一个用例驱动、以架构为中心和迭代的开发过程。对裁减后的 RUP，取名为 RRUP（Reduced RUP），取消了原来 RUP 四个阶段的定义，并且结合了 UML 建模机制，合理地选择了 UML 中的各种建模元素，定义了面向对象分析过程。

面向对象分析阶段的工作：

（1）找出系统的功能需求和非功能性需求，功能需求使用用例图来表示。从系统整个初始模型可以看出一个用例是否得当；也可以根据初始模型来确定项目的开发进度；并且根据系统原型能够得到系统潜在的一些系统架构；能够在这些系统架构中考虑选择一个最恰当的系统架构。

（2）找出待开发系统领域的类，第一次可以找主要的类；并定义各个类的主要职责和各类之间的关系，利用 UML 中的类图来表示；将类分为边界类、控制类和实体类这三种类；并为实体类之间的关系创建一个类图，以便为以后数据库表的设计打下基础。

（3）将要开发用例所应有的功能和类结合起来，即用类的对象来表示用例所具有的功能；创建 UML 中的顺序图或者协作图，根据顺序图/协作图来反映相应类的操作。

（4）如果某个类的对象具有一些非常重要的状态，则为该类创建状态图，状态图中的事件、动作和行为最后会转化成相应类的操作。

1. 对象模型

对象模型通过类图和对象图表示。在分析模型中给出的类图并不需要为每个类详细定义方法和属性，在这个阶段的类图，主要反映的是系统中应该有的类和各个类之间的关系；当然，对于一些非常重要的方法和属性，特别是反映各个类之间的关系的方法和属性，在此阶段可以给出定义。

（1）分析阶段的功能类的类型。分析阶段确定的类叫作分析类，它是业务领域中的一个要素，与实现方法和技术无关。

1）实体类（Entity Class）：为需要长久保存的信息建立的类，该类的对象用于保存信息。通常每个实体类在数据库中有相应的表，实体类中的属性对应数据库表中的字段。

UML 中实体类的表示符号如图 10.4 所示。

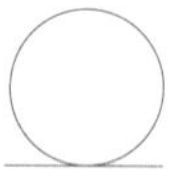

图 10.4　UML 中实体类的表示符号

2）边界类（Boundary Class）：系统与角色之间交互建模的类。边界类位于系统与外界的交界处，实现参与者与系统之间的交互。如果参与者是系统，边界类为参与者提供了通信路径；如果参与者是人，边界类就是用户界面，利用边界类，可以执行命令和查询，显示反馈信息或结果。

UML 中边界类的表示符号如图 10.5 所示。

要寻找边界类，可以检查用例图，每个角色与用例之间至少要有一个边界类，实现角色与系统的交互。并且，有些边界类可能是被多个角色共享。例如，学生学籍管理系统，教师和学生角色使用同一个边界类（登录界面）。

3）控制类（Control Class）：在分析模型中它负责管理、控制和协调系统操作流程的类。控制类的处理包含对边界类的反应和对业务处理中实体类的处理，并控制其处理流程，这种处理工程又称为控制逻辑。

UML 中控制类的表示符号如图 10.6 所示。

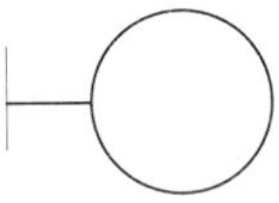

图 10.5　UML 中边界类的表示符号

图 10.6　UML 中控制类的表示符号

三种类（对象）之间的关系如图 10.7 所示。

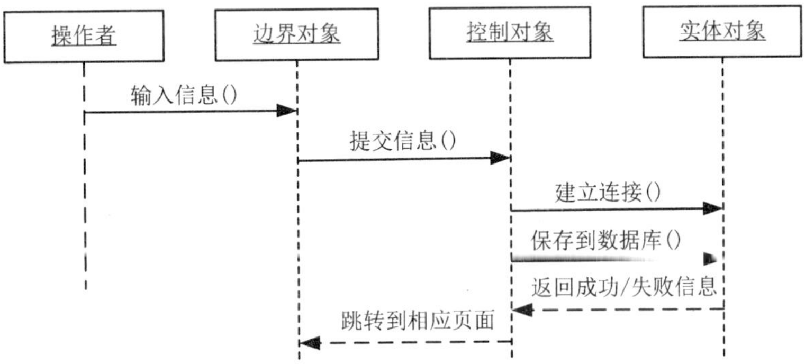

图 10.7　边界类、控制类和实体类之间的关系

（2）分析阶段的功能类图。在需求获取中，已经通过用例图描述了系统的功能，为了能最终实现软件，必须将系统的功能用类图表示。在需求分析中，用功能类图描述，即用类的对象来表示用例所具有的功能。

在学生学籍管理系统的分析模型中，通过对系统的分析和几次迭代，找出了管理员注册学生信息功能涉及的类，并给出了相应的类图。

【案例 10.6】注册学生信息的分析类图。

注册学生信息的分析类图如图 10.8 所示。

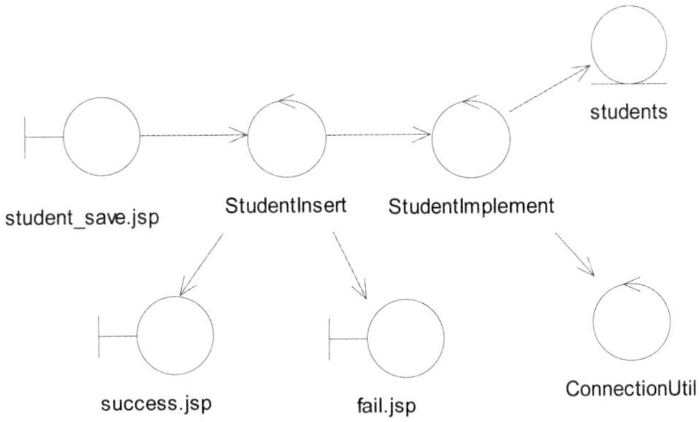

图 10.8　管理员注册学生信息的分析类图

- 边界类：student_save.jsp, success.jsp, fail.jsp。
- 控制类：StudentInsert。
- 控制类：StudentImplement。
- 实体类：students。
- 数据库连接类：ConnectionUtil。

（3）分析阶段的实体类图。

【案例 10.7】学生学籍管理系统的实体类图。

学生学籍管理系统的实体类图如图 10.9 所示。

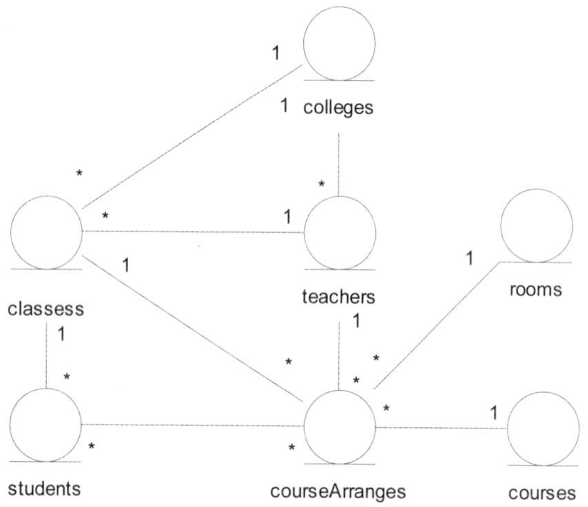

图 10.9　学生学籍管理系统的实体类图

- 班级类：classes。
- 教师类：teachers。
- 学院类：colleges。
- 学生类：students。
- 课表类：courseArranges。
- 课程类：courses。
- 教室类：rooms。
- 成绩类：scores（由于学生实体类与课表实体类间是多对多的关系，产生中间实体类）。
- 其他类：admins（管理员类）。

2. 动态模型（系统行为建模）

（1）动态模型的分类。动态模型由顺序图、协作图和状态图表示。把所要开发的用例所具有的功能用各个类的对象之间的协作和通信来表示。在这之前，所做的所有模型都是属于 UML 的静态建模机制，而现在所要用到的建模元素是属于 UML 的动态建模机制。可以使用动态模型来表示在系统运行时，完成该用例功能系统内部的协作关系。

通过动态模型验证用例模型的适用性、可行性；通过动态模型增加漏掉的对象，或者删除不合理的对象，或者将大的对象分解为小的对象；通过动态模型为对象模型增加属性和方法；在增量和迭代分析过程中，将分析出来的对象属性和方法加入到分析模型中去，写出更加准确和完整的需求规格说明书。

顺序图和协作图是等价的，在建模工具 Rose 中，可以实现顺序图与协作图之间的转换。在实际应用中，到底使用哪种建模元素，完全取决于项目的实际需要。通常，顺序图和协作图只需要构造其中的一种就可以了。在实时系统中，一般采用顺序图，在顺序图中能够清楚地看到各个对象之间交互时的时间与顺序关系。而在其他的不强调时间与顺序的情况下，使用协作图来表示对象间的关系。

【案例 10.8】管理员注册学生信息的时序图。

管理员登录系统后，在注册学生信息的界面中，输入学生相关信息，然后提交信息到控制类 StudentInsert，该类将接收到的数据封装成 students 对象，再调用控制类 StudentImplement 的 save 方法，该方法将 students 对象写入到数据库中的学生信息表中。若数据写入成功系统返回值 1，StudentImplement 类根据该返回值，再向 StudentInsert 类返回 true/false 值，在 StudentInsert 类中判断若是 true，则跳转到注册成功界面 success.jsp，否则跳转到注册失败界面 fail.jsp。管理员注册学生信息的时序图如图 10.10 所示。

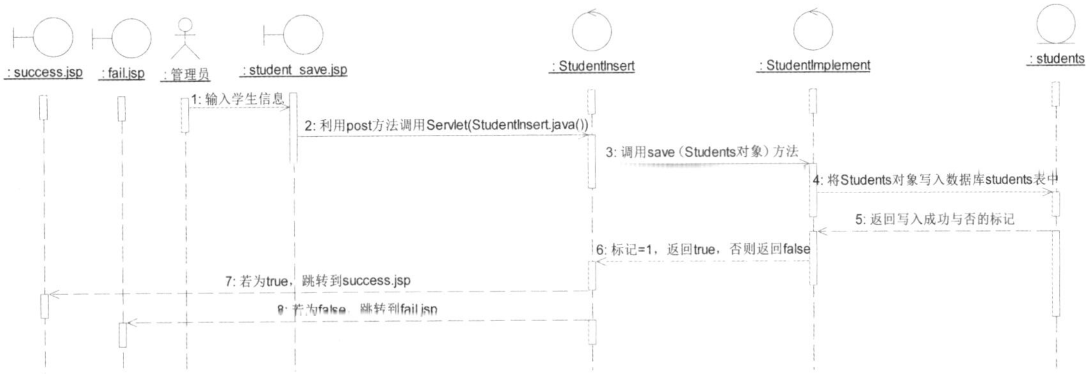

图 10.10　管理员注册学生信息的时序图

（2）说明。

1）在创建用例的顺序图的过程中，应该注意各个类的初级设计，即发现各个类的方法和属性，而且，一般在此阶段发现的类的属性和方法都是非常重要和关键的，当然对于这个阶段发现的方法和属性不需要进行严格的定义，对方法和属性的严格定义可以放在设计阶段去完成；但是，对于每一个发现的方法和属性应该记录下来，可以使用文字进行详细的描述。对于方法，如果能够确定其参数、返回值，也必须进行描述，或者将其定义确定下来。

2）当类必须具有一些非常明显的状态时，应该确定一些对象的状态图。而对于一些对象只具有一到两个状态，就没有必要为其建立相应的状态图。

3）在确定分析类的属性时应注意下面几点：

- 属性的名称要能够反映其含义，通常是一个名词。
- 在分析阶段，属性的类型最好是概念化的，不要与具体的某个平台关联，以便于今后的系统移植和扩展。例如，在需求分析阶段，学生的姓名是“字符串”类型，是一种比较合适的类型，到设计阶段再将其对应到相应的数据库中的数据类型，例如：对于 Oracle 是 varchar2 类型，而 MySQL 是 varchar 类型。
- 如果一个分析类的属性过于复杂，可以将其中的一些属性定义为一个类。

- 与人交互的边界类的属性通常是参与者录入的信息项，表现为通信接口。

4）从几个分析类中抽象出公共的或可共享的特性，组成新的类。例如，定义与数据库连接的类，该类被操作数据库相关的类共享。

5）确定分析类之间的关联，类之间的关系应尽可能简单。

6）定义分析类的特殊需求。在定义分析类的特殊需求时应参照用例实现的特殊需求。

（3）类的描述。在注册学生信息用例的时序图的创建过程中，通过对象间的交互，逐渐来增加分析阶段各类的方法和属性。这些属性和方法是描述性的。

例如：实现学生信息管理的控制类 StudentImplement。

属性：

con：建立与数据库的连接。

stu：实体类 students 的对象。

方法：

List findAll(obj)：关联学生与班级表，查询所有学生信息。

List find(obj)：关联学生与班级表，查询学号等于某个值的学生信息。

boolean save(obj)：将学生信息写入数据库中学生信息表中。

boolean delete(obj)：删除学号等于某个值的学生信息。

boolean update(obj)：将输入的学生信息更新到数据库中的学生信息表。

在上面 StudentImplement 类的属性和方法的细节会随着分析和设计的不断深入和迭代开发而增加和优化。

接着应该确定一些对象的状态图，当然这些类必须具有一些非常明显的状态。对于一些对象只具有一到两个状态，就没有必要为其建立相应的状态图。在学生学籍管理系统中，没有发现哪些类的对象具有或可能具有一系列的状态。

10.2.3 需求规格说明的评审

需求获取和分析活动的结果需要用需求分析文档（Requirements Analysis Document）的形式进行书面说明。该文档根据功能和非功能需求描述了系统，并且可作为用户和开发者之间的合约。需求分析文档的读者包括用户、项目经理、系统分析和设计人员。在需求获取期间，用例和非功能属性构成了文档的第一部分；需求分析阶段完成对象模型、动态模型形式化规格说明。

在开发过程中，最终将给出用户和开发者共同依赖的需求规格说明，因此确认需求规格说明是一个关键步骤。确认需求规格说明，包括检查需求规格说明是否完整的、一致的、可实现的和有效的。

（1）完整性：Are the requirements complete? 规格说明书包含用户需要的每一个功能或性能吗？

（2）一致性：Are the requirements consistent? 任何一条需求不能和其他需求互相矛盾。

（3）可实现的：Are the requirements realistic? 指定的需求应该是现有的硬件技术和软件技术基本上可以实现的。

（4）有效性：Do the requirements describe something that is really needed by the customer? 确实能解决用户面对的问题吗？

在构建分析模型时，通常使用增量方法和迭代方法来构建完整模型。因此，在分析模型逐步建立起来之前，与用户之间的多次交流合作是十分必要的。

一旦分析模型的变化数目最小且变化范围局部化（分析模型稳定后），就可对分析模型进行评审，这一评审首先由开发者在其内部进行，接着由开发者和用户一起参与，评价该需求规格说明是否是可以实现的，并进行反复修改后，最终确认需求规格说明。

10.3 项目案例

针对前面讲述的学生学籍管理系统，本节采用面向对象的方法进行系统分析。

1. 功能要求

（1）功能描述。系统主要功能包括：

1）用户信息管理。

2）班级信息管理。

3）课程信息管理。

4）课表（排课）信息管理。

5）成绩信息管理。

6）教室信息管理。

软件的详细需求见第 4 章的内容。

（2）功能捕获。管理员角色：负责对学生、教师、班级、课程、课表、成绩和教室信息的管理。

管理员角色的用例图如图 10.11 和图 10.12 所示。

图 10.11 系统总体用例图

其中管理员角色对课程的基本信息管理包括课程信息的添加、修改、注销以及对全部课程的查询。

管理员对课程管理的用例图如图 10.12 所示。

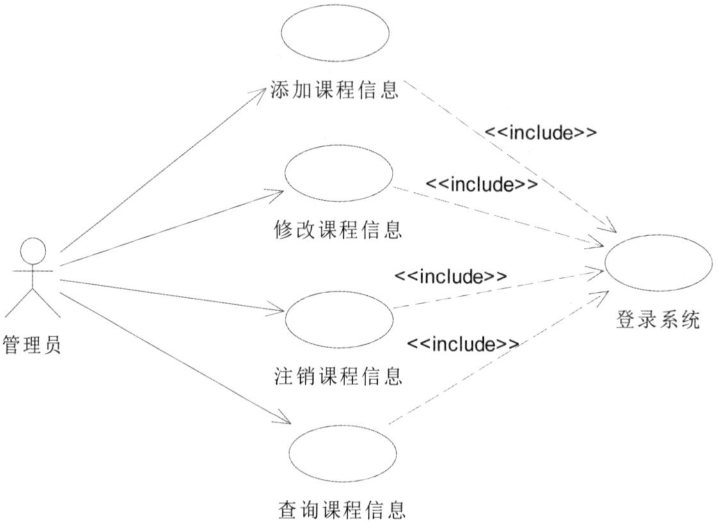

图 10.12　课程管理用例图

学生角色：查看课程、课表、成绩信息；查询、修改个人基本信息。

学生角色的用例图如图 10.13 所示。

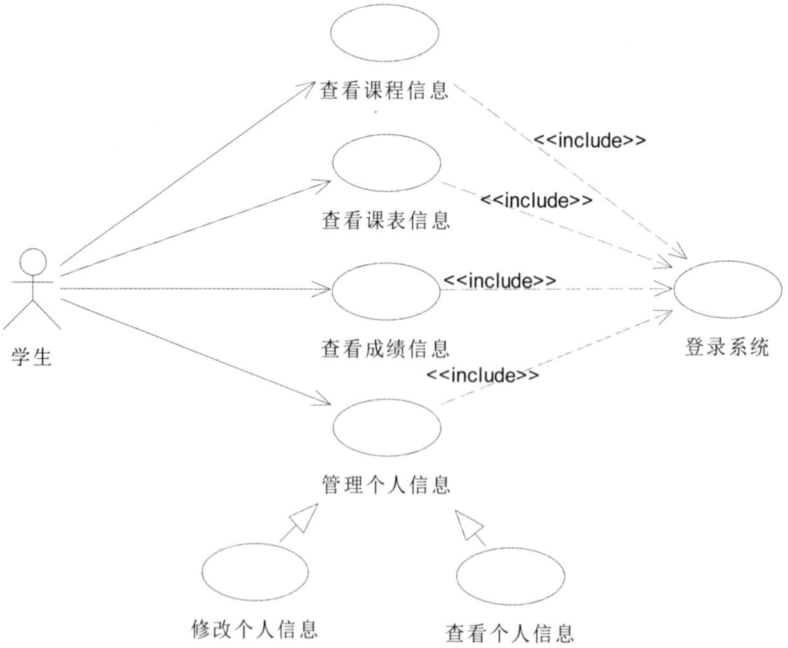

图 10.13　学生角色用例图

教师角色：发布成绩，导出成绩报表；查看教师个人课表中相应课程信息；查询、修改个人信息。教师角色的用例图如图 10.14 所示。

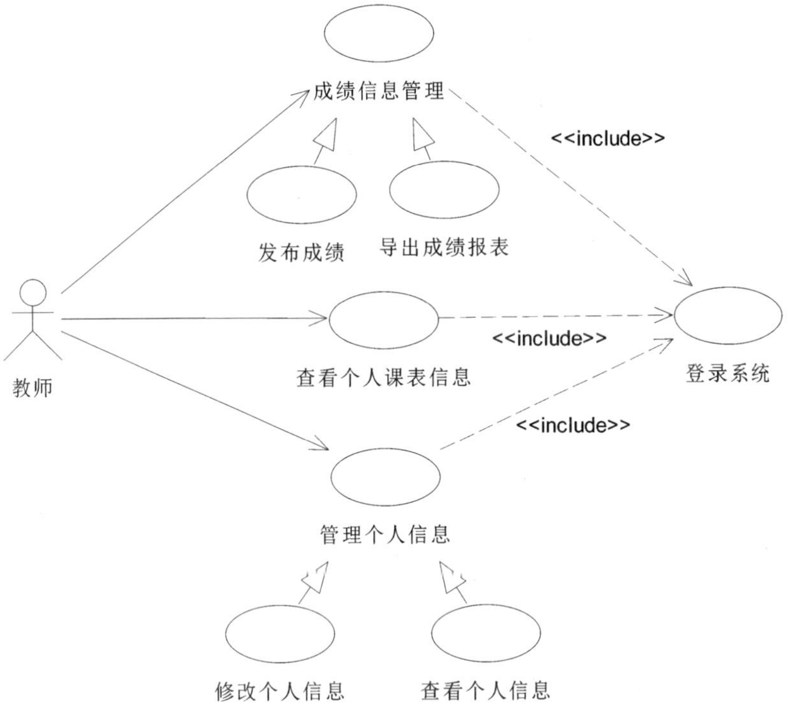

图 10.14　教师角色用例图

（3）功能分析。以教师角色进行软件分析。

1）教师登录功能。教师通过登录界面，输入自己的教师编号和密码登录系统，若两者均正确，则进入教师角色的主界面，否则显示错误信息返回登录界面。教师登录功能分析类图和时序图，如图 10.15 和图 10.16 所示。

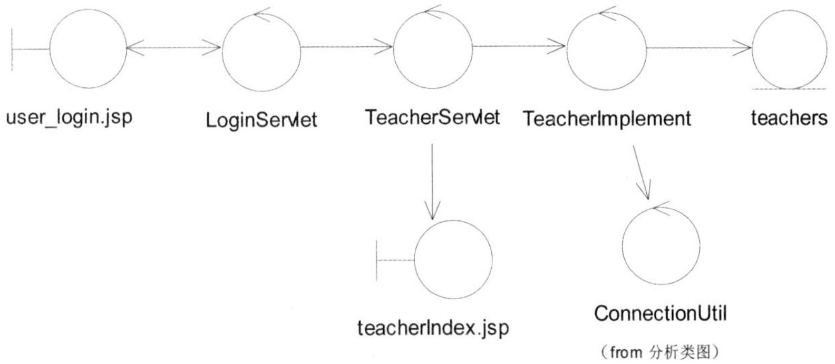

图 10.15　教师登录功能分析类图

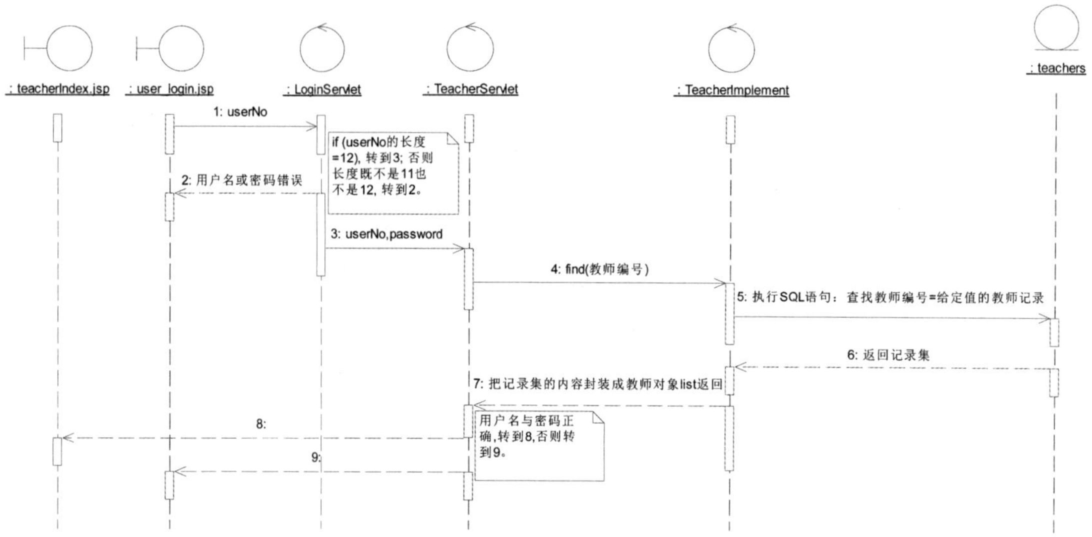

图 10.16 教师登录功能时序图

2）教师发布成绩功能。教师成功登录后进入教师主界面，首先选择该教师本人所授的课程，然后选择所授课程的班级；在成绩录入界面中，输入该课程所对应班级中每个学生的成绩。教师发布成绩功能分析类图和时序图如图 10.17 和图 10.18 所示。

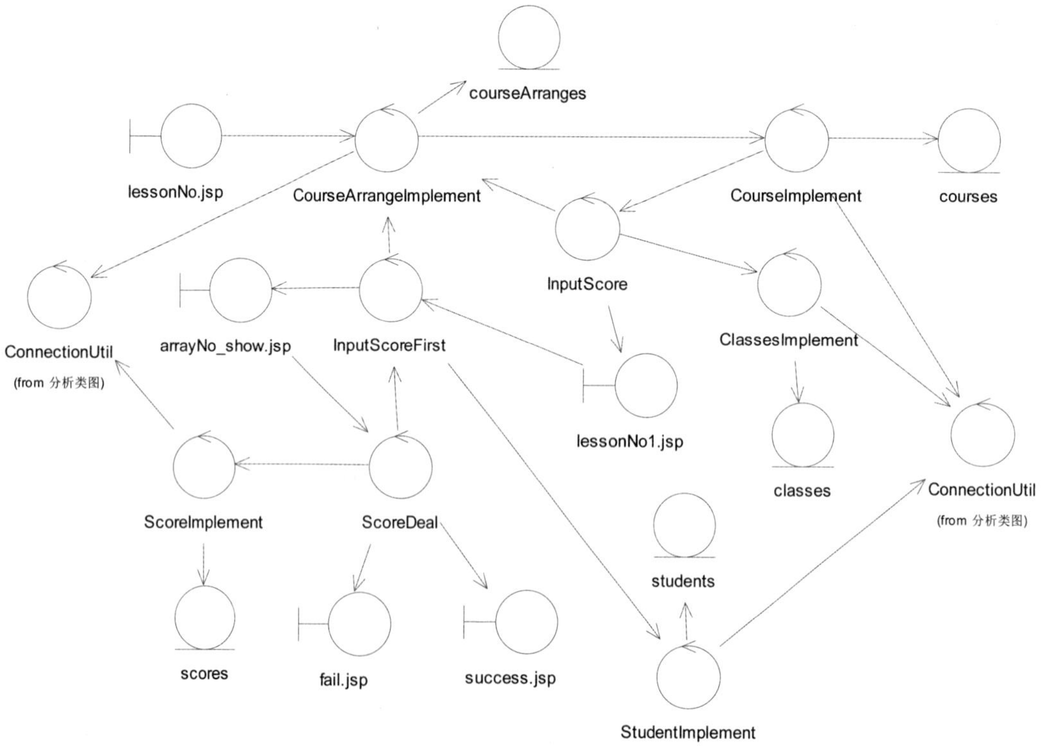

图 10.17 教师发布成绩功能分析类图

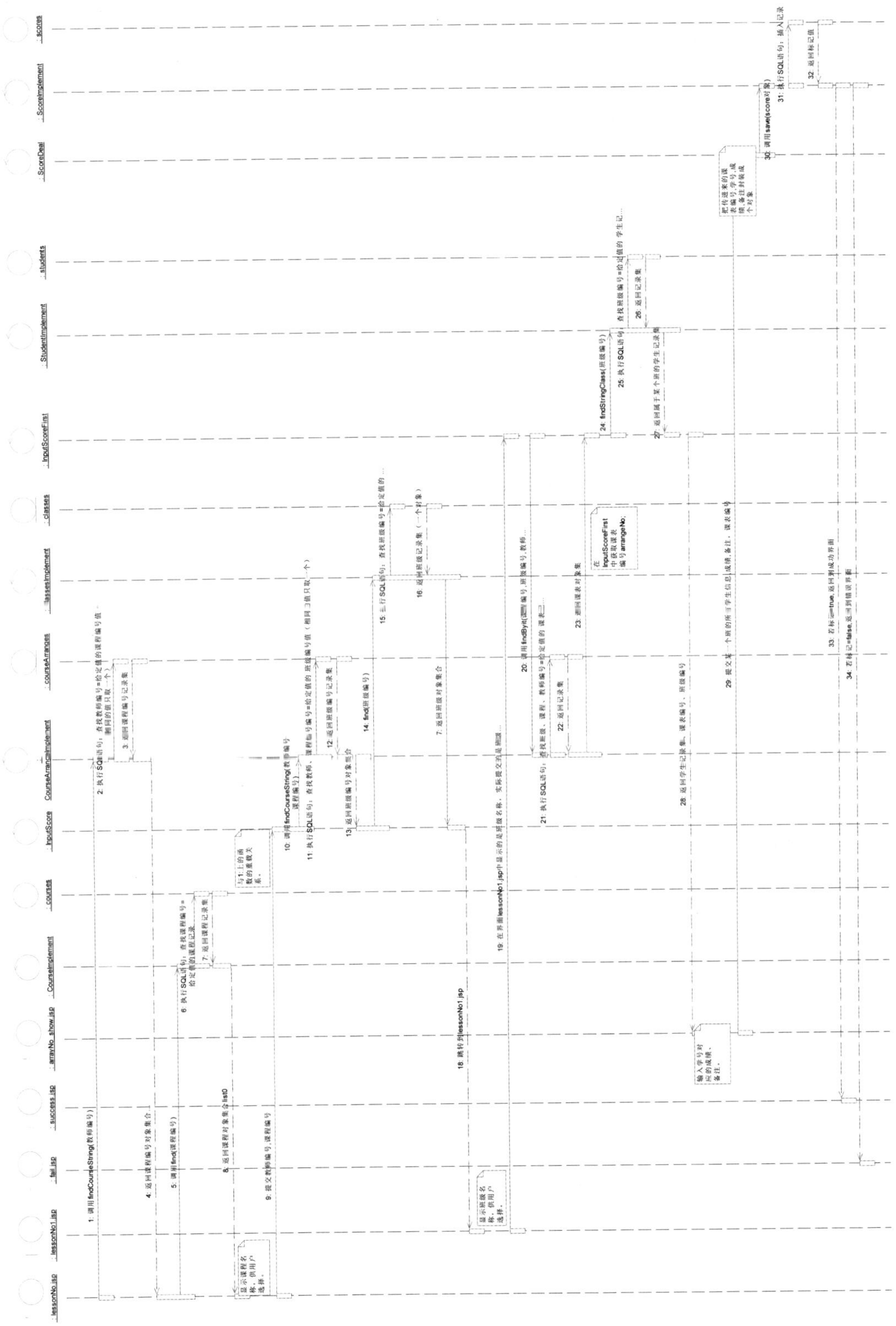

图 10.18　教师发布成绩功能时序图

3）教师导出成绩报表功能。教师成功登录后进入教师主界面，将教师本人所授的课程和班级成绩信息导出到外部介质中（例如得到成绩的 word 或 excel 报表）；教师导出成绩报表功能分析类图和时序图如图 10.19 和图 10.20 所示。

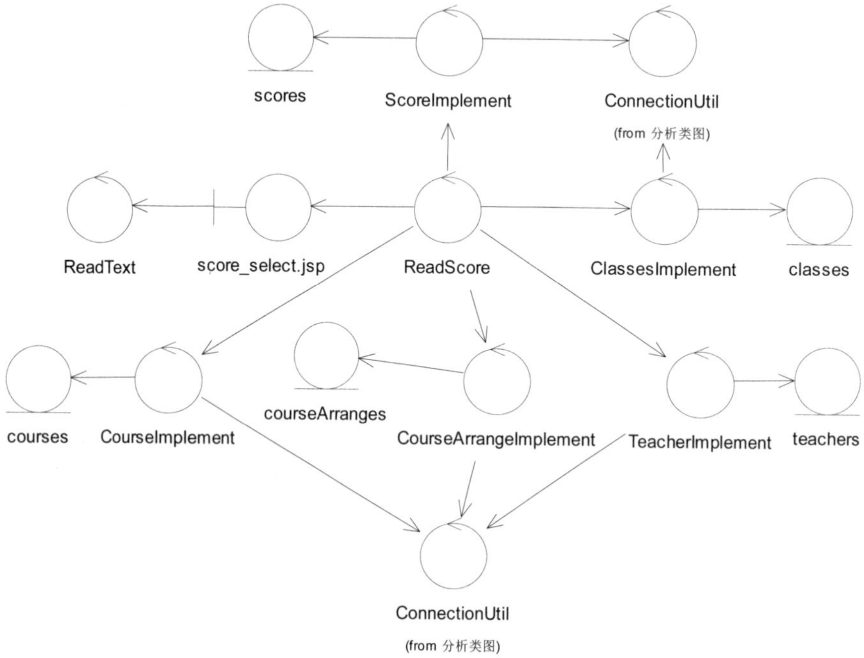

图 10.19　教师导出成绩报表功能分析类图

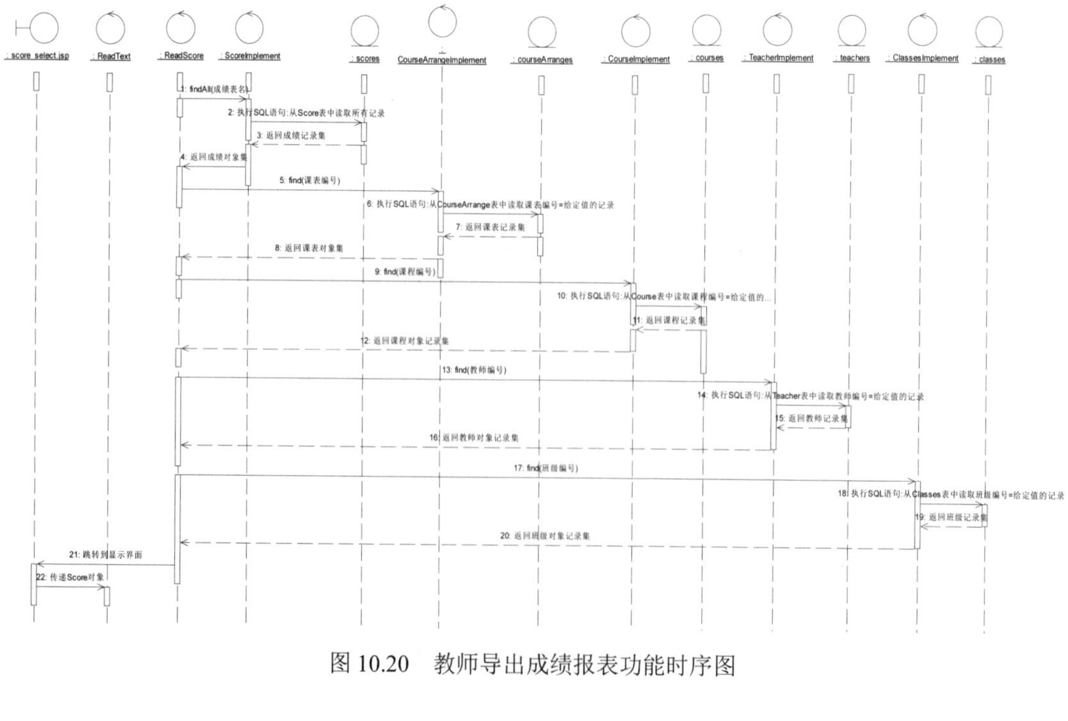

图 10.20　教师导出成绩报表功能时序图

4）查看教师个人课表功能。教师成功登录后进入教师主界面，选择查看教师个人课表后，显示教师本人在某学期教授的课程信息、班级信息、授课教室信息、学期信息、周次分布、周学时、星期和节次信息；查看教师个人课表功能分析类图和时序图如图 10.21 和图 10.22 所示。

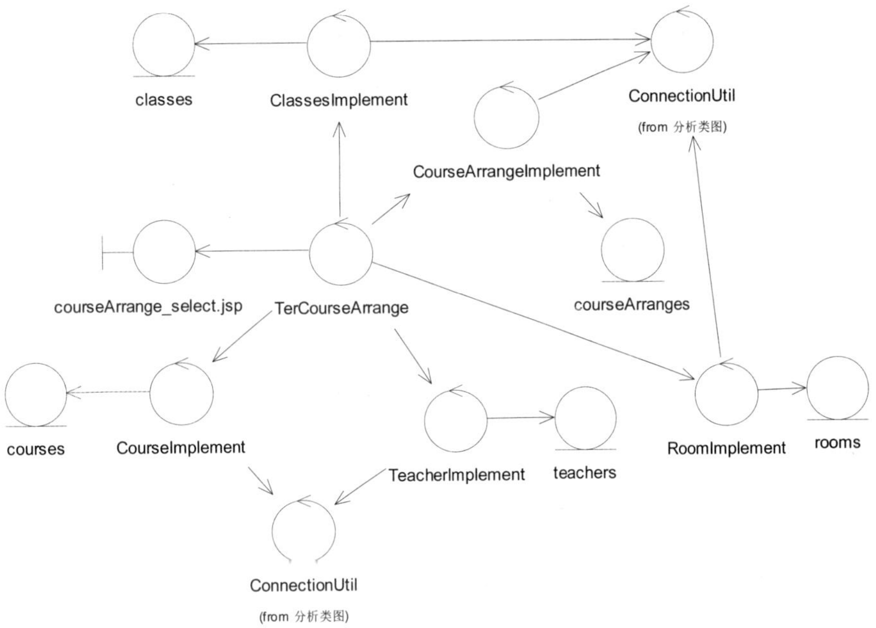

图 10.21　查看教师个人课表功能分析类图

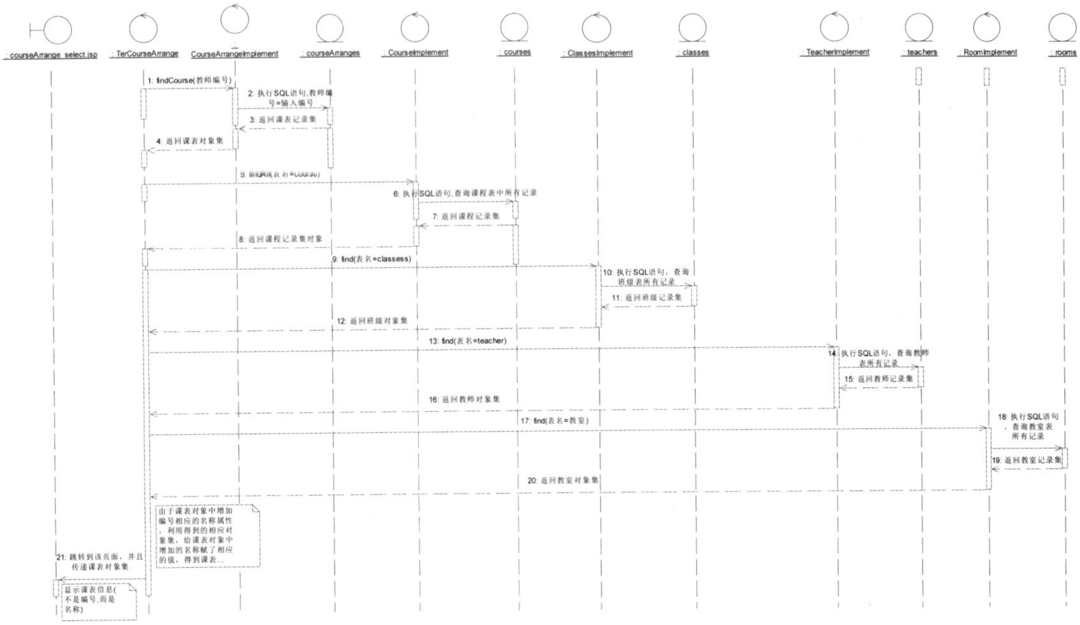

图 10.22　查看教师个人课表功能时序图

5）查看教师个人信息功能。教师成功登录后进入教师主界面，选择查看教师个人信息后，显示教师本人信息；查看教师个人信息功能分析类图和时序图如图 10.23 和图 10.24 所示。

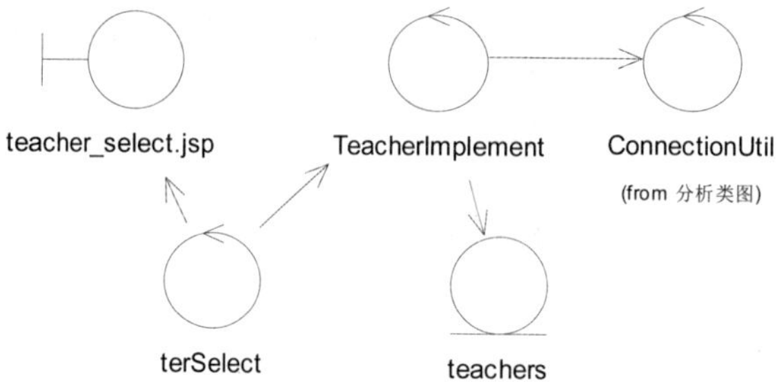

图 10.23　查看教师个人信息功能分析类图

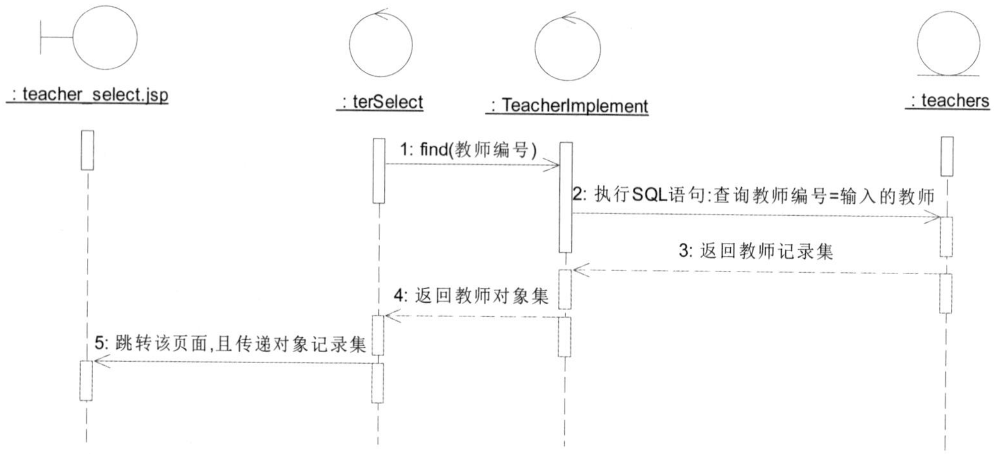

图 10.24　查看教师个人信息功能时序图

6）修改教师个人信息功能。教师成功登录后进入教师主界面，选择修改教师个人信息后，先显示教师本人信息，然后根据输入的值，修改相应教师的个人信息；修改教师个人信息功能分析类图和时序图如图 10.25 和图 10.26 所示。

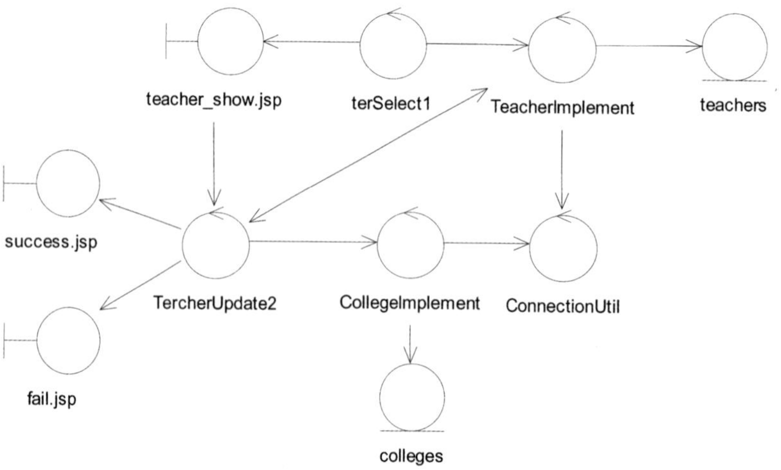

图 10.25　修改教师个人信息功能分析类图

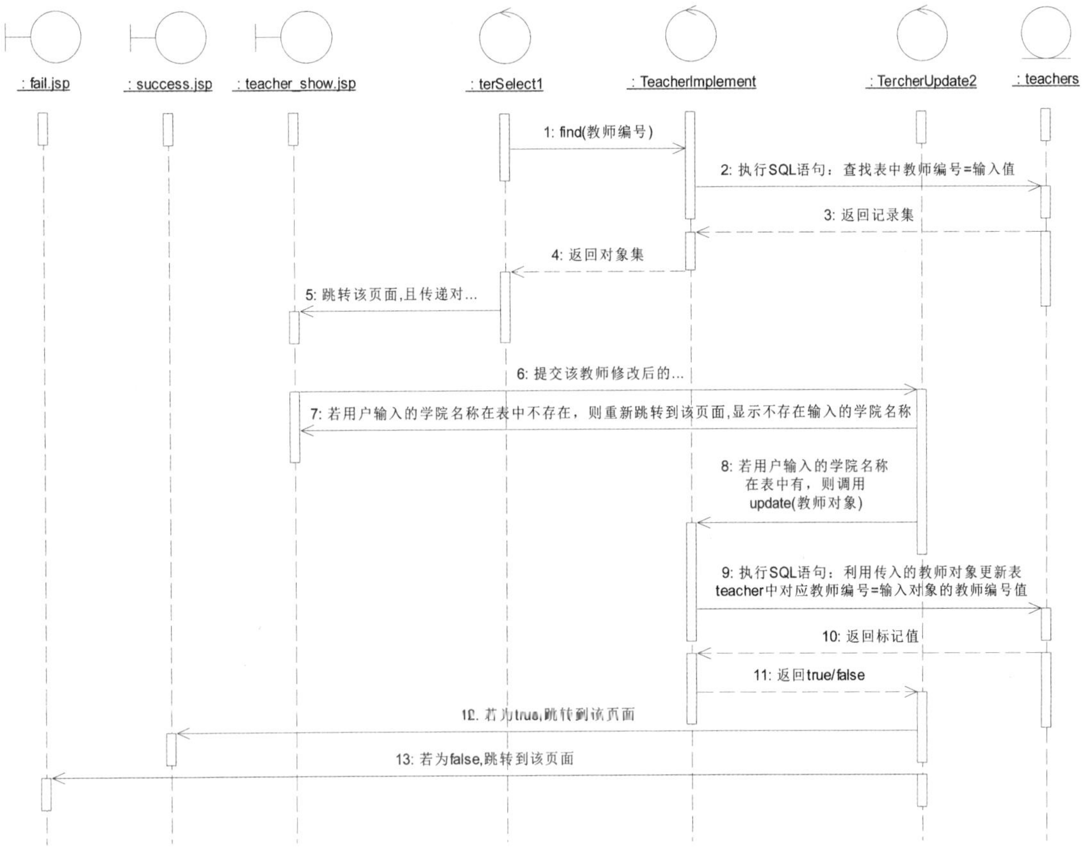

图 10.26　修改教师个人信息功能时序图

2. 数据需求

根据功能要求，学生学籍管理系统的实体类图见案例 10.6 所示。而各实体类及属性的定义见表 10.2。

表 10.2　实体类及其属性表

实体类	属性
students	studentNo、studentName、studentPass、address、phone、email、classNo
admins	loginNo、adminName、adminPass
courses	courseNo、courseName、studyTime、grade、courseType、courseClass、collegeNo
classes	classNo、className、collegeNo、teacherNo
teachers	teacherNo、teacherName、teacherPassword、professional、education、address、phone、email、teacherSubject、collegeNo
colleges	collegeNo、collegeName
courseArranges	arrangeNo、courseNo、classNo、teacherNo、roomNo、term、distibute、period、cweek、sections
scores	studentNo、arrangeNo、achievement、remark
rooms	roomNo、roomName、roomCapacity

3. 其他需求

（1）软件运行环境。

1）操作系统：Windows 2007 以上版本。

2）数据库管理系统：MySQL5.5 以上版本。

3）其他软件：MyEclipse8.6 以上版本、Rational RoseV7.0、Microsoft Visio2007 以上版本。

（2）界面设计需求。

1）要求界面风格统一。程序功能模块界面的颜色、布局、操作方式要一致，有统一的错误信息提示界面等。

2）系统采用 B/S 风格的 MVC 三层体系结构，页面中显示了本系统的各个功能，用户和管理员都根据自己的需要进行选择。

3）考虑到用户使用的便捷性，做到操作容易，易学易用，提供给用户尽量多的选择框，而不是输入框，以减少用户的输入次数，同时界面有各种输入格式提示信息，帮助用户正确操作。

（3）性能要求。

1）在系统中输入的数据的精度要符合数据库中所设定存储的数据类型。

2）查询时，用户通过系统提交查询命令，系统按照条件查询到返回结果信息不超过 5s。

3）本系统的用户分为三类角色：管理员具有最高权限，管理整个系统；教师只能管理自己所授课程和个人信息；学生只能进行基本的查询操作。数据库管理的每一个环节必须经过身份认证和授权方可操作。

小 结

需求工程主要包括三个活动：需求获取、需求分析、需求规格说明的评审。本章介绍了面向对象需求获取的内容、步骤。同时介绍了几种经典的面向对象方法：Coad 和 Yourdon 的 OOA 和 OOD 方法、Booch 方法、Rumbaugh 的 OMT 方法、Jacobson 的 OOSE 方法等；以及当今主流的软件开发方法 RUP 与 UML 的结合。需求分析就是提取系统需求并建立问题域精确模型的过程。本章详细介绍了统一过程 RUP 的内容，并以其与 UML 为主线，介绍了面向对象的分析方法和过程。最后介绍了需求规格说明评审的主要内容。

习题 10

1．简答题

面向对象分析要建立哪些模型？

2．应用题

有一个图书管理系统，其主要需求如下：

（1）读者从图书馆借阅书，必须先在系统中注册。

（2）图书管理员登录系统后，对图书的管理包括增加新书，删除旧书，更新、添加和删除系统中的书目、借书者、借书和预订的相关信息。

（3）读者可以预订目前借不到的书，一旦预订的书被返还给图书馆，或新购图书到达，就立即通知预订者。

（4）每类读者借书时都有借阅期限，超过期限，读者在还书时就需要缴纳一定的罚款。

请用面向对象分析方法研究本系统。

第 11 章　面向对象设计与实现

本章学习目标

- 理解掌握面向对象设计准则。
- 理解掌握面向对象设计过程。
- 理解面向对象程序设计语言技术特点。
- 了解面向对象的测试策略。

本章首先向读者介绍面向对象设计准则，然后介绍面向对象设计与实现，最后用项目案例说明面向对象设计的具体过程。

11.1　面向对象设计准则

面向对象设计是把分析阶段得到的需求转化成符合成本和质量要求的、抽象的系统实现方案的过程。从面向对象分析到面向对象设计，是一个逐渐扩充模型的过程。或者说，面向对象设计就是用面向对象观点建立求解域模型的过程。

尽管面向对象分析和面向对象设计的定义有明显区别，但是在实际的软件开发过程中二者没有明显的界限，很难精确地区分两个阶段。许多分析结果可以映射成设计结果，而在设计过程中又往往会加深和补充对系统需求的理解，从而进一步完善分析结果。因此，面向对象分析和设计活动是一个多次反复迭代的过程。面向对象方法学在概念和表示方法上的一致性，保证了在各项开发活动之间的平滑（无缝）过渡，领域专家和开发人员能够比较容易地跟踪整个系统开发过程，这是面向对象方法与传统方法比较起来所具有的一大优势。

优秀的设计，就是权衡了各种因素，从而使系统在其整个生命周期中的总开销最小的设计。对于大多数软件系统而言，近 60%以上的软件费用都用于软件维护，因此，优秀软件设计的一个主要特点就是容易维护。

本书第 5 章讲述了指导软件设计的基本原理，这些原理在进行面向对象设计时仍然成立，只是增加了一些与面向对象方法密切相关的新特点，例如，面向对象设计遵循一些准则，例如，模块化、抽象、信息隐蔽、强内聚性和弱耦合性。

1. 模块化

程序模块化是面向对象的特征，对象是面向对象软件中的模块，它把数据结构和操作数据的方法结合成一体形成模块，供其他对象调用。

2. 抽象

类实际上是一种抽象数据类型，它对外开放的公共接口构成了类的规格说明（即协议），这种接口规定了外界可以使用的合法操作符，利用这些操作符可以对类实例中包含的数据进行操作。使用者无须知道这些操作符的实现算法和类中数据元素的具体表示方法，就可以通过这些操作符使用类中定义的数据。

3. 信息隐藏

面向对象采用了信息隐蔽的方法，使得对象的内部信息对外界是不可见的。对象提供对外的接口，用于调用对象提供的功能。信息隐蔽是通过对象的封装来实现的。

4. 强内聚性

内聚衡量一个模块内各个元素彼此结合的紧密程度。在设计时应该力求做到高内聚，面向对象设计中，通常包含下面 3 种类型的内聚：

（1）类内聚。设计类的原则是，一个类应该只有一个用途，它的属性和服务应该是高内聚的。类的属性和服务应该全都是完成该类对象的任务所必需的，其中不包含无用的属性或服务。如果某个类有多个用途，通常应该把它分解成多个专用的类。

（2）一般—特殊内聚。设计出的一般－特殊结构，应该符合多数人的概念，更准确地说，这种结构应该是对相应的领域知识的正确抽取。

（3）服务内聚。一个服务应该完成一个且仅完成一个功能。

5. 弱耦合性

耦合是指一个软件结构内不同模块之间互连的紧密程度。在面向对象方法中，对象是最基本的模块，因此，耦合主要指不同对象之间相互关联的紧密程度。弱耦合是优秀设计的一个重要标准，因为这有助于使系统中某一部分的变化对其他部分的影响降到最低程度。

耦合可分为交互耦合和继承耦合两类。

（1）交互耦合。对象之间的耦合通过消息连接来实现，这种耦合称为交互耦合。应该尽量降低消息连接的复杂程度，例如，尽量减少消息中包含的参数个数，降低参数的复杂程度；减少对象发送或接收的消息数目，从而降低交互耦合程度。

对象是不可能完全孤立的，当两个对象必须相互、联系相互依赖时，应该通过类的协议（即公共接口）实现耦合，而不应该依赖于类的具体实现细节。

（2）继承耦合。通过继承关系结合的父类和子类，彼此间结合越紧密越好。因此与交互耦合不同，要提高继承耦合的程度。从本质上看，通过继承关系结合起来的基类和派生类构成了系统中粒度更大的模块，因此，它们彼此之间应该结合得越紧密越好。

11.2　面向对象设计

设计阶段的工作在整个项目的开发过程中是一项非常重要的工作，该阶段完成的模型在实现阶段直接向代码进行转化。设计阶段的工作必须在分析阶段所确定的模型的基础上进行，它所设计每一个类在分析阶段都是存在的，如果发现有确实需要增加的类，则需要在分析模型中增加该类，并验证是否确实需要增加。在设计阶段，一般不要过多地增加或删除分析模型中各个类图中的类。

在设计阶段的工作，简单来说，是根据分析模型，对其进行扩充，建立相应的设计模型。确切地说，是定义分析阶段所确定的每一个类，即定义每个类的方法和属性，并确定每个成员的可见性。可见性包括每个类成员是公有、私有还是保护的。

在分析模型中，我们把类分为三种类型，即边界类、控制类和实体类，其图形的表示也比较简单。而在设计模型中，采用了 UML 标准的类的表示方法，每个类被分为三个部分，分别表示类名字、类属性和类方法。

结合第 10 章 RRUP 的内容，定义了面向对象设计过程，如下：

（1）在设计的层次上加强分析阶段确定的序列图、协作图和状态图，讨论是否还有别的操作和类所需访问的数据。

（2）根据上面的工作，对类图进行细化。

1）对每个类已存在的域进行细化，例如，方法应该确定它的名字、参数和返回类型。

2）增加新发现的数据类型、消息、方法。

（3）利用开发工具提供了大量的类库，对系统已有的类进行完善，得到设计阶段的类图。

（4）利用活动图（类似于结构化方法中程序流程图）描述类中每个方法的处理流程。

（5）定义实体类的属性，进行数据库的设计。

（6）建立系统的物理模型。

1．设计阶段类图

（1）概述。在分析模型中，只是确定了相关领域中开发系统的各个抽象类之间的关系，同时，只说明属性的含义和方法的功能，没有说明属性的具体类型、方法的参数和返回类型以及两者可见性。同时，在现实的软件开发过程中，大多数用的都是可视化的集成开发环境（Integrated Development Environment，IDE）。开发工具提供了大量的类库可以使用，例如，C++中的 STL、Visual C++中的 MFC 以及 Java 中的 API 等。在分析模型中，并没有把开发工具提供的基础类包括进去，因此，在设计模型中，根据问题的内容需要增加相关类库中的类。

【案例 11.1】设计阶段类图。

管理员注册学生信息功能包含下面的类：

1）边界类：student_save.jsp，通过该类输入学生注册信息。

2）控制类：StudentInsert，该类接收边界层类 student_save.jsp 传递的信息（数据）。

3）控制类：StudentImplement，被控制层类调用，将学生数据写入到学生信息表中。

4）实体类：students，与学生信息表相对应。

例如，控制类 StudentInsert 的类图如图 11.1 所示。

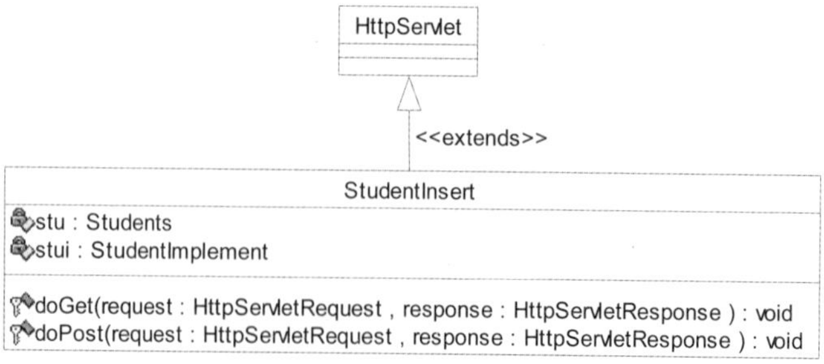

图 11.1 控制类 StudentInsert 的类图

控制类 StudentImplement 的类图如图 11.2 所示。

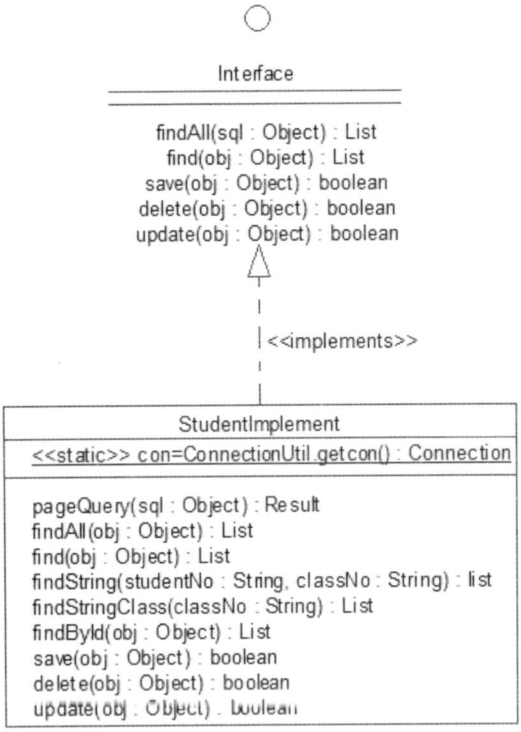

图 11.2 控制类 StudentImplement 的类图

实体类 students 的类图如图 11.3 所示。

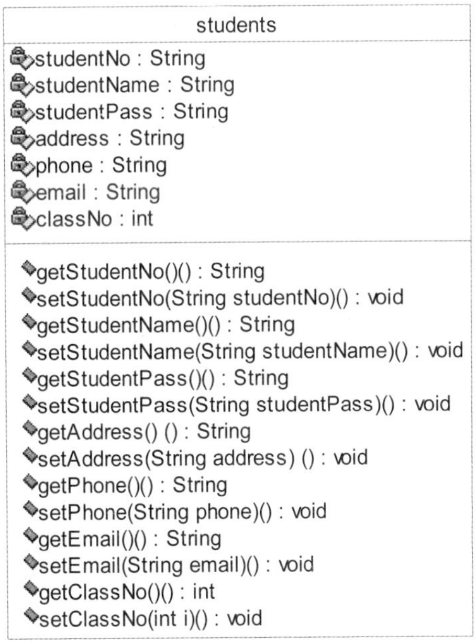

图 11.3 实体类 students 的类图

管理员注册学生信息功能的类图如图 11.4 所示。

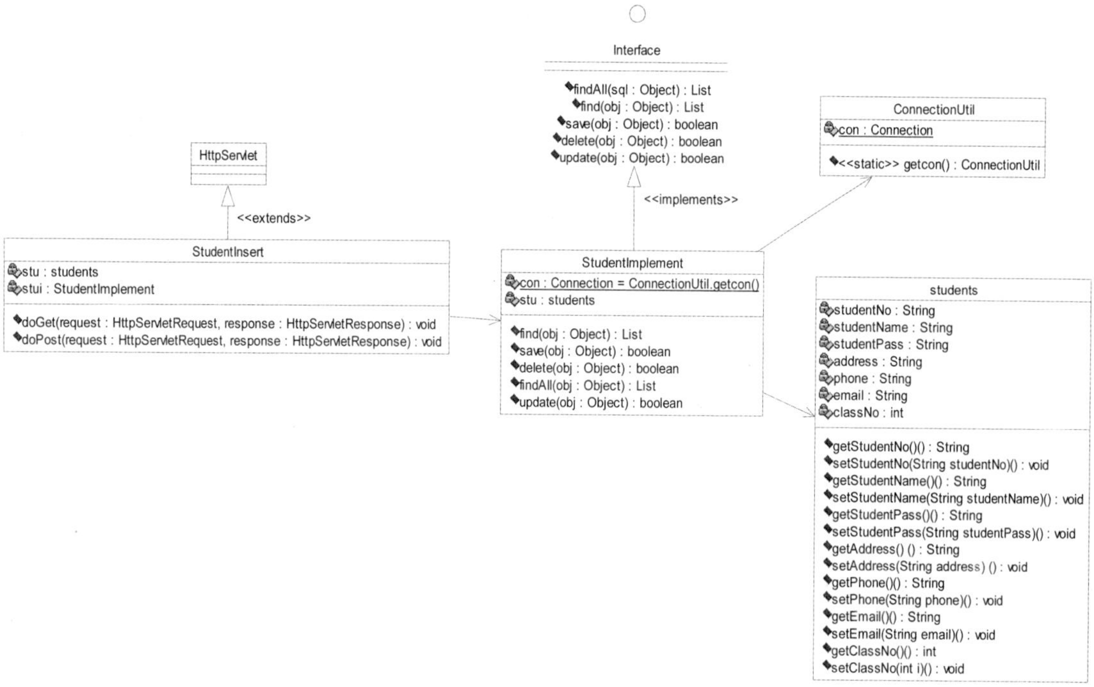

图 11.4　管理员注册学生信息功能的类图

（2）说明。

1）通常一个完整的系统类图较大，类图中的每个类只有名字，一般不给出属性和方法，使之比较清晰，能较好地对整个模型把握。

2）画完上述图后，再对各个类进行详细地说明，确定了各个类的属性和方法。

在创建设计模型阶段，通过对各个类的不断细化，确定各个类的方法和属性完成后，设计阶段的 UML 功能模型也就全部完成，下一步的工作就是如何实现系统了。

对于如何实现系统，即将设计模型转换成相应的程序代码，将在下一节介绍。

2. 类中操作建模

活动图用于对系统行为建模。活动图本质上就是流程图，它描述系统的活动、判定和分支等部分。因此，在 UML 中，可以把活动图作为流程图来使用，用于对系统的操作建模。

【案例 11.2】活动图。

管理员注册学生信息功能中，对控制类 StudentImplement 的 save 操作（方法）建模的活动图如图 11.5 所示。

3. 数据库设计

数据库设计的开始阶段，最主要的工作就是要找出待开发系统中的实体关系图，即 E-R 图。而分析阶段给出的实体类之间的关系图也正好属于这个范畴，能够表现系统中大部分实体之间的关系。这样，数据库的设计就可以在此实体类图的基础上完成。

在需求分析阶段，分析模型中的类图中有实体类，在设计模型中，这些实体类都被设计成数据库中相应的数据表，将每个实体类的属性转换成相应数据库表中的字段。

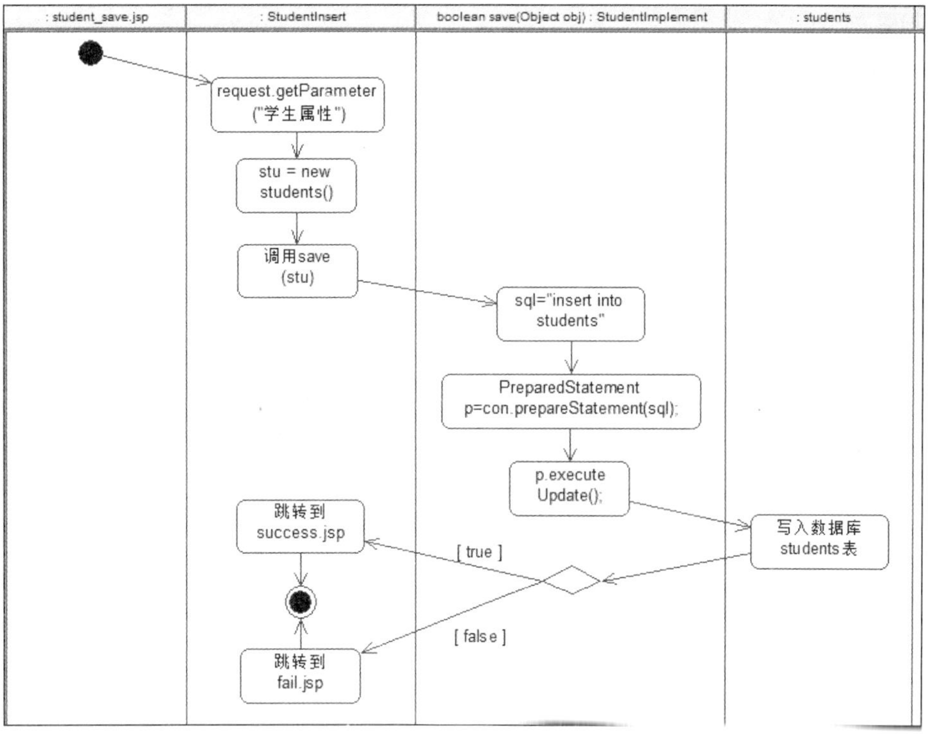

图 11.5 save 操作的活动图

【案例 11.3】表的设计。

实体类 students 的定义参见图 11.3，实体类对应的学生信息表见表 11.1。

表 11.1 学生信息表（students）

序号	中文名称	字段名称	数据类型	非空	外键	主键或唯一键	缺省值	说明
1	学号	studentNo	char(12)	Y		PK		唯一标识
2	姓名	studentName	varchar(20)	Y				学生的真实姓名
3	密码	studentPass	varchar(20)	Y				学生用户登录时的密码
4	家庭住址	address	varchar(100)	Y				学生家庭住址
5	联系电话	phone	varchar(20)	Y				联系电话
6	邮箱	email	varchar(30)	Y				邮箱
7	班级编号	classNo	int(11)	Y	FK			所在班级，关联班级表

4. 物理建模

组件图和部署图是面向对象系统物理建模时使用的两种图。

对软件进行建模的过程中，通常使用用例图来表示系统具有的功能；使用类图来描述系统的词汇；使用时序图、状态图和活动图来说明这些词汇中的事物如何相互协作来完成某些功能。在完成上述建模后，设计人员需要把这些逻辑模型转化成实际的物理事物，如可执行文件、动态链接库（Dynamic Link Library，DLL）和类库等。UML 中使用组件图来可视化物理组件以及它们间的关系，并描述其构造细节；使用部署图来可视化如何将软件部署到硬件上。

（1）组件图。

1）概述。组件一般表示实际存在的、物理的物件，它具有广泛的定义，以下的内容可以定义为组件：程序源代码、子系统、动态链接库、可执行文件和类等。

2）组件图的作用。组件图用于对系统的实现视图建模，组件图在系统建模过程中的主要作用：

- 组件图帮助用户理解最终的系统结构。
- 组件图使开发工作有一个明确的目标。
- 组件图有利于帮助不直接参与系统分析和设计的人员理解系统。
- 组件图有利于软件系统的组件重用。

【案例 11.4】组件图。

图 11.6 所示组件图描述了学生学籍管理系统中各个子系统之间的关系。这里的组件用包图表示，如图 11.6 所示。

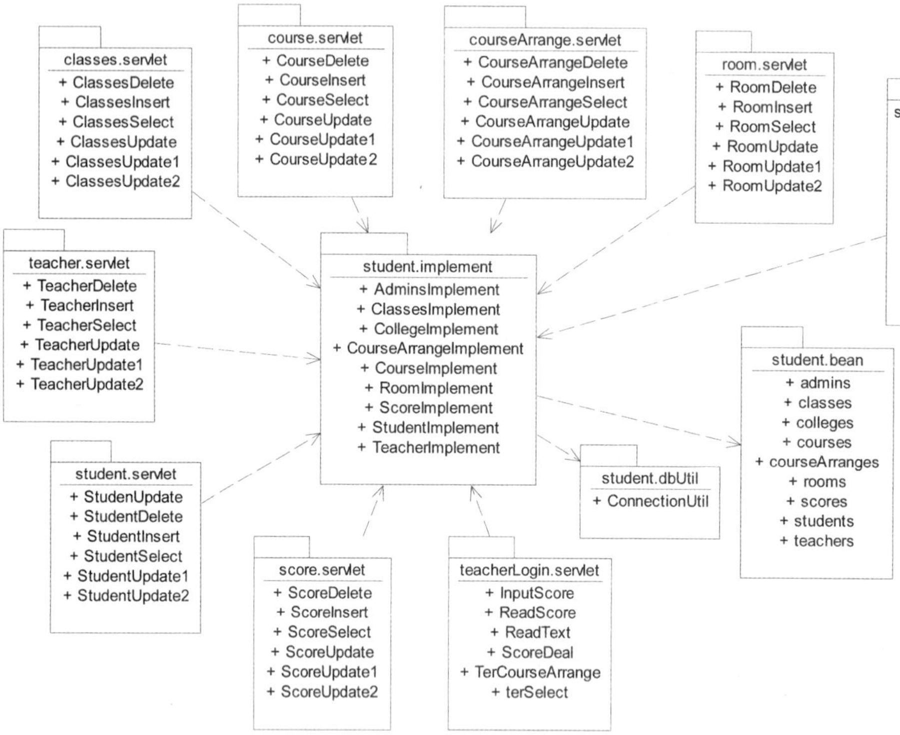

图 11.6　学生学籍管理系统的组件图

（2）部署图。

1）概述。部署图显示了运行软件系统的物理硬件，以及如何将软件部署到硬件上，描述了运行系统的硬件拓扑，即描述系统中各个物理组成部分的分布、提交和安装过程。

2）部署图的作用。部署图用于对系统的实现视图建模。在部署图中，节点分成两种类型：

- 处理器：能够执行软件构件、具有计算能力的节点。
- 设备：没有计算能力的节点，通常是通过其接口为外界提供某种服务，例如，打印机、扫描仪等。

【案例 11.5】部署图

学生学籍管理系统的部署图如图 11.7 所示。

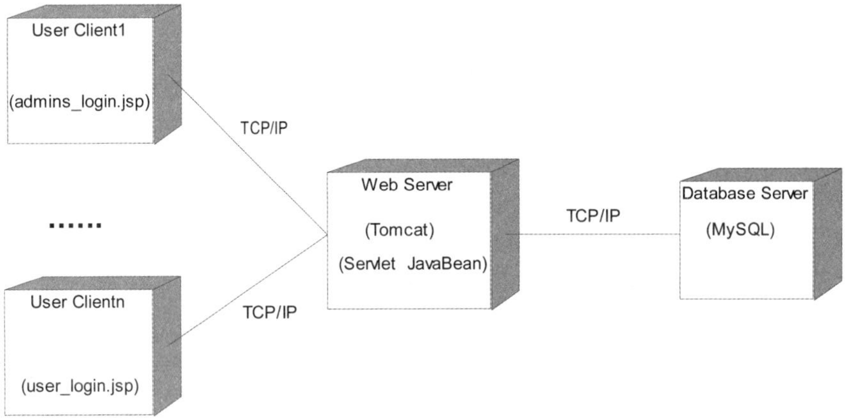

图 11.7　学生学籍管理系统的部署图

在图 11.7 中，学生学籍管理系统中的边界类分布在 Client 客户机上，控制类部署在 Web Server 服务器上，数据库部署在 Database Server 服务器上，客户机和服务器通过网络协议 TCP/IP 连接。

11.3　面向对象实现

面向对象实现主要包括两项工作：把面向对象设计结果翻译成用某种程序设计语言书写的面向对象程序；测试并调试面向对象的程序。

11.3.1　面向对象程序设计语言

除了面向对象分析、设计等前期工作以外，所采用的程序设计语言特点和程序设计风格对软件的可靠性、可重用性及可维护性也会产生重要的影响。由于面向对象方法与结构化方法不同，面向对象软件的测试也必然会具有其新的特点。

选择面向对象程序设计语言的关键因素是程序设计语言的表达能力和程序设计语言的可理解性、可维护性。面向对象分析和设计使用的表示方法具有一致性，这种表示形式从问题域到系统分析，再到系统设计始终不变。一致的表示方法既有利于软件开发过程中使用统一的概念，也有利于维护人员理解软件的各种配置。因此，在选择面向对象语言时要考虑语言对分析和设计模型的一致性表达。

面向对象方法追求的目标之一是软件的可重用性。通过重用已有的软件元素不但可以提高开发效率、降低成本，同时可以大幅度提高软件产品的质量。选择的程序设计语言应该支持封装、继承和多态性，使得软件可以在代码层次上易于重用。

1. 面向对象程序设计语言

面向对象实现要把面向对象设计的结果映射到实际运行的程序中，涉及程序设计语言的选择，下面介绍几种主流的面向对象程序设计语言。

面向对象思想的起源计算机仿真语言是 Simula，Simula 67 由挪威的 Kristen Nygaard 和 Ole-Joha Dahl 于 1965－1967 年研制出来。Simula 67 最初是为了模拟离散事件而设计的，它的基本贡献是对抽象和计算的理解。Simula 67 引入类的概念，这是大多数面向对象程序设计语言的基础。Simula 67 被认为是第一个面向对象程序设计语言。

（1）常用的面向对象语言。最早的通用面向对象语言是 20 世纪 80 年代的 Smalltalk，Smalltalk、C++的推出使面向对象程序设计语言趋于成熟，从而形成了一种全新的面向对象编程（Object-Oriented Programming，OOP）的程序设计方法。C 语言是由贝尔实验室于 1972 年设计出来的一种通用程序设计语言。C 语言的主要特点是兼顾了高级语言和汇编语言的特点，与操作系统紧密相关。它提供了高效的执行语句，并且允许程序员直接访问操作系统和底层硬件。广泛流行使用的 UNIX 操作系统就是用 C 语言编写的。C++语言是在 C 语言的基础上发展起来的，与 C 语言兼容。它是 1980 年由贝尔实验室开发出来的。C++语言主要是在 C 语言的基础上增加了类的机制，从而使其成为一种面向对象程序设计语言。C++语言起初也被称为“含类库的 C”。C++增加了大容量的类库，以及许多新特性，并具有较高的执行效率。

Java 是一种面向对象的程序设计语言，由 Sun Microsystems 公司 James Gosling 等人于 20 世纪 90 年代初开发。它最初被命名为 Oak，为嵌入式电子应用系统而开发的一种高级语言，由于市场需求没有预期得高，Sun 放弃了该项计划。就在 Oak 几近失败之时，随着互联网的发展，Sun 看到了 Oak 在计算机网络上的广阔应用前景，于是改造了 Oak，在 1995 年 5 月 23 日以“Java”的名称正式发布了。Java 伴随着互联网的迅猛发展而发展，逐渐成为重要的网络编程语言。Java 保留了 C++的基本语法、类和继承等概念，丢弃了 C++ 中较少使用的、难理解的某些特性，如操作符重载、多继承、自动的强制类型转换。特别地，Java 语言不使用指针，并提供了自动的垃圾收集，使得程序员不必为内存管理而担忧，它是一种纯粹的面向对象语言。

Python 是一种新兴的面向对象、解释型的计算机程序设计语言，由Guido van Rossum于 1989 年底发明，第一个公开发行版发行于 1991 年。Python 语法简洁而清晰，具有丰富和强大的类库。它常被称为“胶水语言”，它能够把用其他语言制作的各种模块（尤其是C/C++）很轻松地联结在一起。Python 作为脚本语言，跨平台性非常好，几乎在所有操作系统中都可以使用。Python 既支持面向过程的编程也支持面向对象的编程。在面向对象的语言中，程序是由数据和功能组合而成的对象构建起来的。与其他主要的语言如 C++和 Java 相比，Python 以一种非常强大又简单的方式实现面向对象编程。

（2）世界编程语言排行。TIOBE 编程社区索引是编程语言流行度的指标。索引每月更新一次。评级基于全球技术工程师、课程和第三方供应商的数量。流行的搜索引擎，如谷歌、必应、雅虎、维基百科、亚马逊、YouTube 和百度，用于计算评级。

该指标可以用来作为开发者的参考指数，了解编程技能是否仍然是最新，或开始建立一个新的软件系统时可以选用什么样的编程语言以及战略决策。世界编程语言排行见表 11.2。

表 11.2　世界编程语言排行

Jul 2018	Jul 2017	Change	Programming Language	Ratings	Change
1	1		Java	16.139%	+2.37%
2	2		C	14.662%	+7.34%
3	3		C++	7.615%	+2.04%

续表

Jul 2018	Jul 2017	Change	Programming Language	Ratings	Change
4	4		Python	6.361%	+2.82%
5	7	^	Visual Basic .NET	4.247%	+1.20%
6	5	v	C#	3.795%	+0.28%
7	6	v	PHP	2.832%	-0.26%
8	8		JavaScript	2.831%	+0.22%
9	-	^	SQL	2.334%	+2.33%
10	18	^	Objective-C	1.453%	-0.44%

2. 面向对象语言的优点

面向对象设计的结果，既可以用面向对象语言实现，也可以用非面向对象语言实现。面向对象程序设计语言本身就支持面向对象概念的实现，其编译程序可以自动地实现面向对象概念到目标程序的映射。而且与非面向对象语言相比，面向对象语言还具有以下一些优点：

（1）一致的表示方法。面向对象采用的方法从问题域表示到面向对象分析，再到面向对象设计与实现始终稳定不变。一致的表示方法不但有利于在软件开发过程中始终使用统一的概念，也有利于维护人员理解软件的各种配置成分。

（2）可重用性。为了能带来可观的商业利益，必须在更广泛的范围中运用重用机制，而不是仅仅在程序设计这个层次上进行重用。软件开发组织既可能重用它在某个问题域内的 OOA 结果，也可能重用相应的 OOD 和 OOP 结果。

（3）可维护性。在实际软件系统开发中，维护人员面对的主要是源程序，如果程序设计语言本身能显式地表达问题域语义，对维护人员理解所要维护的软件将有很大帮助。

因此，选择程序设计语言应该考虑的首要因素是，哪个程序设计语言能最好地表达问题域语义。一般来说，实现面向对象分析、设计的结果，应该尽量选用面向对象程序设计语言。

3. 选择面向对象语言的实际因素

（1）将来能否占主导地位。这主要是为了使自己的软件产品在若干年仍能具有较强的生命力。除了技术因素以外，通常还要考虑成本之类的经济因素。

（2）可重用性。软件重用可以大大提高软件生产率，这也是采用面向对象方法的基本目标和主要优点。应该优先选用能够最完整、最准确地表达问题域语义的面向对象语言。

（3）类库和开发环境。类库和开发环境是程序设计语言可重用性的决定因素。考虑具体程序设计语言工具，除了考虑它是否提供强大的适用的类库以外，还应考虑它是否提供方便地对类库进行相关操作的工具和环境。

（4）其他因素。例如，售后服务和技术支持、对运行环境的需求、集成已有软件的难易程度等。

4. 面向对象程序设计语言技术特点

选择面向对象语言时，应该着重考察语言的以下一些技术特点：

（1）支持类与对象概念的机制。支持类和对象概念机制是所有面向对象语言的基本特点。面向对象语言允许用户创建和引用动态对象。程序语言允许动态创建对象，必然涉及系统的内存管理问题。一般有两种管理内存的方法，一种是由语言的运行机制自动管理内存，另一种是由程序员编写释放内存的代码。

比较流行的 Java 和 C#语言都提供了自动回收“垃圾”的机制。自动内存管理机制方便安全，但是必须采用先进的垃圾收集算法以减少系统开销。

程序员可以编写程序代码对所创建的对象进行必要的管理。一些面向对象语言（例如 C++）提供了析构函数来释放对象的内存空间，每当该对象超出范围或被显式删除时，就自动调用析构函数。这使得程序员能比较方便地回收系统内存。

无论使用哪一种方法，都必须对内存进行有效的管理。如果不及时释放不再需要的对象所占用的内存，动态存储分配就有可能耗尽内存。

（2）实现聚集（整体－部分）结构的机制。在 C++和 Java 语言中，可通过组合类（在一个类中定义或声明另一个类的对象）实现整体和部分。

（3）实现泛化（一般—特殊）结构的机制。一般—特殊结构的机制是指程序设计语言实现类继承的机制。有些语言支持多重继承，因而在派生类中可能会出现重名的问题，必须提供解决名字冲突的机制。

（4）实现属性和服务的机制。实现属性的机制应该考虑到对属性值的约束，控制属性的可见性，支持实例连接的机制。对于服务，则应能控制服务的可见性，支持消息连接的机制，实现动态联编。动态联编，是指编译程序在编译阶段并不能确切知道将要调用的函数，只有在程序执行时才能确定，这就要求联编工作要在程序运行时进行。动态联编机制使得程序员在向对象发送消息前，无须知道接受消息的对象属于哪个类。同时也使得程序在运行过程中，当需要执行一个特定的服务时，具有自动选择实现该服务的适当算法的能力。

（5）类型检查机制。程序设计语言按照编译时进行类型检查的严格程度可以分为强类型语言和弱类型语言。强类型语言语法规定每个变量或属性必须准确地属于某个特定的类。这样既有利于编译时发现程序错误，也增加了优化的可能性。由于强类型语言有助于提高软件的可靠性和运行效率，大多数新语言都是强类型语言。通常使用强类型编译型语言开发软件产品，使用弱类型解释型语言快速开发原型。

（6）类库。面向对象语言一般都提供对类库的支持。类库的使用为实现软件重用带来很大的方便。由于类库的存在，许多软件构件就不必由程序员从头编写了。类库中通常包含实现通用数据结构（例如，动态数组、表、队列和树等）的类，称为容器类。

有些类库还提供独立于具体设备的接口类（例如输入/输出流）、用于实现窗口系统的用户界面类等。类库丰富的功能给程序编码和代码重用提供了强大的支持。

（7）效率。许多人认为效率低是面向对象语言的主要缺点。人们产生这一看法的一个主要原因是，早期的面向对象语言是解释型的而不是编译型的。事实上，由于类库的使用，面向对象语言有时能得到运行更快的代码。这是因为类库提供了效率更高的算法和更好的数据结构。有些常用的算法（例如哈希表算法）在类库中已得到实现，而且算法先进、代码可靠。

另外，面向对象程序设计语言在运行时，使用动态联编实现多态性，似乎需要在运行时查找给定操作的类，这也可能会降低程序的执行效率。但实际上绝大多数面向对象语言都优化了这个查找过程，实现了高效率查找，而且也不会由于继承深度加大或类中定义的操作增加而降低效率。

（8）持久保存对象的机制。为了恢复被中断了的程序的运行，或者实现不同程序之间的数据传递，常常需要把数据长时间地保存下来，而不依赖于程序执行的生命期。有些面向对象语言（例如，Smalltalk 等），能够把当前的执行状态完整地保存在磁盘上，有些则只提供了访问磁盘对象的输入和输出操作。另外，还有一些面向对象语言（例如，C++等），并没有提供直接存储对象的机制，必须由用户自己管理对象的输入和输出，或者使用面向对象语言的数据库管理系统进行管理。也可以在类库中增加对象存储管理功能，这样就可以从“可存储的类”中派生出需要持久保存的对象，该对象自然继承了对象存储管理功能。

（9）参数化类的机制。参数化类是使用一个或多个类型去参数化一个类的机制。在实际的应用中，常常可以看到这样一些软件元素（例如，函数、类等软件成分），它们的逻辑功能是相同的，所不同的主要是处理的对象（数据）类型。例如，一个向量类只是对它的数据元素提供插入、删除、检索等基本操作，而不管这些元素是整型的、浮点型的，还是其他类型。为了减少程序冗余和提高程序的可重用性，程序设计语言最好能提供一种可以抽象出这类共性的机制。参数化类机制允许程序员先定义一个参数化的类模板（即在类定义中以参数形式代替一个或多个类型），然后把实际数据类型作为参数传递进来，从而实现程序不同类型的应用。C++语言就提供了这种类模板的机制。

（10）开发环境。软件生产的实际开发工作都是在一定的开发环境下进行的。软件工具和软件工程环境对软件生产率有很大的影响。一般情况下，应该包括下列一些最基本的软件工具：编辑程序、编译程序或解释程序、浏览工具和调试器（debugger）等。

编译程序或解释程序是最基本、最重要的软件工具。编译与解释的差别主要是速度和效率的不同。一般用编译型语言来开发正式的软件产品，好的编译程序往往能生成效率很高的目标代码。解释程序的特点是边解释、边执行用户的源程序，虽然速度和效率都比不上编译程序，可是却能更加方便灵活地对源程序进行调试。这是编译程序所无法代替的。有些面向对象语言的编译程序先把用户源程序翻译成中间代码，再把中间代码翻译成目标代码。

通过面向对象的调试器，应该能够查看属性值和分析消息连接的结果。此外，在开发大型系统的时候，还需要有系统构造工具和变更控制工具。总之，应该考虑程序设计语言本身是否提供了软件系统开发所需要的工具，以及这些工具能否很好地集成起来。

例如，MyEclipse 企业级工作平台（MyEclipse Enterprise Workbench，MyEclipse）是对 Eclipse IDE 的扩展，利用它可以在数据库和 J2EE 的开发、发布，以及应用程序服务器的整合方面极大地提高工作效率。它是功能丰富的 J2EE 集成开发环境，包括了完备的编码、调试、测试和发布功能，完整支持 HTML、Struts、JSF、CSS、JavaScript、SQL、Hibernate 等。据官方介绍，诸如 IBM、戴尔、惠普、花旗集团、西门子、斯坦福大学、波音公司、三星等知名机构均使用 MyEclipse 进行 Java、JavaEE 开发，80%以上的全球财富 100 强企业均是 MyEclipse 的用户。

11.3.2 面向对象的测试策略

软件测试的经典策略是，从单元测试开始，测试每一模块的功能和结构；然后逐步进入集成测试，将已测试过的模块按一定顺序组装起来，进行测试；最后进行确认测试，按规定的各项需求，在用户的参与下，逐项进行有效性测试，决定已开发的软件是否合格，能否交付用户使用。

11.3.3 面向对象的测试步骤

1．单元测试

在面向对象系统中，系统的基本构造模块是类和对象，而不再是由完成特定功能的模块组成。类是单元测试的重点，然而类中包含的操作是最小的可测试单元。由于类中包含一组不同的操作，而且某些操作可能作为不同类的一部分，同时，每个对象有自己的生命周期的状态，因此，必须改变单元测试技术。

面向对象程序的类测试与传统软件的单元测试相对应，不同的是传统软件的单元测试侧重于模块的算法和模块接口的数据，面向对象软件的类测试是由封装在该类中的操作和类的状态行为驱动的。一些传统的测试方法在面向对象的单元测试中都可以使用。例如，等价类划分法、边值分析法、逻辑覆盖法、路径分析法等。

面向对象编程中类的继承性和多态性使得对成员函数的测试又不完全等同于传统的函数测试。子类继承或重载的父类成员函数出现后，不能孤立地对单个操作进行测试，而是将其作为类的一部分。通常考虑以下两个方面：

（1）继承的成员函数是否需要测试。对父类中已经测试过的成员函数，在以下两种情况下需要在子类中重新测试：

1）继承的成员函数在子类中做了修改。

2）成员函数调用了修改过的成员函数的内容。

例如，假设基类 Base 中有两个成员函数 A( )和 B( )，派生类 Derived 只对 B( )进行了修改，显然需要对 Derived:：B( )进行重新测试。对于 Derived::A( )，若有调用 B( )的语句，则需要重新测试，否则，不需要再测试。

（2）对子类的测试可参考对父类的测试。派生类重新定义基类的成员函数，二者已经是不同的成员函数。例如：Derived::B( )与 Base::B( )。但由于面向对象的继承性使得两个函数有相似性，通常不用全部重新设计测试用例，只要增补改动部分的测试用例。

【案例 11.5】对子类的测试。

```
Base::A( ){
    input a;
    if (a>0)
        then x=1;
    else
        if (a=0) then x=0;
    print x;
};
Derived::A( ){
    input a;
    if (a>0)
        then x=1;
    else
        if (a=0)
            then x=0;
        else
```

```
            x= -1;
        print x;
    };
```

在原有的测试基础上，只需对 Derived::B( )的测试增加 a<0 的测试用例即可。

2. 集成测试

由于面向对象程序中类与类之间的相互关系极其紧密，面向对象集成测试通常需要在整个程序编译完成之后进行。面向对象程序的动态特性使得程序的控制流往往难以确定，因而面向对象集成测试通常只能使用黑盒测试法。

面向对象的集成测试能够检测出在单元测试时无法测出的因类间相互作用而产生的错误。单元测试对类及成员函数行为进行测试，集成测试关注于系统的结构和内部的相互作用。

面向对象的集成测试采用两种新的测试策略：

（1）基于线程的测试。这种测试策略把响应系统的一个输入或一个事件所需要的那些类集成起来（称为一个线程），分别集成并测试每个线程，同时应用回归测试保证没有产生副作用。

（2）基于使用的测试。这种测试策略通过测试那些几乎不使用服务器类的类（称为独立类）开始构造系统，在独立类测试完成后，再对使用独立类的类（称为依赖类）进行测试。

面向对象的集成测试可以分成两步进行：先进行静态测试，然后再进行动态测试。静态测试主要针对程序的结构进行，检测程序结构是否符合设计要求。现在流行的一些测试软件都能提供一种称为逆向工程的功能，即通过原程序得到类图和函数功能调用关系图，例如，Rose C++ Analyzer 等，将逆向工程得到的结果与 OOD 的结果相比较，从而检测程序结构和实现上是否有缺陷。换句话说，通过这种方法检测出 OOP 是否达到设计要求。动态测试设计测试用例时，一般需要用到上述过程所得到类图、实体联系图等作为参考，以优化测试用例，减少测试工作量，并使测试能够达到一定的覆盖标准。例如，类所有状态的覆盖率等。

3. 确认测试

与传统的确认测试一样，面向对象的确认测试在用户参与下，且与用户实际使用环境相同的运行环境中，主要采用实际数据进行测试，来验收软件的功能和性能是否符合软件需求规格说明书的标准。

确认测试不再考虑类之间相互连接的细节，不涉及软件的具体实现方法，因而这个阶段可以用传统的黑盒测试方法设计确认测试用例。但对于面向对象的软件来说，主要是根据系统的动态模型和描述系统行为的脚本来设计测试用例，以确定最可能发现用户交互需求错误的场景。

11.3.4 面向对象测试用例设计

与传统的测试方法不同，面向对象测试用例关注如何设计合适的操作序列以测试类的状态。

1. 单元测试方法

（1）传统测试用例设计。传统的黑盒测试与白盒测试也适用于面向对象软件。例如，白盒测试可用于测试类中函数的基本路径等。

（2）基于故障的测试。这种方法与传统的错误推测法类似，它首先从分析模型开始，考察可能发生的故障，然后设计用例以确定故障是否存在。基于故障的测试具有较高的发现可能故障的能力。但这在很大程度上取决于测试人员的经验和直觉。经验丰富的测试人员可能推测得比较准确，这时使用基于故障方法能够用相当低的工作量发现大量的错误。如果推测不准，那么这种方法的测试效果并不比随机测试的效果好。

（3）基于场景的测试。基于场景的测试主要是从用户任务的执行中对软件进行检测。它关注用户需要什么，而不是产品能做什么。基于场景的测试有助于在一个单元测试情况下检查多重系统。它比基于故障的测试更实际，也更复杂。

（4）随机测试。一个类中通常有多个操作，这些操作序列有多种排列，可以让类的实例随机地执行一些类内定义的操作，以测试类的状态。如果类的操作受到具体应用系统性质的限制，则可以在最小操作序列的基础上随机地增加一些操作，作为该类的测试用例。例如，一个类包括 login（登录）、query（查询）、update（更新）、logout（退出）等操作，其中，login 和 logout 是必须进行的操作，组成最小操作集合{login, logout}，可以在此基础上随机地增加其他操作，得到测试用例，例如，{login, query, logout }，或{login, update, logout}等。

（5）划分测试。这种测试方法与传统测试方法中等价类划分方法类似。使用类层次的划分测试，可以减少所需要的测试用例的数目。划分测试可以分为以下三种：

1）基于状态的划分。根据操作改变类的状态的能力来进行划分。设计测试用例时分别考虑测试改变状态的操作和不改变状态的操作。在上述的例子中，改变类状态的操作是：update；不改变类状态的操作是：login、query、logout。

2）基于属性的划分。按类操作所使用到的属性来进行划分。通常根据所用到的属性可以把类操作划分成三种：使用属性的操作、修改属性的操作、不使用也不修改属性的操作。然后设计测试用例，分别对每类操作进行测试。在上述例子中，对于用户登录以后需进行处理的数据属性来说，使用属性的操作是 query；修改属性的操作是 update；不使用也不修改属性的操作是 login、logout。

3）基于功能的划分。按类操作所完成的功能来进行划分。划分完成以后，就可以为每个类别的操作分别设计相应的测试用例序列。例如，在上述例子中，类操作可以划分为初始操作 login、查询操作 query、更新操作 update、终止操作 logout。

2. 集成测试方法

面向对象的集成测试阶段，必须对类间协作进行测试。通常由行为模型（例如，状态图、活动图、顺序图和协作图）导出测试用例。例如，类的协作图可以导出类以及与其协作的那些类的动态行为的测试序列。这样就可以得到面向对象集成测试的用例。

由 Kirani 和 Tsai 建议生成多个类的随机测试用例按照下列步骤实现。

（1）对每个客户类，使用类操作符列表来生成一系列随机测试序列。这些操作符向服务器类实例发送消息。

（2）对所生成的每个消息，确定协作类和在服务器对象中的对应操作符。

（3）对服务器对象中的每个操作符（已经被来自客户对象的消息调用），确定传递的消息。

（4）对每个消息，确定下一层被调用的操作符，并把这些操作符结合进测试序列中。

【案例 11.6】面向对象的集成测试。

注册学生信息的类协作图如图 11.8 所示。

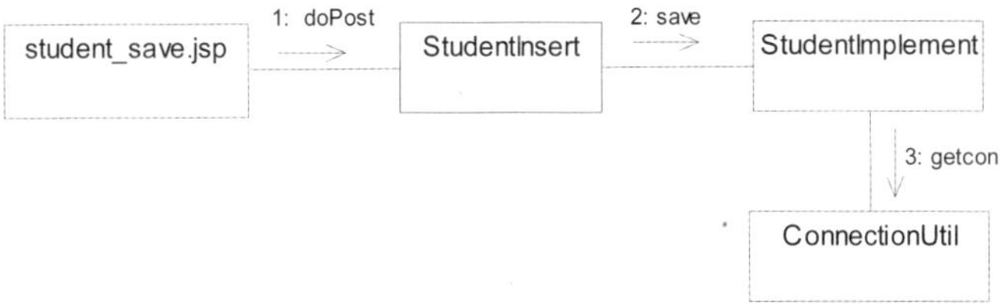

图 11.8　注册学生信息的类协作图

对于 StudentInsert 类的随机测试用例可能是：

测试用例 #r1:　$\text{doPost}_{\text{StudentInsert}}\cdot[\text{save}_{\text{StudentImplement}}]\cdot[\text{getcon}_{\text{ConnectionUtil}}]$

在对 StudentInsert 类进行测试的过程中，StudentInsert 类必须和 StudentImplement 类协作以执行 save 操作，将数据保存到数据库中，同时，StudentImplement 类必须与 ConnectionUtil 类协作，该类用于与数据库的连接。

11.4　项目案例

针对前面讲述的学生学籍管理系统，采用面向对象的方法进行系统设计。

1. 软件功能需求

在学生学籍管理系统中，教师角色的主要功能：

（1）教师对个人所授课程的成绩信息进行发布并导出成绩报表。

（2）教师查询个人所授课程的课表信息。

（3）教师查询、修改个人信息。

2. 软件功能设计

下面以教师查看个人信息功能为例说明面向对象设计阶段类的设计。

查看教师个人信息分析阶段的类图如图 11.9 所示。

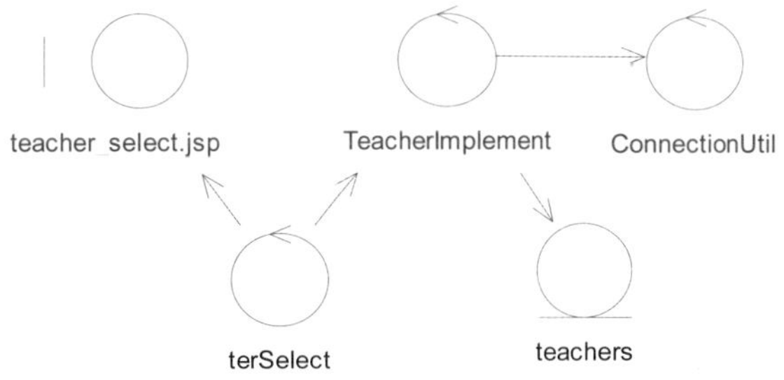

图 11.9　查看教师个人信息功能的分析类图

（1）边界类：teacher_selece.jsp（显示教师信息界面）。

（2）控制类：terSelect。

（3）控制类：TeacherImplement。

（4）教师的实体类：teachers。

（5）连接数据库类：ConnectionUtil。

根据分析阶段的类图得到设计阶段的类图，如图 11.10 所示。

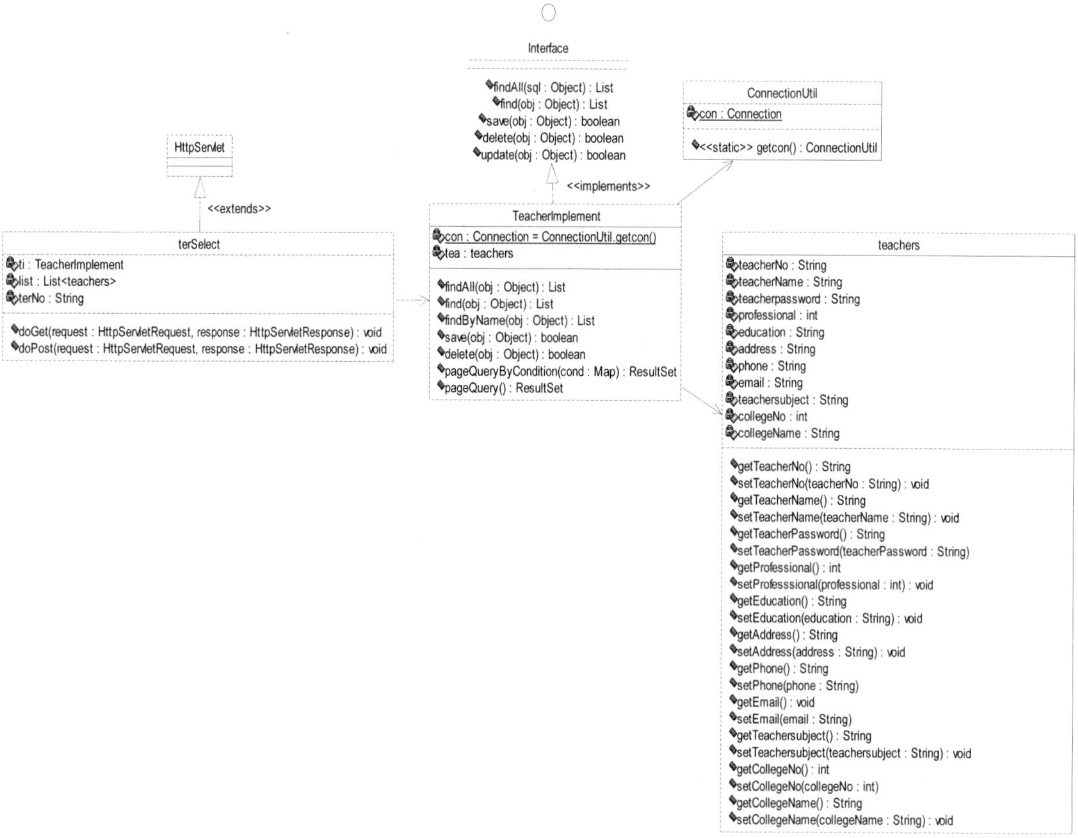

图 11.10　查看教师个人信息功能的设计类图

活动图用于对类的操作建模，对 TeacherImplement 类的 find(Object object) 操作建模，如图 11.11 所示。

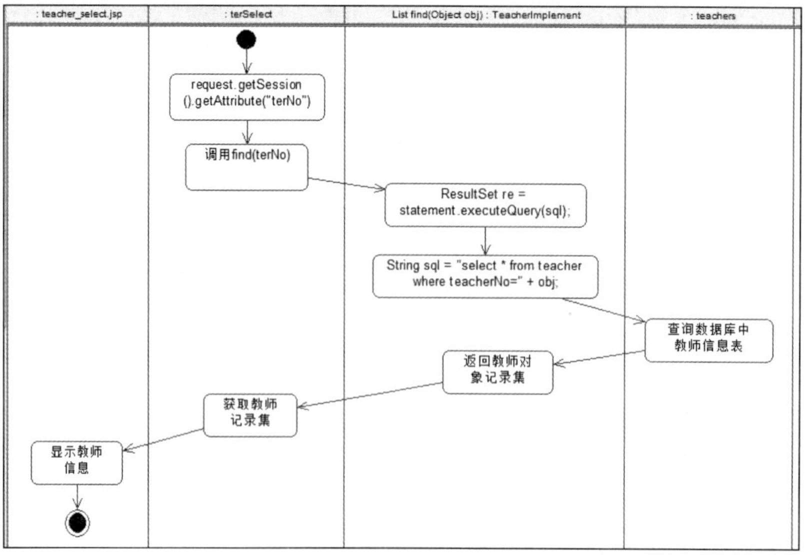

图 11.11　find 操作的活动图

3. 软件数据库设计

根据第 10 章得到的软件数据需求分析结果实体类图，设计得到数据库表与第 5 章相同，见表 5.5 至表 5.13。

小　结

从面向对象分析到面向对象设计，是一个逐渐扩充模型的过程。

为了获得优秀的设计结果，应该遵循一些基本原则，本章结合面向对象方法学的特点，给出了面向对象设计准则。用面向对象方法设计软件，原则上也是先进行总体设计（系统设计），然后再进行详细设计（对象设计），事实上它们间是一个多次反复迭代过程。结合 RUP 与 UML，本章给出面向对象设计的基本过程。

面向对象实现，就是要把面向对象设计的结果翻译成用某种程序设计语言书写的面向对象程序，而且要对软件进行必要的测试和调试，以确保该软件质量。

事实上，具有方便的开发环境和丰富的类库的面向对象程序设计语言，是实现面向对象设计的最佳选择。

软件测试是保证软件可靠性的主要手段，它的根本任务是发现并排除在分析、设计和编程过程中所产生的各种错误。面向对象测试的总体目标与传统软件测试的目标相同，即用最小的工作量发现最多的错误。

面向对象的软件测试分为单元测试、集成测试和确认测试。类是单元测试的重点，然而类中包含的操作是最小的可测试单元。面向对象的集成测试阶段，必须对类间协作进行测试。面向对象系统的确认测试也是采用黑盒测试法的。

习题 11

1. 简答题

（1）面向对象设计应该遵循哪些准则？

（2）面向对象程序设计语言有哪些技术特点？

（3）测试面向对象软件时，单元测试、集成测试和确认测试各有哪些新特点？

2. 应用题

试用面向对象方法设计本书第 10 章中图书管理系统。

参考文献

[1] 张海藩．软件工程导论[M]．5 版．北京：清华大学出版社，2008.
[2] 陆惠恩，张成姝．实用软件工程[M]．2 版．北京：清华大学出版社，2006.
[3] 殷人昆，郑仁杰，马素霞，等．实用软件工程[M]．3 版．北京：清华大学出版社，2010.
[4] 韩万江，姜立新．软件工程案例教程：软件项目开发实践[M]．2 版．北京：机械工业出版社，2011.
[5] 陈松乔，任胜兵，王国军．现代软件工程[M]．北京：机械工业出版社，2008.
[6] 张家浩．现代软件工程[M]．北京：清华大学出版社，2009.
[7] 窦万峰．软件工程方法与实践[M]．北京：机械工业出版社，2009.
[8] 吕云翔，刘浩，王昕鹏，等．软件工程课程设计[M]．北京：机械工业出版社，2009.
[9] 刁成嘉，刁奕．UML 系统建模与分析设计课程设计[M]．北京：机械工业出版社，2008.
[10] 李东生，崔冬华，李爱平．软件工程——原理、方法和工具[M]．北京：机械工业出版社，2009.
[11] 张海藩．软件工程导论[M]．6 版．北京：清华大学出版社，2013.
[12] 郑人杰，殷人昆．软件工程概论[M]．北京：机械工业出版社，2010.
[13] Roger S. Pressman. 软件工程：实践者的研究方法[M]．7 版．郑人杰，等译．北京：机械工业出版社，2011.
[14] 王珍玲．实用软件工程教程[M]．北京：中国劳动社会保障出版社，2004.
[15] 许家珆，白忠建，吴磊．软件工程：理论与实践[M]．2 版．北京：电子工业出版社．2012.
[16] 史济民．软件工程——原理、方法与应用[M]．3 版．北京：高等教育出版社．2009.
[17] 赵池龙，杨林．实用软件工程[M]．3 版．北京：电子工业出版社，2011.
[18] 赵池龙，姜义平，张建．软件工程实践教程[M]．北京：电子工业出版社，2007.
[19] 李代平．软件工程分析案例[M]．北京：清华大学出版社，2008.
[20] 李红，赵玉新．软件开发流程实训[M]．北京：电子工业出版社，2005.
[21] 王华，周丽娟，谭小慧．软件工程实验与课程设计指导[M]．北京：电子工业出版社，2008.
[22] 麻志毅．面向对象分析与设计[M]．2 版．北京：机械工业出版社，2013.
[23] 邵维忠，杨芙清．面向对象的分析与设计[M]．北京：清华大学出版社，2013.
[24] 谭火彬．UML2 面向对象分析与设计[M]．北京：清华大学出版社，2013.
[25] 谢星星．UML 基础与 Rose 建模实用教程[M]．北京：清华大学出版社，2011.
[26] 冯洪海．UML 面向对象需求分析与建模教程[M]．北京：清华大学出版社，2012.
[27] 陈承欢．UML 与 Rose 软件建模案例教程[M]．北京：人民邮电出版社，2010.
[28] 杨弘平，吕海华，李波，等．UML 基础、建模与设计实战[M]．北京：清华大学出版社，2012.

[29] Ian K.Bray．需求工程导引[M]．舒忠梅、罗文村、李卫华，等译．北京：人民邮电出版社，2003.

[30] 刘新航．软件工程与项目管理案例教程[M]．北京：北京大学出版社．2009.

[31] 于涌．精通软件性能测试与 LoadRunner 实践[M]．北京：人民邮电出版社．2010.

[32] Jan van Bon. IT 服务管理：基于 ITIL®的全球最佳实践[M]．章斌，译．北京：清华大学出版社．2006.

[33] 项目管理协会[美]．项目管理知识体系指南（PM BOK 指南）[M]．5 版．2012.

[34] 惠普公司．HP Quality Center 9.0 教程．2010.

[35] 惠普公司．HP QuickTest Professional 教程．2011.

[36] 惠普公司．HP LoadRunner 11.0 教程．2011.

[37] CMMI 产品团队．CMMI 开发模型（1.3 版）．2010

[38] 杨继萍，吴华．Visio 2010 图形设计标准教程（清华电脑学堂）[M]．北京：清华大学出版社，2012.

[39] 赵韶平．PowerDesigner 系统分析与建模[M]．2 版．北京：清华大学出版社，2010.

[40] 李波，孙宪丽，关颖．PowerDesigner16 系统分析与建模实战[M]．北京：清华大学出版社，2014.

[41] 教育部软件工程学科课程体系研究课题组．中国软件工程学科教程[M]．北京：清华大学出版社，2005.

[42] Frederick P. Brooks，Jr. 人月神话[M]．汪颖，译．北京：清华大学出版社，2002.

[43] 张友生．软件体系结构[M]．北京：清华大学出版社，2006.

附录　计算机软件文档编制规范（GB 8567－88）

在软件的生命周期中，一般地说，通常产生以下一些软件文档：可行性研究报告、开发计划、软件需求规格说明书、接口需求规格说明、概要设计说明书、详细设计说明书、数据库（顶层）设计说明、用户操作手册、测试计划、测试报告、软件配置管理计划、软件质量保证计划、开发进度月报、项目开发总结报告、软件产品规格说明及软件版本说明等。

本书将给出其中几个常用的基本文档模板，供读者参考。

A.1　可行性研究报告

1．引言

1.1 编写目的

【阐明编写可行性研究报告的目的，指明读者对象。】

1.2 项目背景

【应包括：

a．所建议开发的软件系统的名称；

b．本项目的任务提出者、开发者、用户及实现该软件的计算中心或计算机网络；

c．该软件系统同其他系统或其他机构的基本相互来往关系。】

1.3 定义

【列出文档中所用到的专门术语的定义和缩写词的原文。】

1.4 参考资料

【列出有关资料的作者、标题、编号、发表日期、出版单位或资料来源，可包括：

a．项目经核准的计划任务书、合同或上级机关的批文；

b．与项目有关的已发表的资料；

c．文档中所引用的资料，所采用的软件标准或规范。】

2．可行性研究的前提

【说明对所建议的开发项目进行可行性研究的前提，如要求、目标、假定、限制等。】

2.1 要求

【说明对所建议开发的软件的基本要求，例如：

a．功能；

b．性能；

c．输出，如报告、文件或数据，对每项输出要说明其特征，如用途、产生频度、接口以及分发对象；

d．说明系统的输入，包括数据的来源、类型、数量、数据的组织以及提供的频度；

e．用图表的方式表示出最基本的数据流程和处理流程，并辅以叙述；

f．在安全与保密方面的要求；

g．同本系统相连接的其他系统；

h．完成期限。】

2.2 目标

【可包括：

a．人力与设备费用的节省；

b．处理速度的提高；

c．控制精度或生产能力的提高；

d．管理信息服务的改进；

e．决策系统的改进；

f．人员工作效率的提高等。】

2.3 条件、假定和限制

【可包括：

a．建议开发软件运行的最短寿命；

b．进行系统方案选择比较的期限；

c．经费来源和使用限制；

d．法律和政策方面的限制；

e．硬件、软件、运行环境和开发环境的条件和限制；

f．可利用的信息和资源；

g．建议开发软件投入使用的最迟时间。】

2.4 可行性研究方法

【说明这项可行性研究将是如何进行的，所建议的系统将是如何评价的。摘要说明所使用的基本方法和策略，如调查、加权、确定模型、建立基准点或仿真等。】

2.5 决定可行性的主要因素

3．对现有系统的分析

3.1 处理流程和数据流程

3.2 工作负荷

3.3 费用支出

【例如：人力、设备、空间、支持性服务、材料等项开支。】

3.4 人员

【列出所需人员的专业技术类别和数量。】

3.5 设备

3.6 局限性

【说明现有系统存在的问题以及为什么需要开发新的系统。】

4．所建议技术可行性分析

4.1 对系统的简要描述

4.2 处理流程和数据流程

4.3 与现有系统比较的优越性

4.4 采用建议系统可能带来的影响

【说明在建立所建议系统时，预期将带来的影响，包括：

4.4.1 对设备的影响

【说明新提出的设备要求及对现存系统中尚可使用的设备须做出的修改。】

4.4.2 对现有软件的影响

【说明为了使现存的应用软件和支持软件能够同所建议系统相适应，而需要对这些软件所进行的修改和补充。】

4.4.3 对用户的影响

【说明为了建立和运行所建议系统，对用户单位机构、人员的数量和技术水平等方面的全部要求。】

4.4.4 对系统运行的影响

【说明所建议系统对运行过程的影响，例如：

a．用户的操作规程；

b．运行中心的操作规程；

c．运行中心与用户之间的关系；

d．源数据的处理；

e．数据进入系统的过程；

f．对数据保存的要求，对数据存储、恢复的处理；

g．输出报告的处理过程、存储媒体和调度方法；

h．系统失效的后果及恢复的处理办法。】

4.4.5 对开发环境的影响

4.4.6 对运行环境的影响

4.4.7 对经费支出的影响】

【扼要说明为了所建议系统的开发，设计和维持运行而需要的各项经费开支。】

4.5 技术可行性评价

【包括：

a．在限制条件下，功能目标是否能达到；

b．利用现有技术，功能目标能否达到；

c．对开发人员数量的和质量的要求，并说明能否满足；

d．在规定的期限内，开发能否完成。】

5．所建议系统经济可行性分析

5.1 支出

【对于所选择的方案，说明所需的费用。如果已有一个现存系统，则包括该系统继续运行期间所需的费用。】

5.1.1 基建投资

【包括采购、开发和安装下列各项所需的费用，例如：

a．房屋和设施；

b．数据通信设备；

c．环境保护设备；

d．安全与保密设备；

e．操作系统和应用的软件；

f．数据库管理软件。】

5.1.2 其他一次性支出

【包括下列各项所需的费用，例如：

a．研究（需求的研究和设计的研究）；

b．开发计划与测量基准的研究；

c．数据库的建立；

d．检查费用和技术管理性费用；

e．培训费、差旅费以及开发安装人员所需要的一次性支出；

f．人员的退休及调动费用等。】

5.1.3 经常性支出

【列出在该系统生命周期内按月、按季或按年支出的用于运行和维护的费用，包括：

a．设备的租金和维护费用；

b．软件的租金和维护费用；

c．数据通信方面的租金和维护费用；

d．人员的工资、奖金；

e．房屋、空间的使用开支；

f．公用设施方面的开支；

g．保密安全方面的开支；

h．其他经常性的支出等。】

5.2 效益

【对于所选择的方案，说明能够带来的收益，这里所说的收益，表现为开支费用的减少或避免、差错的减少、灵活性的增加、动作速度的提高和管理计划方面的改进等，包括：

5.2.1 一次性收益

【说明能够用人民币数目表示的一次性收益，可按数据处理、用户、管理和支持等项分类叙述，例如：

a．开支的缩减包括改进了的系统的运行所引起的开支缩减，如资源要求的减少，运行效率的改进，数据进入、存储和恢复技术的改进，系统性能的可监控，软件的转换和优化，数据压缩技术的采用，处理的集中化/分布化等；

b．价值的增升包括由于一个应用系统的使用价值的增高所引起的收益，如资源利用的改进、管理和运行效率的改进以及出错率的减少等；

c．其他，如从多余设备出售回收的收入等。】

5.2.2 经常性收益

【说明在整个系统生命周期内由于运行所建议系统而导致的按月的、按年的能用人民币数目表示的收益，包括开支的减少和避免。】

5.2.3 不可定量收益

【逐项列出无法直接用人民币表示的收益，如服务的改进，由操作失误引起的风险的减少，信息掌握情况的改进，组织机构给外界形象的改善等。有些不可捉摸的收益只能大概估计或进行极值估计（按最好和最差情况估计）。】

5.3 收益/投资比

5.4 投资回收周期

5.5 敏感性分析

【敏感性分析是指一些关键性因素，如系统生命周期长短、系统工作负荷量、处理速度要求、设备和软件配置变化对支出和效益的影响等的分析。在敏感性分析的基础上作出的选择当然会比单一选择的结果要好一些。】

6．社会因素可行性分析

6.1 法律因素

【例如，合同责任、侵犯专利权、侵犯版权等问题的分析。】

6.2 用户使用可行性

【例如，从用户单位的行政管理、工作制度等方面来看，是否能够使用该软件系统；从用户单位的工作人员的素质来看，是否能满足使用该软件系统的要求等，都是要考虑的。】

7．其他可供选择的方案

【逐个阐明其他可供选择的方案，并重点说明未被推荐的理由。】

8．结论意见

【结论意见可能是：

a．可着手组织开发；

b．需待若干条件（如资金、人力、设备等）具备后才能开发；

c．需对开发目标进行某些修改；

d．不能进行或不必进行（如技术不成熟、经济上不合算等）；

e．其他。】

A.2 开发计划

1．引言

1.1 编写目的

【阐明编写开发计划的目的，指明读者对象。】

1.2 项目背景

【可包括：

a．待开发的软件系统的名称；

b．本项目的任务提出者、开发者、用户及实现该软件的计算中心或计算机网络；

c．该软件系统同其他系统或其他机构的基本的相互来往关系。】

1.3 定义

【列出本文档中用到的专门术语的定义和缩写词的原文。】

1.4 参考资料

【可包括：

a．本项目的经核准的计划任务书和合同、上级机关的批文；

b．属于本项目的其他已发表的文件；

c．本文件中各处引用的文件、资料，包括所要用到的软件开发标准。列出这些文件资料的标题、文件编号、发表日期和出版单位，说明能够得到这些文件资料的来源。】

2．项目概述

2.1 工作内容

【简要说明项目的各项主要工作，介绍所开发软件的功能、性能等。若不编写可行性研究报告，则应在本节给出较详细的介绍。】

2.2 条件与限制

【阐明为完成项目应具备的条件、开发单位已具备的条件以及尚需创造的条件。必要时还应说明用户及分合同承包者承担的工作、完成期限及其他条件与限制。】

2.3 产品

2.3.1 程序

【列出须移交给用户的程序的名称、所用的编程语言及存储程序的媒体形式，并通过引用相关文件，逐项说明其功能和能力。】

2.3.2 文档

【列出应交付的文档。】

2.4 运行环境

【应包括硬件环境、软件环境。】

2.5 服务

【阐明开发单位可向用户提供的服务。如人员培训、安装、保修、维护和其他运行支持。】

2.6 验收标准

【对于上述这些应交出的产品和服务，逐项说明或引用资料说明验收标准。】

3．实施计划

3.1 任务分解

【任务的划分及各项任务的负责人。】

3.2 进度

【对于需求分析、设计、编码实现、测试、移交、培训和安装等工作，给出每项工作任务的预定开始日期、完成日期及所需资源，规定各项工作任务完成的先后顺序以及表征每项工作任务完成的标志性事件（即“里程碑）。】

3.3 预算

【逐项列出本开发项目所需要的劳务（包括人员的数量和时间）以及经费的预算（包括办公费、差旅费、机时费、资料费、通信设备和专用设备的租金等）和来源。】

3.4 关键问题

【说明可能影响项目的关键问题，例如设备条件、技术焦点或其他风险因素，并说明对策。】

4．人员组织及分工

【对于项目开发中需要完成的各项工作，从需求分析、设计、实现、测试直到维护，包括文件的编制、审批、打印、分发工作，用户培训工作，软件安装工作等，按层次进行分解，指明每项任务的负责人和参加人员。】

5．交付期限

6．专题计划要点

【说明本项目开发中需制订的各个专题计划（如分合同计划、开发人员培训计划、测试

计划、安全保密计划、质量保证计划、配置管理计划、用户培训计划、系统安装计划等）的要点。】

A.3 软件需求规格说明书

1．引言

1.1 编写目的

【阐明编写需求说明书的目的，指明读者对象。】

1.2 项目背景

【主要包含：

a．待开发的软件系统的名称；

b．本项目的任务提出者、开发者、用户及实现该软件的计算中心或计算机网络；

c．该软件系统同其他系统或其他机构的基本的相互来往关系。】

1.3 定义

【列出文档中所用到的专门术语的定义和缩写词的原文。】

1.4 参考资料

【例如：

a．项目经核准的计划任务书、合同或上级机关的批文；

b．项目开发计划；

c．文档所引用的资料、标准和规范。列出这些资料的作者、标题、编号、发表日期、出版单位或资料来源。】

2．任务概述

2.1 目标

【叙述该项软件开发的意图、应用目标、作用范围以及其他应向读者说明的有关该软件开发的背景材料。解释被开发软件与其他有关软件之间的关系。如果本软件产品是一项独立的软件，而且全部内容自含，则说明这一点。如果所定义的产品是一个更大的系统的一个组成部分，则应说明本产品与该系统中其他各组成部分之间的关系，为此可使用一张方框图来说明该系统的组成和本产品同其他各部分的联系和接口。】

2.2 运行环境

【例如：操作系统：Microsoft Windows 2000 Advanced Server 等。

支持环境：IIS 5.0 等。

数据库：Microsoft SQL Server 2000 等。】

2.3 条件与限制

【列出进行本软件开发工作的假定和约束，例如经费限制、开发期限等。】

3．数据描述

3.1 静态数据

3.2 动态数据

【包括输入数据和输出数据。】

3.3 数据库介绍

【给出所使用数据库的名称和类型。】

3.4 数据词典
3.5 数据采集
4．功能需求
4.1 功能划分
4.2 功能描述
5．性能需求
5.1 数据精确度
【说明对该软件的输入、输出数据精度的要求，可能包括传输过程中的精度。】
5.2 时间特性
【例如响应时间、更新处理时间、数据转换与传输时间、运行时间等。】
5.3 适应性
【在操作方式、运行环境、与其他软件的接口以及开发计划等发生变化时，应具有的适应能力。】
6．运行需求
6.1 用户界面
【如屏幕格式、报表格式、菜单格式、输入/输出时间等。】
6.2 硬件接口
6.3 软件接口
【说明该软件同其他软件之间的接口、数据通信协议等。】
6.4 故障处理
7．其他需求
【如可使用性、安全保密、可维护性、可移植性等。】

A.4　概要设计说明书

1．引言
1.1 编写目的
【阐明编写概要设计说明书的目的，指明读者对象。】
1.2 项目背景
【应包括：
a．待开发软件系统的名称；
b．该软件系统与其他系统的关系；
c．列出此项目的任务提出者、开发者、用户以及将运行该软件的计算站（中心）。】
1.3 定义
【列出本文档中所用到的专门术语的定义和缩写词的原文。】
1.4 参考资料
【列出有关资料的作者、标题、编号、发表日期、出版单位或资料来源，可包括：
a．项目经核准的计划任务书、合同或上级机关的批文；
b．项目开发计划；
c．需求规格说明书；

d. 测试计划（初稿）；

e. 用户操作手册（初稿）；

f. 文档所引用的资料、采用的标准或规范。】

2. 任务概述

2.1 目标

2.2 运行环境

【简要地说明对本系统的运行环境（包括硬件环境和支持环境）的规定。】

2.3 需求概述

2.4 条件与限制

3. 总体设计

3.1 处理流程

3.2 总体结构和模块外部设计

3.3 功能分配

【表明各项功能与程序结构的关系。】

本条用一张如下的矩阵表说明各项功能需求的实现同各块程序的分配关系：

功能	模块 1	模块 2	……	模块 n
功能需求 1	√			
功能需求 2		√		
……				
功能需求 n		√		√

4. 接口设计

4.1 外部接口

【包括用户界面、软件接口与硬件接口。】

4.2 内部接口

【模块之间的接口。】

5. 数据结构设计

5.1 逻辑结构设计

【给出本系统内所使用的每个数据结构的名称、标识符以及它们之中每个数据项、记录的标识、定义、长度及它们之间的层次相互关系。】

5.2 物理结构设计

【给出本系统内所使用的每个数据结构中的每个数据项的存储要求、访问方法、存取单位、存取的物理关系（索引、设备、存储区域）、设计考虑和保密条件。】

5.3 数据结构与程序的关系

6. 运行设计

6.1 运行模块的组合

6.2 运行控制

6.3 运行时间

7. 出错处理设计

7.1 出错输出信息

【用一览表的方式说明每种可能的出错或故障情况出现时，系统输出信息的形式、含义及处理方法。】

7.2 出错处理对策

【例如，设置后备、性能降效、恢复及再启动等。说明故障出现后可能采取的变通措施，包括：

a．后备技术说明准备采用的后备技术，当原始系统数据丢失时启用的副本的建立和启动的技术，例如周期性地把磁盘信息记录到磁带上去就是对于磁盘媒体的一种后备技术；

b．降效技术说明准备采用的后备技术，使用另一个效率稍低的系统或方法来求得所需结果的某些部分，例如一个自动系统的降效技术可以是手工操作和数据的人工记录；

c．恢复及再启动技术说明将使用的恢复再启动技术使软件从故障点恢复执行或使软件从头开始重新运行的方法。】

8. 安全保密设计

9. 维护设计

【说明为了系统维护的方便而在程序内部设计中作出的安排，包括在程序中专门安排用于系统的检查与维护的检测点和专用模块。】

A.5 详细设计说明书

1. 引言

1.1 编写目的

【阐明编写详细设计说明书的目的，指明读者对象。】

1.2 项目背景

【应包括：

a．待开发软件系统的名称；

b．本项目的任务提出者、开发者、用户和运行该程序系统的计算中心。】

1.3 定义

【列出文档中所用到的专门术语的定义和缩写词的原文。】

1.4 参考资料

【列出有关资料的作者、标题、编号、发表日期、出版单位或资料来源，可包括：

a．项目的计划任务书、合同或批文；

b．项目开发计划；

c．需求规格说明书；

d．概要设计说明书；

e．测试计划（初稿）；

f．用户操作手册（初稿）；

g．文档中所引用的其他资料、软件开发标准或规范。】

2. 总体设计

2.1 需求概述

2.2 软件结构

【例如给出软件系统的结构图。】

3．程序描述

【逐个给出模块的以下说明：】

3.1 功能

【说明该程序应具有的功能，可采用 IPO 图（即输入－处理－输出图）的形式。】

3.2 性能

【说明对该程序的全部性能要求，包括对精度、灵活性和时间特性的要求。】

3.3 输入项目

【给出对每一个输入项的特性，包括名称，标识，数据的类型和格式数据值的有效范围，输入的方式、数量和频度，输入媒体，输入数据的来源和安全保密条件等。】

3.4 输出项目

【给出对每一个输出项的特性，包括名称，标识，数据的类型和格式，数据值的有效范围，输出的形式、数量和频度，输出媒体，对输出图形及符号的说明，安全保密条件等。】

3.5 算法

【详细说明本程序所选用的算法、具体的计算公式和计算步骤。】

3.6 程序逻辑

【详细描述模块实现的算法，可采用：

a．标准流程图；

b．PDL 语言；

c．N-S 图；

d．PAD；

e．判定表等描述算法的图表。】

3.7 接口

【用图的形式说明本程序所隶属的上一层模块及隶属于本程序的下一层模块、子程序，参数赋值和调用方式，与本程序直接关联的数据结构（数据库、数据文卷）。】

3.8 存储分配

【根据需要，说明本程序的存储分配。】

3.9 限制条件

【说明本程序运行中所受到的限制条件。】

3.10 测试要点

【给出测试模块的主要测试要求。】

A.6　测试计划

1．引言

1.1 编写目的

【阐明编写测试计划的目的，指明读者对象。】

1.2 项目背景

【包括如下内容：

a．测试计划所从属的软件系统的名称；

b．该开发项目的历史，列出用户和执行此项目的计算中心，说明在开始执行本测试计划之前必须完成的各项工作。】

1.3 定义

【列出测试计划中所用到的专门术语的定义和缩写词的原意。】

1.4 参考资料

【列出有关资料的作者、标题、编号、发表日期、出版单位或资料来源，可包括：

a．项目的计划任务书、合同或批文；

b．项目开发计划；

c．需求规格说明书；

d．概要设计说明书；

e．详细设计说明书；

f．用户操作手册；

g．本测试计划中引用的其他资料、采用的软件开发标准或规范。】

2．任务概述

2.1 目标

2.2 运行环境

2.3 需求概述

2.4 条件与限制

【陈述本项测试工作对资源的要求，包括：

a．设备所用到的设备类型、数量和预定使用时间；

b．列出将被用来支持本项测试过程而本身又并不是被测软件的组成部分的软件，如测试驱动程序、测试监控程序、仿真程序、桩模块等；

c．列出在测试工作期间预期可由用户和开发任务组提供的工作人员的人数；技术水平及有关的预备知识，包括一些特殊要求，如倒班操作和数据键入人员。】

3．计划

3.1 测试方案

【说明确定测试方法和选取测试用例的原则。】

3.2 测试项目

【列出组装测试和确认测试中每一项测试的内容、名称、目的和进度。】

3.3 测试准备

3.4 测试机构及人员

【测试机构名称、负责人和职责。】

4．测试项目说明

【按顺序逐个对测试项目作出说明：】

4.1 测试项目名称及测试内容

4.2 测试用例

4.2.1 输入

【输入的数据和输入命令。】

4.2.2 输出

【预期的输出数据。】

4.2.3 步骤及操作

4.2.4 允许偏差

【给出实测结果与预期结果之间允许偏差的范围。】

4.3 进度

4.4 条件

【给出测试对资源的特殊要求，如设备、软件、人员等。】

4.5 测试资料

【列出本项测试所需的资料，如：

a．有关本项任务的文件；

b．被测试程序及其所在的媒体；

c．测试的输入和输出举例；

d．有关控制此项测试的方法、过程的图表。】

5．评价

5.1 范围

【说明所完成的各项测试说明问题的范围及其局限性。】

5.2 准则

【说明用来判断测试工作是否能通过的评价尺度，如合理的输出结果的类型、测试输出结果与预期输出之间的容许偏离范围、允许中断或停机的最大次数。】

A.7 用户操作手册

1．引言

1.1 编写目的

【阐明编写手册的目的，指明读者对象。】

1.2 项目背景

【应包括项目的来源、委托单位、开发单位和主管部门。】

1.3 定义

【列出手册中所用到的专门术语的定义和缩写词的原文。】

1.4 参考资料

【列出有关资料的作者、标题、编号、发表日期、出版单位或资料来源，可包括：

a．项目的计划任务书、合同或批文；

b．项目开发计划；

c．需求规格说明书；

d．概要设计说明书；

e．详细设计说明书；

f．测试计划；

g．手册中引用的其他资料、采用的软件工程标准或软件工程规范。】

2．软件概述

2.1 目标

2.2 功能

2.3 性能

a．数据精确度【包括输入、输出及处理数据的精度。】

b．时间特性【如响应时间、处理时间、数据传输时间等。】

c．灵活性【在操作方式、运行环境需做某些变更时软件的适应能力。】

3．运行环境

3.1 硬件

【列出软件系统运行时所需的硬件最小配置，如：

a．计算机型号、主存容量；

b．外存储器、媒体、记录格式、设备型号及数量；

c．输入、输出设备；

d．数据传输设备及数据转换设备的型号及数量。】

3.2 支持软件

【如：

a．操作系统名称及版本号；

b．语言编译系统或汇编系统的名称及版本号；

c．数据库管理系统的名称及版本号；

d．其他必要的支持软件。】

4．使用说明

4.1 安装和初始化

【给出程序的存储形式、操作命令、反馈信息及其含义、表明安装完成的测试实例以及安装所需的软件工具等。】

4.2 输入

【给出输入数据或参数的要求。】

4.2.1 数据背景

【说明数据来源、存储媒体、出现频度、限制和质量管理等。】

4.2.2 数据格式

【如：

a．长度；

b．格式基准；

c．标号；

d．顺序；

e．分隔符；

f．词汇表；

g．省略和重复；

h．控制。】

4.2.3 输入举例

4.3 输出

【给出每项输出数据的说明。】

4.3.1 数据背景

【说明输出数据的去向、使用频度、存放媒体及质量管理等。】

4.3.2 数据格式

【详细阐明每一输出数据的格式，如首部、主体和尾部的具体形式。】

4.3.3 举例

4.4 出错和恢复

【给出：

a．出错信息及其含义；

b．用户应采取的措施，如修改、恢复、再启动。】

4.5 求助查询

【说明如何操作。】

5．运行说明

5.1 运行表

【列出每种可能的运行情况，说明其运行目的。】

5.2 运行步骤

【按顺序说明每种运行的步骤，应包括：】

5.2.1 运行控制

5.2.2 操作信息

a．运行目的；

b．操作要求；

c．启动方法；

d．预计运行时间；

e．操作命令格式及说明；

f．其他事项。

5.2.3 输入/输出文件

【给出建立或更新文件的有关信息，如：】

a．文件的名称及编号；

b．记录媒体；

c．留存的目录；

d．文件的支配【说明确定保留文件或废弃文件的准则、分发文件的对象、占用硬件的优先级及保密控制等。】

5.2.4　启动或恢复过程

6．非常规过程

【提供应急或非常规操作的必要信息及操作步骤，如出错处理操作、向后备系统切换操作以及维护人员须知的操作和注意事项。】

7. 操作命令一览表

【按字母顺序逐个列出全部操作命令的格式、功能及参数说明。】

8. 程序文件（或命令文件）和数据文件一览表

【按文件名字母顺序或按功能与模块分类顺序逐个列出文件名称、标识符及说明。】

9. 用户操作举例

【选择典型的一个或几个用户操作，进行举例说明】